普通高等教育"十一五"国家级规划教材

随机信号分析

(第二版)

主编　孔莹莹　李海林　常建平

参编　汪　飞　陈华伟　柳　涛

科学出版社

北　京

内 容 简 介

本书主要阐述概率论与随机信号的基础理论和分析方法。全书共 8 章，包括概率论，随机信号的时域分析，平稳随机信号，随机信号的频域分析，随机信号通过线性系统的分析，随机信号统计特征的实验研究方法，窄带随机信号，马尔可夫过程、独立增量过程及独立随机过程。

本书强调对随机信号等基本概念的理解，并要求掌握系统的分析方法，注重基本理论与实际系统，特别是与电子系统的联系。内容全面，叙述清楚，便于教学和自学。

本书可作为高等院校电子信息类专业的本科生教材，亦可供相关领域的科研和工程技术人员参考。

图书在版编目（CIP）数据

随机信号分析/孔莹莹, 李海林, 常建平主编. —2 版. —北京: 科学出版社, 2021.4
(普通高等教育"十一五"国家级规划教材)
ISBN 978-7-03-068312-0

Ⅰ. ①随… Ⅱ. ①孔… ②李… ③常… Ⅲ. ①随机信号—信号分析—高等学校—教材 Ⅳ. ①TN911.6

中国版本图书馆 CIP 数据核字(2021)第 043524 号

责任编辑: 潘斯斯 张丽花 / 责任校对: 王萌萌
责任印制: 张 伟 / 封面设计: 迷底书装

科 学 出 版 社 出版
北京东黄城根北街 16 号
邮政编码: 100717
http://www.sciencep.com

北京虎彩文化传播有限公司 印刷
科学出版社发行 各地新华书店经销
*

2006 年 8 月第 一 版   开本: 787×1092 1/16
2021 年 4 月第 二 版   印张: 18 1/2
2023 年 1 月第十九次印刷   字数: 473 000

定价: 59.80 元
(如有印装质量问题, 我社负责调换)

前　言

　　"随机信号分析"是电子信息类专业主要的专业基础课程之一。它广泛应用于雷达、通信、自动控制、随机振动、地震信号处理、图像信号处理、气象预报、生物电子等领域。近年来，随着现代通信、信息理论和计算机科学与技术的飞速发展，随机信号分析已是现代信号处理的重要理论基础和有效方法之一。

　　设置该课程的目的是使学生较全面地掌握随机信号的理论基础和分析方法，并将学到的理论与电子系统相联系，掌握随机信号通过电子系统的处理方法。通过使学生学习一些有关现代信号处理理论的基础知识，可以培养他们具备适应未来新的交叉学科发展的综合创新能力。

　　本版教材在第一版的基础上，参考了目前同类教材的长处，结合多年的教学经验，在内容上做了相应的拓宽与加深，并在编排结构上对原教材进行了改进，使教材的结构更加合理。为了理论联系实际，用概率统计的方法来解决实际随机信号有关问题，本版教材特别将平稳随机信号单独列为一章，着重强调它在信号研究中的重要性；并在这章中增加了各态历经过程和熵的内容，与通信原理等专业课程进行互融，提供更深刻的理论支撑；同时也增加了更多电路例题，强调随机信号分析课程在电子信息工程中的实际应用。

　　学生在初学该课程时，往往会感到课程模糊、难懂。因此，有必要对该课程的特点与学习方法进行介绍。

　　(1) 由于该课程讨论的对象是随机信号(数学模型——随机过程)，随机信号本身是随机变化的、不确定的，只有它的统计规律才是确定的。因此，对随机信号而言，从它的描述方式、推演方式到它的分析方法都是在统计的意义上讨论与定义的。因此，在这里必须学会用统计的观点来看所有的问题。

　　(2) 学习时必须注重物理概念的理解。因为该课程是电子信息类专业的一门专业基础课程，而不是一门数学课程。课程中用到的许多数学理论是处理随机信号有关问题的数学工具。所以，学习时除了注意处理问题的方法，更重要的是对一些数学推演的结果和结论的物理意义有深入的理解。对一些十分复杂的数学推演的中间步骤不要死记硬背，更不必深究其数学的严密性，重在掌握分析问题的思路与方法。这也是课程名称为"随机信号分析"而不是"随机过程分析"的原因，尽管在本书中"随机信号"与"随机过程"是同义词。

　　感谢南京航空航天大学电子信息工程学院"随机信号分析"课程组成员对本次改版的大力支持。由于编者水平有限，难免有不足和疏漏，恳请读者给予批评指正。

编　者

2020 年 8 月

课程概述

目　　录

第1章 概 率 论

1.1 概 率 空 间

1.1.1 概率

1. 概率的出现

自然界和社会上发生的现象多种多样,可以分成确定性现象和随机现象两类。上抛的石子必然会下落,异性电荷相互吸引等现象,在一定条件下必然发生或必然不发生,称为确定性现象。而随机现象是指在相同的条件下进行重复试验,其结果可能有许多种,在试验之前无法预知,呈现一种偶然性的现象。例如,某城市每天的人口出生率、某工厂每天的产品合格率、股市行情等。

如何描述随机现象呢? 人们发现,许多随机现象虽然在个别试验中呈现不确定性,但在大量重复试验中却呈现出某种规律性。例如,投掷硬币时正面出现的概率趋于1/2;投掷骰子时出现其任一面的概率趋于 1/6。"概率论"就是描述与研究随机现象规律性的数学工具,它研究大量随机现象内在的统计规律、建立随机现象的物理模型、预测随机现象将要产生的结果。

1)随机试验

为建立随机现象的物理模型,首先引入随机试验的概念。下面是一些常见的随机现象。

E_1:抛一枚硬币,观察正、反两面出现的次数。

E_2:将一枚硬币连抛两次,观察正、反两面出现的次数。

E_3:抛一颗骰子,观察出现的点数。

E_4:记录某电话交换台一分钟内接到的呼叫次数。

E_5:在一批灯泡中任意抽取一只,测试它的寿命。

抽取这些现象的同一特征,就得到概率论中随机试验的概念。

(1)试验在相同的条件下可重复进行。

(2)每次试验的可能结果不止一个,并能事先明确试验将会出现的所有可能结果。

(3)每次试验前不能确定哪个结果会出现。

把具有以上三个特征的试验称为随机试验,用 E 表示。

随机试验 E_1 有{正,反}两种可能结果;随机试验 E_3 有 {1,2,3,4,5,6} 六种可能结果。把随机试验 E 每个可能出现的结果称为样本点。一般用 ζ 表示,或带有下标的 ζ_k 表示。而随机试验 E 中所有可能出现的结果,即全体样本点的集合称为样本空间。一般用 Ω 表示。从随机试验 E_1 和 E_3 可见,不同的随机试验其样本空间也不同。

样本空间 Ω 可以分为以下几种。

(1)有限样本空间：有限个样本点构成的样本空间。如随机试验 E_1 的样本空间 $\Omega=\{正,反\}$；随机试验 E_3 的样本空间 $\Omega=\{1,2,3,4,5,6\}$。

(2)可列样本空间：有无穷多个样本点构成的样本空间，但这些样本点可以依照某种次序排列出来，其样本点数为"可列"个。如随机试验 E_4 的样本空间 $\Omega=\{0,1,2,\cdots\}$。

(3)无穷样本空间：有无穷多个样本点构成的样本空间，但这些样本点不是一个可列集而是充满一个区间。如随机试验 E_5 的样本空间 $\Omega=\{$时间轴$(0,T)$上的所有点$\}$，这里灯泡寿命是连续的。

2)随机事件

随机试验中，可能出现的结果称为随机事件，简称为事件。一般用大写字母 $A,B,C,\cdots$ 表示。它是样本空间 Ω 中若干个样本点组成的集合，即样本空间 Ω 的子集。只要代表随机事件的集合中有一个样本点发生，就称此随机事件发生了。

例 1.1 随机试验 E_3：抛一颗骰子，观察出现的点数。其样本空间 $\Omega=\{1,2,3,4,5,6\}$，其中每个试验结果1,2,3,4,5,6为样本点。样本空间 Ω 存在很多子集，如 $A=\{3\}$，$B=\{1,3,5\}$，$C=\{4,5,6\}$，$D=\{1,2,3,4,5,6\}$，$E=\varnothing$ 等。每个子集都表示一个随机事件：如 A 表示"投掷结果为 3"的事件；B 表示"投掷结果为奇数"的事件；C 表示"投掷结果为大点"的事件；D 表示必然事件；E 表示不可能事件。若某次投掷的结果为 5，可以说事件 A 没发生；也可以说事件 C 发生了；或说事件 E 没发生，等等。

说明：

(1)类似 A 的随机事件，它仅由一个样本点构成，是随机试验中最简单的随机事件，一般称为基本事件。显然，所有基本事件的集合构成样本空间。

(2)类似 $D(D=\Omega)$ 的随机事件，它由所有的样本点构成，一般称为必然事件。表示每次随机试验中，其必然发生。

(3)同理，空集 $E=\varnothing$ 也可以看作一个事件。因为每次随机试验中发生的样本点均不在其中，所以事件 $\varnothing$ 永不发生，故称为不可能事件。

3)随机事件的关系与运算

由于组成事件的样本点的集合是其样本空间的子集，因此事件间的关系及运算与集合论中集合的关系及运算是完全相似的。

(1)事件的包含与相等。

如果事件 A 的发生必然导致 B 的发生，则称事件 B 包含事件 A，记作 $B\supset A$。即属于 A 的每一个样本点均属于 B，如图 1.1(a)所示。

如果有 $B\supset A$ 且 $A\supset B$，即属于 A 的每一个样本点均属于 B，且属于 B 的每一个样本点均又属于 A，则称事件 A 与事件 B 相等，记 $B=A$。

(2)事件的和。

"事件 A 与事件 B 中只要有一个发生且发生"的事件，称为 A 与 B 的和事件，记作 $A\bigcup B$。该事件中的任一样本点至少是属于 A 或 B 中的一个，如图 1.1(b)中阴影部分所示。

(3)事件的积与互不相容。

"只有事件 A 与事件 B 同时发生才发生"的事件，称为 A 与 B 的积事件，记作 $A\bigcap B$ 或

AB 。该事件中的任一个样本点既属于 A 也属于 B ，如图 1.1(c)中阴影部分所示。

若 $A \cap B = \varnothing$ ，表示事件 A 与事件 B 不可能同时发生，则称 A 与 B 互不相容(互不相交)。属于 A 的样本点必不属于 B ，如图 1.1(d)所示。

(4)事件的差与逆。

"事件 A 发生而事件 B 不发生"的事件，称为事件 A 与事件 B 的差事件，记作 $A - B$ 。该事件中的样本点仅仅属于 A ，如图 1.1(e)中阴影部分所示。

"事件 A 不发生"的事件，称为事件 A 的逆事件。记作 $\overline{A}$ 。它由样本空间 Ω 中所有不属于 A 的样本点的集合构成，如图 1.1(f)中阴影部分所示。可见，$\overline{A}$ 是 A 的对立事件，因此有 $A \cup \overline{A} = \Omega$ ，$A \cap \overline{A} = \varnothing$ 。常称 $\overline{A}$ 为 A 的逆。

同理，在图 1.1(e)中，由逆的定义可得：$A - B = A \cap \overline{B} = A\overline{B}$ 。

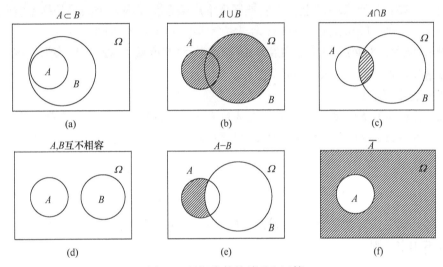

图 1.1　随机事件的关系和运算

2. 概率的定义

人们在大量实践中发现，尽管随机事件的发生与否是偶然的、变化的，但每一个随机事件发生的"可能性大小"却是固定不变的。对于不同的随机事件而言，其发生的可能性大小是不同的。比如，人们通过大量试验发现：在"抛硬币"试验中，"正面"出现的可能性是 1/2；在"掷骰子"试验中，"1 点"出现的可能性是 1/6。由于每一个随机事件发生的可能性大小都是其内在规律的体现，是固定不变的，因此可以用一个确定的数值来表示。人们将这个表示随机事件发生的可能性大小的数值称为概率。在概率论发展史上，人们曾针对不同问题，从不同的角度给出了定义概率和计算概率的各种方法。

1)概率的古典定义

定义：如果某一随机试验 E 的全部可能结果(样本空间 Ω 中所有样本点的个数)只有有限个，且每个结果的发生是等可能的，则 E 中任意随机事件 A 发生的概率 $P(A)$ 可由下式计算

$$P(A) = \frac{\text{事件} A \text{包含的样本点的个数}}{\text{样本空间} \Omega \text{中所有样本点的个数}} \tag{1-1}$$

概率的古典定义具有以下性质。

(1)非负性：$P(A) \geqslant 0$，$\forall A \in F$。

(2)规范性：$P(\Omega) = 1$。

(3)有限可加性：若 $A_i \in F\,(i=1,2,\cdots,n)$，且两两互不相容时，有

$$P\left(\bigcup_{i=1}^{n} A_i\right) = \sum_{i=1}^{n} P(A_i) \tag{1-2}$$

即和事件 $\left(\bigcup\limits_{i=1}^{n} A_i\right)$ 的概率等于所有事件概率的和 $\sum\limits_{i=1}^{n} P(A_i)$。

在 17~19 世纪，概率论都是建立在古典定义基础上的。但它具有局限性：古典定义假设随机试验 E 所有结果的发生具有等可能性，并且它只能用于在有限样本点的样本空间情况下的讨论。在古典定义基础上，人们把概率推广到含有无限多个结果的样本空间，导出了几何概率。将某一随机试验 E（含有无限多个样本点）的样本空间，用 m 维空间中的一个有界区域 Ω 表示，区域 Ω 的大小用度量 $L(\Omega)$ 表示。此度量 $L(\Omega)$ 可以表示一维区间的长度、二维区域的面积、三维空间的体积。

2)概率的几何定义

定义：若将含有无限多个结果的随机试验 E 等效为向区域 Ω（样本空间）"均匀"地投掷随机点，事件 $A \in \Omega$ 则为区域 Ω 中任一可能出现的子区域，那么随机点落入 A 区域的概率定义为事件 A 的概率 $P(A)$

$$P(A) = \frac{\text{区域}A\text{的度量}L(A)}{\text{区域}\Omega\text{的度量}L(\Omega)} \tag{1-3}$$

概率的几何定义有非负性、规范性。同时还具有可列可加性：若 $A_i \in F\,(i=1,2,\cdots,n)$，且两两互不相容，则

$$P\left(\bigcup_{i=1}^{\infty} A_i\right) = \sum_{i=1}^{\infty} P(A_i) \tag{1-4}$$

几何定义也有局限性：由于几何定义中随机试验等效为向区域 Ω（样本空间）"均匀"地投掷随机点，意味着 Ω 中所有样本点发生的可能性是相等的，因此几何定义仍离不开等可能性的假设。人们抛开等可能性的假设，提出了概率的统计定义，即用事件频率的极限来定义概率。

3)概率的统计定义

若随机事件 A 在 n 次重复试验中出现 n_A 次，则比值 $f_n(A) = n_A/n$ 称作事件 A 在这 n 次试验中出现的频率。

定义：在随机试验 E 的 n 次重复试验中，事件 A 发生的概率 $P(A)$ 可由事件 A 发生的频率的极限来计算

$$P(A) = \lim_{n \to \infty} f_n(A) = \lim_{n \to \infty} \frac{n_A}{n} \tag{1-5}$$

概率的统计定义也具有非负性、规范性和可列可加性。它的局限性为：频率具有随机性。当 n 有限时，这组 n 次试验的频率与下组 n 次试验的频率可能完全不同，但概率却是

固定的。频率只有在 $n \to \infty$ 时才趋于概率。在实际应用中，虽然随机试验的重复次数 n 可以很大，但总是有限数，无法找到频率的极限。所以频率的极限也只能作为一种假说来接受。

上述几种概率的定义和计算方法都有一定的适用范围，以及理论和应用的局限性。但人们发现，尽管它们定义概率的方式不同，但得出的概率基本属性是相同的。于是，从这三种定义的共同属性出发，人们给概率赋予一个新的数学定义，即概率的公理化定义。这个定义只指明概率应具有的基本性质，不具体规定概率的计算方法。这样既包括了前面三种特殊情况，又具有更广泛的一般性。在叙述概率的公理化定义之前，先介绍事件域 F 的概念。

事件域 F 是由样本空间 Ω 中的某些子集构成的非空集类。集类是指以集为元素的集合。所以事件域 F 中的元素就是 Ω 中的某个子集，即随机试验 E 中的随机事件。

4）概率的公理化定义

定义：若定义在事件域 F 上的一个集合函数 P 满足下列三个条件

(1)非负性：$P(A) \geqslant 0$，$\forall A \in F$；

(2)规范性：$P(\Omega) = 1$；

(3)完全可加性：若 $A_i \in F (i=1,2,\cdots)$，且两两互不相容时，有

$$P\left(\bigcup_{i=1}^{\infty} A_i\right) = \sum_{i=1}^{\infty} P(A_i) \tag{1-6}$$

则称 P 为概率。样本空间 Ω、事件域 F 和概率 P 构成的总体 (Ω, F, P) 称为随机试验 E 的概率空间。

在公理化定义中，概率是针对随机事件定义的。事件域 F 中的每个元素 A 都有一个实数 $P(A)$ 与之对应，这种从集合到实数的映射(记为 P)称为集合函数。因此，公理化定义中，概率是定义在事件域 F 上的集合函数。

尽管对于每一个随机试验 E，都可以建立一个概率空间 (Ω, F, P) 与之对应，但概率的正规定义要涉及一个样本空间的详细说明。样本空间 Ω 的选定，事件域 F 的构造，概率 P 的规定，不仅要根据具体情况而定，而且有时很难确定。这些不是本书主要的讨论内容，所以，本书所涉及的"概率空间 (Ω, F, P)"均为预先给定的。

3. 概率的性质

给定概率空间 (Ω, F, P)，从概率公理化定义的三个条件中，可推出概率的一些重要性质。

(1)不可能事件的概率为 0，即 $P(\varnothing) = 0$。

(2)有限可加性：若 $A_i \in F (i=1,2,\cdots)$，且两两互不相容，则

$$P\left(\bigcup_{i=1}^{n} A_i\right) = \sum_{i=1}^{n} P(A_i) \tag{1-7}$$

(3)逆事件的概率

$$P(\overline{A}) = 1 - P(A) \tag{1-8}$$

（4）单调性：若 $B \subset A$ ，则

$$P(A-B) = P(A) - P(B) \quad \text{且} \quad P(B) \leqslant P(A) \tag{1-9}$$

（5）加法公式

$$P(A \cup B) = P(A) + P(B) - P(AB) \tag{1-10}$$

次可加性

$$P(A \cup B) \leqslant P(A) + P(B) \tag{1-11}$$

一般地，有

$$P\left(\bigcup_{i=1}^{n} A_i\right) = \sum_{i=1}^{n} P(A_i) - \sum_{1 \leqslant i < j \leqslant n} P(A_i A_j) + \sum_{1 \leqslant i < j < k \leqslant n} P(A_i A_j A_k) - \cdots + (-1)^{n-1} P(A_1 A_2 \cdots A_n) \tag{1-12}$$

$$\leqslant \sum_{i=1}^{n} P(A_i)$$

1.1.2 条件概率

1. 条件概率的定义

前面已经给出了概率的公理化定义。而实际应用中，除了考虑某个事件 A 的概率 $P(A)$ ，还要考虑在"事件 B 已发生"这个条件下，事件 A 发生的概率。一般来说，后者与前者不一定相同。为了区别，把后者称为条件概率，记为 $P(A|B)$ 。读作：B 条件下，A 发生的条件概率。下面导出条件概率的公式。

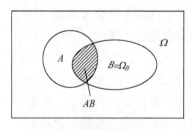

图 1.2　事件的条件概率

如图 1.2 所示，样本空间 Ω 中所有的样本点是均匀分布的，事件 $A \subset \Omega$ ，事件 $B \subset \Omega$ ，且 $A \cap B \neq \varnothing$ 。用 $L(\cdot)$ 表示 $(\cdot)$ 的面积，由概率的几何定义可得 A 发生的概率、B 发生的概率和 A,B 同时发生的概率分别为

$$P(A) = \frac{L(A)}{L(\Omega)}, \qquad P(B) = \frac{L(B)}{L(\Omega)}, \qquad P(AB) = \frac{L(A \cap B)}{L(\Omega)} \tag{1-13}$$

事件 AB 既在事件 B 中，也在事件 A 中。则在 B 条件下，A 发生的条件概率为

$$P(A|B) = \frac{L(A \cap B)}{L(B)} = \frac{\dfrac{L(A \cap B)}{L(\Omega)}}{\dfrac{L(B)}{L(\Omega)}} = \frac{P(AB)}{P(B)}, \quad P(B) > 0 \tag{1-14}$$

定义：已知概率空间 (Ω, F, P) ，且 $P(B) > 0$ ，称

$$P(A|B) = \frac{P(AB)}{P(B)}, \quad A \in F \tag{1-15}$$

为事件 B 条件下，事件 A 发生的条件概率，或称为事件 A 关于事件 B 的条件概率。

从图 1.2 可看出，$P(A|B)$ 可看成是在缩减的样本空间 Ω_B 中，求事件 A 发生的概率。若 $A \cap B = \varnothing$，则 $P(A|B) = 0$。对于事件 $B \in F$，$P(B) > 0$，条件概率有以下性质。

(1) 对于任意 $A \in F$，有 $0 \leqslant P(A|B) \leqslant 1$。

(2) $P(\Omega|B) = 1$。

(3) 对任意可列个 $A_n \in F\ (n = 1, 2, \cdots)$，若 $A_i \cap A_j = \varnothing\ (i \neq j)$，则

$$P\left(\bigcup_{n=1}^{\infty} A_n \Big| B\right) = \sum_{n=1}^{\infty} P(A_n|B) \tag{1-16}$$

例 1.2 两台车床加工同一种机械零件，如表 1.1 所示。

表 1.1　机床加工零件统计情况

零件质量 ＼ 车床次序	合格品数	次品数	总计
第一台车床加工的零件数	35	5	40
第二台车床加工的零件数	50	10	60
总计	85	15	100

从 100 个零件中任取一个零件，设取得合格品为事件 A，取出的零件是由第一台车床加工的为事件 B_1，取出的零件是由第二台车床加工的为事件 B_2，求各台车床加工出合格品的概率。

解：由第一台车床加工时出合格品的概率为 $P(A|B_1)$，由第二台车床加工时出合格品的概率为 $P(A|B_2)$。由概率的古典定义易知

$$P(A) = 85/100 = 0.85 \ , \quad P(B_1) = 40/100 = 0.4 \ , \quad P(B_2) = 60/100 = 0.6$$
$$P(AB_1) = 35/100 = 0.35 \ , \qquad P(AB_2) = 50/100 = 0.5$$

方法一　由条件概率公式，可得

$$P(A|B_1) = \frac{P(AB_1)}{P(B_1)} = \frac{0.35}{0.4} = 0.875 \ , \qquad P(A|B_2) = \frac{P(AB_2)}{P(B_2)} = \frac{0.5}{0.6} \approx 0.833$$

方法二　若用缩小的样本空间 Ω_B 求，则

$$P(A|B_1) = \frac{35}{40} = 0.875 \ , \qquad P(A|B_2) = \frac{50}{60} \approx 0.833$$

可见，由第一台车床加工时出合格品的概率比第二台车床加工时出合格品的概率要高。

2. 条件概率的基本公式

下面介绍三个和条件概率有关的基本公式，它们在概率论及其应用中起着重要作用。

1）乘法公式

设 $A_i \in F, i = 1, 2, \cdots, n\ (n \geqslant 2)$ 是任意 n 个事件，并且 $P(A_i) > 0,\ \forall i$，则

$$P(A_1 A_2 \cdots A_n) = P(A_n|A_1 \cdots A_{n-1}) \cdots P(A_3|A_1 A_2) P(A_2|A_1) P(A_1) \tag{1-17}$$

称为乘法公式。

例 1.3　一批零件共 100 个，次品率为 10%。每次从其中任取一个零件，取出的零件不再放回去，求第三次才取得合格品的概率。

解：记"第一次取出零件是次品"为事件 A_1，"第二次取出零件是次品"为事件 A_2，"第三次取出零件是合格品"为事件 A_3。易知

$$P(A_1) = 10/100，\qquad P(A_2|A_1) = 9/99，\qquad P(A_3|A_1A_2) = 90/98$$

由乘法公式可得所求概率为

$$P(A_1A_2A_3) = P(A_3|A_2A_1) \cdot P(A_2|A_1) \cdot P(A_1) = 90/98 \cdot 9/99 \cdot 10/100 = 0.0084$$

2）全概率公式

设 $H_i \in F\ (i=1,2,\cdots,n)$ 为任意有穷或可列个事件，满足 $H_i \bigcap H_j = \varnothing\ (i \neq j)$，$\bigcup\limits_{i=1}^{n} H_i = \Omega$，且 $P(H_i) > 0\ (i=1,2,\cdots,n)$。那么，对于任意事件 $A \in F$，称

$$P(A) = \sum_{i=1}^{n} P(AH_i) = \sum_{i=1}^{n} P(A|H_i)P(H_i) \tag{1-18}$$

为全概率公式。则称该事件组 $H_i \in F\ (i=1,2,\cdots,n)$ 为完备事件组，也称为样本空间的一个分割。

例 1.4　某工厂生产的产品以 100 个为一批。在进行抽样检查时，只从每批中抽取 10 个来检查，若发现其中有次品，则认为这批产品不合格。假定每批产品中的次品最多不超过 4 个，且概率分布如表 1.2 所示，求各批产品通过检查的概率。

表 1.2　产品抽检次品统计表

一批产品中的次品数	0	1	2	3	4
概率	0.1	0.2	0.4	0.2	0.1

解：设 B_i 是一批产品中有 i 个次品 $(i=0,1,2,3,4)$ 的事件。则

$$P(B_0) = 0.1，\qquad P(B_1) = 0.2，\qquad P(B_2) = 0.4，\qquad P(B_3) = 0.2，\qquad P(B_4) = 0.1$$

设事件 A 表示这批产品通过检查，即抽样检查的 10 个产品都是合格品。易得

$$P(A|B_0) = 1，\qquad P(A|B_1) = C_{99}^{10}/C_{100}^{10} = 0.90，\qquad P(A|B_2) = C_{98}^{10}/C_{100}^{10} = 0.81$$

$$P(A|B_3) = C_{97}^{10}/C_{100}^{10} = 0.73，\qquad P(A|B_4) = C_{96}^{10}/C_{100}^{10} = 0.65$$

由全概率公式可得所求概率为

$$P(A) = \sum_{i=0}^{4} P(B_i)P(A|B_i) = 0.815$$

3）贝叶斯（Bayes）公式

设 $H_i\ (i=1,2,\cdots,n)$ 是完备事件组，那么对于任意事件 $A \in F$，$P(A)>0$，称

$$P(H_k|A) = \frac{P(AH_k)}{\sum\limits_{i=1}^{n} P(AH_i)} = \frac{P(A|H_k)P(H_k)}{\sum\limits_{i=1}^{n} P(A|H_i)P(H_i)}，\quad k=1,2,\cdots,n \tag{1-19}$$

为贝叶斯公式。$P(H_k)$ 表示事件 H_k 发生的概率，是对以往经验的总结。它是在试验之前给定的，所以称为先验概率。而条件概率 $P(H_k|A)$ 表示的是事件 A 发生条件下，事件 H_k 发生的概率，是试验之后的概率。因此，称 $P(H_k|A)$ 为后验概率。

例 1.5（例 1.2 续） 求取出的合格品是由第一台车床加工的概率。

解：取出的合格品是由第一台车床加工的概率 $P(B_1|A)$。由题可知

$$P(AB_1) = 0.35 , \qquad P(AB_2) = 0.5$$

由贝叶斯公式

$$P(B_1|A) = \frac{P(AB_1)}{P(AB_1) + P(AB_2)} = \frac{0.35}{0.35 + 0.5} \approx 0.41$$

比较 $P(A|B_1) = 0.875, P(B_1|A) \approx 0.41$ 可见，尽管第一台车床加工时出合格品的概率较高，但由于第一台车床加工的零件数小于第二台车床加工的零件数，因此取出的合格品是由第一台车床加工的可能性却比较小。

1.1.3 事件的独立

1. 两个事件的独立

对于任意两个事件 A、B，若 $P(B) > 0$，则 $P(A|B)$ 有定义。可能有两种情况：$P(A|B) \neq P(A)$ 和 $P(A|B) = P(A)$。前者说明事件 A 的概率因"事件 B 出现"而发生了变化；后者表明事件 A 的概率不受"事件 B 出现"的影响。当 $P(A|B) = P(A)$ 时，即事件 B 发生与否对事件 A 不产生任何影响时，称"事件 A 对于事件 B 独立"，这时有 $P(AB) = P(A|B)P(B) = P(A)P(B)$。

两个事件的独立定义：已知概率空间 (Ω, F, P)，事件 $A \in F$、事件 $B \in F$，若

$$P(AB) = P(A)P(B) \tag{1-20}$$

则称这两个随机事件 A 与 B 是相互独立的。

例 1.6 设每个家庭有 3 个孩子，男孩 (b)、女孩 (g) 排列的八种可能性 $bbb, \cdots, ggg$ 的概率均为 1/8，定义以下事件：

事件 $A =$ 既有男孩又有女孩的家庭；事件 $B =$ 最多只有一个女孩的家庭。

问：事件 A 和事件 B 是否独立？

解：定义样本空间

$$\Omega = \{s_1 = bbb, \ s_2 = bbg, \ s_3 = bgb, \ s_4 = gbb, \ s_5 = bgg, \ s_6 = gbg, \ s_7 = ggb, \ s_8 = ggg\}$$

于是

$$A = \{s_2, s_3, s_4, s_5, s_6, s_7\}, \qquad B = \{s_1, s_2, s_3, s_4\}, \qquad A \cap B = \{s_2, s_3, s_4\}$$

又因每个样本点的概率为 1/8，故

$$P(A) = 6/8, \qquad P(B) = 4/8, \qquad P(A \cap B) = 3/8$$

由于 $P(A \cap B) = P(A)P(B)$，所以事件 A 和事件 B 是独立的。

注意：不要把两个事件相互独立与两个事件互不相容混淆起来。

(1) A 与 B 互不相容。在集合论意义上是 A 与 B 在样本空间上互不相交，即 $A \cap B = \varnothing$；

在概率论意义上是 A 与 B 不可能同时发生。B 发生了，A 就不可能发生，即 A 的发生与否受到了 B 发生的限制。因此从概率论意义可得：当 A 与 B 互不相容时，A 与 B 不独立。

(2) A 与 B 相互独立。由 $P(AB) = P(A) \cdot P(B)$，$P(A) \neq 0$，$P(B) \neq 0$，所以 $P(AB) \neq 0$，得到 $A \cap B = \varnothing$。因此，从集合论意义可得：当 A 与 B 独立时，A 与 B 相容。

2. 多个事件的独立

下面由两事件独立的定义引出 $n(n \geqslant 2)$ 个事件相互独立的概念。

定义：设 $A_1, A_2, \cdots, A_n$ 是 n 个事件，若对于任意 $m\ (1 < m \leqslant n)$ 有

$$P\left(\bigcap_{k=1}^{m} A_k \right) = \prod_{k=1}^{m} P(A_k) \tag{1-21}$$

则称 n 个事件 $A_1, A_2, \cdots, A_n$ 是相互独立的。

易见，若 $A_1, A_2, \cdots, A_n$ 独立，则它们之中任意 $m(1 < m \leqslant n)$ 个事件也一定相互独立。特别地，若 $A_1, A_2, \cdots, A_n$ 相互独立，则它们之中任意两个事件也都相互独立（两两独立）；反之未必成立，即 n 个事件 $A_1, A_2, \cdots, A_n$ 两两独立不等于它们全体相互独立。

例 1.7　四只相同的球：在第一只球上写上数字 1 做记号；第二只球上写上数字 2；在第三只球上写上数字 3；在第四只球上写上 1、2、3 这三个数字做记号。把这四只球放在一个口袋中并且随机地取出一只来。设事件 B_i 表示取出的球上有数字 i，则

$$P(B_1) = P(B_2) = P(B_3) = 1/2, \qquad P(B_1 B_2) = P(B_2 B_3) = P(B_1 B_3) = 1/4, \qquad P(B_1 B_2 B_3) = 1/4$$

因为

$$P(B_1 B_2) = P(B_1)P(B_2), \qquad P(B_2 B_3) = P(B_2)P(B_3), \qquad P(B_1 B_3) = P(B_1)P(B_3)$$

所以 B_1, B_2, B_3 是两两独立的。但

$$P(B_1 B_2 B_3) \neq P(B_1)P(B_2)P(B_3)$$

所以事件 B_1, B_2, B_3 不是相互独立的。

由此可知，n 个事件两两独立不能推出 n 个事件相互独立。

1.2　随　机　变　量

前面已经建立了随机现象的数学模型——概率空间，知道事件 A 的概率是定义在事件域 F 上的集合函数。为了利用高等数学知识来研究集合函数，必须在集合函数与高等数学所研究的点函数之间建立起联系，从而能达到应用已知数学方法研究随机现象的目的。本节引入概率空间 (Ω, F, P) 上随机变量的概念。随机变量概念的引入使概率论的研究对象由具体事件抽象为随机变量，使得概率论成为一门真正的数学学科。

1. 随机变量的概念

1) 定义

已知一个概率空间 (Ω, F, P)，如果对于其样本空间 Ω 上的每一个样本 ζ_k，都有一个

实数 $x_k = X(\zeta_k), x_k \in I$（某个实数集）与它相对应。对应于所有样本 $\zeta \in \Omega$ ，便得到定义在 Ω 上的单值实函数 $X(\zeta)$ ；若每个实数 x 的数集 $\{X(\zeta) \leqslant x\}$ 仍是事件域 F 中的事件，则称这个单值实函数 $X(\zeta)$ 为随机变量，简写为 X 。

说明：

(1)样本 ζ_k 是样本空间 Ω 上的点，所对应的实数 x_k 是某个实数集 I 上的点。因此，随机变量 $X(\zeta)$ 就是从原样本空间 Ω 到新空间 I 的一种映射，如图 1.3 所示。

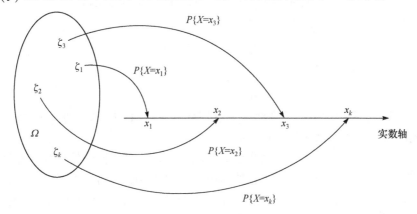

图 1.3　随机变量的定义

(2)随机变量 $X(\zeta)$ 总是对应一定的概率空间 (Ω, F, P) 。为了书写简便，没有特殊要求时，不必每次都写出随机变量 $X(\zeta)$ 的概率空间 (Ω, F, P) 。

(3)随机变量 $X(\zeta)$ 是关于 ζ 的单值实函数。为了书写简便，省写 ζ ，简写为 X 。所以，本书用大写的英文字母 $X, Y, Z, \cdots$ 表示随机变量，用相应的小写英文字母 $x, y, z, \cdots$ 表示随机变量的可能取值，用 I 表示随机变量取值的值域。

例 1.8　某电话总机在时间段 T 内共收到 n 次呼叫，样本 ζ_k 表示共收到 k 次呼叫的事件，则其样本空间为 $\Omega = \{\zeta_k, k = 0, 1, 2, \cdots\}$ ；定义实数 0 表示没有收到呼叫，实数 1 表示收到一次呼叫，实数 2 表示收到两次呼叫……即在样本空间 Ω 和实数集 $I = \{0, 1, 2, \cdots\}$ 之间建立映射关系 $x = X(\zeta)$ 。显然，$\{X(\zeta) \leqslant m\}$ 表示在时间段 T 内收到呼叫次数不大于 m 次的事件，仍然是事件域 F 中的事件。所以，$X(\zeta)$ 是表示此随机现象的随机变量，简写为 X 。

2)随机变量的分类

随机变量按其值域 I 是离散集还是连续集分为离散型随机变量和连续型随机变量。

离散型随机变量只能取有限个或可列无限个值。如例 1.8 中，代表 T 时间内收到的呼叫次数的随机变量 X 。

连续型随机变量的值域是有限或无限区间上的不可列集。如 1.1 节中灯泡寿命的测试，随机变量 X 表示灯泡的寿命，其值域为 $I = \{0 \leqslant x \leqslant T\}$ 。

2. 离散型随机变量的分布律

因为离散型随机变量 X 只可能取有限个或可列无限个值，所以，一般设离散型随机变量 X 所有可能取的值为 $x_k (k = 1, 2, \cdots)$ ，而随机变量 X 取各个可能值的概率

$$p_k = P\{X = x_k\}, \quad k = 1, 2, \cdots \tag{1-22}$$

称为离散型随机变量 X 的分布律或分布列。分布律用表格形式来表示

X	x_1	x_2	x_3	$\cdots$	x_k	$\cdots$
P	p_1	p_2	p_3	$\cdots$	p_k	$\cdots$

称为 X 的概率分布表，它清楚完整地表示了 X 取值的概率分布情况。

根据概率的定义，p_k 满足两个条件：

$$p_k \geqslant 0, \quad k = 1, 2, \cdots \tag{1-23}$$

$$\sum_{k=1}^{\infty} p_k = 1 \tag{1-24}$$

例 1.9　甲、乙两射手进行打靶练习，规定射入区域 A 得 2 分，射入区域 B 得 1 分，脱靶即射入区域 C 得 0 分，如图 1.4 所示。

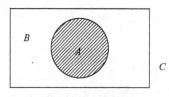

图 1.4　例 1.9 图

因此在射击前，甲、乙可能得到的分数 X 是离散型随机变量，它的所有可能值为 0、1、2。若已知甲、乙的射击水平：甲射入 A 的可能性是 0.8，射入 B 的可能性是 0.2，脱靶的可能性是 0；而乙射入 A 的可能性是 0.1，射入 B 的可能性是 0.3，脱靶的可能性是 0.6。那么在同一个样本空间，他们可能得到的分数 X 的概率分布则大不相同，其分布律分别为

$X_甲$	0	1	2
P	0	0.2	0.8

$X_乙$	0	1	2
P	0.6	0.3	0.1

3. 随机变量的分布函数

对于连续型随机变量，一方面其取值不可列，并且有无限多个；另一方面，由于概率的规范性，随机变量所有取值的概率之和为 1。因此连续型随机变量取任一实数值的概率为 0。

所以对于连续型随机变量，主要研究它在区间 $(x_1, x_2]$ 上的概率 $P\{x_1 < X \leqslant x_2\}$。由于 $P\{x_1 < X \leqslant x_2\} = P\{X \leqslant x_2\} - P\{X \leqslant x_1\}$，只要求得 $P\{X \leqslant x_1\}$ 和 $P\{X \leqslant x_2\}$ 就可以了。下面引入随机变量分布函数的概念。

1）定义

设 X 是一个随机变量，定义任意实数 $x \in R$ 的函数

$$F(x) = P\{X \leqslant x\} \tag{1-25}$$

为随机变量 X 的分布函数。表示随机变量 X 的取值落在 $(-\infty, x]$ 上的概率。而随机变量 X 在区间 $(x_1, x_2]$ 上的概率为

$$P\{x_1 < X \leqslant x_2\} = P\{X \leqslant x_2\} - P\{X \leqslant x_1\} = F(x_2) - F(x_1) \tag{1-26}$$

因此，随机变量的分布函数可以完整地描述随机变量的统计规律性，是随机变量的一

个重要概率特征。

2）分布函数的基本性质

（1）分布函数 $F(x)$ 是一个不减函数，即当 $x_2 > x_1$ 时，$F(x_2) > F(x_1)$。

（2）$0 \leqslant F(x) \leqslant 1$，且有 $\lim\limits_{x \to +\infty} F(x) = F(+\infty) = 1$ 和 $\lim\limits_{x \to -\infty} F(x) = F(-\infty) = 0$。

（3）分布函数 $F(x)$ 右连续，即满足 $F(x+0) = \lim\limits_{\varepsilon \to 0} F(x+\varepsilon) = F(x)$。

3）离散型随机变量分布函数的表达式

离散型随机变量 X 的分布律为 $P\{X = x_k\} = p_k\ (k = 1, 2, \cdots)$，由概率的可列可加性，离散型随机变量 X 的分布函数可表示为

$$F(x) = P\{X \leqslant x\} = \sum_{x_k \leqslant x} P\{X = x_k\} = \sum_{x_k \leqslant x} p_k \tag{1-27}$$

或表示为

$$F(x) = \sum_{k=1}^{\infty} P\{X = x_k\} U(x - x_k) = \sum_{k=1}^{\infty} p_k U(x - x_k) \tag{1-28}$$

其中，$U(x)$ 为单位阶跃函数。

例 1.10　随机变量 X 的分布律为

X	0	1	2
P	1/3	1/6	1/2

求：（1）X 的分布函数 $F(x)$；（2）$P\{X \leqslant 0.5\}$，$P\{1 < X \leqslant 1.5\}$，$P\{1 \leqslant X \leqslant 1.5\}$。

解：（1）由概率的有限可加性得 X 的分布函数为

A. 当 $x < 0$ 时，$F(x) = P(X \leqslant x) = P(X < 0) = 0$。

B. 当 $0 \leqslant x < 1$ 时，$F(x) = P(X \leqslant x) = P(X < 1) = P(X = 0) = 1/3$。

C. 当 $1 \leqslant x < 2$ 时，$F(x) = P(X \leqslant x) = P(X < 2) = P(X = 0) + P(X = 1) = 1/3 + 1/6 = 1/2$。

D. 当 $x \geqslant 2$ 时，$F(x) = P(X \leqslant x) = P(X = 0) + P(X = 1) + P(X = 2) = 1/3 + 1/6 + 1/2 = 1$。

归纳为

$$F(x) = P(X \leqslant x) = \begin{cases} 0, & x < 0 \\ 1/3, & 0 \leqslant x < 1 \\ 1/2, & 1 \leqslant x < 2 \\ 1, & x \geqslant 2 \end{cases}$$

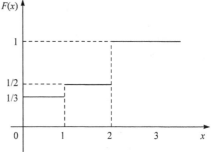

图 1.5　例 1.10 图

如图 1.5 所示。它是一条阶梯形曲线，在 $x = 0, 1, 2$ 处有阶跃。

（2）由分布函数图可得

$P\{X \leqslant 0.5\} = F(0.5) = 1/3$

$P\{1 < X \leqslant 1.5\} = F(1.5) - F(1) = 1/2 - 1/2 = 0$

$P\{1 \leqslant X \leqslant 1.5\} = F(1.5) - F(1) + P(X = 1) = 1/6$

4. 连续型随机变量的概率密度

1）定义

连续型随机变量 X 的分布函数为 $F(x)$，若存在非负函数 $f(x)$，使对于任意实数 x 有

$$F(x) = \int_{-\infty}^{x} f(t)\mathrm{d}t \tag{1-29}$$

则称函数 $f(x)$ 为连续型随机变量 X 的概率密度函数，简称概率密度。

反之，若连续型随机变量 X 的分布函数 $F(x)$ 的导数存在，其导数即为 X 的概率密度

$$f(x) = F'(x) = \frac{\mathrm{d}F(x)}{\mathrm{d}x} = \lim_{\Delta x \to 0} \frac{F(x + \Delta x) - F(x)}{\Delta x} = \lim_{\Delta x \to 0} \frac{P\{x < X \leqslant x + \Delta x\}}{\Delta x} \tag{1-30}$$

由式（1-30）可知，在忽略了高阶无穷小的情况下，有

$$P\{x < X \leqslant x + \mathrm{d}x\} = f(x) \cdot \mathrm{d}x \tag{1-31}$$

即随机变量 X 落在小区间 $(x, x+\mathrm{d}x]$ 上的概率近似地等于 $f(x) \cdot \mathrm{d}x$。

如果离散型随机变量引用概率密度表示，其形式为

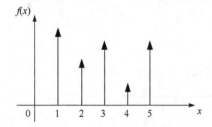

$$f(x) = \frac{\mathrm{d}F(x)}{\mathrm{d}x} = \frac{\mathrm{d}\sum_{k=1}^{\infty} p_k U(x - x_k)}{\mathrm{d}x} \tag{1-32}$$

$$= \sum_{k=1}^{\infty} p_k \frac{\mathrm{d}U(x - x_k)}{\mathrm{d}x} = \sum_{k=1}^{\infty} p_k \delta(x - x_k)$$

图 1.6　离散型随机变量的概率密度

其中，$\delta(x)$ 为冲激函数。离散型随机变量的概率密度为一串冲激序列，如图 1.6 所示。

2）概率密度的基本性质

(1)
$$f(x) \geqslant 0 \ , \quad -\infty < x < +\infty \tag{1-33}$$

(2)
$$\int_{-\infty}^{\infty} f(x)\mathrm{d}x = 1 \tag{1-34}$$

如图 1.7 所示，介于曲线 $y = f(x)$ 与 Ox 轴之间的面积为 1。

(3)
$$P\{x_1 < X \leqslant x_2\} = F(x_2) - F(x_1) = \int_{x_1}^{x_2} f(x)\mathrm{d}x \tag{1-35}$$

如图 1.8 所示，随机变量 X 落在区间 $(x_1, x_2]$ 的概率 $P\{x_1 < X \leqslant x_2\}$ 就是曲线 $y = f(x)$ 下的曲边梯形的面积。

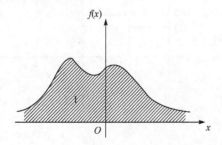

图 1.7　一维随机变量概率密度性质(2)

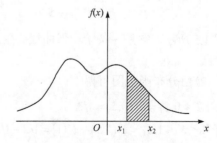

图 1.8　一维随机变量概率密度性质(3)

例 1.11　某射击靶子是一半径为 2m 的圆盘，设击中靶上任一同心圆盘内的概率与该圆盘的面积成正比，且每击必中靶。随机变量 X 表示弹着点与靶心的距离。

求：(1)随机变量 X 的分布函数 $F(x)$；　(2) $P\{0.5 < X \leqslant 1.5\}$，$P\{0.5 \leqslant X \leqslant 1.5\}$。

解：(1)因为 X 的取值范围是实轴上 $[0,2]$ 一段区间，所以 X 是连续型随机变量。

A. 当 $x < 0$ 时，$\{X \leqslant x\}$ 是不可能事件，$F(x) = P\{X \leqslant x\} = 0$。

B. 当 $0 \leqslant x \leqslant 2$ 时，由题 $P\{0 \leqslant X \leqslant x\} = kx^2$（$k$ 是某一常数）。

为了确定 k 的值，取 $x = 2$，即有 $P\{0 \leqslant X \leqslant 2\} = 2^2 k$。

由概率的规范性，可知 $P\{0 \leqslant X \leqslant 2\} = 1$，故解得 $k = 1/4$，即有

$$P\{0 \leqslant X \leqslant x\} = x^2 / 4$$

于是

$$F(x) = P\{X \leqslant x\} = P\{X < 0\} + P\{0 \leqslant X \leqslant x\} = x^2 / 4$$

C. 当 $x \geqslant 2$ 时，$\{X \leqslant x\}$ 是必然事件，$F(x) = P\{X \leqslant x\} = 1$。

综合可得 X 的分布函数为

$$F(x) = \begin{cases} 0, & x < 0 \\ \dfrac{x^2}{4}, & 0 \leqslant x < 2 \\ 1, & x \geqslant 2 \end{cases}$$

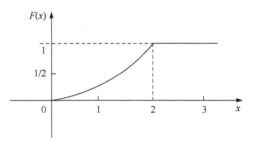

图 1.9　例 1.11 图

它的图形是一条连续的曲线，如图 1.9 所示。可见连续型随机变量的分布函数也是连续的。

思考：随机变量 X 的概率密度 $f(x)$ 是多少？

(2)所求概率为

$$P\{0.5 < X \leqslant 1.5\} = F(1.5) - F(0.5) = 0.5$$
$$P\{0.5 \leqslant X \leqslant 1.5\} = F(1.5) - F(0.5) + P\{X = 0.5\} = 0.5 + 0 = 0.5$$

注意：因为连续型随机变量的概率密度 $f(x)$ 是 x 的连续函数，所以连续型随机变量 X 只存在取值在某个区间上的概率，而不存在取某个值的概率，即 $P(X = x) = 0$。

5.常用连续型随机变量

1)均匀分布

若连续型随机变量 X 在有限区间 (a,b) 内取值，且其概率密度为

$$f(x) = \begin{cases} \dfrac{1}{b-a}, & a < x < b \\ 0, & \text{其他} \end{cases} \tag{1-36}$$

则称随机变量 X 在区间 (a,b) 上服从均匀分布，记为 $X \sim U(a,b)$。

它表示随机变量 X 落在区间 (a,b) 中任意等长度子区间内的可能性是相同的，或者说它

落在子区间的概率只依赖于子区间长度而与子区间位置无关。

2）高斯（正态）分布

若连续型随机变量 X 的概率密度为

$$f(x) = \frac{1}{\sqrt{2\pi}\sigma} e^{-\frac{(x-m)^2}{2\sigma^2}}, \quad -\infty < x < +\infty \tag{1-37}$$

其中，$\sigma > 0, m$ 为常数，则称 X 服从参数为 m，σ 的高斯分布，记为 $X \sim N(m, \sigma^2)$。

当 $m = 0$，$\sigma = 1$ 时，称 X 服从标准高斯分布。其概率密度为

$$f(x) = \frac{1}{\sqrt{2\pi}} e^{-\frac{x^2}{2}}, \quad -\infty < x < +\infty \tag{1-38}$$

在自然现象和社会现象中，大量的随机变量都服从或近似服从高斯分布。例如，一个地区的男性成人的身高、测量某零件长度的误差、海洋波浪的高度、电子管或半导体器件中的热噪声电流或电压等都服从高斯分布。在概率论和随机过程的理论研究与实际应用中，高斯分布起着特别重要的作用。

3）指数分布

若随机变量 X 具有概率密度

$$f(x) = \begin{cases} \lambda e^{-\lambda x}, & x > 0 \\ 0, & x \leqslant 0 \end{cases} \tag{1-39}$$

其中，$\lambda > 0$ 为常数，则称 X 服从参数为 λ 的指数分布。

例 1.12　设随机变量 X 具有概率密度

$$f(x) = \begin{cases} k e^{-3x}, & x > 0 \\ 0, & x \leqslant 0 \end{cases}$$

试确定常数 k，并求 $P\{X > 0.1\}$。

解：　由 $\int_{-\infty}^{+\infty} f(x)\mathrm{d}x = 1$，即 $\int_0^{+\infty} k e^{-3x}\mathrm{d}x = 1$，解得 $k = 3$。则 X 的概率密度为

$$f(x) = \begin{cases} 3 e^{-3x}, & x > 0 \\ 0, & x \leqslant 0 \end{cases}$$

表示 X 服从参数为 3 的指数分布。而

$$P\{X > 0.1\} = 1 - P\{X \leqslant 0.1\} = 1 - \int_{-\infty}^{0.1} f(x)\mathrm{d}x = 1 - \int_0^{0.1} 3 e^{-3x}\mathrm{d}x = 0.7408$$

6. 常用离散型随机变量

下面介绍三种重要的离散型随机变量。

1）（0-1）分布

若随机变量 X 只可能取 0 或 1 两个值，它们的分布律为

$$\begin{cases} P\{X = 1\} = p \\ P\{X = 0\} = 1 - p \end{cases}, \quad 0 \leqslant p \leqslant 1 \tag{1-40}$$

则称随机变量 X 服从 $(0\text{-}1)$ 分布。

对于一个随机试验，若它的样本空间只包含两个元素，即 $\Omega=\{\zeta_1,\zeta_2\}$，则总能在 Ω 上定义一个具有 $(0\text{-}1)$ 分布的随机变量

$$X=X(\zeta)=\begin{cases} 1, & \zeta=\zeta_1 \\ 0, & \zeta=\zeta_2 \end{cases} \tag{1-41}$$

用来描述这个随机试验的结果。新生婴儿的性别，产品的质量是否合格，以及前面讨论过的"抛硬币"试验等都可用服从 $(0\text{-}1)$ 分布的随机变量来描述。

2）伯努利试验和二项分布

将随机试验 E 重复进行 n 次，若各次试验的结果互不影响，即每次试验结果出现的概率都不依赖于其他各次试验的结果，则称这 n 次随机试验是独立的。

设随机试验 E 只有两个可能结果，A 及 $\overline{A}$，且 $P(A)=p$，$P(\overline{A})=q$，$0\leqslant p=1-q\leqslant 1$。将随机试验 E 独立地重复进行 n 次，则称这一串重复的独立试验为 n 重伯努利试验，简称伯努利试验。伯努利试验是一种很重要的数学模型，有广泛应用，是被研究最多的模型之一。

在 n 重伯努利试验中，事件 A 可能发生 $0,1,2,\cdots,n$ 次，现在求事件 A 恰好发生 k 次的概率 $p_n(k)$。首先考察 $n=4$，$k=2$，即 4 次随机试验中事件 A 发生 2 次的这个特例。

在 4 次试验中，事件 A 发生 2 次的方式有以下 $C_4^2=6$ 种：

$$A_1A_2\overline{A}_3\overline{A}_4, \quad A_1\overline{A}_2A_3\overline{A}_4, \quad A_1\overline{A}_2\overline{A}_3A_4, \quad \overline{A}_1A_2A_3\overline{A}_4, \quad \overline{A}_1A_2\overline{A}_3A_4, \quad \overline{A}_1\overline{A}_2A_3A_4$$

其中，$A_k(k=1,2,3,4)$ 表示事件 A 在第 k 次试验中发生；$\overline{A}_k(k=1,2,3,4)$ 表示事件 A 在第 k 次试验中不发生。由于各次试验是相互独立的，于是有

$$P(A_1A_2\overline{A}_3\overline{A}_4)=P(A_1)P(A_2)P(\overline{A}_3)P(\overline{A}_4)=p^2q^{4-2}=\cdots=P(\overline{A}_1\overline{A}_2A_3A_4) \tag{1-42}$$

由于以上六种方式中只要有一种发生事件且发生，属和事件。且以上六种方式之间都是互不相容的，因此在 4 次试验中，事件 A 恰好发生 2 次的概率为

$$P_4(2)=P(A_1A_2\overline{A}_3\overline{A}_4)+P(A_1\overline{A}_2A_3\overline{A}_4)+\cdots+P(\overline{A}_1\overline{A}_2A_3A_4)=C_4^2p^2q^{4-2} \tag{1-43}$$

通过这个特例，推广到 n 重伯努利试验中，事件 A 恰好发生 $k(0\leqslant k\leqslant n)$ 次的概率为

$$P_n(k)=C_n^kp^kq^{n-k}, \quad k=0,1,\cdots,n \tag{1-44}$$

以 X 表示 n 重伯努利试验中 A 发生的次数，则 X 是一个随机变量，其可能值为 $0,1,2,\cdots,n$，且其分布律为

$$P\{X=k\}=P_n(k)=C_n^kp^kq^{n-k}, \quad k=0,1,\cdots,n \tag{1-45}$$

显然 $P\{X=k\}\geqslant 0(k=0,1,\cdots,n)$ 和 $\sum_{k=0}^{n}C_n^kp^kq^{n-k}=(p+q)^n=1$ 成立，满足分布律非负性和规范性的两个条件。因为 $C_n^kp^kq^{n-k}$ 正好是二项式 $(p+q)^n$ 的展开式的第 $k+1$ 项，所以称随机变量 X 服从参数为 (n,p) 的二项分布，记为 $X\sim B(n,p)$。

特别地，当 $n=1$ 时的二项分布化为 $P\{X=k\}=p^kq^{1-k}(k=0,1)$，这是 $(0\text{-}1)$ 分布；当 $n\to\infty$ 且 $p\to 0$ 时的二项分布逼近成泊松分布。

3）泊松分布

若随机变量 X 所有可能取值为 $0,1,2,\cdots$，而取各个值的概率为

$$P\{X=k\}=\frac{\lambda^k \mathrm{e}^{-\lambda}}{k!}, \quad k=0,1,2,\cdots \tag{1-46}$$

其中，$\lambda>0$ 为常数，则称随机变量 X 服从参数为 λ 的泊松分布，记为 $X\sim P(\lambda)$。

$$P\{X=k\}\geqslant 0, \quad k=0,1,2,\cdots \tag{1-47}$$

$$\sum_{k=0}^{\infty}P\{X=k\}=\sum_{k=0}^{\infty}\frac{\lambda^k \mathrm{e}^{-\lambda}}{k!}=\mathrm{e}^{-\lambda}\sum_{k=0}^{\infty}\frac{\lambda^k}{k!}=\mathrm{e}^{\lambda}\cdot\mathrm{e}^{-\lambda}=1 \tag{1-48}$$

满足分布律非负性和规范性的两个条件。

泊松定理：设随机变量 X 服从二项分布

$$P\{X=k\}=C_n^k p^k(1-p)^{n-k}, \quad k=0,1,\cdots,n \tag{1-49}$$

且 $np=\lambda$，$\lambda>0$ 为常数。当 $n\to\infty$ 时，有

$$\lim_{n\to\infty}P(X=k)=\lim_{n\to\infty}C_n^k p^k(1-p)^{n-k}=\frac{\lambda^k \mathrm{e}^{-\lambda}}{k!} \tag{1-50}$$

泊松定理表明了以 $n,p(np=\lambda)$ 为参数的二项分布，当 $n\to\infty$ 时趋于以 λ 为参数的泊松分布。在二项分布的实际计算中，当 $n\geqslant 10$，$p\leqslant 0.1$ 时，可以做以下近似计算

$$P\{X=k\}=C_n^k p^k(1-p)^{n-k}\approx\frac{\lambda^k \mathrm{e}^{-\lambda}}{k!} \tag{1-51}$$

这也显示了泊松分布的重要性，泊松分布在实际应用中是很多的。例如，电话交换台一小时内收到的电话呼叫次数；纺纱车间大量纱锭在一个时间间隔里断头的个数；在一个时间间隔里放射性物质发出的经过计数器的 α 粒子数；牧草种子中的杂草种子数等都可认为近似服从泊松分布。

例 1.13 某人进行射击，设每次射击的命中率为 0.02。独立射击 400 次，试求击中的次数大于或等于 2 的概率。

解： 将每次射击看成是一次试验。设击中的次数为 X，则 X 服从参数为 $n=400$，$p=0.02$ 的二项分布，其分布律为

$$p\{X=k\}=C_{400}^k(0.02)^k(0.98)^{400-k}, \quad k=0,1,\cdots,400$$

于是所求的概率为

$$P\{X\geqslant 2\}=1-\left[P\{X=0\}+P\{X=1\}\right]=1-\left[(0.98)^{400}+400(0.02)(0.98)^{399}\right]=0.9972$$

直接计算显然是麻烦的，现在利用近似计算。由泊松定理可知

$$P\{X=k\}\approx\frac{\lambda^k \mathrm{e}^{-\lambda}}{k!}, \quad \lambda=np=400\times 0.02=8$$

则可以求得

$$P\{X=0\}\approx\mathrm{e}^{-8}, \quad P\{X=1\}\approx 8\mathrm{e}^{-8}$$

因此

$$P\{X \geqslant 2\} \approx 1 - e^{-8} - 8e^{-8} = 1 - 9e^{-8} = 0.997$$

1.3 多维随机变量及其分布

前面讨论了单个随机变量的情况，但在实践中常会遇到同时需要几个随机变量才能较清楚地描述某一现象的情况。例如，预测炮弹在地面命中点的位置是由两个随机变量 (X,Y) 所构成的；预测飞机在空中的位置由三个随机变量 (X,Y,Z) 来确定；描述空气中随机游动的微粒在某瞬时 t_i 的运动状态，至少需要六个随机变量 $(X_i, Y_i, Z_i, V_X, V_Y, V_Z)$，其中，$V_X, V_Y, V_Z$ 表示在 t_i 时刻三个方向的随机速度。因此，由 n 个随机因素构成的随机现象，要用 n 个随机变量 $X_1, X_2, \cdots, X_n$ 的总体 $(X_1, X_2, \cdots, X_n)$ 来表示。定义在同一概率空间 (Ω, F, P) 上的 n 个随机变量的总体称为 n 维随机变量。

例 1.14 设某地面卫星站接收到的随机信号的所有可能状态有十种。

若用十进制表示，则任一时刻信号的状态是个一维随机变量 X，其值域为 $I = \{0,1,2,\cdots,9\}$；若用二进制表示，则任一时刻信号的状态是个四维随机变量 (X_1, X_2, X_3, X_4)，其值域为 $I = \{(0000),(0001),(0010),\cdots,(1001)\}$，而其中每个分量 X_i 的值域为 $I_i = \{0,1\}$。

由例 1.14 可看出，n 维随机变量与一维随机变量不同之处在于：在随机试验 E 中，n 维随机变量将样本空间 Ω 中的每个元素 ζ 映射到 n 维实数空间 R^n 的一个点 $(x_1, x_2, \cdots, x_n)$。实际上它也可以表示成一个由 n 个随机分量的随机矢量 $\boldsymbol{X}$。在以后多维随机变量的研究中，为了简便，经常用一个随机矢量来表示 n 维随机变量。随机矢量常用大写英文字母 $\boldsymbol{X}$、$\boldsymbol{Y}$、$\boldsymbol{Z}$ 表示。n 个分量的随机矢量可以写成

$$\boldsymbol{X} = \begin{pmatrix} X_1 \\ X_2 \\ \vdots \\ X_n \end{pmatrix}, \quad \boldsymbol{Y} = \begin{pmatrix} Y_1 \\ Y_2 \\ \vdots \\ Y_n \end{pmatrix}, \quad \boldsymbol{Z} = \begin{pmatrix} Z_1 \\ Z_2 \\ \vdots \\ Z_n \end{pmatrix}$$

首先，给出二维随机变量的概念和性质。

1.3.1 二维随机变量

1. 二维随机变量的定义、分布函数和概率密度

1）二维随机变量定义

X、Y 为定义在同一概率空间 (Ω, F, P) 上的两个随机变量，则称其总体 (X,Y) 为二维随机变量。若二维随机变量用 (X_1, X_2) 表示，随机矢量的形式为

$$\boldsymbol{X} = \begin{bmatrix} X_1 \\ X_2 \end{bmatrix}$$

2）分布函数的定义

对任意实数 $x, y \in R$ ，称

$$F_{XY}(x, y) = P\{X \leqslant x, Y \leqslant y\} \tag{1-52}$$

为 (X, Y) 的联合分布函数(或二维分布函数)。它表示随机变量在 X 取值 $\leqslant x$ ，且 Y 取值 $\leqslant y$ 这样一个联合事件下的概率。

若二维随机变量用 (X_1, X_2) 表示，其联合分布函数为

$$F_X(x_1, x_2) = P\{X_1 \leqslant x_1, X_2 \leqslant x_2\} \tag{1-53}$$

联合分布函数 $F_{XY}(x, y)$ 具有以下基本性质。

(1) $F_{XY}(x, y)$ 分别对 x ， y 单调不减。

(2) $F_{XY}(x, y)$ 对每个变量为右连续。

(3) $0 \leqslant F_{XY}(x, y) \leqslant 1$ ，且 $F_{XY}(x, -\infty) = 0$ ， $F_{XY}(-\infty, y) = 0$ 和 $F_{XY}(+\infty, +\infty) = 1$ 。

(4)若任意四个实数 a_1, a_2, b_1, b_2 ，满足 $a_1 \leqslant a_2, b_1 \leqslant b_2$ ，则

$$P\{a_1 < X \leqslant a_2, b_1 < Y \leqslant b_2\} = F_{XY}(a_2, b_2) + F_{XY}(a_1, b_1) - F_{XY}(a_1, b_2) - F_{XY}(a_2, b_1) \tag{1-54}$$

如图 1.10 所示。

3) 概率密度的定义

若 $F_{XY}(x, y)$ 存在二阶偏导数，则称

$$f_{XY}(x, y) = \frac{\partial^2 F_{XY}(x, y)}{\partial x \partial y} \tag{1-55}$$

为二维随机变量 (X, Y) 的联合概率密度。

联合概率密度具有以下基本性质。

(1) 　　　　　　　　　　$$f_{XY}(x, y) \geqslant 0 \tag{1-56}$$

(2) 　　　　　　　$$\int_{-\infty}^{+\infty} \int_{-\infty}^{+\infty} f_{XY}(x, y) \mathrm{d}x \mathrm{d}y = 1 \tag{1-57}$$

(3) 　　　　　　　$$\int_{-\infty}^{y} \int_{-\infty}^{x} f_{XY}(u, v) \mathrm{d}u \mathrm{d}v = F_{XY}(x, y) \tag{1-58}$$

(4) 　　　　　　　$$P\{(x, y) \in D\} = \iint_D f_{XY}(u, v) \mathrm{d}u \mathrm{d}v \tag{1-59}$$

在几何上 $P\{(x, y) \in D\}$ 表示曲面 $f_{XY}(x, y)$ 与 D 间所围的柱体体积，如图 1.11 所示。

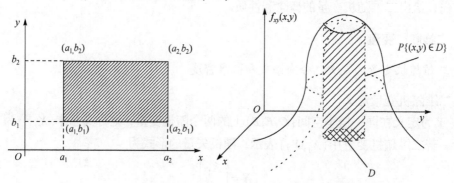

图 1.10　联合分布函数的性质(4)　　　　　　图 1.11　联合概率密度的性质(4)

例 1.15　设二维随机变量 (X,Y) 的概率密度

$$f(x,y)=\begin{cases}\mathrm{e}^{-(x+y)}, & 0<x<+\infty,\ \ 0<y<+\infty \\ 0, & \text{其他}\end{cases}$$

求：(1)分布函数 $F_{XY}(x,y)$；(2) (X,Y) 落在如图 1.12 所示的三角形域 G 内的概率。

解：(1)分布函数

$$F_{XY}(x,y)=\int_{-\infty}^{y}\int_{-\infty}^{x}f(u,v)\mathrm{d}u\mathrm{d}v$$

$$=\begin{cases}\displaystyle\int_{0}^{y}\int_{0}^{x}f(u,v)\mathrm{d}u\mathrm{d}v, & 0<x<+\infty,\ \ 0<y<+\infty \\ 0, & \text{其他}\end{cases}$$

$$=\begin{cases}\left(1-\mathrm{e}^{-x}\right)\left(1-\mathrm{e}^{-y}\right), & 0<x<+\infty,\ \ 0<y<+\infty \\ 0, & \text{其他}\end{cases}$$

(2) (X,Y) 落在三角形域 G 内的概率

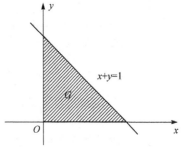

图 1.12　例 1.15 图

$$P\{(x,y)\in G\}=\iint\limits_{G}f(x,y)\mathrm{d}x\mathrm{d}y=\int_{0}^{1}\int_{0}^{1-y}\mathrm{e}^{-(x+y)}\mathrm{d}x\mathrm{d}y$$

$$=\int_{0}^{1}\mathrm{e}^{-y}\left[\int_{0}^{1-y}\mathrm{e}^{-x}\mathrm{d}x\right]\mathrm{d}y=\int_{0}^{1}\mathrm{e}^{-y}\cdot\left(1-\mathrm{e}^{-1+y}\right)\mathrm{d}y$$

$$=\int_{0}^{1}\left(\mathrm{e}^{-y}-\mathrm{e}^{-1}\right)\mathrm{d}y=1-2\mathrm{e}^{-1}=0.2642$$

4)离散型二维随机变量

若二维随机变量 (X,Y) 的所有可能取值是有限对或可列无限多对，则称 (X,Y) 是二维离散型随机变量。设二维离散型随机变量 (X,Y) 所有可能取值为 (x_i,y_i) $(i,j=1,2,\cdots)$，记

$$P\{X=x_i,Y=y_j\}=p_{ij},\quad i,j=1,2,\cdots \tag{1-60}$$

根据概率的性质有

$$p_{ij}\geqslant 0 \tag{1-61}$$

$$\sum_{i=1}^{\infty}\sum_{j=1}^{\infty}p_{ij}=1 \tag{1-62}$$

则称 p_{ij} 为二维离散型随机变量 (X,Y) 的分布律，或称为随机变量 X 和 Y 的联合分布律。

利用阶跃函数 $U(x)$ 与冲激函数 $\delta(x)$，离散型二维随机变量的联合分布函数可表示为

$$F_{XY}(x,y)=P\{X\leqslant x,Y\leqslant y\}=\sum_{i}\sum_{j}P\{X=x_i,Y=y_j\}U(x-x_i)U(y-y_j)$$

$$=\sum_{i}\sum_{j}p_{ij}U(x-x_i)U(y-y_j) \tag{1-63}$$

离散型二维随机变量的联合概率密度可表示为

$$f_{XY}(x,y) = \sum_i \sum_j P\{X=x_i, Y=y_j\}\delta(x-x_i)\delta(y-y_j)$$
$$= \sum_i \sum_j p_{ij}\delta(x-x_i)\delta(y-y_j) \tag{1-64}$$

离散型二维随机变量的概率密度 $f_{XY}(x,y)$ 和分布函数 $F_{XY}(x,y)$ 如图 1.13 所示。

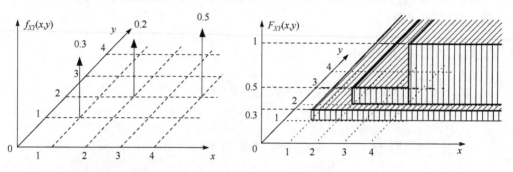

图 1.13　离散型二维随机变量的概率密度 $f_{XY}(x,y)$ 和分布函数 $F_{XY}(x,y)$

2. 二维随机变量的边缘分布、条件分布

1)边缘分布函数和边缘概率密度

二维随机变量 (X,Y) 作为一个整体,它具有分布函数 $F_{XY}(x,y)$;而 X 和 Y 也都是随机变量,各自的分布函数为 $F_X(x)$ 和 $F_Y(y)$。它们与联合分布函数 $F_{XY}(x,y)$ 具有如下关系:

$$F_X(x) = F_{XY}(x,\infty), \qquad F_Y(y) = F_{XY}(\infty,y) \tag{1-65}$$

则称 $F_X(x)$ 和 $F_Y(y)$ 分别为 (X,Y) 关于 X 和 Y 的边缘分布函数,简称为 X 和 Y 的边缘分布函数。

对于连续型随机变量 (X,Y),有

$$F_X(x) = F_{XY}(x,\infty) = \int_{-\infty}^{x}\int_{-\infty}^{+\infty} f_{XY}(u,y)\mathrm{d}y\mathrm{d}u \tag{1-66}$$

对照 $F_X(x) = \int_{-\infty}^{x} f_X(u)\mathrm{d}u$,可得

$$f_X(x) = \int_{-\infty}^{+\infty} f_{XY}(x,y)\mathrm{d}y \tag{1-67}$$

称为 (X,Y) 关于 X 的边缘概率密度。同理,(X,Y) 关于 Y 的边缘概率密度为

$$f_Y(y) = \int_{-\infty}^{\infty} f_{XY}(x,y)\mathrm{d}x \tag{1-68}$$

对于离散型随机变量 (X,Y),有

$$F_X(x) = F_{XY}(x,\infty) = \sum_i \sum_{j=1}^{\infty} p_{ij}U(x-x_i) = \sum_{x_i \leqslant x}\sum_{j=1}^{\infty} p_{ij} \tag{1-69}$$

对照

$$F_X(x) = \sum_i P\{X = x_i\} U(x - x_i) = \sum_{x_i \le x} P\{X = x_i\} \tag{1-70}$$

可得

$$p_i = P\{X = x_i\} = \sum_{j=1}^{\infty} p_{ij}, \quad i = 1, 2, \cdots \tag{1-71}$$

称为(X, Y)关于X的边缘分布律。同理，(X, Y)关于Y的边缘分布律为

$$p_j = P\{Y = y_j\} = \sum_{i=1}^{\infty} p_{ij}, \quad j = 1, 2, \cdots \tag{1-72}$$

边缘分布函数、边缘概率密度和边缘分布律反映了二维随机变量中各随机变量本身的统计特征。

例1.16（例1.15续） （3）求边缘分布函数$F_X(x)$和$F_Y(y)$； （4）求边缘概率密度$f_X(x)$和$f_Y(y)$。

解：（3）已知联合分布函数$F_{XY}(x, y)$的表达式，则边缘分布函数

$$F_X(x) = F_{XY}(x, \infty) = \begin{cases} (1 - e^{-x})(1 - e^{-\infty}), & 0 < x < +\infty \\ 0, & \text{其他} \end{cases} = \begin{cases} 1 - e^{-x}, & 0 < x < +\infty \\ 0, & \text{其他} \end{cases}$$

同理

$$F_Y(y) = F_{XY}(\infty, y) = \begin{cases} 1 - e^{-y}, & 0 < y < +\infty \\ 0, & \text{其他} \end{cases}$$

（4）边缘概率密度

$$f_X(x) = \int_{-\infty}^{+\infty} f_{XY}(x, y) \mathrm{d}y = \begin{cases} \int_0^{+\infty} e^{-(x+y)} \mathrm{d}y, & 0 < x < +\infty \\ 0, & \text{其他} \end{cases} = \begin{cases} e^{-x}, & 0 < x < +\infty \\ 0, & \text{其他} \end{cases}$$

同理

$$f_Y(y) = \int_{-\infty}^{+\infty} f_{XY}(x, y) \mathrm{d}x = \begin{cases} e^{-y}, & 0 < y < +\infty \\ 0, & \text{其他} \end{cases}$$

2）条件分布函数和条件概率密度

（1）定义：对于连续型二维随机变量(X, Y)

$$F_Y(y|X = x) = \int_{-\infty}^{y} \frac{f_{XY}(x, v)}{f_X(x)} \mathrm{d}v, \qquad f_Y(y|X = x) = \frac{f_{XY}(x, y)}{f_X(x)} \tag{1-73}$$

分别称为给定$X=x$的条件下Y的条件分布函数和条件概率密度，简写为$F_Y(y|x)$，$f_Y(y|x)$。

（2）推导过程。前面引入了条件概率的概念，即在给定事件B的条件下，事件A发生的条件概率。

$$P(A|B) = \frac{P(AB)}{P(B)}$$

把这个概念引用到随机变量的理论中。对于连续型二维随机变量 (X,Y)，令 $A=\{Y\leqslant y\}$，$B=\{X\leqslant x\}$，则称

$$P(A|B)=P\{Y\leqslant y|B\}=F_Y(y|B) \tag{1-74}$$

为给定 B 条件下的 Y 的分布函数。由上可得条件分布函数 $F_y(y|B)$，联合分布函数 $F_{XY}(x,y)$ 及边缘分布函数 $F_X(x)$ 三者之间的关系

$$F_Y(y|X\leqslant x)=P(A|B)=\frac{P(AB)}{P(B)}=\frac{P\{X\leqslant x,Y\leqslant y\}}{P\{X\leqslant x\}}=\frac{F_{XY}(x,y)}{F_X(x)} \tag{1-75}$$

若式(1-75)对 y 的导数存在，则有

$$f_Y(y|X\leqslant x)=\frac{\partial F_Y(y|X\leqslant x)}{\partial y}=\frac{\partial F_{XY}(x,y)/\partial y}{F_X(x)}=\frac{\int_{-\infty}^x f_{XY}(u,y)\mathrm{d}u}{\int_{-\infty}^x f_X(u)\mathrm{d}u} \tag{1-76}$$

若令 $B=\{X=x\}$，代入式(1-74)得

$$\begin{aligned}
F_Y(y|X=x)&=\lim_{\Delta x\to 0}F_Y(y|x<X\leqslant x+\Delta x)=\lim_{\Delta x\to 0}\frac{P\{x<X\leqslant x+\Delta x,Y\leqslant y\}}{P\{x<X\leqslant x+\Delta x\}}\\
&=\lim_{\Delta x\to 0}\frac{P\{X\leqslant x+\Delta x,Y\leqslant y\}-P\{X\leqslant x,Y\leqslant y\}}{P\{X\leqslant x+\Delta x\}-P\{X\leqslant x\}}\\
&=\lim_{\Delta x\to 0}\frac{\left[F_{XY}(x+\Delta x,y)-F_{XY}(x,y)\right]/\Delta x}{\left[F_X(x+\Delta x)-F_X(x)\right]/\Delta x}=\frac{\partial F_{XY}(x,y)/\partial x}{\partial F_X(x)/\partial x}=\frac{\int_{-\infty}^y f_{XY}(x,v)\mathrm{d}v}{f_X(x)}
\end{aligned} \tag{1-77}$$

且　　　　　$$f_Y(y|X=x)=\frac{\partial F_Y(y|X=x)}{\partial y}=\frac{f_{XY}(x,y)}{f_X(x)}\ ,\quad f_X(x)\neq 0 \tag{1-78}$$

例 1.17（例 1.15 续）(5)求条件分布函数 $F_X(x|y)$ 和 $F_Y(y|x)$；　　(6)求条件概率密度 $f_X(x|y)$ 和 $f_Y(y|x)$。

解：(5)条件分布函数

$$F_X(x|y)=\frac{\int_{-\infty}^x f_{XY}(x,y)\mathrm{d}x}{f_Y(y)}=\begin{cases}\dfrac{\int_0^x \mathrm{e}^{-(x+y)}\mathrm{d}x}{\mathrm{e}^{-y}}, & 0<x<+\infty\\ 0, & \text{其他}\end{cases}=\begin{cases}1-\mathrm{e}^{-x}, & 0<x<+\infty\\ 0, & \text{其他}\end{cases}$$

同理

$$F_Y(y|x)=\begin{cases}1-\mathrm{e}^{-y}, & 0<y<+\infty\\ 0, & \text{其他}\end{cases}$$

(6)条件概率密度

$$f_X\left(x|y\right)=\frac{f_{XY}\left(x,y\right)}{f_Y\left(y\right)}=\begin{cases}\dfrac{\mathrm{e}^{-(x+y)}}{\mathrm{e}^{-y}}, & 0<x<+\infty \\ 0, & 其他\end{cases}=\begin{cases}\mathrm{e}^{-x}, & 0<x<+\infty \\ 0, & 其他\end{cases}$$

同理

$$f_Y\left(y|x\right)=\begin{cases}\mathrm{e}^{-y}, & 0<y<+\infty \\ 0, & 其他\end{cases}$$

(3)性质。

条件分布函数 $F_Y\left(y|B\right)$ 是求在 B 发生的条件下，事件 $\{Y(\zeta)\leqslant y\}$ 发生的概率，$\zeta\in B$。换句话说，它是求在新的样本空间 Ω_B 上事件 $\{Y(\zeta)\leqslant y\}$ 发生的概率，如图 1.14 所示。而无条件的分布函数 $F_Y\left(y\right)$ 则是在 Ω 上求 $\{Y(\zeta)\leqslant y\}$ 事件的概率，$\zeta\in\Omega$。因此，除了样本空间缩小成 Ω_B，条件分布函数的性质与一般分布函数的性质完全相同。

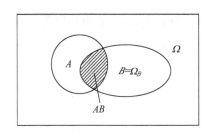

图 1.14　样本空间 Ω 和缩小样本空间 Ω_B

条件分布函数的性质如下。

① $\qquad F_Y\left(\infty|B\right)=1, \qquad F_Y\left(-\infty|B\right)=0, \qquad 0\leqslant F_Y\left(y|B\right)\leqslant 1 \qquad$ (1-79)

② $\qquad F_Y\left(y_2|B\right)-F_Y\left(y_1|B\right)=P\{y_1<Y\leqslant y_2|B\} \qquad$ (1-80)

条件密度函数性质如下。

① $\qquad f_Y\left(y|B\right)\geqslant 0 \qquad$ (1-81)

② $\qquad \displaystyle\int_{-\infty}^{\infty}f_Y\left(y|B\right)\mathrm{d}y=F_Y\left(\infty|B\right)-F_Y\left(-\infty|B\right)=1 \qquad$ (1-82)

③ $\qquad F_Y\left(y|B\right)=\displaystyle\int_{-\infty}^{y}f_Y\left(v|B\right)\mathrm{d}v \qquad$ (1-83)

(4)离散型随机变量的条件分布律。

对于离散型随机变量 X 和 Y，其在 $X=x$ 的条件下，$Y=y$ 的条件概率可直接定义为

$$P\{Y=y|X=x\}=\frac{P\{X=x,Y=y\}}{P\{X=x\}}, \quad P(X=x)>0 \qquad (1\text{-}84)$$

因此，二维随机变量 (X,Y)，对于固定的 j，若 $P\{Y=y_j\}>0$，则

$$P\{X=x_i|Y=y_j\}=\frac{P\{X=x_i,Y=y_j\}}{P\{Y=y_i\}}=\frac{p_{ij}}{p_j}, \quad i=1,2,\cdots \qquad (1\text{-}85)$$

称为在 $Y=y_i$ 条件下随机变量 X 的条件分布律。

同样，对于固定的 i，若 $P\{X=x_i\}>0$，则

$$P\{Y=y_j|X=x_i\}=\frac{P\{X=x_i,Y=y_j\}}{P\{X=x_i\}}=\frac{p_{ij}}{p_i}, \quad j=1,2,\cdots \tag{1-86}$$

称为在 $X=x_i$ 条件下随机变量 Y 的条件分布律。

3. 随机变量的统计独立

前面引入了事件独立的概念，现在引入随机变量中。

X、Y 是两个随机变量，若对任意实数 x 和 y，有

$$P\{X<x,Y<y\}=P\{(X<x)\bigcap(Y<y)\}=P\{X<x\}\cdot P\{Y<y\} \tag{1-87}$$

则称随机变量 X、Y 相互独立。

对于二维随机变量 (X,Y)，X 与 Y 相互独立的条件为

$$F_{XY}(x,y)=F_X(x)\cdot F_Y(y) \tag{1-88}$$

或

$$f_{XY}(x,y)=f_X(x)\cdot f_Y(y) \tag{1-89}$$

把式 $(1\text{-}88)$ 和式 $(1\text{-}89)$ 代入条件分布函数和概率密度的定义式 $(1\text{-}73)$ 可得

$$\begin{cases} F_Y(y|x)=F_Y(y) \\ f_Y(y|x)=f_Y(y) \end{cases} \tag{1-90}$$

同理可得

$$\begin{cases} F_X(x|y)=F_X(x) \\ f_X(x|y)=f_X(x) \end{cases} \tag{1-91}$$

说明：当 X 和 Y 相互独立时，X 在 $Y=y$ 的条件下的分布与 X 的无条件分布相同，或者 Y 在 $X=x$ 的条件下的分布与 Y 的无条件分布相同。也就是说，随机变量 X 的统计特征与随机变量 Y 的统计特征无关。

离散型随机变量 X 和 Y 独立的条件是：对所有 i,j 均有 $p_{ij}=p_i\cdot p_j$ $(i,j=1,2,\cdots)$，即

$$P\{X=x_i,Y=y_j\}=P\{X=x_i\}\cdot P\{Y=y_j\} \tag{1-92}$$

例 1.18（例 1.15 续）　(7) X 和 Y 是否统计独立？

解：　(7)独立。因为存在下面的关系（只需满足 $ABCD$ 任一条件即可推出统计独立）：

A. 由已知条件和求得的结论可知

$$F_{XY}(x,y)=\begin{cases} (1-e^{-x})(1-e^{-y}), & 0<x<+\infty, \ 0<y<+\infty \\ 0, & \text{其他} \end{cases}$$

$$F_X(x)=\begin{cases} 1-e^{-x}, & 0<x<+\infty \\ 0, & \text{其他} \end{cases}, \qquad F_Y(y)=\begin{cases} 1-e^{-y}, & 0<y<+\infty \\ 0, & \text{其他} \end{cases}$$

所以 $F_{XY}(x,y)=F_X(x)\cdot F_Y(y)$ 成立，则 X 和 Y 统计独立。

B. 由已知条件和求得的结论可知

$$F_X\left(x|y\right)=\begin{cases}1-\mathrm{e}^{-x}, & 0<x<+\infty \\ 0, & \text{其他}\end{cases}, \qquad F_X(x)=\begin{cases}1-\mathrm{e}^{-x}, & 0<x<+\infty \\ 0, & \text{其他}\end{cases}$$

所以 $F_X\left(x|y\right)=F_X(x)$ 成立，则 X 和 Y 统计独立。

C. 由已知条件和求得的结论可知

$$f_{XY}\left(x,y\right)=\begin{cases}\mathrm{e}^{-(x+y)}, & 0<x<+\infty, \quad 0<y<+\infty \\ 0, & \text{其他}\end{cases}$$

$$f_X\left(x\right)=\begin{cases}\mathrm{e}^{-x}, & 0<x<+\infty \\ 0, & \text{其他}\end{cases}; \qquad f_Y\left(y\right)=\begin{cases}\mathrm{e}^{-y}, & 0<y<+\infty \\ 0, & \text{其他}\end{cases}$$

所以 $f_{XY}\left(x,y\right)=f_X(x)\cdot f_Y(y)$ 成立，则 X 和 Y 统计独立。

D. 由已知条件和求得的结论可知

$$f_X\left(x|y\right)=\begin{cases}\mathrm{e}^{-x}, & 0<x<+\infty \\ 0, & \text{其他}\end{cases}; \qquad f_X(x)=\begin{cases}\mathrm{e}^{-x}, & 0<x<+\infty \\ 0, & \text{其他}\end{cases}$$

所以 $f_X\left(x|y\right)=f_X\left(x\right)$ 成立，则 X 和 Y 统计独立。

1.3.2　n 维随机变量

前面讨论的二维随机变量的结论均可推广到 n 维随机变量 $(X_1, X_2, \cdots, X_n)$ 的情况。

1. 联合分布函数

n 维随机变量 $(X_1, X_2, \cdots, X_n)$ 的联合分布函数，即随机矢量 $\boldsymbol{X}=\left[X_1, X_2, \cdots, X_n\right]^{\mathrm{T}}$ 的分布函数

$$F_X\left(x_1, x_2, \cdots, x_n\right)=P\left\{X_1\leqslant x_1, X_2\leqslant x_2, \cdots, X_n\leqslant x_n\right\} \tag{1-93}$$

2. 联合概率密度

若 n 维随机变量 $(X_1, X_2, \cdots, X_n)$ 的联合分布函数存在 n 阶偏导数，则称

$$f_X\left(x_1, x_2, \cdots, x_n\right)=\frac{\partial^n F_X\left(x_1, x_2, \cdots, x_n\right)}{\partial x_1\partial x_2\cdots\partial x_n} \tag{1-94}$$

为 n 维随机变量的联合概率密度。

3. 边缘分布函数和边缘概率密度

n 维随机变量中的任意 $m(m<n)$ 个分量的联合分布函数，都称为 n 维随机变量的 m 维边缘分布函数。由 n 维随机变量的联合分布函数 $F_X\left(x_1, x_2, \cdots, x_n\right)$，可以得到它任意 m 个分量的边缘分布函数。如

$$F_X(x_1, x_2, \cdots, x_m) = F_X(x_1, x_2, \cdots, x_m, \infty, \cdots, \infty) \tag{1-95}$$

$$F_X(x_i) = F_X(\infty, \cdots, \infty, x_i, \infty, \cdots, \infty) \tag{1-96}$$

n 维随机变量中的任意 $m(m < n)$ 个分量的概率密度，都称为 n 维随机变量的 m 维边缘概率密度。由 n 维随机变量的联合概率密度 $f_X(x_1, x_2, \cdots, x_n)$，可以得到它任意 m 个分量的边缘概率密度。如

$$f_X(x_1, x_2, \cdots, x_m) = \underbrace{\int_{-\infty}^{\infty} \cdots \int_{-\infty}^{\infty}}_{(n-m)} f_X(x_1, \cdots, x_m, x_{m+1}, \cdots, x_n) \mathrm{d}x_{m+1} \mathrm{d}x_{m+2} \cdots \mathrm{d}x_n \tag{1-97}$$

$$f_X(x_i) = \underbrace{\int_{-\infty}^{\infty} \cdots \int_{-\infty}^{\infty}}_{(n-1)} f_X(x_1, \cdots, x_{i-1}, x_i, x_{i+1}, \cdots, x_n) \mathrm{d}x_1 \cdots \mathrm{d}x_{i-1} \mathrm{d}x_{i+1} \cdots \mathrm{d}x_n \tag{1-98}$$

4. 条件概率密度

n 维随机变量 $(X_1, X_2, \cdots, X_n)$ 在给定 $X_1 = x_1$ 条件下其余 $n-1$ 个分量 $(X_2, X_3, \cdots, X_n)$ 的条件概率密度为

$$f_X(x_2, \cdots, x_n | x_1) = \frac{f_X(x_1, x_2, \cdots, x_n)}{f_X(x_1)} \tag{1-99}$$

也可以以多个随机变量固定为条件，如在 $X_1 = x_1$ 和 $X_2 = x_2$ 条件下，随机变量 $(X_3, X_4, \cdots, X_n)$ 的条件概率密度为

$$f_X(x_3, \cdots, x_n | x_1, x_2) = \frac{f_X(x_1, x_2, \cdots, x_n)}{f_X(x_1, x_2)} \tag{1-100}$$

在 $X_1, X_2, \cdots, X_{n-1}$ 固定的条件下，随机变量 X_n 的条件概率密度为

$$f_X(x_n | x_1, x_2, \cdots, x_{n-1}) = \frac{f_X(x_1, x_2, \cdots, x_n)}{f_X(x_1, x_2, \cdots, x_{n-1})} \tag{1-101}$$

利用上述条件概率密度的定义，可得 n 维随机变量边缘概率密度之间的递推关系：

$$f_X(x_1, \cdots, x_n) = f_X(x_n | x_1, \cdots, x_{n-1}) f_X(x_{n-1} | x_1, \cdots, x_{n-2}) \cdots f_X(x_2 | x_1) f_X(x_1) \tag{1-102}$$

推导过程如下。

二维情况

$$f_X(x_1, x_2) = f_X(x_2 | x_1) f_X(x_1) \tag{1-103}$$

三维情况

$$f_X(x_1, x_2, x_3) = f_X(x_3 | x_1, x_2) f_X(x_1, x_2) \tag{1-104}$$

可得到 (X_1, X_2, X_3) 三维联合概率密度的递推关系为

$$f_X(x_1, x_2, x_3) = f_X(x_3 | x_1, x_2) f_X(x_2 | x_1) f_X(x_1) \tag{1-105}$$

由数学归纳法可推出 n 维随机变量联合概率密度的递推关系。

当 $X_1, X_2, \cdots, X_n$ 相互独立时，可进一步得到

$$f_X(x_1, \cdots, x_n) = f_X(x_n) f_X(x_{n-1}) \cdots f_X(x_2) f_X(x_1) \tag{1-106}$$

例 1.19 四维随机变量 (X_1, X_2, X_3, X_4) 中各随机变量相互独立，且都服从 $(0,1)$ 上的均匀分布。求：(1) 四维随机变量的联合概率密度 $f_X(x_1, x_2, x_3, x_4)$；(2) 边缘概率密度 $f_X(x_1, x_2)$；(3) 条件概率密度 $f_X(x_3|x_1, x_2)$ 和 $f_X(x_3, x_4|x_1, x_2)$。

解： (1) X_i 服从 $(0,1)$ 上的均匀分布，则 X_i 的概率密度为

$$f_X(x_i) = \begin{cases} 1, & 0 < x_i < 1 \\ 0, & \text{其他} \end{cases}$$

且随机变量 X_1, X_2, X_3, X_4 相互独立，则四维随机变量的联合概率密度为

$$f_X(x_1, x_2, x_3, x_4) = f_X(x_1) \cdot f_X(x_2) \cdot f_X(x_3) \cdot f_X(x_4) = \begin{cases} 1, & 0 < x_1, x_2, x_3, x_4 < 1 \\ 0, & \text{其他} \end{cases}$$

(2) 同理可知 X_1, X_2 的联合概率密度为

$$f_X(x_1, x_2) = f_X(x_1) \cdot f_X(x_2) = \begin{cases} 1, & 0 < x_1, x_2 < 1 \\ 0, & \text{其他} \end{cases}$$

(3) 因为随机变量 X_1, X_2, X_3, X_4 相互独立，所以条件概率密度

$$f_X(x_3|x_1, x_2) = f_X(x_3) = \begin{cases} 1, & 0 < x_3 < 1 \\ 0, & \text{其他} \end{cases}$$

$$f_X(x_3, x_4|x_1, x_2) = f_X(x_3, x_4) = f_X(x_3) \cdot f_X(x_4) = \begin{cases} 1, & 0 < x_3, x_4 < 1 \\ 0, & \text{其他} \end{cases}$$

1.4 随机变量函数的分布

1.3 节讨论了随机变量的概念及其分布。但实际工作中，还经常遇到求随机变量函数分布的问题。例如，电子系统中，在 t 时刻一个概率密度为 $f(x)$ 的随机变量 X 通过一个非线性放大器，如图 1.15 所示。

图 1.15 非线性放大器

$$Y = \begin{cases} X^{\frac{1}{n}}, & X \geqslant 0 \\ -|X|^{\frac{1}{n}}, & X < 0 \end{cases}, \quad n \text{ 为正整数} \tag{1-107}$$

如何求出输出随机变量 Y 的概率密度呢？显然，若能找到求随机变量 X 的函数 $Y = g(X)$ 的概率密度的方法，就能解决上述的实际问题。

1.4.1 一维随机变量函数的分布

对于一维随机变量函数的分布，分成两种情况来讨论。

1. 单值变换

随机变量 X 和 Y 存在单调函数关系 $Y = g(X)$，并存在唯一的反函数 $X = h(Y)$，即有一个 X 出现，必有一个 Y 出现与其对应，如图 1.16 所示。若 X 位于 $(x_0, x_0 + \mathrm{d}x)$ 区间，则 Y 必位于 $(y_0, y_0 + \mathrm{d}y)$ 区间。因此，X 落在区间 $(x_0, x_0 + \mathrm{d}x)$ 的概率等于 Y 落在区间 $(y_0, y_0 + \mathrm{d}y)$ 的概率，有

$$P\{x_0 < X \leqslant x_0 + \mathrm{d}x\} = P\{y_0 < Y \leqslant y_0 + \mathrm{d}y\} \tag{1-108}$$

可得

$$f_Y(y)\mathrm{d}y = f_X(x)\mathrm{d}x \tag{1-109}$$

所以

$$f_Y(y) = f_X(x)\frac{\mathrm{d}x}{\mathrm{d}y} = [h'(y)] \cdot f_X[h(y)] \tag{1-110}$$

由于概率密度不可能取负值，因此 $\mathrm{d}x/\mathrm{d}y$ 应取绝对值

$$f_Y(y) = |h'(y)| \cdot f_X[h(y)] \tag{1-111}$$

这样，不论 $h(y)$ 是单调增函数 $(h'(y) > 0)$，还是单调减函数 $(h'(y) < 0)$，上式均成立。

例 1.20　随机变量 X 和 Y 之间呈线性关系：$Y = X + 5$。已知随机变量 X 服从标准高斯分布，求随机变量 Y 的概率密度。

解：　随机变量 X 和 Y 之间存在唯一的反函数，其表达式为 $X = h(Y) = Y - 5$，则 $x = h(y) = y - 5$，所以 $|h'(y)| = 1$。由单值变换公式可得

$$f_Y(y) = |h'(y)| \cdot f_X[h(y)] = 1 \cdot f_X(y - 5) = \frac{1}{\sqrt{2\pi}}\mathrm{e}^{-\frac{(y-5)^2}{2}}$$

可见，X 服从高斯分布，其线性函数 $Y = X + 5$ 也服从高斯分布。

思考：若随机变量 X 服从高斯分布，其线性函数 $Y = aX + b\,(a \neq 0)$ 是否服从高斯分布？

2. 多值变换

若随机变量 X 和 Y 存在关系 $Y = g(X)$，但 $X = h(Y)$ 是非单调的反函数，即一个 Y 值对应着两个 X 值，$X_1 = h_1(Y)$ 和 $X_2 = h_2(Y)$，如图 1.17 所示。所以，当 X 位于 $(x_1, x_1 + \mathrm{d}x_1)$ 内或位于 $(x_2, x_2 + \mathrm{d}x_2)$ 内两事件中只要有一个发生，则 Y 位于 $(y_0, y_0 + \mathrm{d}y)$ 内的事件就发生。因此根据和事件概率的求法

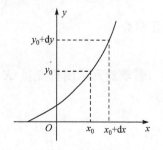

图 1.16　单值变换

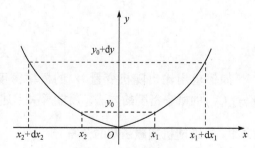

图 1.17　多值变换

$$f_Y(y)\mathrm{d}y = f_X(x_1)\mathrm{d}x_1 + f_X(x_2)\mathrm{d}x_2 \tag{1-112}$$

将 x_1 用 $h_1(y)$ 代入，x_2 用 $h_2(y)$ 代入，可得

$$f_Y(y) = \left|h_1'(y)\right| \cdot f_X[h_1(y)] + \left|h_2'(y)\right| \cdot f_X[h_2(y)] \tag{1-113}$$

更复杂的是一个 Y 值对应多个 X 值。此时，将式(1-113)进一步推广，由概率可加性可得

$$f_Y(y)\mathrm{d}y = f_X(x_1)\mathrm{d}x_1 + f_X(x_2)\mathrm{d}x_2 + f_X(x_3)\mathrm{d}x_3 + \cdots \tag{1-114}$$

则

$$f_Y(y) = \left|h_1'(y)\right| \cdot f_X[h_1(y)] + \left|h_2'(y)\right| \cdot f_X[h_2(y)] + \left|h_3'(y)\right| \cdot f_X[h_3(y)] + \cdots \tag{1-115}$$

例 1.21　已知随机变量 X 服从标准高斯分布，求随机变量 $Y = X^2$ 的概率密度。

解：　随机变量 X 和 Y 之间的反函数关系为

$$X = h(Y) = \pm\sqrt{Y}$$

其反函数导数的绝对值为

$$\left|h_1'(y)\right| = \left|h_2'(y)\right| = \left|\frac{\mathrm{d}x}{\mathrm{d}y}\right| = \frac{1}{2\sqrt{y}}$$

(1)当 $y < 0$ 时，$\{X^2 \leqslant y\}$ 为不可能事件，所以 $P\{X^2 \leqslant y\} = 0$，得 $F_Y(y) = 0$，因此当 $y < 0$ 时，其概率密度 $f_Y(y) = 0$。

(2)当 $y > 0$ 时，反函数为 $X = h(Y) = \pm\sqrt{Y}$，是双值变换。已知变量 X 服从标准高斯分布，则

$$
\begin{aligned}
f_Y(y) &= \left|h_1'(y)\right| \cdot f_X[h_1(y)] + \left|h_2'(y)\right| \cdot f_X[h_2(y)] \\
&= \frac{1}{2\sqrt{y}} \cdot \left[\frac{1}{\sqrt{2\pi}}\mathrm{e}^{-\frac{(\sqrt{y})^2}{2}} + \frac{1}{\sqrt{2\pi}}\mathrm{e}^{-\frac{(-\sqrt{y})^2}{2}}\right] \\
&= \frac{1}{2\sqrt{y}} \cdot \frac{2}{\sqrt{2\pi}}\mathrm{e}^{-\frac{y}{2}} = \frac{1}{\sqrt{2\pi}}y^{-\frac{1}{2}}\mathrm{e}^{-\frac{y}{2}}
\end{aligned}
$$

综合(1)(2)可得

$$f_Y(y) = \begin{cases} \dfrac{1}{\sqrt{2\pi}}y^{-\frac{1}{2}}\mathrm{e}^{-\frac{y}{2}}, & y > 0 \\ 0, & y < 0 \end{cases}$$

称为 χ^2 分布。说明一个高斯变量，经过平方变换以后，其概率密度为 χ^2 分布，如图 1.18 所示。

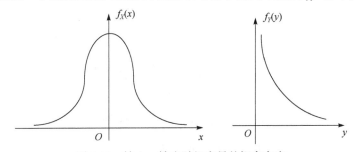

图 1.18　输入、输出随机变量的概率密度

1.4.2 二维随机变量函数的分布

求解二维问题所采用的方法基本上和一维情况相似，仅仅是稍微复杂一些。已知二维随机变量(X_1, X_2)的联合概率密度为$f_X(x_1, x_2)$，要求新的二维随机变量(Y_1, Y_2)的联合概率密度$f_Y(y_1, y_2)$，其中，Y_1, Y_2分别为(X_1, X_2)的函数

$$\begin{cases} Y_1 = g_1(X_1, X_2) \\ Y_2 = g_2(X_1, X_2) \end{cases} \tag{1-116}$$

函数g_1，g_2可以是单值变换，也可以是多值变换。

1. 单值变换

若解出的反函数

$$\begin{cases} X_1 = h_1(Y_1, Y_2) \\ X_2 = h_2(Y_1, Y_2) \end{cases} \tag{1-117}$$

是唯一的，则称二维随机变量(X_1, X_2)与(Y_1, Y_2)之间是单值的函数变换，简称单值变换。

与一维随机变量类似，单值变换是一一对应的变换。换句话说，当随机点落入x_1Ox_2平面时，在y_1Oy_2平面内有且仅有一个随机点与其对应，反之亦然。假设$dS_{x_1x_2}$是x_1Ox_2平面内的一个任意闭域，$dS_{y_1y_2}$是它在y_1Oy_2平面中的映射，如图 1.19 所示，那么(X_1, X_2)点落入$dS_{x_1x_2}$的概率$f_X(x_1, x_2)dS_{x_1x_2}$等于它的映射(Y_1, Y_2)落入$dS_{y_1y_2}$的概率$f_Y(y_1, y_2)dS_{y_1y_2}$。即

$$f_X(x_1, x_2)dS_{x_1x_2} = f_Y(y_1, y_2)dS_{y_1y_2} \tag{1-118}$$

所以新的二维随机变量(Y_1, Y_2)的概率密度为

$$f_Y(y_1, y_2) = f_X(x_1, x_2) \cdot \left| \frac{dS_{x_1x_2}}{dS_{y_1y_2}} \right| \tag{1-119}$$

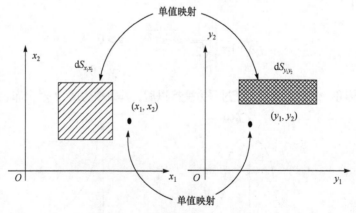

图 1.19　函数变换对应的区间变换

坐标转换中$dS_{x_1x_2}$和$dS_{y_1y_2}$间的变换，称为雅可比变换。可得雅可比行列式为

$$J = \frac{\mathrm{d}S_{x_1x_2}}{\mathrm{d}S_{y_1y_2}} = \frac{\partial(x_1, x_2)}{\partial(y_1, y_2)} = \begin{vmatrix} \dfrac{\partial h_1}{\partial y_1} & \dfrac{\partial h_1}{\partial y_2} \\ \dfrac{\partial h_2}{\partial y_1} & \dfrac{\partial h_2}{\partial y_2} \end{vmatrix} \tag{1-120}$$

于是

$$f_Y(y_1, y_2) = f_X(x_1, x_2) \cdot \left| \frac{\mathrm{d}S_{x_1x_2}}{\mathrm{d}S_{y_1y_2}} \right| = |J| \cdot f_X(x_1, x_2) = |J| \cdot f_X\left[h_1(y_1, y_2), h_2(y_1, y_2) \right] \tag{1-121}$$

例 1.22 已知二维随机变量 (X_1, X_2) 具有联合概率密度

$$f_X(x_1, x_2) = \begin{cases} e^{-(x_1+x_2)}, & x_1 > 0, x_2 > 0 \\ 0, & \text{其他} \end{cases}$$

新的二维随机变量 (Y_1, Y_2) 是 (X_1, X_2) 的函数，满足关系：

$$Y_1 = \frac{X_1 + X_2}{2}, \qquad Y_2 = \frac{X_1 - X_2}{2}$$

求：(1) 二维随机变量 (Y_1, Y_2) 的联合概率密度 $f_Y(y_1, y_2)$；(2) 边缘密度 $f_Y(y_1)$ 和 $f_Y(y_2)$，说明 Y_1 与 Y_2 是否相互独立。

解： (1) 由函数关系，可以找出唯一的反函数，

$$\begin{cases} x_1 = h_1(y_1, y_2) = y_1 + y_2 \\ x_2 = h_2(y_1, y_2) = y_1 - y_2 \end{cases}$$

则其雅可比行列式为

$$J = \frac{\partial(x_1, x_2)}{\partial(y_1, y_2)} = \begin{vmatrix} 1 & 1 \\ 1 & -1 \end{vmatrix} = -2$$

可得

$$\begin{aligned} f_Y(y_1, y_2) &= |J| \cdot f_X\left[h_1(y_1, y_2), h_2(y_1, y_2) \right] \\ &= 2f_X\left[y_1 + y_2, y_1 - y_2 \right] = \begin{cases} 2e^{-2y_1}, & y_1 > |y_2| \geqslant 0 \\ 0, & \text{其他} \end{cases} \end{aligned}$$

其中，根据 (X_1, X_2) 与 (Y_1, Y_2) 的函数关系，将 (X_1, X_2) 的值域映射到 $y_1 O y_2$ 平面，找出 (Y_1, Y_2) 的值域。如图 1.20 所示，(Y_1, Y_2) 的值域满足

$$\begin{cases} x_1 > 0 \\ x_2 > 0 \end{cases} \Rightarrow \begin{cases} y_1 + y_2 > 0 \\ y_1 - y_2 > 0 \end{cases} \Rightarrow y_1 > |y_2| \geqslant 0$$

(2) 其边缘分布为

$$f_Y(y_1) = \int_{-y_1}^{y_1} f_Y(y_1, y_2) \mathrm{d}y_2 = \int_{-y_1}^{y_1} 2e^{-2y_1} \mathrm{d}y_2 = 4y_1 e^{-2y_1}, \quad y_1 > 0$$

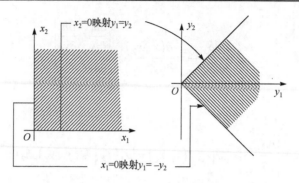

图 1.20　例 1.19 的区间变换

$$f_Y(y_2) = \begin{cases} \int_{y_2}^{\infty} 2e^{-2y_1}dy_1 = e^{-2y_2}, \ y_2 \geqslant 0 \\ \int_{-y_2}^{\infty} 2e^{-2y_1}dy_1 = e^{2y_2}, \ y_2 < 0 \end{cases} = e^{-2|y_2|}, \quad -\infty < y_2 < +\infty$$

由于

$$f_Y(y_1) \cdot f_Y(y_2) = 4y_1 e^{-2(y_1+|y_2|)} \neq f_Y(y_1,y_2) = \begin{cases} 2e^{-2y_1}, & y_1 > |y_2| \geqslant 0 \\ 0, & \text{其他} \end{cases}$$

因此 Y_1 与 Y_2 不是相互独立的。

2. 多值变换

若从函数变换 g_1，g_2 中解出的 X_1 和 X_2 不是唯一的，如解出两对反函数

$$\begin{cases} X_{a_1} = h_{a_1}(Y_1,Y_2) \\ X_{a_2} = h_{a_2}(Y_1,Y_2) \end{cases}, \quad \begin{cases} X_{b_1} = h_{b_1}(Y_1,Y_2) \\ X_{b_2} = h_{b_2}(Y_1,Y_2) \end{cases} \tag{1-122}$$

这种一对 (Y_1,Y_2) 有几对 (X_1,X_2) 与其对应的函数变换，称为多值变换。与一维的多值变换情况类似，可用概率的加法定理，求二维随机变量的多值变换函数的概率密度，即

$$f_Y(y_1,y_2) = |J_a| \cdot f_X[h_{a_1}(y_1,y_2), h_{a_2}(y_1,y_2)] + |J_b| \cdot f_X[h_{b_1}(y_1,y_2), h_{b_2}(y_1,y_2)] \tag{1-123}$$

其中，雅可比行列式为

$$J_a = \frac{\partial(x_{a_1}, x_{a_2})}{\partial(y_1,y_2)} = \begin{vmatrix} \dfrac{\partial h_{a_1}}{\partial y_1} & \dfrac{\partial h_{a_1}}{\partial y_2} \\ \dfrac{\partial h_{a_2}}{\partial y_1} & \dfrac{\partial h_{a_2}}{\partial y_2} \end{vmatrix}, \quad J_b = \frac{\partial(x_{b_1}, x_{b_2})}{\partial(y_1,y_2)} = \begin{vmatrix} \dfrac{\partial h_{b_1}}{\partial y_1} & \dfrac{\partial h_{b_1}}{\partial y_2} \\ \dfrac{\partial h_{b_2}}{\partial y_1} & \dfrac{\partial h_{b_2}}{\partial y_2} \end{vmatrix} \tag{1-124}$$

1.4.3　n 维随机变量函数的分布

由上述的一维和二维随机变量函数变换的结论，可用归纳法扩展到一般 n 维变换情况。若 n 维随机变量 $(X_1,\cdots,X_n)$ 与其函数 $(Y_1,\cdots,Y_n)$ 间的变换是单值的，即有唯一反函数

$$\begin{cases} X_1 = h_1(X_1, X_2, \cdots, X_n) \\ X_2 = h_2(X_1, X_2, \cdots, X_n) \\ \quad\quad\quad \vdots \\ X_n = h_n(X_1, X_2, \cdots, X_n) \end{cases} \quad (1\text{-}125)$$

则

$$f_Y(y_1, \cdots, y_n) = |J| \cdot f_X(x_1, \cdots, x_n) = |J| \cdot f_X[h_1(y_1, \cdots, y_n), \cdots, h_n(y_1, \cdots, y_n)] \quad (1\text{-}126)$$

雅可比行列式为

$$J = \frac{\partial(x_1, \cdots, x_n)}{\partial(y_1, \cdots, y_n)} = \begin{vmatrix} \dfrac{\partial h_1(y_1, \cdots, y_n)}{\partial y_1} & \cdots & \dfrac{\partial h_1(y_1, \cdots, y_n)}{\partial y_n} \\ & \vdots & \\ \dfrac{\partial h_n(y_1, \cdots, y_n)}{\partial y_1} & \cdots & \dfrac{\partial h_n(y_1, \cdots, y_n)}{\partial y_n} \end{vmatrix} \quad (1\text{-}127)$$

例 1.23 已知 n 维随机变量 $(X_1, \cdots, X_n)$ 的联合概率密度 $f_X(x_1, \cdots, x_n)$，求随机变量 Y 的概率密度 $f_Y(y)$，其中，$Y = \sum\limits_{i=1}^n X_i$。

解： 要想进行雅可比变换，必须保证变换的维数相同。因此必须构造新的 n 维随机变量 $(Y_1, \cdots, Y_n)$，使满足

$$Y_1 = X_1, Y_2 = X_2, \cdots, Y_{n-1} = X_{n-1}, Y_n = \sum_{i=1}^n X_i = Y$$

解出反函数

$$X_1 = Y_1, X_2 = Y_2, \cdots, X_{n-1} = Y_{n-1}, X_n = Y_n - \sum_{i=1}^{n-1} Y_i$$

则 n 维雅可比行列式为

$$J = \begin{vmatrix} 1 & 0 & \cdots & 0 & 0 \\ 0 & 1 & \cdots & 0 & 0 \\ \vdots & \vdots & & \vdots & \vdots \\ 0 & 0 & \cdots & 1 & 0 \\ -1 & -1 & \cdots & -1 & 1 \end{vmatrix} = 1$$

所以 n 维随机变量 $(Y_1, \cdots, Y_n)$ 联合概率密度为

$$f_Y(y_1, \cdots, y_n) = f_X\left(y_1, \cdots, y_{n-1}, y_n - \sum_{i=1}^{n-1} y_i\right)$$

其边缘分布即随机变量 Y 的概率密度 $f_Y(y)$ 为

$$f_Y(y) = f_Y(y_n) = \int_{-\infty}^{\infty} \cdots \int_{-\infty}^{\infty} f_X\left(y_1, \cdots, y_{n-1}, y_n - \sum_{i=1}^{n-1} y_i\right) \mathrm{d}y_1 \cdots \mathrm{d}y_{n-1}$$

1.5 随机变量的数字特征

1.5.1 随机变量及其函数的数学期望

1. 一维随机变量的数学期望

对于概率密度为 $f_X(x)(-\infty < x < \infty)$ 的连续型随机变量 X，若 $\int_{-\infty}^{\infty}|x|f_X(x)\mathrm{d}x < \infty$，则称

$$E[X] = \int_{-\infty}^{\infty} xf_X(x)\mathrm{d}x \tag{1-128}$$

为连续型随机变量 X 的数学期望（或统计平均），简称均值或期望。

对于概率为 $p_k(k=1,2,\cdots)$ 的离散随机变量 X，若 $\sum_{k=1}^{\infty}|x_k|p_k < \infty$，则称

$$E[X] = \sum_{k=1}^{\infty} x_k p_k \tag{1-129}$$

为离散型随机变量 X 的数学期望。

随机变量的数学期望定义，是对随机变量的所有可能取值作统计平均，其结果是个数值，通常用 m 或 m_X 表示。

例 1.24 随机变量 X 在区间 (a,b) 呈均匀分布，求 X 的数学期望。

解： 由于 X 服从均匀分布，则概率密度为

$$f(x) = \begin{cases} \dfrac{1}{b-a}, & a < x < b \\ 0, & \text{其他} \end{cases}$$

则数学期望为

$$E[X] = \int_{-\infty}^{\infty} xf_X(x)\mathrm{d}x = \int_a^b \frac{x}{b-a}\mathrm{d}x = \frac{b+a}{2}$$

2. 一维随机变量函数的数学期望

实际应用中，不仅要会求随机变量的期望，还要求随机变量函数的数学期望。例如，飞机机翼受到压力 $W = KV^2$，$K > 0$ 是常数，V 为风速，是个随机变量。若要计算受到的压力 W 的统计平均值，即求随机变量 V 的函数 W 的数学期望。下面讨论已知随机变量 X 的分布，如何求其函数 $Y = g(X)$ 的数学期望。

已知随机变量 X 的概率密度函数 $f_X(x)$，且随机变量 $Y = g(X)$，其中 $g(\cdot)$ 是连续型实函数。随机变量 Y 的数学期望为

$$E[Y] = \int_{-\infty}^{\infty} yf_Y(y)\mathrm{d}y \tag{1-130}$$

由于 $f_Y(y)$ 未知，故下一步利用 $f_X(x)$ 求出 $f_Y(y)$。

（1）若 $g(\cdot)$ 是单值变换，则

$$f_Y(y) \cdot dy = f_X(x) \cdot dx \quad \Rightarrow \quad f_Y(y) = f_X(x) \cdot dx/dy \qquad (1\text{-}131)$$

代入期望定义式得

$$E[Y] = \int_{-\infty}^{\infty} y f_Y(y) dy = \int_{-\infty}^{\infty} g(x) f_X(x) dx = E[g(X)] \qquad (1\text{-}132)$$

(2)若 $g(\cdot)$ 是多值变换，则

$$f_Y(y) dy = f_X(x_1) dx_1 + f_X(x_2) dx_2 + \cdots$$
$$\Rightarrow \quad f_Y(y) = \lfloor f_X(x_1) dx_1 + f_X(x_2) dx_2 + \cdots \rfloor / dy \qquad (1\text{-}133)$$

代入期望定义式得

$$E[Y] = \int_{D_{X_1}} g(x_1) f_X(x_1) dx_1 + \int_{D_{X_2}} g(x_2) f_X(x_2) dx_2 + \cdots = \int_{-\infty}^{\infty} g(x) f_X(x) dx = E[g(X)]$$

$$(1\text{-}134)$$

其中，$D_{X_1}, D_{X_2}, \cdots$ 为 $f_X(x_1), f_X(x_2), \cdots$ 的定义域。

综合 (1)(2) 可知，无论函数 $g(\cdot)$ 是单值还是多值变换，随机变量函数的期望定义如下。

若连续型变量 X 的概率密度为 $f_X(x)$，且 $\int_{-\infty}^{\infty} |g(x)| f_X(x) dx < \infty$，则函数 $g(X)$ 的期望为

$$E[g(X)] = \int_{-\infty}^{\infty} g(x) f_X(x) dx \qquad (1\text{-}135)$$

若 X 为离散型变量，且 $\sum_{k=1}^{\infty} |g(x_k)| p_k < \infty$，则函数 $g(X)$ 的期望为

$$E[g(X)] = \sum_{k=1}^{\infty} g(x_k) p_k \qquad (1\text{-}136)$$

例 1.25 随机变量 X 在区间 (a,b) 呈均匀分布，求 $g(X) = X^2 + 1$ 的数学期望。

解：由于 X 服从均匀分布，则概率密度为

$$f(x) = \begin{cases} \dfrac{1}{b-a}, & a < x < b \\ 0, & \text{其他} \end{cases}$$

则函数的数学期望为

$$E[g(X)] = \int_{-\infty}^{\infty} g(x) f_X(x) dx = \int_a^b \frac{x^2+1}{b-a} dx = \frac{1}{3}(a^2 + ab + b^2) + 1$$

3. 二维随机变量及其函数的数学期望

设 (X,Y) 是定义在概率空间 (Ω, F, P) 上的二维连续型随机变量，且联合概率密度 $f_{XY}(x,y)$ 已知，则由联合概率密度与边缘概率密度的关系及期望定义式可得

$$\begin{cases} E[X] = \int_{-\infty}^{\infty} x f(x) dx = \int_{-\infty}^{\infty} \int_{-\infty}^{\infty} x f_{XY}(x,y) dx dy \\ E[Y] = \int_{-\infty}^{\infty} y f(y) dy = \int_{-\infty}^{\infty} \int_{-\infty}^{\infty} y f_{XY}(x,y) dx dy \end{cases} \qquad (1\text{-}137)$$

若 (X,Y) 为离散型随机变量，且联合概率分布率 $P\{X = x_i, Y = y_j\}$ 已知，则

$$\begin{cases} E[X] = \sum_i x_i P\{X = x_i\} = \sum_i \sum_j x_i P\{X = x_i, Y = y_j\} \\ E[Y] = \sum_j y_j P\{Y = y_j\} = \sum_j \sum_i y_j P\{X = x_i, Y = y_j\} \end{cases} \tag{1-138}$$

仿照单个随机变量函数求期望的方法，二维随机变量函数 $g(X,Y)$ 的数学期望为

$$E[g(X,Y)] = \int_{-\infty}^{\infty} \int_{-\infty}^{\infty} g(x,y) f_{XY}(x,y) \mathrm{d}x\mathrm{d}y \tag{1-139}$$

$$E[g((X,Y))] = \sum_i \sum_j g(x_i, y_j) P\{X = x_i, Y = y_j\} \tag{1-140}$$

4. n 维随机变量的数学期望

设 $(X_1, X_2, \cdots, X_n)$ 是定义在概率空间 (Ω, F, P) 上的 n 维连续型随机变量，若其联合概率密度分布为 $f_X(x_1, x_2, \cdots, x_n)$。则与二维情况类似，有

$$E[X_i] = \underbrace{\int_{-\infty}^{\infty} \cdots \int_{-\infty}^{\infty}}_{n\text{重积分}} x_i f_X(x_1, \cdots, x_n) \mathrm{d}x_1 \cdots \mathrm{d}x_n, \quad i = 1, 2, \cdots, n \tag{1-141}$$

若 n 维随机变量的函数为 $g(X_1, X_2, \cdots, X_n)$，则 n 维随机变量函数的数学期望为

$$E[g(X_1, X_2, \cdots, X_n)] = \underbrace{\int_{-\infty}^{\infty} \cdots \int_{-\infty}^{\infty}}_{n\text{重积分}} g(x_1, \cdots, x_n) f_X(x_1, \cdots, x_n) \mathrm{d}x_1 \cdots \mathrm{d}x_n \tag{1-142}$$

n 维随机变量 $(X_1, X_2, \cdots, X_n)$ 用随机矢量 $\boldsymbol{X} = [X_1 \ \cdots \ X_n]^{\mathrm{T}}$ 来表示，且若随机矢量 $\boldsymbol{X}$ 中的每个分量 X_i 的数学期望均存在 $(E[X_i] = m_i)$，则随机矢量 $\boldsymbol{X}$ 的数学期望为

$$E\boldsymbol{X} = \begin{bmatrix} E(X_1) \\ \vdots \\ E(X_n) \end{bmatrix} = \begin{bmatrix} m_1 \\ \vdots \\ m_n \end{bmatrix} = \boldsymbol{M}_X \tag{1-143}$$

可见随机矢量 $\boldsymbol{X}$ 的数学期望是一个常数矢量，常用 $\boldsymbol{M}_X$ 表示。

例 1.26 设 n 维随机变量 $(X_1, X_2, \cdots, X_n)$ 的函数为 $g(X_1, X_2, \cdots, X_n) = \sum_{i=1}^{n} a_i X_i$，其中，权重 a_i 是常数。求数学期望 $E[g(X_1, X_2, \cdots, X_n)]$。

解： 由 n 维随机变量函数的期望定义

$$E[g(X_1, X_2, \cdots, X_n)] = \underbrace{\int_{-\infty}^{\infty} \cdots \int_{-\infty}^{\infty}}_{n\text{重积分}} g(x_1, \cdots, x_n) f_X(x_1, x_2, \cdots, x_n) \mathrm{d}x_1 \cdots \mathrm{d}x_n$$

$$= \underbrace{\int_{-\infty}^{\infty} \cdots \int_{-\infty}^{\infty}}_{n\text{重积分}} (a_1 x_1 + a_2 x_2 + \cdots + a_n x_n) f_X(x_1, \cdots x_n) \mathrm{d}x_1 \cdots \mathrm{d}x_n$$

$$= \sum_{i=1}^{n} \underbrace{\int_{-\infty}^{\infty} \cdots \int_{-\infty}^{\infty}}_{n\text{重积分}} a_i x_i f_X(x_1, \cdots, x_n) \mathrm{d}x_1 \cdots \mathrm{d}x_n$$

根据边缘概率密度的公式，和式中每一项都可以化成

$$\underbrace{\int_{-\infty}^{\infty}\cdots\int_{-\infty}^{\infty}}_{n重积分}a_ix_if_X(x_1,\cdots,x_n)\mathrm{d}x_1\cdots\mathrm{d}x_n=\int_{-\infty}^{\infty}a_ix_if_{X_i}(x_i)\mathrm{d}x_i=E[a_iX_i]=a_iE[X_i]$$

所以

$$E\left(\sum_{i=1}^{n}a_iX_i\right)=\sum_{i=1}^{n}a_iE(X_i)$$

由此可见，随机变量加权求和的均值等于各随机变量的均值加权和。

例1.27　已知 n 个相互独立的随机变量 $X_1,X_2,\cdots,X_n$，其数学期望为 $EX_1,EX_2,\cdots,EX_n$，求其函数 $g(X_1,X_2,\cdots,X_n)=\prod_{i=1}^{n}X_i$ 的数学期望。

解：　由 n 维随机变量函数的期望定义

$$\begin{aligned}E[g(X_1,X_2,\cdots,X_n)]&=\underbrace{\int_{-\infty}^{\infty}\cdots\int_{-\infty}^{\infty}}_{n重积分}g(x_1,\cdots,x_n)f_X(x_1,x_2,\cdots,x_n)\mathrm{d}x_1\cdots\mathrm{d}x_n\\&=\underbrace{\int_{-\infty}^{\infty}\cdots\int_{-\infty}^{\infty}}_{n重积分}x_1x_2\cdots x_nf_X(x_1,\cdots,x_n)\mathrm{d}x_1\cdots\mathrm{d}x_n\quad(相互独立条件下)\\&=\int_{-\infty}^{\infty}x_1f_{x_1}(x_1)\mathrm{d}x_1\cdot\int_{-\infty}^{\infty}x_2f_{x_2}(x_2)\mathrm{d}x_2\cdots\cdots\int_{-\infty}^{\infty}x_nf_{x_n}(x_n)\mathrm{d}x_n\\&=E(X_1)\cdot E(X_2)\cdots\cdots E(X_n)\end{aligned}$$

即

$$E\left(\prod_{i=1}^{n}X_i\right)=\prod_{i=1}^{n}E(X_i)$$

由上式可见，n 个相互独立的随机变量乘积的期望等于 n 个随机变量期望的乘积。

5. 数学期望的基本性质

(1)若随机变量 X 满足 $a\leqslant X\leqslant b,a,b$ 为常数，则其数学期望 $a\leqslant EX\leqslant b$。

(2)常数 C 的期望 $E(C)=C$。

(3)对任意常数 $b,a_i(i=1,2,\cdots,n)$，有

$$E\left(\sum_{i=1}^{n}a_iX_i+b\right)=\sum_{i=1}^{n}a_iE(X_i)+b \tag{1-144}$$

(4)若随机变量 X 与随机变量互不相关，则

$$E[X\cdot Y]=E[X]\cdot E[Y] \tag{1-145}$$

注：此性质可以由式(1-183)推出。

(5)若 n 个随机变量 $(X_1,X_2,\cdots,X_n)$ 相互独立，则

$$E\left(\prod_{i=1}^{n} X_i\right) = \prod_{i=1}^{n} E(X_i) \tag{1-146}$$

1.5.2 条件数学期望

前面已经讨论了条件分布的概念，现在引入条件数学期望的概念。它在随机过程、时间序列分析和统计判决理论中起着重要作用。

1. 随机变量关于某给定值的条件期望

设 (X, Y) 是定义在同一概率空间上的二维连续型随机变量。Y 的数学期望可以通过 Y 本身的概率密度 $f_Y(y)$ 来计算；也可以用 (X, Y) 的联合概率密度 $f_{XY}(x, y)$ 来计算；也可以借助条件分布 $f_Y(y|x)$ 来计算，如

$$\begin{aligned} E[Y] &= \int_{-\infty}^{\infty} y f_Y(y) \mathrm{d}y = \int_{-\infty}^{\infty} \int_{-\infty}^{\infty} y f_{XY}(x, y) \mathrm{d}x \mathrm{d}y \\ &= \int_{-\infty}^{\infty} \int_{-\infty}^{\infty} y f_Y(y|x) f_X(x) \mathrm{d}x \mathrm{d}y = \int_{-\infty}^{\infty} \left[\int_{-\infty}^{\infty} y f_Y(y|x) \mathrm{d}y \right] \cdot f_X(x) \mathrm{d}x \end{aligned} \tag{1-147}$$

注意：方括号 $[\cdot]$ 内的项 $\int_{-\infty}^{\infty} y f_Y(y|x) \mathrm{d}y$ 也是 Y 的一种统计平均，只不过权重不是一般的非条件概率，而是条件概率。通常称它为 Y 在给定条件 $\{X = x\}$ 下的条件数学期望，并用符号 $E[Y|X = x]$ 表示，即

$$E[Y|X = x] = \int_{-\infty}^{\infty} y f_Y(y|x) \mathrm{d}y \tag{1-148}$$

上述定义方法也适用于 (X, Y) 为离散型随机变量的情况

$$\begin{aligned} E[Y] &= \sum_j y_j P\{Y = y_j\} = \sum_i \sum_j y_j P\{X = x_i, Y = y_j\} \\ &= \sum_i \left[\sum_j y_i P\{Y = y_j | X = x_i\} \right] P\{X = x_i\} \end{aligned} \tag{1-149}$$

离散型随机变量 Y 在给定条件 $\{X = x_i\}$ 下的条件数学期望表示为

$$E[Y|X = x_i] = \sum_j y_j P\{Y = y_j | X = x_i\} \tag{1-150}$$

此外，若 X 是离散型随机变量，而 Y 是连续型随机变量，而且对所有的 x_i $(i = 1, 2, \cdots)$ 和 y 取值的条件概率密度 $f_Y(y | X = x_i)$ 都存在，则

$$E[Y] = \sum_i \left[\int_{-\infty}^{\infty} y f_Y(y | X = x_i) \mathrm{d}y \right] P\{X = x_i\} \tag{1-151}$$

连续型随机变量 Y 在给定条件 $\{X = x_i\}$ 下的条件数学期望表示为

$$E[Y|X = x_i] = \int_{-\infty}^{\infty} y f_Y(y | X = x_i) \mathrm{d}y \tag{1-152}$$

由于 Y 的条件数学期望是对 Y 的所有取值求统计平均，因此由函数数学期望的求法可以推得

$$E[g(Y)|X=x] = \int_{-\infty}^{\infty} g(y) f_Y(y|x) \mathrm{d}y \tag{1-153}$$

$$E[g(X,Y)|X=x] = \int_{-\infty}^{\infty} g(x,y) f_Y(y|x) \mathrm{d}y \tag{1-154}$$

$$E[g_1(X)g_2(Y)|X=x] = g_1(x) \cdot E[g_2(Y)|X=x] \tag{1-155}$$

2. 一随机变量关于另一随机变量的条件期望

由条件期望 $E[Y|X=x]$ 的定义可知，$E[Y|X=x]$ 是与条件 $X=x$ 有关的量。若以随机变量 X 替换给定值 x，则称 $E[Y|X]$ 为随机变量 Y 关于条件 X 的条件数学期望。

对于随机变量 X 的所有取值而言，条件期望 $E[Y|X]$ 是定义在 X 的样本空间 Ω_X 上的函数。$E[Y|X=x]$ 是个取决于 x 的值，而 $E[Y|X]$ 则是随机变量 X 的函数，也是个随机变量。所以，条件期望 $E[Y|X]$ 有如下的性质。

(1)
$$E_X\{E[Y|X]\} = E[Y] \tag{1-156}$$

推导过程：

$$E_X\{E[Y|X]\} = \int_{-\infty}^{\infty} E[Y|X=x] \cdot f_X(x) \mathrm{d}x = \int_{-\infty}^{\infty} \left[\int_{-\infty}^{\infty} y f_Y(y|x) \mathrm{d}y \right] \cdot f_X(x) \mathrm{d}x$$

$$= \int_{-\infty}^{\infty} \int_{-\infty}^{\infty} y f_Y(y|x) f_X(x) \mathrm{d}y \mathrm{d}x = \int_{-\infty}^{\infty} \int_{-\infty}^{\infty} y f_{XY}(x,y) \mathrm{d}y \mathrm{d}x = E[Y] = m_Y \tag{1-157}$$

即条件期望的期望等于非条件期望。同理可得其他性质。

(2)
$$E\{E[g(X,Y)|X]\} = E[g(X,Y)] \tag{1-158}$$

(3)
$$E[g(X) \cdot Y|X] = g(X) \cdot E[Y|X] \tag{1-159}$$

(4) 当随机变量 X 和 Y 相互独立时

$$E[Y|X] = E[Y] \tag{1-160}$$

且 $E[C|X] = E[C] = C$，C 为常数（常数与一切随机变量独立）。

例 1.28 已知随机变量 X 服从 $(0,1)$ 的均匀分布，随机变量 Y 服从 $(X,1)$ 的均匀分布。求：(1) 条件数学期望 $E[Y|X=x]$；(2) 条件数学期望 $E[Y|X]$。

解：(1) 根据已知条件，在给定条件 $\{X=x\}$ 下，随机变量 Y 的概率密度的表达式为

$$f_Y(y|X=x) = \begin{cases} \dfrac{1}{1-x}, & x < y < 1 \\ 0, & \text{其他} \end{cases}$$

条件数学期望

$$E[Y|X=x] = \int_{-\infty}^{\infty} y f_Y(y|x) \mathrm{d}y = \int_x^1 \frac{y}{1-x} \mathrm{d}y = \frac{1+x}{2}$$

由上可以看出条件数学期望 $E[Y|X=x]$ 是关于给定值 x 的函数。

(2) 用随机变量 X 替换给定值 x，则数学期望 $E[Y|X] = \dfrac{1+X}{2}$ 是随机变量 X 的函数，也是个随机变量。因为随机变量 X 服从 $(0,1)$ 的均匀分布，函数 $1+X$ 服从 $(1,2)$ 的均匀分布，

则其函数 $\dfrac{1+X}{2}$ 也服从 $\left(\dfrac{1}{2},1\right)$ 的均匀分布，即 $E[Y|X]$ 服从 $\left(\dfrac{1}{2},1\right)$ 的均匀分布。

1.5.3　随机变量的矩和方差

1. 随机变量的矩

1) 一维随机变量的矩

随机变量的矩有两类：原点矩和中心矩。

(1) k 阶原点矩。随机变量 X 的 k 次幂求统计平均

$$E[X^k] = \int_{-\infty}^{\infty} x^k f_X(x)\mathrm{d}x \tag{1-161}$$

称为随机变量 X 的 k 阶原点矩。讨论如下情况。

① $k = 0$ 时，$E[1] = 1$。

② $k = 1$ 时，$E[X]$ 为随机变量 X 的数学期望。

③ $k = 2$ 时，$E[X^2]$ 为二阶原点矩，又称为随机变量 X 的均方值。

有时还常用到 $E[|X|^k]$，被称作 k 阶绝对原点矩，即

$$E[|X|^k] = \int_{-\infty}^{\infty} |x|^k \cdot f_X(x)\mathrm{d}x \tag{1-162}$$

(2) k 阶中心矩。随机变量 X 相对于其数学期望 m_X 的差 $(X - m_X)$ 的 k 次幂求统计平均

$$E[(X - m_X)^k] = \int_{-\infty}^{\infty} (x - m_X)^k \cdot f_X(x)\mathrm{d}x \tag{1-163}$$

称为随机变量 X 的 k 阶中心原点矩。讨论如下情况：

① $k = 0$ 时，$E[(X - m_X)^0] = 1$。

② $k = 1$ 时，$E[X - m_X] = E[X] - m_X = 0$。

③ $k = 2$ 时，$E[(X - m_X)^2]$ 为二阶中心矩，它是中心矩中最重要也是最常用的一种矩，通常称为随机变量 X 的方差，用 $D[X]$ 或 σ_X^2 表示。

有时还常用到 $E[|X - m_X|^k]$，被称作 k 阶绝对中心矩，即

$$E[|X - m_X|^k] = \int_{-\infty}^{\infty} |x - m_X|^k \cdot f_X(x)\mathrm{d}x \tag{1-164}$$

(3) 矩存在的条件。随机变量的各阶矩不是都存在的。若一随机变量的各阶绝对矩都存在，则它相应的各阶矩都存在。但有的随机变量则不满足"各阶绝对矩都存在"的条件，如柯西分布，它的概率密度为

$$f_X(x) = \frac{\sigma_1 \sigma_2}{\pi(\sigma_1^2 + \sigma_2^2 x^2)} \tag{1-165}$$

其一阶绝对矩 $\int_{-\infty}^{\infty} |x| f_X(x)\mathrm{d}x$ 是发散的，所以它的数学期望就不存在。

2) n 维随机变量的矩

(1)联合原点矩。首先给出二维的定义。已知二维随机变量 (X,Y) 的联合概率密度函数为 $f_{XY}(x,y)$，定义二维随机变量 (X,Y) 的 $n+k$ 阶联合原点矩为

$$E[X^n Y^k] = \int_{-\infty}^{\infty} \int_{-\infty}^{\infty} x^n y^k f_{XY}(x,y) \mathrm{d}x\mathrm{d}y \tag{1-166}$$

显然：① $k=0$ 时，$E[X^n]$ 是随机变量 X 的 n 阶原点矩。

② $n=0$ 时，$E[Y^k]$ 是随机变量 Y 的 k 阶原点矩。

③ $E[XY]$ 是联合原点矩中最重要的一个，它反映了 X 与 Y 两个随机变量间的关联程度，称为随机变量 X 和 Y 的互相关，通常用 R_{XY} 表示，如下所示：

$$E[XY] = \int_{-\infty}^{\infty} \int_{-\infty}^{\infty} xy f_{XY}(x,y) \mathrm{d}x\mathrm{d}y = R_{XY} \tag{1-167}$$

对于 n 维随机变量 $(X_1,X_2,\cdots,X_n)$，已知其联合概率密度函数为 $f_X(x_1,x_2,\cdots,x_n)$。定义 n 维随机变量的 $(k_1+k_2+\cdots+k_n)$ 阶联合原点矩为（$k_1,k_2,\cdots,k_n$ 为正整数）

$$E[X_1^{k_1} X_2^{k_2} \cdots X_n^{k_n}] = \int_{-\infty}^{\infty} \int_{-\infty}^{\infty} \cdots \int_{-\infty}^{\infty} x_1^{k_1} x_2^{k_2} \cdots x_n^{k_n} f_X(x_1,x_2,\cdots,x_n) \mathrm{d}x_1\mathrm{d}x_2 \cdots \mathrm{d}x_n \tag{1-168}$$

(2)联合中心矩。同样地，定义二维随机变量 (X,Y) 的 $n+k$ 阶联合中心矩为

$$E[(X-m_X)^n \cdot (Y-m_Y)^k] = \int_{-\infty}^{\infty} \int_{-\infty}^{\infty} (x-m_X)^n \cdot (y-m_Y)^k \cdot f_{XY}(x,y) \mathrm{d}x\mathrm{d}y \tag{1-169}$$

显然：① $E[(X-m_X)^2] = \sigma_X^2$ 是随机变量 X 的二阶中心矩，即 X 的方差。

② $E[(Y-m_Y)^2] = \sigma_Y^2$ 是随机变量 Y 的二阶中心矩，即 Y 的方差。

③ $E[(X-m_X)(Y-m_Y)]$ 是联合中心矩中最重要的一个，它也反映了 X 与 Y 两个随机变量间的关联程度，称为随机变量 X 和 Y 的协方差，通常用 C_{XY} 或 $\mathrm{Cov}(X,Y)$ 表示如下：

$$E[(X-m_X)(Y-m_Y)] = \int_{-\infty}^{\infty} \int_{-\infty}^{\infty} (x-m_X)(y-m_Y) f_{XY}(x,y) \mathrm{d}x\mathrm{d}y = C_{XY} \tag{1-170}$$

对于 n 维随机变量 $(X_1,X_2,\cdots,X_n)$，已知其联合概率密度函数为 $f_X(x_1,x_2,\cdots,x_n)$。定义 n 维随机变量的 $(k_1+k_2+\cdots+k_n)$ 阶联合中心矩为（$k_1,k_2,\cdots,k_n$ 为正整数）

$$\begin{aligned} &E[(X_1-m_1)^{k_1} (X_2-m_2)^{k_2} \cdots (X_n-m_n)^{k_n}] \\ &= \int_{-\infty}^{\infty} \int_{-\infty}^{\infty} \cdots \int_{-\infty}^{\infty} (x_1-m_1)^{k_1} (x_2-m_2)^{k_2} \cdots (x_n-m_n)^{k_n} f_X(x_1,x_2,\cdots,x_n) \mathrm{d}x_1\mathrm{d}x_2 \cdots \mathrm{d}x_n \end{aligned} \tag{1-171}$$

例 1.29 已知二维随机变量 (X,Y) 的联合概率密度为

$$f_{XY}(x,y) = \begin{cases} 1, & 0<x<1, \quad 0<y<1 \\ 0, & \text{其他} \end{cases}$$

求：(1)随机变量 X 的一、二阶原点矩；(2)随机变量 X 的二、三阶中心矩；(3)联合原点矩 R_{XY}；(4)联合中心矩 C_{XY}。

解： 由二维随机变量的联合概率密度可得其边缘概率密度

$$f_X(x) = \begin{cases} 1, & 0 < x < 1 \\ 0, & \text{其他} \end{cases}, \quad f_Y(y) = \begin{cases} 1, & 0 < y < 1 \\ 0, & \text{其他} \end{cases}$$

(1)
$$E[X] = \frac{1}{2}, \quad E[X^2] = \int_{-\infty}^{\infty} x^2 f_X(x) \mathrm{d}x = \int_0^1 x^2 \mathrm{d}x = \frac{1}{3}$$

(2) $E[(X-m_X)^2] = \int_0^1 \left(x - \frac{1}{2}\right)^2 \mathrm{d}x = \frac{1}{12}, \quad E[(X-m_X)^3] = \int_0^1 \left(x - \frac{1}{2}\right)^3 \mathrm{d}x = \frac{1}{32}$

(3)
$$R_{XY} = E[XY] = \int_0^1 \int_0^1 xy \mathrm{d}x \mathrm{d}y = \frac{1}{4}$$

(4)
$$C_{XY} = E[(X-m_X)(Y-m_Y)] = \int_0^1 \int_0^1 \left(x - \frac{1}{2}\right)\left(y - \frac{1}{2}\right) \mathrm{d}x \mathrm{d}y = 0$$

2. 方差

1) 一维随机变量的方差

二阶中心矩通常称为随机变量的方差，记作 $D[X]$ 或 σ_X^2。如下所示：

$$D[X] = \sigma_X^2 = E[(X-m_X)^2] \tag{1-172}$$

而 $D[X]$ 的正平方根 $\sqrt{D[X]} = \sigma_X$ 称为随机变量 X 的均方差或标准偏差。

随机变量 X 的方差是对 "X 的取值与其期望 m_X 差值的平方" 求统计平均。可知：

(1) 此统计平均的结果是大于等于 0 的数。

(2) 方差是用来表征随机变量取值相对数学期望的分散程度。

下面举例说明。高斯变量 X 的概率密度为

$$f_X(x) = \frac{1}{\sigma\sqrt{2\pi}} \exp\left\{ \frac{-(x-m)^2}{2\sigma^2} \right\}$$

可求出其数学期望为 m，方差为 σ^2。显然，概率密度 $f_X(x)$ 的值与均方差 σ 的大小成反比。又由概率的性质可知，无论 σ^2 的大小，$f_X(x)$ 曲线下的面积都是相同的，即

$$\int_{-\infty}^{\infty} f(x)\mathrm{d}x = 1$$

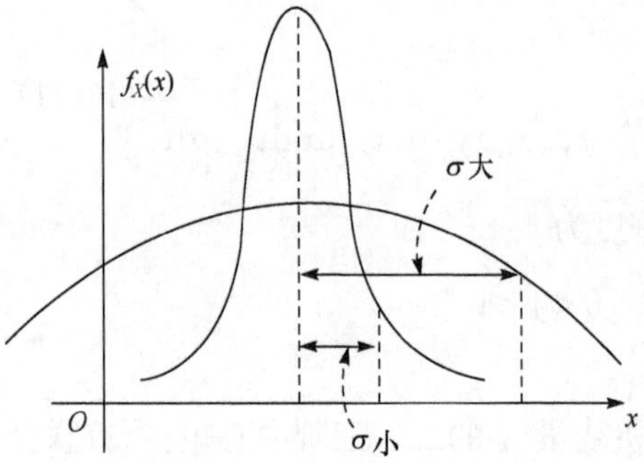

在 σ 大小不同情况下 $f_X(x)$ 的图形如图 1.21 所示。从图中可以看出，当 σ 小时，X 的分布相对数学期望 m 较集中；当 σ 大时，X 的分布相对数学期望 m 较分散。由此进一步说明，方差 σ^2 的大小正比于随机变量的取值相对于其期望分散程度的大小。

随机变量的方差有下列基本性质。

(1) 对于任意随机变量 X，有 $D[X] \geq 0$；且当 $X = C$（C 常数）时，$D[X] = 0$。

图 1.21　高斯变量的概率密度

(2)
$$D[X] = E[X^2] - m_X^2 \tag{1-173}$$

(3) 对于任意实数 C
$$D[CX] = C^2 D[X] \tag{1-174}$$

(4) 若 $(X_1, X_2, \cdots, X_n)$ 两两互不相关，则
$$D[X_1 \pm X_2 \pm \cdots \pm X_n] = D[X_1] + D[X_2] + \cdots + D[X_n] \tag{1-175}$$

证明： 设随机变量 $Y = X_1 \pm X_2 \pm \cdots \pm X_n$，由方差的定义 $D[Y] = E\{[Y - E(Y)]^2\}$ 可得

$$\begin{aligned}
D[X_1 \pm X_2 \pm \cdots \pm X_n] &= E\{[(X_1 \pm X_2 \pm \cdots \pm X_n) - E(X_1 \pm X_2 \pm \cdots \pm X_n)]^2\} \\
&= E\{[(X_1 - m_1) \pm (X_2 - m_2) \pm \cdots \pm (X_n - m_n)]^2\} \\
&= E\{\sum_{i=1}^{n}(X_i - m_i)^2 \pm 2\sum_{i<j}(X_i - m_i)(X_j - m_j)\} \\
&= \sum_{i=1}^{n} E[(X_i - m_i)^2] \pm 2\sum_{i<j} E\{(X_i - m_i)(X_j - m_j)\}
\end{aligned} \tag{1-176}$$

对于所有 $i \neq j$，随机变量 X_i 和 X_j 互不相关。因此根据数学期望的性质(4)有

$$E[(X_i - m_i)(X_j - m_j)] = E[X_i - m_i]E[X_j - m_j] = \{E[X_i] - m_i\}\{E[X_j] - m_j\} = 0 \tag{1-177}$$

所以

$$D[X_1 \pm X_2 \pm \cdots \pm X_n] = \sum_{i=1}^{n} E[(X_i - m_i)^2] = \sum_{i=1}^{n} D[X_i] \tag{1-178}$$

(5) 对于一切实数 μ，有
$$E[(X - \mu)^2] \geqslant E[(X - m_X)^2] = D[X] \tag{1-179}$$

证明：
$$\begin{aligned}
E[(X - \mu)^2] &= E\{[(X - m_X) + (m_X - \mu)]^2\} \\
&= E[(X - m_X)^2 + 2(X - m_X)(m_X - \mu) + (m_X - \mu)^2] \\
&= E[(X - m_X)^2] + 2E[(X - m_X)(m_X - \mu)] + E[(m_X - \mu)^2] \\
&= E[(X - m_X)^2] + 2(m_X - \mu) \cdot E[X - m_X] + (m_X - \mu)^2 \\
&= E[(X - m_X)^2] + (m_X - \mu)^2 \geqslant E[(X - m_X)^2]
\end{aligned} \tag{1-180}$$

表明随机变量的取值相对于任何其他值 μ 的分散程度不小于其相对于期望的分散程度。

2) 二维随机变量的协方差

若二维随机变量 (X, Y) 中 X 和 Y 的数学期望和方差均存在，则称
$$E[(X - m_X)(Y - m_Y)] = C_{XY} \tag{1-181}$$

为随机变量 X 与 Y 的协方差，又称为相关矩或二阶联合中心矩。它通常被用来表征两个随机变量间的关联程度。当 $C_{XY} = 0$ 时，称 X 与 Y 互不相关。

协方差也可以通过下式进行计算
$$C_{XY} = E[(X - m_X)(Y - m_Y)] = E[XY] - m_X m_Y = R_{XY} - m_X m_Y \tag{1-182}$$

当 X 与 Y 互不相关即 $C_{XY} = 0$ 时，由上式可得
$$E[XY] = E[X]E[Y] \tag{1-183}$$

3. 随机矢量的方差

若 n 维随机变量 $(X_1, X_2, \cdots, X_n)$ 用随机矢量 $\boldsymbol{X} = [X_1, X_2, \cdots, X_n]^{\mathrm{T}}$ 来表示。根据方差的定义，则随机矢量 $\boldsymbol{X}$ 的方差定义为

$$D\boldsymbol{X} = E[(\boldsymbol{X} - E\boldsymbol{X})(\boldsymbol{X} - E\boldsymbol{X})^{\mathrm{T}}] \tag{1-184}$$

$D\boldsymbol{X}$ 也记作 $\mathrm{Var}\boldsymbol{X}$。若将上式展开可得随机矢量的方差阵

$$
\begin{aligned}
D\boldsymbol{X} &= E\left[\begin{pmatrix} X_1 - m_1 \\ X_2 - m_2 \\ \vdots \\ X_n - m_n \end{pmatrix}_{n \times 1} \begin{pmatrix} X_1 - m_1 & X_2 - m_2 & \cdots & X_n - m_n \end{pmatrix}_{1 \times n} \right] \\[2mm]
&= \begin{bmatrix} E[(X_1 - m_1)^2] & E[(X_1 - m_1)(X_2 - m_2)] & \cdots & E[(X_1 - m_1)(X_n - m_n)] \\ E[(X_2 - m_2)(X_1 - m_1)] & E[(X_2 - m_2)^2] & \cdots & E[(X_2 - m_2)(X_n - m_n)] \\ \vdots & \vdots & & \vdots \\ E[(X_n - m_n)(X_1 - m_1)] & E[(X_n - m_n)(X_2 - m_2)] & \cdots & E[(X_n - m_n)^2] \end{bmatrix}
\end{aligned} \tag{1-185}
$$

若 n 维变量 $(X_1, X_2, \cdots, X_n)$ 中每个变量之间的协方差 $C_{ij} = E[(X_i - m_i)(X_j - m_j)]$（包括自身的方差）均存在，则

$$D\boldsymbol{X} = \begin{bmatrix} D[X_1] & C_{12} & \cdots & C_{1n} \\ C_{21} & D[X_2] & \cdots & C_{2n} \\ \vdots & \vdots & & \vdots \\ C_{n1} & C_{n2} & \cdots & D[X_n] \end{bmatrix} = C_X \tag{1-186}$$

由式 (1-186) 可见矢量 $\boldsymbol{X}$ 的方差阵中除对角线上均为各分量的方差外，其余均为分量相互间的协方差 C_{ij} $(i \neq j)$。若将方差 $D[X_i]$ 看成协方差的特例 C_{ij} $(i = j)$，将方差阵中的所有元素均用协方差 C_{ij} 表示，则有

$$D\boldsymbol{X} = \begin{bmatrix} C_{11} & C_{12} & \cdots & C_{1n} \\ C_{21} & C_{22} & \cdots & C_{2n} \\ \vdots & \vdots & & \vdots \\ C_{n1} & C_{n2} & \cdots & C_{nn} \end{bmatrix}_{n \times n} = C_X \tag{1-187}$$

又可称为 n 维随机变量的协方差矩阵。

由 $C_{ij} = C_{ji}$ 可得 $\boldsymbol{C}_X = \boldsymbol{C}_X^{\mathrm{T}}$，即随机矢量 $\boldsymbol{X}$ 的方差阵为对称矩阵。

1.5.4　相关、正交、独立

1. 相关系数

1）两个随机变量相互关系的描述

在实际中，为了将两个随机变量 X 和 Y 的相互关系表示出来，最简单的方法是将两

个随机变量的所有取值情况在 xOy 平面上画出来，称为随机变量 X 和 Y 取值的散布图，如图 1.22 所示。

(1)若 X 与 Y 独立，X 的取值与 Y 的取值没有任何关系，则 (X, Y) 在 xOy 平面上没有样本点存在。

(2)若 X 与 Y 相关，对于 X 取的每一确定值，都有 Y 的取值与其相对应。因此，(X, Y) 在 xOy 平面上有样本点存在。所以散布图直观反映了 X 与 Y 之间的相关情况。如果要从数学上表示 X 与 Y 的函数关系，则要设法找到逼近其散布点密集分布的一条回归线。如果这条回归线是直线，就说 X 与 Y 线性相关；如果这条回归线是曲线，就说 X 与 Y 非线性相关。

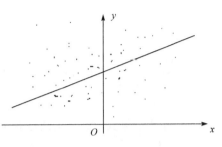

图 1.22　(X, Y) 取值的散布图

最常用的方法是用一根直线逼近 (X, Y) 取值散布点的密集分布，即寻找最逼近 (X, Y) 关系的直线(线性回归)。在这条直线上，可由 X 的取值预测 Y 的取值，即

$$Y_p = a + bX \tag{1-188}$$

当然 Y_p 并不就是 Y，而是根据 X 的取值所得到的线性相关预测值。如果 a，b 构造的是回归线，那么一定会使得 Y 与 Y_p 的误差最小。寻找使均方误差 $\varepsilon = E\left[(Y - Y_p)^2\right]$ 最小的 a，b 如下：

$$\begin{aligned}
\varepsilon &= E\left[(Y - Y_p)^2\right] = E\left[(Y - a - bX)^2\right] \\
&= E\left[Y^2 + b^2 X^2 + a^2 + 2abX - 2aY - 2bXY\right] \\
&= a^2 - 2aEY + 2abEX - 2bE[XY] + b^2 E[X^2] + E[Y^2]
\end{aligned} \tag{1-189}$$

令

$$\begin{cases}
\dfrac{\partial \varepsilon}{\partial a} = 2a - 2m_Y + 2bm_X = 0 \\[2mm]
\dfrac{\partial \varepsilon}{\partial b} = 2am_X - 2R_{XY} + 2bE[X^2] = 0
\end{cases} \tag{1-190}$$

解出 a 和 b 的值为

$$\begin{cases}
a = m_Y - bm_X = m_Y - \dfrac{C_{XY}}{\sigma_X^2} m_X \\[3mm]
b = \dfrac{R_{XY} - m_X m_Y}{E[X^2] - m_X^2} = \dfrac{C_{XY}}{\sigma_X^2}
\end{cases} \tag{1-191}$$

代入式(1-189)，可验证给出的 ε 是极小值。从而得到最好的预测直线方程为

$$Y_p = a + bX = m_Y + \frac{C_{XY}}{\sigma_X^2}(X - m_X) \tag{1-192}$$

由式可见，最佳预测线通过 (m_X, m_Y) 点。通过这条直线，可以根据 X 的取值，给出 Y 的最佳的预测值 Y_p，即这条直线最能反映 X 与 Y 之间的线性关系。

为了简便，引入 X 和 Y 的归一化随机变量

$$\dot{X} = \frac{X - m_X}{\sigma_X}, \qquad \dot{Y} = \frac{Y_p - m_Y}{\sigma_Y} \tag{1-193}$$

可得

$$\dot{Y} = \frac{C_{XY}}{\sigma_X \sigma_Y} \dot{X} \tag{1-194}$$

式中，斜率 $\dfrac{C_{XY}}{\sigma_X \sigma_Y}$ 的值反映出随机变量 X 与 Y 之间线性相关的程度。

2）定义

表征两个随机变量之间线性相关程度的量

$$\rho_{XY} = \frac{C_{XY}}{\sigma_X \sigma_Y} \tag{1-195}$$

称为相关系数。

3）相关系数的性质

（1） $-1 \leqslant \rho_{XY} \leqslant 1$ ，即 $|\rho_{XY}| \leqslant 1$ 。

证明：为了使证明简化，这里研究两个归一化随机变量的相关系数。令

$$U = \frac{X - m_X}{\sigma_X}, \qquad V = \frac{Y - m_Y}{\sigma_Y} \tag{1-196}$$

显然有 $E[U] = E[V] = 0$ ， $D[U] = D[V] = 1$ ， $E[V^2] = 1$ 成立。由

$$E^2[U \pm V] = [EU \pm EV]^2 = 0 \tag{1-197}$$

$$E[(U \pm V)^2] = E[U^2] \pm 2E[UV] + E[V^2] = 2 \pm 2E[UV] \tag{1-198}$$

$$\rho_{UV} = \frac{C_{UV}}{\sigma_U \sigma_V} = \frac{R_{UV} - m_U m_V}{\sigma_U \sigma_V} = R_{UV} = E[UV] \tag{1-199}$$

把式（1-197）～式（1-199）代入下式

$$D[U \pm V] = E[(U \pm V)^2] - E^2[U \pm V] \geqslant 0 \tag{1-200}$$

可得

$$D[U \pm V] = 2 \pm 2\rho_{UV} \geqslant 0 \tag{1-201}$$

即 $-1 \leqslant \rho_{UV} \leqslant 1$ 成立。

（2）若 X 与 Y 间以概率 1 存在线性关系，即满足 $P\{Y = aX + b\} = 1$（a 和 b 为实常数），则有 $|\rho_{XY}| = 1$ 。

（3）若 X 与 Y 线性互不相关，则有 $|\rho_{XY}| = 0$ 。等价于

$$\begin{cases} C_{XY} = 0 \\ R_{XY} = E[X]E[Y] \\ D[X \pm Y] = D[X] + D[Y] \end{cases} \tag{1-202}$$

注：通常说的"互不相关"均指的是线性不相关。

推广到 n 维的情况。当 n 维随机变量 $X_1, X_2, \cdots, X_n$ 之间互不相关时，由于 $C_{ij} = 0 (i \neq j)$ 则 n 维随机变量的协方差矩阵为对角线矩阵，如下所示：

$$C_X = \begin{bmatrix} \sigma_1^2 & 0 & \cdots & 0 \\ 0 & \sigma_2^2 & & \vdots \\ \vdots & & \ddots & 0 \\ 0 & \cdots & 0 & \sigma_n^2 \end{bmatrix}$$

相关系数矩阵：

$$\rho_X = \begin{bmatrix} \rho_{11} & \rho_{12} & \cdots & \rho_{1n} \\ \rho_{21} & \rho_{22} & \cdots & \rho_{2n} \\ \vdots & \vdots & & \vdots \\ \rho_{n1} & \rho_{n2} & \cdots & \rho_{nn} \end{bmatrix}$$

当 $X_1, X_2, \cdots, X_n$ 不相关时，由于 $\rho_{ij} = 0 (i \neq j)$ 和 $\rho_{ij} = 1 (i = j)$ 成立，则相关系数矩阵为单位矩阵，如下所示：

$$\rho_X = \begin{bmatrix} 1 & 0 & \cdots & 0 \\ 0 & 1 & & \vdots \\ \vdots & & \ddots & 0 \\ 0 & \cdots & 0 & 1 \end{bmatrix} = I_n$$

2. 不相关、独立和正交

1) 正交的定义

若随机变量 X 和 Y 满足 $R_{XY} = E[XY] = 0$，则称随机变量 X 和 Y 正交。

考虑到 $C_{XY} = R_{XY} - m_X \cdot m_Y$，则 X 和 Y 正交满足

$$C_{XY} = -m_X \cdot m_Y \tag{1-203}$$

2) 不相关、独立和正交的关系

(1) 若随机变量 X 和 Y 相互独立，则 X 和 Y 必定不相关。

证明：当 X 和 Y 相互独立时，满足

$$f_{XY}(x, y) = f_X(x) \cdot f_Y(y) \tag{1-204}$$

代入　　　$C_{XY} = E[(X - m_X)(Y - m_Y)] = \int_{-\infty}^{\infty} \int_{-\infty}^{\infty} (x - m_X)(y - m_Y) f_{XY}(x, y) \mathrm{d}x\mathrm{d}y \tag{1-205}$

可得

$$C_{XY} = \int_{-\infty}^{\infty} (x - m_X) f_X(x) \mathrm{d}x \cdot \int_{-\infty}^{\infty} (y - m_Y) f_Y(y) \mathrm{d}y = E[(X - m_X)] \cdot E[(Y - m_Y)] = 0 \tag{1-206}$$

即 X 和 Y 不相关。

(2) 若随机变量 X 和 Y 不相关（$\rho_{XY} = 0$），则 X 和 Y 不一定相互独立。

因为独立表示两个随机变量之间，既线性不相关，又非线性不相关。而相关系数 $\rho_{XY} = 0$ 仅仅表征两个随机变量线性不相关，而不能说明它们之间非线性不相关。

例 1.30 已知随机变量 $X = \cos\varphi$ 和 $Y = \sin\varphi$ ，式中， φ 是在 $(0, 2\pi)$ 上均匀分布的随机变量。讨论 X 和 Y 的相关性及独立性。

解：（1）因为 φ 是在 $(0, 2\pi)$ 上均匀分布的随机变量，其概率密度为

$$f(\varphi) = \begin{cases} \dfrac{1}{2\pi}, & 0 < x < 2\pi \\ 0, & \text{其他} \end{cases}$$

则

$$E[X] = \int_{-\infty}^{\infty} \cos\varphi f(\varphi) \mathrm{d}\varphi = \frac{1}{2\pi} \int_{0}^{2\pi} \cos\varphi \mathrm{d}\varphi = 0$$

$$E[Y] = \int_{-\infty}^{\infty} \sin\varphi f(\varphi) \mathrm{d}\varphi = \frac{1}{2\pi} \int_{0}^{2\pi} \sin\varphi \mathrm{d}\varphi = 0$$

$$E[XY] = E[\cos\varphi \sin\varphi] = \frac{1}{2} E[\sin 2\varphi] = 0$$

$$C_{XY} = E[(X - m_X)(Y - m_Y)] = E[XY] = 0$$

即相关系数 $\rho_{XY} = 0$ ，表明 X 和 Y 是不相关的。

（2）因为随机变量 X 和 Y 存在 $X^2 + Y^2 = 1$ 的关系（非线性相关）， Y 的取值依赖于 X 的取值，所以随机变量 X 和 Y 之间相互不独立。

（3）若两个随机变量的联合矩对任意 $n \geq 1$ 和 $k \geq 1$ 均可分解为

$$E[X^n Y^k] = E[X^n] \cdot E[Y^k] \tag{1-207}$$

则 X 和 Y 统计独立。

（4）当随机变量 X 和 Y 之间存在线性函数关系 $Y = aX + b$ 时，有 $\rho_{XY} = \pm 1$ ；当 X 和 Y 间存在非线性函数关系时，有 $0 < |\rho_{XY}| < 1$ 。

例 1.31 已知随机变量 X 和 Y 有非线性关系 $Y = X^3$ ，且

$$E(X^n) = \begin{cases} 1 \cdot 3 \cdot 5 \cdots (n-1)\sigma_X^n, & n \text{为偶数} \\ 0, & n \text{为奇数} \end{cases}, \quad n \geq 2$$

求相关系数 ρ_{XY} 。

解： 由于

$$m_X = E[X] = 0, \quad m_Y = E[X^3] = 0$$

则协方差为

$$C_{XY} = R_{XY} - m_X m_Y = R_{XY} = E[XY] = E[XX^3] = E[X^4] = 3\sigma_X^4$$

相关系数为

$$\rho_{XY} = \frac{3\sigma_X^4}{\sigma_X \sigma_Y} = \frac{3\sigma_X^4}{\sqrt{E[X^2]} \cdot \sqrt{E[X^6]}} = \frac{3\sigma_X^4}{\sqrt{15\sigma_X^8}} = \frac{3}{\sqrt{15}} = 0.775 < 1$$

（5）一般情况下，两个随机变量正交时不能保证它们不相关；反之，两个变量不相关也不能保证正交。由 $C_{XY} = R_{XY} - m_X \cdot m_Y$ 可以看出，若 $m_X = 0$ 或 $m_Y = 0$ 成立，不相关和正交等价。

例 1.32 已知随机变量 X 的均值 $m_X = 3$ ，方差 $\sigma_X^2 = 2$ ，且另一随机变量 $Y = -6X + 22$ 。

讨论 X 和 Y 的相关性与正交性。

解： 由题 X 的均值 $m_X = 3$，所以 Y 的均值为

$$m_Y = E[-6X + 22] = -6EX + 22 = 4$$

(1) X 和 Y 的互相关为

$$R_{XY} = E[XY] = E[-6X^2 + 22X] = -6E[X^2] + 22EX$$
$$= -6\left(m_X^2 + \sigma_X^2\right) + 22m_X = 0$$

可见 X 和 Y 是正交的。

(2) 由于 $\sigma_X^2 = 2$ 且 $\sigma_Y^2 = E[(Y - m_Y)^2] = E[(-6X + 18)^2] = 72$，因此相关系数为

$$\rho_{XY} = \frac{R_{XY} - m_X \cdot m_Y}{\sqrt{\sigma_X^2 \sigma_Y^2}} = \frac{-12}{\sqrt{144}} = -1$$

又说明 X 和 Y 是线性相关的。

1.5.5　随机变量的特征函数

随机变量的数学期望、方差等数字特征虽可以反映其概率分布的某些特征，但一般无法通过它们来确定其概率分布。而随机变量的特征函数既可以确定其概率分布又具有良好的分析性质，它是概率论中最重要的分析工具之一。它的优越性，首先在于特征函数与概率密度唯一对应；其次，由特征函数计算统计特性时比由概率密度函数计算更为方便。例如，由概率密度计算矩需要积分运算，而由特征函数计算矩则只要微分运算；由概率密度求独立随机变量和的分布，需要各个概率密度进行卷积，而由特征函数求独立随机变量和的特征函数，只需要各个特征函数相乘。这些优点将会在下面介绍中逐一体现。

1. 一元特征函数及其性质

1) 定义

设 X 是定义在概率空间 (Ω, F, P) 上的随机变量，其概率密度函数为 $f(x)$，则其函数 e^{juX} 的数学期望

$$Q_X(u) = E[\mathrm{e}^{juX}], \quad \mathrm{j} = \sqrt{-1}, \quad -\infty < u < \infty \tag{1-208}$$

称为随机变量 X 的特征函数。

当 X 为连续型随机变量时，其特征函数为

$$Q_X(u) = \int_{-\infty}^{\infty} \mathrm{e}^{jux} f(x) \mathrm{d}x \tag{1-209}$$

当 X 为离散型随机变量时，其特征函数为

$$Q_X(u) = \sum_i \mathrm{e}^{jux_i} P(X = x_i) = \sum_i \mathrm{e}^{jux_i} p_i \tag{1-210}$$

2) 性质

(1)
$$\left| Q_X(u) \right| \leqslant Q_X(0) = 1 \tag{1-211}$$

证明： 由特征函数的定义

$$\left|Q_X(u)\right| = \left|\int_{-\infty}^{\infty} e^{jux} f(x) dx\right| \leqslant \int_{-\infty}^{\infty} \left|e^{jux} f(x)\right| dx \tag{1-212}$$

由于 $f(x) \geqslant 0$ 并且 $\left|e^{jux}\right| = 1$，可得

$$\left|Q_X(u)\right| \leqslant \int_{-\infty}^{\infty} \left|e^{jux}\right| f(x) dx = \int_{-\infty}^{\infty} f(x) dx = Q_X(0) = 1 \tag{1-213}$$

由于 $\left|Q_X(u)\right| \leqslant 1$，说明特征函数 $Q_X(u)$ 在一切实数 u 上都有定义。

(2) 特征函数 $Q_X(u)$ 是实变量 u 在 $(-\infty, +\infty)$ 上的连续函数。

(3) 特征函数 $Q_X(u)$ 是实变量 u 的复函数，有

$$Q_X^{\,*}(u) = Q_X(-u) \tag{1-214}$$

(4) 随机变量 X 的函数 $y = aX + b$ 的特征函数

$$Q_Y(u) = e^{jub} Q_X(au) \tag{1-215}$$

证明：

$$Q_Y(u) = E\left[e^{juY}\right] = E\left[e^{ju(aX+b)}\right] = E\left[e^{juaX} \cdot e^{jub}\right] = e^{jub} \cdot E\left[e^{juaX}\right] = e^{jub} Q_X(au) \tag{1-216}$$

(5) 相互独立随机变量和的特征函数等于它们特征函数之积。

若随机变量 $X_1, \cdots, X_n$ 相互独立，且相应各自特征函数为 $Q_{X_1}(u), Q_{X_2}(u), \cdots, Q_{X_n}(u)$。随机变量 $Y = \sum_{i=1}^{n} X_i$，则其特征函数为

$$Q_Y(u) = \prod_{i=1}^{n} Q_{X_i}(u) \tag{1-217}$$

证明：

$$Q_Y(u) = E\left[e^{juY}\right] = E\left[e^{ju(X_1+X_2+\cdots+X_n)}\right] = E\left[\prod_{i=1}^{n} e^{juX_i}\right] \tag{1-218}$$

由于 $X_1, \cdots, X_n$ 相互独立，根据数学期望的性质(5)可得

$$Q_Y(u) = E\left[\prod_{i=1}^{n} e^{juX_i}\right] = \prod_{i=1}^{n} E\left[e^{juX_i}\right] = \prod_{i=1}^{n} Q_{X_i}(u) \tag{1-219}$$

(6) 若随机变量 X 的 n 阶绝对矩存在，则它的特征函数有 n 阶导数。并且当 $1 \leqslant k \leqslant n$ 时

$$E[X^k] = (-j)^k \left.\frac{d^k Q_X(u)}{du^k}\right|_{u=0} \tag{1-220}$$

可见，利用这一性质由特征函数 $Q_X(u)$ 求随机变量 X 的 k 阶矩，只要对特征函数 $Q_X(u)$ 求 k 次导数(微分)即可，显然这比由概率密度 $f(x)$ 求 K 阶矩的积分运算要简单得多。

(7) 若随机变量 X 的特征函数 $Q_X(u)$ 可以展开成麦克劳林级数，其特征函数可由该随机变量 X 的各阶矩唯一地确定，即

$$Q_X(u) = \sum_{n=0}^{\infty} E\left[X^n\right] \frac{(ju)^n}{n!} \tag{1-221}$$

这个性质常用在理论推导中。实际应用中由随机变量的各阶矩 $E(X^n)\,(n=1,2,\cdots)$ 来求 $Q_X(u)$ 不现实，特别是某些随机变量的各阶矩并不一定都存在，如柯西分布。

例 1.33　求下列高斯变量的特征函数 $Q_X(u)$：(1)标准高斯变量 $Y \sim N(0,1)$；(2)高斯变量 $X \sim N(m,\sigma^2)$。

解：　先介绍一个从复变函数中得到的积分公式

$$\int_{-\infty}^{\infty} \mathrm{e}^{-Ax^2+2Bx-C}\mathrm{d}x = \sqrt{\pi/A} \cdot \mathrm{e}^{-\frac{\left(AC-B^2\right)}{A}}$$

(1)根据特征函数的定义

$$Q_Y(u) = E\left[\mathrm{e}^{\mathrm{j}uY}\right] = \int_{-\infty}^{\infty} \mathrm{e}^{\mathrm{j}uy} \cdot \frac{1}{\sqrt{2\pi}}\mathrm{e}^{-\frac{y^2}{2}}\mathrm{d}y = \frac{1}{\sqrt{2\pi}}\int_{-\infty}^{\infty} \mathrm{e}^{-\frac{y^2}{2}+2\frac{\mathrm{j}u}{2}y}\mathrm{d}y$$

令 $A=\dfrac{1}{2}$，$B=\dfrac{\mathrm{j}u}{2}$，$C=0$，则利用积分公式可得标准高斯变量的特征函数，如下：

$$Q_Y(u) = \frac{1}{\sqrt{2\pi}}\left\{\sqrt{\frac{\pi}{1/2}} \cdot \exp\left[\left(\frac{\mathrm{j}u}{2}\right)^2 \bigg/ \frac{1}{2}\right]\right\} = \mathrm{e}^{-\frac{u^2}{2}}$$

(2)将高斯变量 X 归一化处理得

$$\dot{X} = \frac{X-m}{\sigma} = Y，\qquad X = \sigma Y + m$$

利用性质(4)及(1)的结论，一般高斯变量的特征函数如下：

$$Q_X(u) = \mathrm{e}^{\mathrm{j}mu} \cdot Q_Y(\sigma u) = \exp\left(\mathrm{j}um - \frac{1}{2}\sigma^2 u^2\right)$$

例 1.34　求二项分布的数学期望、方差和特征函数。

解：　**方法一**　二项分布的分布律为

$$P(Y=k) = C_n^k p^k q^{n-k}，\quad k=0,1,2,\cdots,n$$

由数学期望的定义可得

$$E[Y] = \sum_{k=1}^{n} kP(Y=k) = \sum_{k=1}^{n} kC_n^k p^k (1-p)^{n-k} = \cdots = np$$

由方差的定义可得

$$D[Y] = \sum_{k=1}^{n} (k-m_Y)^2 \cdot P(Y=k) = \sum_{k=1}^{n} (k-np)^2 \cdot C_n^k p^k (1-p)^{n-k} = \cdots = npq$$

直接引用特征函数的定义可得

$$Q_Y(u) = \sum_{k=1}^{n} \mathrm{e}^{\mathrm{j}uk} \cdot P(Y=k) = \sum_{k=1}^{n} \mathrm{e}^{\mathrm{j}uk} C_n^k p^k q^{n-k} = \cdots$$

计算较烦琐。

方法二　二项分布的随机变量 Y 代表的是 n 重伯努利试验中随机事件发生的次数。而在每次试验中，随机事件发生的概率为 p，随机事件不发生的概率为 $1-p=q$，每次试验中事件发生的次数 X_i 均服从 $(0,1)$ 分布。$(0,1)$ 分布的特征函数为

$$Q_{X_i}(u) = E\left[e^{juX_i}\right] = \sum_{k=0}^{1} e^{juk} P(X_i = k) = q + pe^{ju} \tag{1-222}$$

由于 Y 代表 n 重伯努利试验中随机事件发生的次数，因此有 $Y = \sum_{i=1}^{n} X_i$。且 n 重伯努利试验中各次试验均相互独立，由性质(5)可得二项分布的特征函数

$$Q_Y(u) = \prod_{i=1}^{n} Q_{X_i}(u) = \left(q + pe^{ju}\right)^n \tag{1-223}$$

可见，离散型随机变量的特征函数也是实数 u 的连续函数。利用性质(7)

$$E[Y] = -j\frac{d}{du}\left(pe^{ju} + q\right)^n \bigg|_{u=0} = np$$

$$E\left[Y^2\right] = (-j)^2 \frac{d^2}{du^2}\left(pe^{ju} + q\right)^n \bigg|_{u=0} = npq + n^2 p^2$$

$$D[Y] = E\left[Y^2\right] - \left(E[Y]\right)^2 = npq$$

2. 特征函数与概率密度的对应关系

由特征函数的定义可知，已知随机变量 X 的概率密度 $f(x)$ 总可以求得它的特征函数 $Q_X(u)$，那么由特征函数能否求得概率密度呢？在讨论之前，先回顾一下傅里叶变换对

$$\begin{cases} S(\omega) = F\left[s(t)\right] = \int_{-\infty}^{\infty} s(t) \cdot e^{-j\omega t} dt \\ s(t) = F^{-1}\left[S(\omega)\right] = \frac{1}{2\pi} \int_{-\infty}^{\infty} S(\omega) \cdot e^{j\omega t} d\omega \end{cases} \tag{1-224}$$

对照特征函数的定义，可得

$$Q_X(u) = \int_{-\infty}^{\infty} f(x) e^{jux} du = 2\pi\left[\frac{1}{2\pi}\int_{-\infty}^{\infty} f(x)e^{jux} dx\right] = 2\pi F^{-1}\left[f(x)\right] \tag{1-225}$$

即

$$F^{-1}\left[f(x)\right] = \frac{1}{2\pi} Q_X(u) \tag{1-226}$$

则可用傅里叶变换求

$$f(x) = F\left[\frac{1}{2\pi} Q_X(u)\right] = \frac{1}{2\pi} \int_{-\infty}^{+\infty} Q_X(u) e^{-jux} du \tag{1-227}$$

称为逆转公式。由傅里叶变换对之间的唯一性可知，$Q_X(u)$ 与 $f(x)$ 之间也是唯一对应的。

有了特征函数与概率密度的变换关系，通过特征函数间接求独立随机变量和的分布，比直接用概率密度 $f(x)$ 来求要方便得多。例如，求 $Y = \sum_{i=1}^{n} X_i$ 的分布 $f_Y(y)$ 时，若用概率密度直接求，则必须对 $f_X(x_1,\cdots,x_n)$ 做 $n-1$ 重积分，即

$$f_Y(y) = \int_{-\infty}^{\infty} \cdots \int_{-\infty}^{\infty} f_X\left(x_1 \cdots x_{n-1}, y - \sum_{i=1}^{n-1} x_i\right) dx_1 \cdots dx_{n-1} \tag{1-228}$$

即使当 $X_1, X_2, \cdots, X_n$ 相互独立时，也要做 $n-1$ 个积分；但用特征函数间接求解时，只要先求 $Q_Y(u) = \prod_{i=1}^{n} Q_{X_i}(u)$，再由逆转公式即可求出 $f_Y(y)$。

例 1.35 请证明若随机变量 $X_1 \sim B(n,p)$ 和 $X_2 \sim B(m,p)$ 相互独立，则 $Y = X_1 + X_2 \sim B(n+m,p)$。

证明： 由特征函数性质(5)有

$$Q_Y(u) = Q_{X_1}(u) \cdot Q_{X_2}(u) = \left(pe^{ju} + q\right)^n \left(pe^{ju} + q\right)^m = \left(pe^{ju} + q\right)^{n+m}$$

而右端正是二项分布 $B(m+n,p)$ 的特征函数，由特征函数和概率密度对应关系的唯一性，可知 $Y \sim B(n+m,p)$，即二项分布关于参数 n 具有再生性。

3. 多元特征函数

下面将一维随机变量的特征函数推广到多维随机变量的特征函数情形。

1) 定义

若 n 维随机变量 $(X_1, \cdots, X_n)$ 用随机矢量 $\boldsymbol{X}$ 表示，n 个参变量 $(u_1, \cdots, u_n)$ 用矢量 $\boldsymbol{U}$ 表示

$$\boldsymbol{X} = \begin{bmatrix} X_1 \\ \vdots \\ X_n \end{bmatrix}, \qquad \boldsymbol{U} = \begin{bmatrix} u_1 \\ \vdots \\ u_n \end{bmatrix}$$

则 n 维随机变量 $(X_1, \cdots, X_n)$ 的联合特征函数（或随机矢量 $\boldsymbol{X}$ 的特征函数）为

$$Q_X(u_1, \cdots, u_n) = Q_X\left(\boldsymbol{U}^T\right) = E\left[e^{j\boldsymbol{U}^T\boldsymbol{X}}\right]$$

$$= E\left[e^{j(u_1 X_1 + u_2 X_2 + \cdots + u_n X_n)}\right] = E\left[e^{\sum_{k=1}^{n} ju_k X_k}\right] \tag{1-229}$$

$$= \int_{-\infty}^{\infty} \cdots \int_{-\infty}^{\infty} e^{j(u_1 x_1 + \cdots + u_n x_n)} f_X(x_1, \cdots, x_n) dx_1 \cdots dx_n$$

逆转公式为

$$f_X(x_1, \cdots, x_n) = \int_{-\infty}^{\infty} \cdots \int_{-\infty}^{\infty} e^{-j\boldsymbol{U}^T x} Q_X\left(\boldsymbol{U}^T\right) \frac{du_1}{2\pi} \cdots \frac{du_n}{2\pi}$$

$$= \int_{-\infty}^{\infty} \cdots \int_{-\infty}^{\infty} e^{-j\sum_{k=1}^{n} u_k x_k} Q_X(u_1, \cdots, u_n) \frac{du_1}{2\pi} \cdots \frac{du_n}{2\pi} \tag{1-230}$$

2) 性质

(1) $$\left|Q_X(u_1, \cdots, u_n)\right| \leqslant Q_X(0, \cdots, 0) = 1 \tag{1-231}$$

(2) 特征函数 $Q_X(u_1, \cdots, u_n)$ 在 R^n 中一致连续，其中，R^n 表示 $(u_1, \cdots, u_n)$ 的 n 维空间。

(3) 特征函数 $Q_X(u_1, \cdots, u_n)$ 是关于实变量 $u_1, \cdots, u_n$ 的复函数，有

$$Q_X^*(u_1,\cdots,u_n) = Q_X(-u_1,\cdots,-u_n) \tag{1-232}$$

（4）若 $Q_X(u_1,\cdots,u_n)$ 是随机矢量 X 的特征函数，矩阵 A 是 $r\times n$ 常系数矩阵，矢量 B 是 $r(r<n)$ 维常数列矢量，则随机矢量 $Y = AX + B$ 的特征函数为

$$Q_Y(u_1,\cdots,u_r,0,\cdots,0) = \mathrm{e}^{jU^{\mathrm{T}}B'}Q_X(U^{\mathrm{T}}A') \tag{1-233}$$

其中，$B' = \begin{bmatrix} B \\ \vdots \\ 0 \end{bmatrix}_{n\times 1}$；$0_{(n-r)\times 1}$ 为补充的零向量；$A' = \begin{bmatrix} A_{r\times n} \\ \vdots \\ O_{(n-r)\times n} \end{bmatrix}_{n\times n}$；$O_{(n-r)\times n}$ 为补充的零矩阵。

下面讨论两种特殊情况。

① 当 $r = n$ 时，矩阵 A 是 $n\times n$ 对角矩阵，矢量 B 是 n 维列矢量，即

$$A = \begin{bmatrix} a_1 & \cdots & 0 \\ \vdots & \ddots & \vdots \\ 0 & \cdots & a_n \end{bmatrix}, \qquad B = \begin{bmatrix} b_1 \\ \vdots \\ b_n \end{bmatrix}$$

此时

$$AX = \begin{bmatrix} a_1 X_1 \\ \vdots \\ a_n X_n \end{bmatrix}, \qquad Y = AX + B = \begin{bmatrix} a_1 X_1 + b_1 \\ \vdots \\ a_n X_n + b_n \end{bmatrix}$$

则随机矢量 Y 的特征函数为

$$Q_Y(u_1,u_2,\cdots,u_n) = \mathrm{e}^{j\sum_{k=1}^{n}u_k b_k} \cdot Q_X(a_1 u_1,\cdots,a_n u_n) \qquad (多元) \tag{1-234}$$

② 当 $r = 1$ 时，$A = (a_1,\cdots,a_n)$ 是 $1\times n$ 矩阵，而 B 是一常数 b，则

$$Y = AX + B = a_1 X_1 + \cdots + a_n X_n + b$$

是一维随机变量，其特征函数为

$$Q_Y(u_1) = \mathrm{e}^{ju_1 b} \cdot Q_X(a_1 u_1, a_2 u_1,\cdots,a_n u_1) \qquad (一元) \tag{1-235}$$

（5）若 n 维随机变量 $(X_1,\cdots,X_n)$ 的联合特征函数为 $Q_X(u_1,\cdots,u_n)$，其分量 X_k 的特征函数为 $Q_{X_k}(u_k), k=1,2,\cdots,n$，则 $X_1,\cdots,X_n$ 相互独立的充要条件为

$$Q_X(u_1,\cdots,u_n) = \prod_{k=1}^{n} Q_{X_k}(u_k) \tag{1-236}$$

由逆转公式可证

$$f_X(x_1,\cdots,x_n) = \prod_{k=1}^{n} f_{X_k}(x_k) \tag{1-237}$$

思考：一元特征函数性质(5)和多元特征函数性质(5)有什么不同？

（6）若随机矢量 $X = \begin{bmatrix} X_1 \\ \vdots \\ X_n \end{bmatrix}$ 的特征函数为 $Q_X(u_1,\cdots,u_n)$，则其子向量 $Y = \begin{bmatrix} X_1 \\ \vdots \\ X_k \end{bmatrix}(k<n)$ 的特征函数为

$$Q_Y(u_1,\cdots,u_k) = Q_X(u_1,\cdots,u_k,0,\cdots,0) \tag{1-238}$$

称为 n 维随机变量的边缘特征函数。

同理，任取 k 个分量组成的子向量 $\boldsymbol{Y}_i = \begin{bmatrix} X_{i1} \\ \vdots \\ X_{ik} \end{bmatrix}$，也可类似得到其边缘特征函数。

(7) 若矩 $E\left[X_1^n X_2^k\right]$ 存在，则

$$E\left[X_1^n X_2^k\right] = (-\mathrm{j})^{n+k} \frac{\partial^{n+k} Q_X(u_1,u_2)}{\partial u_1^n \partial u_2^k}\bigg|_{u_1=0,u_2=0} \tag{1-239}$$

(8) 若对所有 $n = 0,1,2,\cdots$ 和所有 $k = 0,1,2,\cdots$，$E[X_1^n X_2^k]$ 均存在，则

$$Q_X(u_1,u_2) = \sum_{n=0}^{\infty}\sum_{k=0}^{\infty} E[X_1^n X_2^{\,k}] \cdot \frac{(\mathrm{j}u_1)^n}{n!} \cdot \frac{(\mathrm{j}u_2)^k}{k!} \tag{1-240}$$

1.6 高 斯 分 布

在实际应用中，常常遇到大量随机变量的问题。中心极限定理已证明，在满足一定条件下，大量随机变量和的极限分布是高斯分布。因此，高斯分布占有特殊的地位，是科学技术领域中最常遇到的分布，也是无线电技术理论(包括噪声理论、信号检测理论、信息理论等)中最重要的概率分布。

1.6.1 一维高斯分布

1. 概率密度和特征函数

随机变量 X 服从高斯分布，即 $X \sim N(m,\sigma^2)$，则其概率密度为

$$f_X(x) = \frac{1}{\sigma\sqrt{2\pi}}\mathrm{e}^{-\frac{(x-m)^2}{2\sigma^2}} \tag{1-241}$$

相应的特征函数为

$$Q_X(u) = \exp\left(\mathrm{j}\mu m - \frac{u^2\sigma^2}{2}\right) \tag{1-242}$$

归一化高斯变量 $Y = \dfrac{X-m}{\sigma}$ 服从标准高斯分布，其概率密度为

$$f_Y(y) = \frac{1}{\sqrt{2\pi}}\mathrm{e}^{-\frac{y^2}{2}} \tag{1-243}$$

相应的特征函数为

$$Q_Y(u) = \mathrm{e}^{-\frac{u^2}{2}} \tag{1-244}$$

可见高斯变量的概率密度和特征函数仅由均值 m 和方差 σ^2 唯一地确定。

如图 1.23 所示，高斯变量的概率密度曲线关于 $x=m$ 对称，曲线的峰值出现在 $x=m$ 点处；曲线在 $x=m\pm\sigma$ 处有拐点，概率密度值随着与 m 点的距离加大而逐渐减小，当 $x\to\pm\infty$ 时，曲线逐渐逼近横轴。当 m 大小改变时，曲线对称中心沿横轴移动而形状不变。

曲线的峰值为 $\dfrac{1}{\sigma\sqrt{2\pi}}$，与均方差 σ 成反比。由于概率密度曲线所形成的面积始终为 1，因此 σ 越大，曲线就越平坦地伸展在横坐标轴上；σ 越小，曲线就越尖锐，如图 1.24 所示。

总之，均值 m 表征高斯分布的中心位置；而均方差 σ 表征曲线的扩散特征，描述了曲线的形状。

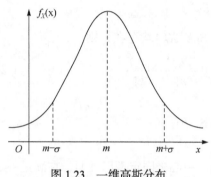

图 1.23　一维高斯分布

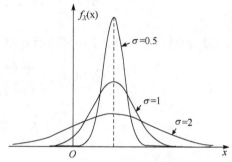

图 1.24　不同 σ 的一维高斯分布

2. 高斯变量的矩

标准高斯变量 Y 的 n 阶矩为

$$E[Y^n]=\begin{cases}1\cdot3\cdot5\cdots\cdots(n-1)=(n-1)!!,&n\text{为偶数}\\0,&n\text{为奇数}\end{cases},\quad n\geqslant2 \tag{1-245}$$

一般高斯变量 $X\sim N(m,\sigma^2)$ 的 n 阶中心距

$$E\left[(X-m)^n\right]=\begin{cases}\sigma^n(n-1)!!,&n\text{为偶数}\\0,&n\text{为奇数}\end{cases},\quad n\geqslant2 \tag{1-246}$$

3. 高斯变量的和

1）相互独立的高斯随机变量之和服从高斯分布。

设 n 个相互独立的高斯变量 $X_k\sim N\left(m_k,\sigma_k^2\right)$ $(k=1,2,\cdots,n)$，那么其和也服从高斯分布，即 $Y=\sum\limits_{k=1}^{n}X_k\sim N\left(m_Y,\sigma_Y^2\right)$，均值为 $m_Y=\sum\limits_{k=1}^{n}m_k$，方差为 $\sigma_Y^2=\sum\limits_{k=1}^{n}\sigma_k^2$。

2）相关的高斯变量之和服从高斯分布。

设 n 个相关的高斯变量 $X_k\sim N\left(m_k,\sigma_k^2\right)$ $(k=1,2,\cdots,n)$，X_i 与 $X_j(i,j=1,2,\cdots,k)$ 的相关系数为 ρ_{ij}。那么其和 $Y=\sum\limits_{k=1}^{n}X_k$ 也服从高斯分布，其期望为 $m_Y=\sum\limits_{k=1}^{n}m_k$，方差为

$$\sigma_Y^2=\sum_{k=1}^{n}\sigma_k^2+2\sum_{j<i}\rho_{ij}\sigma_i\sigma_j$$

1.6.2 n 维高斯分布

1. n 维高斯变量的概率密度函数与特征函数

n 维随机矢量 $\boldsymbol{X}$ 的概率密度满足如下矩阵形式

$$f_X(x_1,\cdots,x_n) = \frac{1}{(2\pi)^{\frac{n}{2}}|\boldsymbol{C}_X|^{\frac{1}{2}}}\exp\left[-\frac{(\boldsymbol{X}-\boldsymbol{M}_X)^{\mathrm{T}}\boldsymbol{C}_X^{-1}(\boldsymbol{X}-\boldsymbol{M}_X)}{2}\right] \tag{1-247}$$

式中，$(\boldsymbol{X}-\boldsymbol{M}_X)^{\mathrm{T}}$ 表示 $(\boldsymbol{X}-\boldsymbol{M}_X)$ 的转置。n 维高斯分布可记为 $\boldsymbol{X} \sim N(\boldsymbol{M}_X,\boldsymbol{C}_X)$，则称为 n 维高斯矢量。

其矢量 $\boldsymbol{X}$ 的均值为

$$\boldsymbol{X} = \begin{bmatrix} X_1 \\ \vdots \\ X_n \end{bmatrix}, \quad \boldsymbol{M}_X = \begin{bmatrix} m_1 \\ \vdots \\ m_n \end{bmatrix}$$

方差为

$$\boldsymbol{DX} = \boldsymbol{C}_X = E\left[(\boldsymbol{X}-\boldsymbol{M}_X)(\boldsymbol{X}-\boldsymbol{M}_X)^{\mathrm{T}}\right] = \begin{bmatrix} C_{11} & C_{12} & \cdots & C_{1n} \\ C_{21} & C_{22} & \cdots & C_{2n} \\ \vdots & \vdots & & \vdots \\ C_{n1} & C_{n2} & \cdots & C_{nn} \end{bmatrix}_{n\times n} \tag{1-248}$$

n 维高斯变量 $(X_1,\cdots,X_n)$ 的联合特征函数也可以表示为矩阵形式

$$Q_X(u_1,\cdots,u_n) = E\left[\mathrm{e}^{\mathrm{j}U^{\mathrm{T}}X}\right] = \exp\left(\mathrm{j}\boldsymbol{M}_X^{\mathrm{T}}\boldsymbol{U} - \frac{\boldsymbol{U}^{\mathrm{T}}\boldsymbol{C}_X\boldsymbol{U}}{2}\right) \tag{1-249}$$

其中

$$\boldsymbol{U} = \begin{bmatrix} u_1 \\ \vdots \\ u_n \end{bmatrix}, \quad \boldsymbol{U}^{\mathrm{T}}\boldsymbol{X} = \sum_{i=1}^{n} u_i X_i$$

2. n 维高斯变量的性质

（1）n 维高斯变量的互不相关与独立是等价的。

对于一般随机变量而言，独立必定不相关，不相关不一定独立。但对于高斯变量而言，互不相关与独立是等价的。

证明：设 n 维高斯变量 $X_1,\cdots,X_n$ 互不相关，且 $X_k \sim N(m_k,\sigma_k^2)(k=1,\cdots,n)$。即所有协方差 $C_{ij}=0\,(i\neq j)$，其协方差矩阵为对角阵。

$$\boldsymbol{C}_X = \begin{bmatrix} \sigma_1^2 & \cdots & 0 \\ \vdots & \ddots & \vdots \\ 0 & \cdots & \sigma_n^2 \end{bmatrix}_{n\times n}$$

则 n 维联合特征函数

$$Q_X(u_1,\cdots,u_n) = \exp\left\{ j(m_1,\cdots,m_n)\begin{bmatrix} u_1 \\ \vdots \\ u_n \end{bmatrix} - \frac{1}{2}(\mu_1,\cdots,\mu_n)\begin{bmatrix} \sigma_1^2 & \cdots & 0 \\ \vdots & \ddots & \vdots \\ 0 & \cdots & \sigma_n^2 \end{bmatrix}\begin{bmatrix} u_1 \\ \vdots \\ u_n \end{bmatrix} \right\}$$

$$= \exp\left[\sum_{k=1}^n jm_ku_k - \sum_{k=1}^n \frac{u_k^2\sigma_k^2}{2} \right] = \exp\left[\sum_{k=1}^n \left(jm_ku_k - \frac{u_k^2\sigma_k^2}{2} \right) \right] \tag{1-250}$$

$$= \prod_{k=1}^n \exp\left[jm_ku_k - \frac{u_k^2\sigma_k^2}{2} \right] = \prod_{k=1}^n Q_{X_k}(u_k)$$

由特征函数性质(5)可知，$X_1,\cdots,X_n$ 之间相互独立。

(2) n 维高斯变量的线性变换后仍服从高斯分布。

证明：先用 n 维高斯矢量 $\boldsymbol{X}=(X_1,\cdots,X_n)^{\mathrm{T}}$ 来表示 n 维高斯变量 $(X_1,\cdots,X_n)$，再对 $\boldsymbol{X}$ 做一线性变换 $\boldsymbol{Y}=\boldsymbol{AX}$，其中，$\boldsymbol{A}=\left(a_{ij}\right)_{m\times n}$ 为 $m\times n$ 阶常系数矩阵。线性变换后

$$\boldsymbol{Y}=\boldsymbol{A}_{m\times n}\cdot\boldsymbol{X}_{n\times 1}=\begin{bmatrix} Y_1=a_{11}X_1+\cdots+a_{1n}X_n \\ Y_2=a_{21}X_1+\cdots+a_{2n}X_n \\ \vdots \\ Y_m=a_{m1}X_1+\cdots+a_{mn}X_n \end{bmatrix} \tag{1-251}$$

$\boldsymbol{Y}$ 表示新的 m 维随机变量 $(Y_1,\cdots,Y_m)$。若 $\boldsymbol{X}\sim N(\boldsymbol{M}_X,\boldsymbol{C}_X)$，则线性变换后的数字特征为

$$\boldsymbol{M}_Y=E[\boldsymbol{Y}]=E[\boldsymbol{AX}]=\boldsymbol{A}\cdot E[\boldsymbol{X}]=\boldsymbol{AM}_X \tag{1-252}$$

$$\boldsymbol{C}_Y=D[\boldsymbol{Y}]=E\left[(\boldsymbol{Y}-\boldsymbol{M}_Y)(\boldsymbol{Y}-\boldsymbol{M}_Y)^{\mathrm{T}}\right]=E\left[(\boldsymbol{AX}-\boldsymbol{AM}_X)(\boldsymbol{AX}-\boldsymbol{AM}_X)^{\mathrm{T}}\right]$$

$$=E\left[\boldsymbol{A}(\boldsymbol{X}-\boldsymbol{M}_X)(\boldsymbol{X}-\boldsymbol{M}_X)^{\mathrm{T}}\boldsymbol{A}^{\mathrm{T}}\right]=\boldsymbol{A}E\left[(\boldsymbol{X}-\boldsymbol{M}_X)(\boldsymbol{X}-\boldsymbol{M}_X)^{\mathrm{T}}\right]\boldsymbol{A}^{\mathrm{T}} \tag{1-253}$$

$$=\boldsymbol{AC}_X\boldsymbol{A}^{\mathrm{T}}$$

$$Q_Y(u_1,\cdots,u_n)=E\left[\exp\left(j\boldsymbol{U}^{\mathrm{T}}\boldsymbol{Y}\right)\right]=E\left[\exp\left(j\boldsymbol{U}^{\mathrm{T}}\boldsymbol{AX}\right)\right]=E\left\{\exp\left[j\left(\boldsymbol{A}^{\mathrm{T}}\boldsymbol{U}\right)^{\mathrm{T}}\boldsymbol{X}\right]\right\}$$

$$=Q_X\left(\boldsymbol{U}^{\mathrm{T}}\boldsymbol{A}\right)=\exp\left[j\boldsymbol{M}_X^{\mathrm{T}}\left(\boldsymbol{A}^{\mathrm{T}}\boldsymbol{U}\right)-\frac{\left(\boldsymbol{A}^{\mathrm{T}}\boldsymbol{U}\right)^{\mathrm{T}}\boldsymbol{C}_X\left(\boldsymbol{A}^{\mathrm{T}}\boldsymbol{U}\right)}{2}\right] \tag{1-254}$$

$$=\exp\left[j(\boldsymbol{AM}_X)^{\mathrm{T}}\boldsymbol{U}-\frac{\boldsymbol{U}^{\mathrm{T}}\left(\boldsymbol{AC}_X\boldsymbol{A}^{\mathrm{T}}\right)\boldsymbol{U}}{2}\right]=\exp\left[j\boldsymbol{M}_Y^{\mathrm{T}}\boldsymbol{U}-\frac{\boldsymbol{U}^{\mathrm{T}}\boldsymbol{C}_Y\boldsymbol{U}}{2}\right]$$

由特征函数的形式可知，线性变换后的 m 维随机变量 $(Y_1,\cdots,Y_m)$ 仍服从高斯分布。

由于高斯变量线性变换后仍服从高斯分布，因此，只要常系数矩阵 $\boldsymbol{A}$ 选择适当，使

$$C_Y = AC_X A^T = \begin{bmatrix} \sigma_{Y_1}^2 & \cdots & 0 \\ \vdots & \ddots & \vdots \\ 0 & \cdots & \sigma_{Y_m}^2 \end{bmatrix} \tag{1-255}$$

成为对角阵，则可以使不独立的 $X_1,\cdots,X_n$ ，通过线性变换构成相互独立的 $Y_1,\cdots,Y_m$ 。

(3) n 维高斯变量的边缘分布仍服从高斯分布。

证明： 设 n 维高斯矢量 $\boldsymbol{X} = \begin{bmatrix} X_1 \\ \vdots \\ X_n \end{bmatrix}_{n\times1}$ ，其中，任一子矢量为 $\tilde{\boldsymbol{X}} = \begin{bmatrix} X_{i1} \\ \vdots \\ X_{ik} \end{bmatrix}_{k\times1}$ $(k<n)$ 。数学期

望 $\boldsymbol{M}_X = \begin{bmatrix} m_1 \\ \vdots \\ m_n \end{bmatrix}$ ， $\boldsymbol{M}_{\tilde{X}} = \begin{bmatrix} m_{i1} \\ \vdots \\ m_{ik} \end{bmatrix}$ 为 $\boldsymbol{M}_X$ 中相应的子矢量。 $\boldsymbol{C}_{\tilde{X}}$ 为协方差矩阵 $\boldsymbol{C}_X$ 中的子矩阵，

$\boldsymbol{C}_X = \begin{bmatrix} \boldsymbol{C}_{\tilde{X}} & \boldsymbol{C}_1 \\ \boldsymbol{C}_2 & \boldsymbol{C}_3 \end{bmatrix}_{n\times n}$ ，其中， $\boldsymbol{C}_{\tilde{X}}$ 为 k 阶矩阵， $\boldsymbol{C}_i$ 为 $n-k$ 阶矩阵。据 n 维随机变量特征函数的

性质， n 维随机矢量 $\boldsymbol{X}$ 的 k 维边缘特征函数为

$$Q_{\tilde{X}}(u_{i1},\cdots,u_{ik}) = Q_X(u_{i1},\cdots,u_{ik},0,\cdots,0) \tag{1-256}$$

其中， $\tilde{\boldsymbol{U}} = (u_{i1},\cdots,u_{ik})^T$ 为 $\boldsymbol{U} = (u_1,\cdots,u_n)^T$ 的子矢量。

若 $\boldsymbol{X}$ 为 n 维高斯矢量，则由特征函数的矩阵形式与边缘特征函数的求法，得

$$Q_{\tilde{X}}(u_{i1},\cdots,u_{ik}) = \exp\left[j(m_1,\cdots,m_n)\begin{pmatrix} u_{i1} \\ \vdots \\ u_{ik} \\ 0 \\ \vdots \\ 0 \end{pmatrix} - \frac{1}{2}(u_{i1},\cdots,u_{ik},0,\cdots,0)\boldsymbol{C}_X\begin{pmatrix} u_{i1} \\ \vdots \\ u_{ik} \\ 0 \\ \vdots \\ 0 \end{pmatrix} \right] \tag{1-257}$$

$$= \exp\left[j\boldsymbol{M}_{\tilde{X}}^T\tilde{\boldsymbol{U}} - \frac{1}{2}\tilde{\boldsymbol{U}}^T\boldsymbol{C}_{\tilde{X}}\tilde{\boldsymbol{U}} \right]$$

由逆转公式可知， n 维高斯变量的 k 维边缘分布也服从高斯分布。

例 1.36 已知三维随机矢量 $\boldsymbol{X} = \begin{pmatrix} X_1 \\ X_2 \\ X_3 \end{pmatrix} \sim N(\boldsymbol{0},\boldsymbol{B})$ ，其中， $\boldsymbol{B}^{-1} = \begin{pmatrix} 3 & 2 & 0 \\ 2 & 4 & -2 \\ 0 & -2 & 5 \end{pmatrix}$ 。令二维

随机矢量 $\boldsymbol{Y} = \begin{pmatrix} Y_1 \\ Y_2 \end{pmatrix}$ ，其中， $\begin{cases} Y_1 = X_1 \\ Y_2 = X_1 + X_2 \end{cases}$ 。

求：(1)随机矢量 $\boldsymbol{X}$ 的方差 $D[\boldsymbol{X}]$ ；(2)随机矢量 $\boldsymbol{Y}$ 的概率密度和特征函数；(3)随机变量 Y_1 和 Y_2 服从什么分布？它们是否独立？给出理由。

解： (1)随机矢量 $\boldsymbol{X}$ 的方差

$$D[X] = B = \left[B^{-1} \right]^{-1} = \begin{pmatrix} 3 & 2 & 0 \\ 2 & 4 & -2 \\ 0 & -2 & 5 \end{pmatrix}^{-1} = \begin{pmatrix} \dfrac{4}{7} & -\dfrac{5}{14} & -\dfrac{1}{7} \\ -\dfrac{5}{14} & \dfrac{15}{28} & \dfrac{3}{14} \\ -\dfrac{1}{7} & \dfrac{3}{14} & \dfrac{2}{7} \end{pmatrix}$$

(2) 随机矢量 $Y = AX$，其中，$A = \begin{pmatrix} 1 & 0 & 0 \\ 1 & 1 & 0 \end{pmatrix}$。由性质 (2) 可知

$$M_Y = AM_X = \begin{pmatrix} 1 & 0 & 0 \\ 1 & 1 & 0 \end{pmatrix} \begin{pmatrix} 0 \\ 0 \\ 0 \end{pmatrix} = \begin{pmatrix} 0 \\ 0 \end{pmatrix}$$

$$C_Y = AC_X A^{\mathrm{T}} = \begin{pmatrix} 1 & 0 & 0 \\ 1 & 1 & 0 \end{pmatrix} \begin{pmatrix} \dfrac{4}{7} & -\dfrac{5}{14} & -\dfrac{1}{7} \\ -\dfrac{5}{14} & \dfrac{15}{28} & \dfrac{3}{14} \\ -\dfrac{1}{7} & \dfrac{3}{14} & \dfrac{2}{7} \end{pmatrix} \begin{pmatrix} 1 & 1 \\ 0 & 1 \\ 0 & 0 \end{pmatrix} = \begin{pmatrix} \dfrac{4}{7} & -\dfrac{5}{14} & -\dfrac{1}{7} \\ \dfrac{3}{14} & \dfrac{5}{28} & \dfrac{1}{14} \end{pmatrix} \begin{pmatrix} 1 & 1 \\ 0 & 1 \\ 0 & 0 \end{pmatrix} = \begin{pmatrix} \dfrac{4}{7} & \dfrac{3}{14} \\ \dfrac{3}{14} & \dfrac{11}{28} \end{pmatrix}$$

可得其 $|C_Y| = \begin{vmatrix} \dfrac{4}{7} & \dfrac{3}{14} \\ \dfrac{3}{14} & \dfrac{11}{28} \end{vmatrix} = \dfrac{5}{28}$，方差的逆矩阵为 $C_Y^{-1} = \begin{pmatrix} \dfrac{11}{5} & -\dfrac{6}{5} \\ -\dfrac{6}{5} & \dfrac{16}{5} \end{pmatrix}$。

则其概率密度为

$$f_Y(y_1, y_2) = \frac{1}{2\pi \cdot |C_Y|^{\frac{1}{2}}} \exp\left[-\frac{(Y - M_Y)^{\mathrm{T}} C_Y^{-1} (Y - M_Y)}{2} \right]$$

$$= \frac{1}{2\pi \cdot |C_Y|^{\frac{1}{2}}} \exp\left[-\frac{Y^{\mathrm{T}} C_Y^{-1} Y}{2} \right] = \frac{1}{\pi}\sqrt{\frac{7}{5}} \exp\left[-\frac{11y_1^2 - 12y_1 y_2 + 16y_2^2}{10} \right]$$

其特征函数为

$$Q_Y(u_1, u_2) = \exp\left[jM_Y^{\mathrm{T}} U - \frac{U^{\mathrm{T}} C_Y U}{2} \right] = \exp\left[-\frac{16u_1^2 + 12u_1 u_2 + 11u_2^2}{56} \right]$$

(3) 由性质 (2) 可知，随机矢量 Y 也服从高斯分布；由性质 (3) 可知，高斯分布的边缘分布也服从高斯分布，即 Y_1 和 Y_2 服从高斯分布。因为随机矢量 Y 的方差 C_Y 不是对角阵，所以 Y_1 和 Y_2 是相关的，也表明 Y_1 和 Y_2 不是相互独立的。

习　题　一

1-1 写出下列随机试验的样本空间。

(1) 10 只产品中有 3 只次品，每次从中取一只 (不放回)，直到将 3 只次品都取出，记录抽取的次数；

(2)甲、乙两人下棋一局，观察棋赛的结果；

(3)口袋中有许多红色、白色、蓝色乒乓球，任取 4 只，观察它们有哪几种颜色。

1-2 已知 A,B,C 为三个事件，用 A,B,C 的运算关系表示下列事件：

(1)A 发生，B 与 C 不发生；

(2)A,B,C 都发生；

(3)A,B,C 至少有一个发生；

(4)A,B,C 不多于两个发生。

1-3 已知样本空间 $\Omega = \{1,2,\cdots,10\}$，事件 $A = \{2,3,4\}$，$B = \{3,4,5\}$，$C = \{5,6,7\}$，写出下列事件的表达式。

(1)$\overline{AB}$；

(2)$\overline{A} \cup B$；

(3)$\overline{\overline{ABC}}$；

(4)$\overline{A(B \cup C)}$。

1-4 我方对敌方雷达设备同时施放 A,B,C 三种干扰措施，它们之间相互独立。根据以往作战经验可估算出 A,B,C 三种干扰措施的成功率分别为 0.2、0.3 和 0.4。求：

(1)恰好只有一种干扰措施成功的概率；

(2)敌方雷达被干扰后失效的总概率。

1-5 考察甲、乙两个城市的十月份下雨的情况，A,B 分别表示甲、乙两市出现雨天的事件。根据以往气象记录得知 $P(A) = P(B) = 0.4$，$P(AB) = 0.28$。求 $P(A|B)$，$P(B|A)$ 和 $P(A \cup B)$。

1-6 信息 A 和信息 B 通过发射机发送。接收机接收时，A 被误收作 B 的概率为 0.02；而 B 被误收作 A 的概率为 0.01。已知发送信息 A 和信息 B 的次数比为 $3:1$，当接收机收到的信息是 A 时，原发送信息是 A 的概率为多少？

1-7 已知事件 A,B 相互独立，证明：A 和 $\overline{B}$ 相互独立；$\overline{A}$ 和 B 相互独立；$\overline{A}$ 和 $\overline{B}$ 相互独立。

1-8 有朋自远方来。她乘火车、轮船、汽车、飞机的概率分别是 0.3、0.2、0.1 和 0.4。如果她乘火车、轮船、汽车，迟到的概率分别是 0.25、0.4 和 0.1，乘飞机来则不会迟到。结果她迟到了，问她乘火车来的概率是多少？

1-9 已知随机变量 X 的分布函数为

$$F_X(x) = \begin{cases} 0, & x < 0 \\ kx^2, & 0 \leqslant x \leqslant 1 \\ 1, & x > 1 \end{cases}$$

求：(1)系数 k；

(2)X 落在区间 $(0.3, 0.7)$ 内的概率；

(3)随机变量 X 的概率密度。

1-10 已知随机变量 X 的概率密度为 $f_X(x) = k\mathrm{e}^{-|x|}$ $(-\infty < x < +\infty)$（拉普拉斯分布），求：

(1)系数 k;

(2)X 落在区间 $(0,1)$ 内的概率;

(3)随机变量 X 的分布函数。

1-11　某繁忙的汽车站,每天有大量的汽车进出。设每辆汽车在一天内出事故的概率为 0.0001,若每天有 1000 辆汽车进出汽车站,问汽车站出事故的次数不小于 2 的概率是多少?

1-12　已知随机变量 (X,Y) 的概率密度为

$$f(x,y) = \begin{cases} k\mathrm{e}^{-(3x+4y)}, & x>0, y>0 \\ 0, & \text{其他} \end{cases}$$

求:(1)系数 k;

(2)(X,Y) 的分布函数;

(3)$P\{0 < X \leqslant 1, 0 < Y \leqslant 2\}$。

1-13　已知随机变量 (X,Y) 的概率密度为

$$f(x,y) = \begin{cases} 1, & 0 < x < 1, |y| < x \\ 0, & \text{其他} \end{cases}$$

求:(1)条件概率密度 $f_X(x|y)$ 和 $f_Y(y|x)$;

(2)判断 X 和 Y 是否独立? 给出理由。

1-14　已知离散型随机变量 X 的分布律为

X	3	6	7
P	0.2	0.1	0.7

求:(1)X 的分布函数;

(2)随机变量 $Y = 3X + 1$ 的分布律。

1-15　已知随机变量 X 服从标准高斯分布。求:

(1)随机变量 $Y = \mathrm{e}^X$ 的概率密度;

(2)随机变量 $Z = |X|$ 的概率密度。

1-16　已知随机变量 X_1 和 X_2 相互独立,概率密度分别为

$$f_{X_1}(x_1) = \begin{cases} \dfrac{1}{2}\mathrm{e}^{-\frac{1}{2}x_1}, & x_1 \geqslant 0 \\ 0, & x_1 < 0 \end{cases}, \quad f_{X_2}(x_2) = \begin{cases} \dfrac{1}{3}\mathrm{e}^{-\frac{1}{3}x_2}, & x_2 \geqslant 0 \\ 0, & x_2 < 0 \end{cases}$$

求随机变量 $Y = X_1 + X_2$ 的概率密度。

1-17　已知随机变量 X,Y 的联合分布律为

$$P\{X=m, Y=n\} = \frac{3^m 2^n \mathrm{e}^{-5}}{m!n!}, \quad m,n = 0,1,2,\cdots$$

求:(1)边缘分布律 $P\{X=m\}$ $(m=0,1,2,\cdots)$ 和 $P\{Y=n\}$ $(n=0,1,2,\cdots)$;

(2)条件分布律 $P\{X=m|Y=n\}$ 和 $P\{Y=n|X=m\}$。

1-18　已知随机变量 $X_1, X_2, \cdots, X_n$ 相互独立,概率密度分别为 $f_1(x_1), f_2(x_2), \cdots, f_n(x_n)$。

由随机变量

$$\begin{cases} Y_1 = X_1 \\ Y_2 = X_1 + X_2 \\ \vdots \\ Y_n = X_1 + X_2 + \cdots + X_n \end{cases}$$

证明随机变量 $Y_1, Y_2, \cdots, Y_n$ 的联合概率密度为

$$f_y(y_1, y_2, \cdots, y_n) = f_1(y_1) \cdot f_2(y_2 - y_1) \cdots f_n(y_n - y_{n-1})$$

1-19 已知随机变量 X 服从拉普拉斯分布，其概率密度为

$$f_X(x) = \frac{1}{2} e^{-|x|}, \quad -\infty < x < +\infty$$

求其数学期望与方差。

1-20 已知随机变量 X 可能取值为 $\{-4, -1, 2, 3, 4\}$ ，且每个值出现的概率均为 $1/5$ 。求：

(1) 随机变量 X 的数学期望和方差；

(2) 随机变量 $Y = 3X^2$ 的概率密度；

(3) Y 的数学期望和方差。

1-21 已知随机变量 X 服从 $(0,1)$ 的均匀分布，随机变量 Y 服从高斯分布， $Y \sim N(3X, 1)$ 。求：(1) 条件数学期望 $E[Y|X=x]$ ；

(2) 条件数学期望 $E[Y|X]$ 。

1-22 已知两个随机变量 X, Y 的数学期望为 $m_X = 1$ ， $m_Y = 2$ ，方差为 $\sigma_X^2 = 4$ ， $\sigma_Y^2 = 1$ ，相关系数 $\rho_{XY} = 0.4$ 。现定义新随机变量 V, W 为

$$\begin{cases} V = -X + 2Y \\ W = X + 3Y \end{cases}$$

求 V, W 的期望、方差以及它们的相关系数。

1-23 已知随机变量 X, Y 满足 $Y = aX + b$ ， a, b 皆为常数。证明：

(1) $C_{XY} = a\sigma_X^2$ ；

(2) $\rho_{XY} = \begin{cases} 1, & a > 0 \\ -1, & a < 0 \end{cases}$ ；

(3) 当 $m_X \neq 0$ 且 $b = -\dfrac{aE[X^2]}{E[X]}$ 时，随机变量 X, Y 正交。

1-24 已知二维随机变量 (X, Y) 的联合概率密度为

$$f_{XY}(x, y) = \begin{cases} \dfrac{xy}{9}, & 0 < x < 2, 0 < y < 3 \\ 0, & 其他 \end{cases}$$

判断随机变量 X 和 Y 是否正交、不相关和独立？给出理由。

1-25 已知随机变量 X, Y 相互独立，分别服从参数为 λ_1 和 λ_2 的泊松分布。

(1) 求随机变量 X 的期望和方差；

(2)证明 $Z = X + Y$ 服从参数为 $\lambda_1 + \lambda_2$ 的泊松分布。

1-26　已知随机变量 X, Y 的联合特征函数为

$$Q_{XY}(u, v) = \frac{6}{6 - 2ju - 3jv - uv}$$

求：(1)随机变量 X 的特征函数；

(2)随机变量 Y 的期望和方差。

1-27　已知随机变量 X, Y 对于任意 $n \geqslant 1, m \geqslant 1$ 都有 $E[X^m Y^n] = E[X^m] \cdot E[Y^n]$，证明 X, Y 独立。

1-28　已知两个独立的随机变量 X, Y 的特征函数分别是 $Q_X(u)$ 和 $Q_Y(u)$，求随机变量 $Z = 3(X + 1) + 2(Y - 4)$ 特征函数 $Q_Z(u)$。

1-29　已知二维高斯变量 (X_1, X_2) 中，高斯变量 X_1, X_2 的期望分别为 m_1, m_2，方差分别为 σ_1^2, σ_2^2，相关系数为 ρ。令

$$Y_1 = \frac{X_1 - m_1}{\sigma_1}, \qquad Y_2 = \frac{1}{\sqrt{1 - \rho^2}}\left(\frac{X_2 - m_2}{\sigma_2} - \rho\frac{X_1 - m_1}{\sigma_1}\right)$$

(1)写出二维高斯变量 (X_1, X_2) 的概率密度和特征函数的矩阵形式，并展开；

(2)证明 (Y_1, Y_2) 相互独立，皆服从标准高斯分布。

1-30　已知二维高斯变量 (X_1, X_2) 的两个分量相互独立，期望皆为 0，方差皆为 σ^2。令

$$\begin{cases} Y_1 = \alpha X_1 + \beta X_2 \\ Y_2 = \alpha X_1 - \beta X_2 \end{cases}$$

其中，$\alpha \neq 0, \beta \neq 0$ 为常数。

(1)证明 (Y_1, Y_2) 服从二维高斯分布；

(2)求 (Y_1, Y_2) 的均值和协方差矩阵；

(3)证明 Y_1, Y_2 相互独立的条件为 $\alpha = \pm\beta$。

1-31　已知三维高斯随机矢量 $\boldsymbol{X} = \begin{bmatrix} X_1 \\ X_2 \\ X_3 \end{bmatrix}$ 均值为常矢量 $\boldsymbol{a}$，方差阵为 $\boldsymbol{B} = \begin{bmatrix} 2 & 2 & -2 \\ 2 & 5 & -4 \\ -2 & -4 & 4 \end{bmatrix}$。

证明 X_1，$X_2 - X_1$，$X_1/3 + 2X_2/3 + X_3$ 相互独立。

1-32　已知三维高斯随机变量 (X_1, X_2, X_3) 各分量相互独立，皆服从标准高斯分布。求 $Y_1 = X_1 + X_2$ 和 $Y_2 = X_1 + X_3$ 的联合特征函数。

第2章 随机信号的时域分析

信号是随时间、空间或其他某个参量变化的，携带某种信息的物理量。例如，大气层中的温度信号，是温度随高度变化的物理量；电视中的图像信号，是亮度随平面坐标(x, y)变化的物理量；而通常遇到最多的时间信号，是随时间变化的物理量。

在对信号进行分析之前，首先要给信号一个数学描述，即信号的数学模型。

任何可以用确定的数学关系描述的信号，称为确定信号。如正弦电压信号，其信号的幅度随时间作规律性变化；又如电容器通过电阻放电时，电容器两端电位差随时间变化的规律；真空中自由落体运动速度变化的规律等。无论试验重复多少次，其结果都完全相同，可用一个确定的时间函数$g(t)$来描述。

与确定信号相反，不能用确定的数学关系描述的信号，称为随机信号。随机信号随时间作无规律的、随机性的变化或者说该信号的参数是随机变量。如某条路上每天24小时行驶车辆数目的变化、某海湾每天24小时海浪高度的变化等，这类信号的变化具有随机性，即不确定性。这次观察的结果与上次观察的结果可能完全不同。因此，找不到一个确定的数学关系(或确定的时间函数)来描述它。然而人们发现，随机信号的统计规律却是确定的。所以数学上，人们用统计学的方法建立了随机信号的数学模型——随机过程。

随机过程理论产生于20世纪初，是因统计物理学、生物学、通信与控制、管理科学等方面的需要而逐步发展起来的，特别是在预测与控制领域中出现的大量随机过程问题也是随机过程理论发展的重要推动力。同时，随机过程理论的发展又为上述领域中研究随机现象提供了数学模型，奠定了数学基础。

2.1 随机过程的概念与统计特性

随机过程的概念

2.1.1 随机过程的概念

下面用一个具体的随机试验实例来建立随机过程的概念。

例如，在相同条件下对接收机的噪声电压进行m次重复测量后(假定m大到足以观察到其所有可能结果)，记录下m个不尽相同的波形，如图2.1所示。

在这个随机试验E中，每一次测量结果都是一个确定的波形，都可用一个确定的时间函数$X(t, \zeta_k)$来表示，简写为$x_k(t)$。ζ_k表示第k次测量结果，$\zeta_k \in \Omega$，Ω是所有试验结果ζ的集合，称为样本空间。尽管在测量之前，不能事先确定哪条波形将会出现，但必为所有波形$x_1(t), x_2(t), \cdots, x_m(t)$中的一个。这是一个典型的随机过程模型。

尽管每次测量的结果可能各不相同，但每次结果却是一个确定的函数$X(t, \zeta_k) = x_k(t)$。因此，如果能把每个结果用一个确定的函数$x_k(t)$描述，那么，所有这些确定函数的总体

$\{x_1(t), x_2(t), \cdots, x_m(t)\}$ 就可以描述该随机过程。

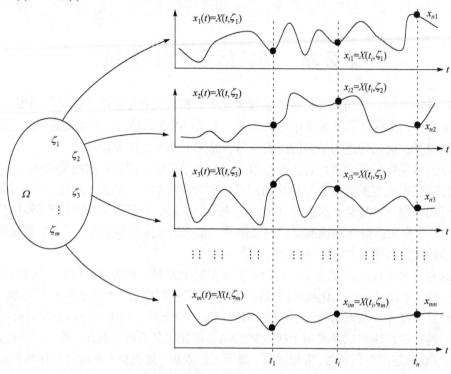

图 2.1　典型的随机过程模型

仿照随机变量的定义，随机过程的定义如下。

对随机试验 E 中的每个结果 ζ_k，总有一个实时间函数 $X(t, \zeta_k)$ 与其对应，而对应于所有不同的试验结果 $\zeta \in \Omega$，得到的一族时间函数 $\{X(t, \zeta_1), X(t, \zeta_2), \cdots, X(t, \zeta_m)\}$ 的总体 $X(t, \zeta)$ 称为随机过程(stochastic process 或 random process)。

族中的每一个确定函数 $X(t, \zeta_k) = x_k(t)$ 为随机过程的样本函数，而所有可能结果的集合 $\{x_1(t), x_2(t), \cdots, x_m(t)\}$ 构成了随机过程的样本函数空间。其中，$t \in T$，T 是观测区间或时间域，它可以是实数集或整个时间轴。$\zeta \in \Omega$，Ω 是随机试验的样本空间。从上述定义可以看到，一个随机过程 $X(t, \zeta)(t \in T, \zeta \in \Omega)$ 实际上是时间 t 和随机结果 ζ 两个变量的函数。

如图 2.1 所示，对于固定时间 t_i，$X(t_i, \zeta)$ 是定义于概率空间 Ω 上 ζ 的函数，它将随机地取 $\{X(t_i, \zeta_1), X(t_i, \zeta_2), \cdots, X(t_i, \zeta_m)\}$ 这些样本值中的任何一个，是个随机变量，简写为 X_i。通常称 X_i 为随机过程 $X(t, \zeta)$ 在 t_i 时刻的状态。因为随机过程 $X(t, \zeta)$ 在不同时刻的状态是不同的随机变量，所以可以将随机过程 $X(t, \zeta)$ 看成是一个随时间 t 变化的随机变量。

下面给出随机过程 $X(t, \zeta)$ 在四种情况下的含义。

(1) (t 固定，ζ 固定)：$X(t_i, \zeta_k)$ 确定的值。

(2) (t 变量，ζ 固定)：$X(t, \zeta_k)$ 确定的时间函数(随机过程的样本函数)。

(3) (t 固定，ζ 变量)：$X(t_i, \zeta)$ 随机变量(随机过程的状态)。

(4) (t 变量，ζ 变量)：$X(t, \zeta)$ 随时间 t 变化的随机变量(随机过程)。

　　另外，类似于随机变量的表示，为了简便，书写时省略参量 ζ ，将随机过程 $X(t,\zeta)$ 简记为 $X(t)$ 。所以，随机过程常用大写字母 $X(t),Y(t),Z(t),\cdots$ 表示，而它的样本函数则用小写字母 $x_1(t),x_2(t),\cdots,x_k(t),\cdots,y_1(t),y_2(t),\cdots,y_k(t),\cdots,z_1(t),z_2(t),\cdots,z_k(t),\cdots$ 表示，脚标 k 对应 Ω 中的第 k 个样本。

2.1.2　随机过程的分类

　　随机过程的分类方法很多，下面列出几种常见的分类方法。

1. 按随机信号样本函数在时间上是连续还是离散进行分类

　　样本函数在时间上连续的随机过程称为连续参数过程。

　　样本函数在时间上离散的随机过程称为离散参数过程。

　　定义：设 Z 为整数集，若对于每一整数 $n(n\in Z)$ ，均有定义在概率空间 (Ω,F,P) 上的一个随机变量 $X(\zeta,n)(\zeta\in\Omega)$ 与之对应，则称依赖于参数 n 的一列随机变量 $X(\zeta,n)(1,2,\cdots,n)$ 为离散参数过程，记为 $\{X(\zeta,n),\zeta\in\Omega,n\in Z\}$ ，简记为 $\{X(n)\}$ 。

　　同理，若对随机过程 $X(t)$ 用序号 n 取代 t ，得到一串随 n 变化的随机变量的序列 $X(1),X(2),\cdots,X(n)$ ，即离散参数过程 $\{X(n)\}$ 。

　　1) 连续型随机过程 (随机模拟信号) ——时间连续、幅度也连续

　　例如，接收机输出的噪声为连续型随机过程。它的样本函数 $x_k(t)$ 不仅在时间上是连续的，在幅度上也是连续的，如图 2.2 所示，且任意时刻 t_i 的状态 X_i 是连续型随机变量。

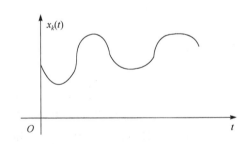

图 2.2　连续型随机过程的一个样本函数　　　　图 2.3　离散型随机过程的一个样本函数

　　2) 离散型连续参数过程——时间连续、幅度离散

　　例如，上述噪声通过一限幅器输出。它的样本函数 $x_k(t)$ 在时间上是连续的，但在幅度上却取离散值，如图 2.3 所示。此时，过程 $X(t)$ 在任意时刻 t_i 的状态 X_i 是离散型随机变量。

　　3) 连续型离散参数过程——时间离散、幅度连续

　　在时间 $\{1,2,\cdots,n\}$ 上测量到的噪声为连续随机序列。这种随机序列 $\{X(n)\}$ 可看成是对连续型随机过程 $X(t)$ 等间隔采样 (时域离散化) 的结果，所以它的样本函数 $\{x_k(n)\}$ 在时间上是离散的，在幅度上则是连续取值，如图 2.4 所示。因此，连续型随机序列 $\{X(n)\}$ 在任意 t_i 时刻的状态 X_i 都是连续型随机变量，称为连续型离散参数过程。

4)离散随机过程(随机数字信号)——时间离散、幅度也离散

这种随机序列$\{X(n)\}$可看成是对连续型随机过程等间隔采样,并将幅度值量化分层的结果,如图2.5所示。它的样本函数$\{x_k(n)\}$在时间上是离散的,在幅度上也是离散的。因此,离散型随机过程$\{X(n)\}$在任意t_i时刻的状态X_i都是离散型随机变量。

由此可见,最基本的是连续型随机过程,其他三种均可以通过对它进行采样、量化、分层而得。故本书主要介绍连续型随机过程。

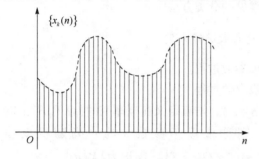

图2.4　连续型离散参数过程的一个样本函数

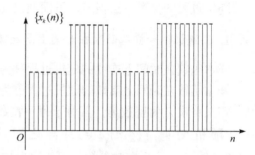

图2.5　离散随机过程的一个样本函数

2. 按随机过程的概率分布、统计特性进行分类

按随机过程的概率分布分类有:高斯(正态)过程、瑞利过程、马尔可夫过程、泊松过程、维纳过程等。按随机过程统计特性有无平稳性分为:平稳随机过程和非平稳随机过程。按随机过程在频域的带宽分为:宽带随机过程和窄带随机过程、白噪声随机过程和色噪声随机过程等。本章将重点介绍高斯过程,平稳随机过程将在第三章进行重点介绍。

3. 按随机过程的样本函数的可确定性进行分类

1)确定的随机过程

如果随机过程$X(t)$的任意一个样本函数的未来值,都能由过去的观测值确定,即样本函数有确定的形式,则称此类过程为确定的随机过程。如正弦随机信号$X(t) = A\cos(\Omega t + \Phi)$,尽管式中振幅$A$、角频率$\Omega$或相位$\Phi$是随机变量,但对于任一次试验结果$\zeta_k$,随机变量$A, \Omega, \Phi$仅取某个具体的值$a_k, \omega_k, \varphi_k$,相应的样本函数$x_k(t) = a_k\cos(\omega_k t + \varphi_k)$是一个确定的函数,都能由$t_i$以前出现的波形来确定$t_i$以后将会出现的波形,如图2.6(a)所示。

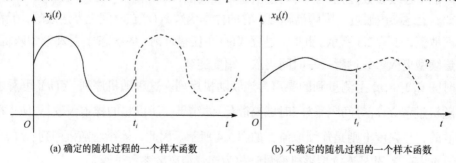

(a) 确定的随机过程的一个样本函数　　　　(b) 不确定的随机过程的一个样本函数

图2.6　样本函数

2）不确定的随机过程

如果随机过程 $X(t)$ 的任意一个样本函数的未来值都不能由过去的观测值确定，即样本函数无确定形式。如图 2.6(b) 所示，对某次实验 ζ_k 而言，虽然样本 $x_k(t)$ 在 t_i 以前一段波形已出现，但仍不能确定在 t_i 后将会出现什么波形。此类过程称为不确定的随机过程。

2.1.3　随机过程的分布

严格地说，若要通过图形表示一个随机过程，必须如图 2.1 中那样画出它所有的样本函数。但为了便于说明，暂且将随机过程 $X(t)$ 描绘成一条曲线，如图 2.7 所示。图中这条曲线上的每一点都代表过程的一个状态（随机变量）。

用记录器记录一个随机过程 $X(t)$ 时，不可能连续记录 $X(t)$ ，只能记录 $X(t)$ 在确定时刻 $t_1, t_2, \cdots, t_n$ 下的状态 $X(t_1), X(t_2), \cdots, X(t_n)$ ，所以可以用多维随机变量 $[X(t_1), X(t_2), \cdots, X(t_n)]$ 来近似地描述随机过程 $X(t)$ 。记录的时间间隔 $\Delta t = t_i - t_{i-1}$ 越小（随机变量维数 n 越大），多维随机变量对随机过程的描

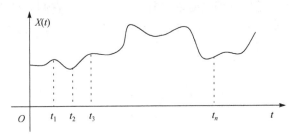

图 2.7　随机过程 $X(t)$ 的表示

述就越精确。在 $\Delta t \to 0$ 且 $n \to \infty$ 时，随机过程的概念可以作为多维随机变量的概念在维数无穷多（不可列）情况下的自然推广。

有了上述多维随机变量对随机过程的描述，可用研究随机变量的方法，给出描述随机过程统计特性的分布函数和概率密度。

1. 一维分布

随机过程 $X(t)$ ，对任一固定时刻 $t_1 \in T$ ，其状态 $X(t_1)$ 是一维随机变量，其分布函数为

$$F_X(x_1; t_1) = P\{X(t_1) \leqslant x_1\} \tag{2-1}$$

它表示过程 $X(t)$ 在 t_1 时刻的状态 $X(t_1)$ 取值小于 x_1 的概率，如图 2.8 所示。

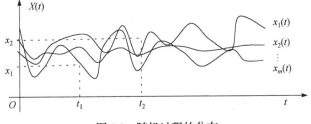

图 2.8　随机过程的分布

若将 t_1, x_1 作为变量，那么 $F_X(x_1, t_1)$ 是 x_1 和 t_1 的二元函数，可写成 $F_X(x; t)$ 。又 $t \in T$ ，

所以 $F_X(x;t)$ 反映了过程 $X(t)$ 在整个时间段 T 上的所有一维状态的分布状况。定义

$$F_X(x;t) = P\{X(t) \leqslant x\}, \quad t \in T \tag{2-2}$$

为随机过程 $X(t)$ 的一维分布函数。

　　类似于随机变量的分布函数，如果 $F_X(x;t)$ 对 x 的偏导数存在，则称

$$f_X(x;t) = \frac{\partial F_X(x;t)}{\partial x} \tag{2-3}$$

为随机过程 $X(t)$ 的一维概率密度。$f_X(x;t)$ 也是 x 和 t 的二元函数。

　　显然，随机过程的一维分布函数和一维概率密度具有一维随机变量的分布函数和概率密度的各种性质，所不同的是它们还是时间 t 的函数。一维分布函数和一维概率密度仅给出了随机过程最简单的概率分布特性，它们只能描述随机过程在任一时刻单一状态的统计特性，不能反映随机过程各个时刻的多个状态之间的联系。

2. 二维分布

　　随机过程 $X(t)$ 在任意的两个固定时刻 t_1, t_2 的状态 $X(t_1), X(t_2)$ 构成了二维随机变量 $[X(t_1), X(t_2)]$，它们的分布函数为

$$F_X(x_1, x_2; t_1, t_2) = P\{X(t_1) \leqslant x_1, X(t_2) \leqslant x_2\} \tag{2-4}$$

表示随机过程 $X(t)$ 在 t_1, t_2 两个不同时刻的两个状态 $X(t_1), X(t_2)$ 的取值分别小于 x_1, x_2 的概率，如图 2.8 所示。

　　如果 x_1, x_2, t_1, t_2 均为变量，那么分布函数 $F_X(x_1, x_2; t_1, t_2)$ 就是 x_1, x_2, t_1, t_2 的四元函数，又因 $t_1 \in T, t_2 \in T$，则 $F_X(x_1, x_2; t_1, t_2)$ 反映了随机过程 $X(t)$ 在整个时间段 T 上的任意两个状态间的联合分布状况，所以定义 $F_X(x_1, x_2; t_1, t_2)$ 为随机过程 $X(t)$ 的二维分布函数。

　　如果 $F_X(x_1, x_2; t_1, t_2)$ 对 x_1, x_2 的二阶混合偏导数存在，则称

$$f_X(x_1, x_2; t_1, t_2) = \frac{\partial^2 F_X(x_1, x_2; t_1, t_2)}{\partial x_1 \partial x_2} \tag{2-5}$$

为随机过程 $X(t)$ 的二维概率密度。

　　由于二维分布描述了随机过程在任意两个时刻状态之间的联系，并可通过积分求得两个一维边缘概率密度 $f_X(x_1; t_1)$ 和 $f_X(x_2; t_2)$。因此，随机过程的二维分布比一维分布含有更多的信息，对随机过程统计特性的描述更细致。但是，二维分布还不能反映随机过程在两个以上状态之间的联系，不能完整地反映出随机过程的全部统计特性。

3. n 维分布

　　随机过程 $X(t)$ 在任意 n 个时刻 $t_1, t_2, \cdots, t_n$ 状态 $X(t_1), X(t_2), \cdots, X(t_n)$ 构成了 n 维随机变量 $[X(t_1), X(t_2), \cdots, X(t_n)]$，即随机矢量 $\boldsymbol{X}$。用类似上面的方法，可定义随机过程 $X(t)$ 的 n 维分布函数和 n 维概率密度为

$$F_X\left(x_1, x_2, \cdots, x_n; t_1, t_2, \cdots, t_n\right) = P\{X(t_1) \leqslant x_1, X(t_2) \leqslant x_2, \cdots, X(t_n) \leqslant x_n\} \tag{2-6}$$

$$f_X\left(x_1, x_2, \cdots, x_n; t_1, t_2, \cdots, t_n\right) = \frac{\partial^n F_X\left(x_1, x_2, \cdots, x_n; t_1, t_2, \cdots, t_n\right)}{\partial x_1 \partial x_2 \cdots \partial x_n} \tag{2-7}$$

显然，n 维分布描述了随机过程在任意 n 个时刻的 n 个状态之间的联系，比其低维分布含有更多的信息，对随机过程统计特性描述更加细致。随机过程的观测点取得越多，维数 n 越大，对随机过程的统计特性描述得越细致。从理论上来说，只有维数 n 为无限多时，才能完整地描述随机过程 $X(t)$ 的统计特性。

类似于多维随机变量，随机过程 $X(t)$ 的 n 维分布具有下列性质：

(1) $$F_X\left(x_1, x_2, \cdots, -\infty, \cdots, x_n; t_1, t_2, \cdots, t_i, \cdots, t_n\right) = 0 \tag{2-8}$$

(2) $$F_X\left(\infty, \infty, \cdots, \infty; t_1, t_2, \cdots, t_n\right) = 1 \tag{2-9}$$

(3) $$f_X\left(x_1, x_2, \cdots, x_n; t_1, t_2, \cdots, t_n\right) \geqslant 0 \tag{2-10}$$

(4) $$\int_{-\infty}^{\infty} \cdots \int_{-\infty}^{\infty} f_X\left(x_1, x_2, \cdots, x_n; t_1, t_2, \cdots, t_n\right) \mathrm{d}x_1 \mathrm{d}x_2 \cdots \mathrm{d}x_n = 1 \tag{2-11}$$

(5) $$\int_{-\infty}^{\infty} \cdots \int_{-\infty}^{\infty} f_X\left(x_1, \cdots, x_m, x_{m+1}, \cdots, x_n; t_1, \cdots, t_m, t_{m+1}, \cdots, t_n\right) \mathrm{d}x_{m+1} \cdots \mathrm{d}x_n \tag{2-12}$$
$$= f_X\left(x_1, \cdots, x_m; t_1, \cdots, t_m\right)$$

(6) 如果 $X(t_1), X(t_2), \cdots, X(t_n)$ 统计独立，则有

$$f_X\left(x_1, x_2, \cdots, x_n; t_1, t_2, \cdots, t_n\right) = f_X\left(x_1; t_1\right) f_X\left(x_2; t_2\right) \cdots f_X\left(x_n; t_n\right) \tag{2-13}$$

由于 n 越大描述起来越困难，因此在许多实际应用中，一般只取二维情况。

例 2.1　考虑如下形式的基带信号：

$$X(t) = \begin{cases} q(t), & \text{概率} p \\ -q(t), & \text{概率} 1-p \end{cases}$$

其中，对于某些整数 n 和参数 T^*，有 $q(t) = [u(t-(n-1)T) - u(t-nT)]$。该过程称为伯努利过程。请计算读信号的概率密度函数。

解：两个连续值 $X(t_1) = x_1$ 和 $X(t_2) = x_2$ 可以取 $(-1,-1), (-1,1), (1,-1), (1,1)$ 中的任意一个值。图 2.9 为基带信号集合，它显示了两个样本的可能信号集合，其中 $X_1(t), X_2(t), X_3(t), X_4(t)$ 是 $X(t)$ 的四个样本函数。

样本空间 $(-1,-1), (-1,1), (1,-1), (1,1)$ 的联合分布概率可以表示为

$$p[X_1 = 1, X_2 = 1] = p^2$$
$$p[X_1 = 1, X_2 = -1] = p(1-p)$$
$$p[X_1 = -1, X_2 = 1] = (1-p)p$$
$$p[X_1 = -1, X_2 = -1] = (1-p)^2$$

$X = (x_1, x_2)$ 的联合密度表示为

$$f_x\left(x_1, x_2, t_1, t_2\right) = p^2 \delta\left(x_1 - 1\right)\delta\left(x_2 - 1\right) + p(1 - p)\delta\left(x_1 - 1\right)\delta\left(x_2 + 1\right)$$

$$+ (1 - p)p\delta\left(x_1 + 1\right)\delta\left(x_2 - 1\right) + (1 - p)^2 \delta\left(x_1 + 1\right)\delta\left(x_2 + 1\right)$$

可以证明：

$$\int_{-\infty}^{+\infty} \int_{-\infty}^{+\infty} f_x\left(x_1, x_2\right) \mathrm{d}x_1 \mathrm{d}x_2 = p^2 + p(1 - p) + (1 - p)p + (1 - p)^2 = 1$$

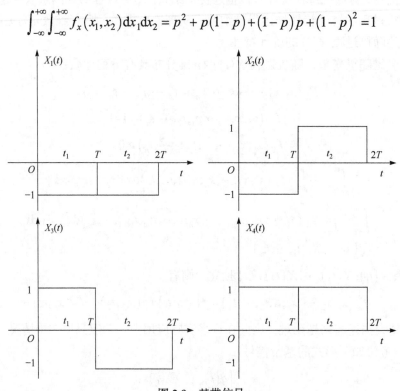

图 2.9　基带信号

例 2.2　信号模型。考虑如下表达式的信号：

$$X(t) = A\cos\left(\omega_c t + \pi / 2\right)$$

其中

$$0 \leqslant t \leqslant T, f_c = \frac{1}{2T}, \omega_c = 2\pi f_c$$

其中，A 为随机幅度，定义为

$$A = \begin{cases} q(t), & \text{概率} p \\ -q(t), & \text{概率} 1 - p \end{cases}$$

其中，对于某些整数 n 和参数 T，$q(t) = [u(t - (n-1)T) - u(t - nT)]$，$u(t)$ 是单位步长函数。求联合概率密度函数。

解：该信号称为幅度平移键控信号。图 2.10 显示了连续两个周期的样本函数，其联合

概率密度函数和例 2.1 相同。

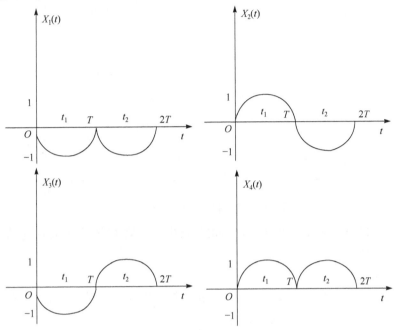

图 2.10 连续两个周期 ASK 信号采样函数

2.1.4 随机过程的数字特征

虽然随机过程的分布能较全面地描述整个过程的统计特征，但要确定一个随机过程的高维分布通常比较困难，分析处理起来也很复杂。在实际应用中，往往只需要知道随机过程的几个常用统计平均量（数字特征）就能满足要求。随机过程的数字特征既能描述随机过程的重要统计特征，又便于实际的测量和运算。

随机过程常用的基本数字特征有数学期望、方差、相关函数等。由于随机过程是随时间变化的随机变量，因此随机过程的数字特征可以由随机变量的数字特征演变而来。下面介绍随机过程的这些基本数字特征。

1. 一维数字特征

1) 数学期望

对任一固定时刻 t，$X(t)$ 代表一个随机变量，它随机的取值 $x(t)$（t 固定）简记为 x，根据随机变量的数学期望的定义，可得 $X(t)$ 的数学期望

$$E[X(t)] = \int_{-\infty}^{\infty} x \cdot f_X(x;t)\mathrm{d}x = m_X(t) \tag{2-14}$$

当 t 是一个时间变量时，$X(t)$ 代表的是随机过程，因此定义 $E[X(t)]$ 为随机过程的数学期望。由于 $m_X(t)$ 是随机过程 $X(t)$ 的所有样本函数在 t 时刻所取的样本值 $(x_1,\cdots,x_m)$ 的统计平均（集平均），随 t 而变化，是时间 t 的确定函数。如图 2.11 所示，虚线表示随机过程的各个样本函数，粗实线表示数学期望。由图可见，$m_X(t)$ 是随机过程 $X(t)$ 的所有样本函数

在各个时刻摆动的中心，是 $X(t)$ 在各个时刻状态的概率质量分布的重心位置。

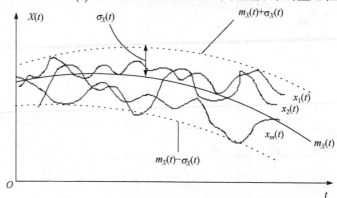

图 2.11　随机过程的数学期望和方差

如果讨论的随机过程是接收机输出端的噪声电压，则数学期望 $m_X(t)$ 就是此噪声电压的瞬时统计平均值。

2) 均方值与方差

对任一固定时刻 t 来讲，$X(t)$ 是一个随机变量。由随机变量二阶原点矩的定义

$$E[X^2(t)] = \int_{-\infty}^{\infty} x^2 f_X(x;t)\mathrm{d}x = \psi_X^2(t) \tag{2-15}$$

当 t 是一个时间变量时，$X(t)$ 代表的是随机过程，$E[X^2(t)]$ 定义为过程 $X(t)$ 的均方值。

由随机变量的方差（二阶中心矩）定义可得

$$D[X(t)] = E\{[X(t) - m_X(t)]^2\} = \int_{-\infty}^{\infty} [x - m_X(t)]^2 f_X(x;t)\mathrm{d}x = \sigma_X^2(t) \tag{2-16}$$

当 t 是一个时间变量时，称 $D[X(t)]$ 为随机过程 $X(t)$ 的方差。而方差 $D[X(t)]$ 的正平方根

$$\sqrt{D[X(t)]} = \sigma_X(t) \tag{2-17}$$

称为随机过程 $X(t)$ 的均方差。它描绘了随机过程 $X(t)$ 各个样本对其数学期望 $m_X(t)$ 的偏差（或偏离）程度，如图 2.11 所示。

由定义的积分可知，$\psi_X^2(t)$、$\sigma_X^2(t)$ 都是 t 的确定函数。如果 $X(t)$ 表示噪声电压，则均方值 $\psi_X^2(t)$ 和方差 $\sigma_X^2(t)$ 就分别表示消耗在单位电阻上的瞬时功率的统计平均值和瞬时交流功率的统计平均值。

3) 离散型随机过程的一维数字特征

若离散型随机过程 $[Y(t), t \in T]$ 的所有状态取值为离散的样本空间 $\Omega = \{y_1, y_2, \cdots, y_m\}$。则其一维概率密度可用 δ 函数表示

$$f_Y(y;t) = \sum_{k=1}^{m} p_k(t)\delta(y - y_k)\ ,\quad k \in I = \{1, \cdots, m\} \tag{2-18}$$

其中，$p_k(t) = P\{Y(t) = y_k\}$ 表示 t 时刻状态 $Y(t)$ 取值为 y_k 的概率。

离散型随机过程 $Y(t)$ 的期望、均方值和方差分别为

$$m_Y(t) = \int_{-\infty}^{\infty} y \sum_{k=1}^{m} p_k(t) \delta(y - y_k) \mathrm{d}y = \sum_{k=1}^{m} y_k p_k(t) \tag{2-19}$$

$$\psi_Y^2(t) = E[Y^2(t)] = \sum_{i=1}^{m} y_k^2 p_k(t) \tag{2-20}$$

$$\sigma_Y^2(t) = D[Y(t)] = \sum_{k=1}^{m} [y_k - m_Y(t)]^2 \cdot p_k(t) \tag{2-21}$$

2. 二维数字特征

如图 2.12 所示，两个随机过程虽然有相同的均值与方差（一维数字特征），但它们有明显不同的内在结构：一个随时间变化慢，两个不同时刻状态之间的相互依赖性强（相关性强）；另一个随时间变化快，两个不同时刻状态之间的相互依赖性弱（相关性弱）。可见，随机过程的一维数字特征不能反映随机过程中两个不同时刻状态之间的相关程度。因此，要用二维数字特征来描述随机过程任意两个时刻状态间的内在联系。

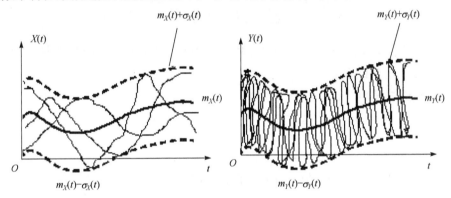

图 2.12　随机过程的自相关函数

1）自相关函数

定义随机过程最重要的二维数字特征——自相关函数为

$$R_X(t_1, t_2) = E[X(t_1)X(t_2)] = \int_{-\infty}^{\infty} \int_{-\infty}^{\infty} x_1 x_2 f_X(x_1, x_2; t_1, t_2) \mathrm{d}x_1 \mathrm{d}x_2 \tag{2-22}$$

式(2-22)是随机过程 $X(t)$ 在两个不同时刻 t_1, t_2 的取值 $X(t_1), X(t_2)$ 之间的二阶联合原点矩，反映了 $X(t)$ 在任意两个时刻状态之间的自相关程度。

当 $t_1 = t_2 = t$ 时，$X(t)$ 的自相关函数就是其均方值，即

$$R_X(t, t) = E[X(t)X(t)] = E[X^2(t)] = \psi_X^2(t) \tag{2-23}$$

2）自协方差函数

有时也用任意两个不同时刻 t_1, t_2 上两个随机变量的协方差来描述自相关程度，称

$$C_X(t_1, t_2) = E\{[X(t_1) - m_X(t_1)][X(t_2) - m_X(t_2)]\}$$
$$= \int_{-\infty}^{\infty} \int_{-\infty}^{\infty} [x_1 - m_X(t_1)][x_2 - m_X(t_2)]f_X(x_1, x_2; t_1, t_2)\mathrm{d}x_1\mathrm{d}x_2 \tag{2-24}$$

为自协方差函数（或中心化自相关函数）。

$C_X(t_1,t_2)$ 与 $R_X(t_1,t_2)$ 有下列关系：

$$C_X(t_1,t_2) = E\{[X(t_1)-m_X(t_1)][X(t_2)-m_X(t_2)]\} = R_X(t_1,t_2) - m_X(t_1)m_X(t_2) \tag{2-25}$$

当 $t_1 = t_2 = t$ 时，$X(t)$ 的自协方差函数就是方差，即

$$C_X(t,t) = E\{[X(t)-m_X(t)]^2\} = D[X(t)] = \psi_X^2(t) - m_X^2(t) = \sigma_X^2(t) \tag{2-26}$$

3）自相关系数

对 $C_X(t_1,t_2)$ 按 $\sigma_X(t_1)$ 及 $\sigma_X(t_2)$ 归一化，就得到随机过程 $X(t)$ 的自相关系数

$$\rho_X(t_1,t_2) = \frac{C_X(t_1,t_2)}{\sigma_X(t_1)\sigma_X(t_2)} \tag{2-27}$$

式中，$\sigma_X(t_1) \neq 0, \sigma_X(t_2) \neq 0$。

注意：$\rho_X(t_1,t_2)$、$C_X(t_1,t_2)$ 和 $R_X(t_1,t_2)$ 只描述 $X(t_1)$ 与 $X(t_2)$ 间线性相关的程度。

4）离散型随机过程的二维数字特征

由于离散型随机过程 $Y(t)$ 在 $t_1,t_2 \in T$ 的二维概率密度可用二维 δ 函数表示，即

$$f_Y(y_1,y_2;t_1,t_2) = \sum_{k_1,k_2 \in \varepsilon_Y} \sum p_{k_1 k_2}(t_1,t_2)\delta(y_1-k_1)\delta(y_2-k_2) \tag{2-28}$$

其中，$p_{k_1 k_2}(t_1,t_2) = P\{Y(t_1)=k_1, Y(t_2)=k_2\}$ 代表过程 $Y(t)$ 在 t_1,t_2 时刻两个状态 $Y(t_1)$ 与 $Y(t_2)$ 分别取离散值 k_1, k_2 的联合概率。

离散型随机过程 $Y(t)$ 的自相关函数为

$$R_Y(t_1,t_2) = \sum_{k_1,k_2 \in \varepsilon_Y} \sum k_1 k_2 P\{Y(t_1)=k_1, Y(t_2)=k_2\} \tag{2-29}$$

其中，ε_Y 是随机过程 $Y(t)$ 所有状态可能取值的范围。

注意：随机过程 $X(t)$ 的均值、方差、自相关函数等存在的条件是

（1）
$$E\{|X(t)|\} < \infty \tag{2-30}$$

（2）
$$E\{|X(t)|^2\} < \infty \tag{2-31}$$

例如，参数为 α 的柯西过程 $X(t)$ 的概率密度为

$$f(x,t) = \frac{\dfrac{\alpha t}{\pi}}{x^2 + (\alpha t)^2} \tag{2-32}$$

由于

$$E\{|X(t)|\} = \frac{1}{\pi}\int_{-\infty}^{\infty}|x|\frac{\alpha t}{x^2+(\alpha t)^2}\mathrm{d}x = \infty \tag{2-33}$$

$$E\{|X(t)|^2\} = \frac{1}{\pi}\int_{-\infty}^{\infty}x^2\frac{\alpha t}{x^2+(\alpha t)^2}\mathrm{d}x = \frac{\alpha t}{\pi}\int_{-\infty}^{\infty}[1-\frac{(\alpha t)^2}{x^2+(\alpha t)^2}]\mathrm{d}x \tag{2-34}$$

是发散的，所以柯西过程的均值、方差等均不存在。

本书所给的一些例题、习题均满足上述的两个条件，不必再去验证。

例 2.3 已知随机过程 $X(t) = V\cos 4t \ (-\infty < t < \infty)$，式中，$V$ 是随机变量，其数学期望

为 5，方差为 6。求随机过程 $X(t)$ 的均值、方差、自相关函数和自协方差函数。

解： 由题意可知，$E[V]=5$，$D[V]=6$。从而得到 V 的均方值为

$$E[V^2]=D[V]+E^2[V]=6+5^2=31$$

根据随机过程数字特征的定义和性质，可求得

$$m_X(t)=E[X(t)]=E[V\cos 4t]=\cos 4t \cdot E[V]=5\cos 4t$$

$$\sigma_X^2(t)=D[X(t)]=D[V\cos 4t]=\cos^2 4t \cdot D[V]=6\cos^2 4t$$

$$R_X(t_1,t_2)=E[X(t_1)X(t_2)]=E[V\cos 4t_1 \cdot V\cos 4t_2]$$

$$=\cos 4t_1 \cos 4t_2 \cdot E[V^2]=31\cos 4t_1 \cos 4t_2$$

$$C_X(t_1,t_2)=E[(X(t_1)-m_X(t_1))(X(t_2)-m_X(t_2))]$$

$$=R_X(t_1,t_2)-m_X(t_1)m_X(t_2)$$

$$=31\cos 4t_1 \cos 4t_2-5\cos 4t_1 \cdot 5\cos 4t_2=6\cos 4t_1 \cos 4t_2$$

例 2.4　已知随机过程 $X(t)=Ut\ (-\infty<t<\infty)$，式中，随机变量 U 服从 $[0,1]$ 上的均匀分布。求随机过程 $X(t)$ 的均值、方差、自相关函数和自协方差函数。

解： 由题意可知，随机变量 U 的概率密度为

$$f_U(u)=\begin{cases}1, & 0\leqslant u\leqslant 1 \\ 0, & 其他\end{cases}$$

根据随机过程数学期望的定义，时间 t 与求统计平均无关，因此 t 可以看成常数，则

$$m_X(t)=E[X(t)]=E[Ut]=tE[U]=t\int_0^1 u\cdot 1\cdot \mathrm{d}u=\frac{t}{2}$$

$$R_X(t_1,t_2)=E[X(t_1)X(t_2)]=E[Ut_1 \cdot Ut_2]=t_1 t_2 \cdot E[U^2]$$

$$=t_1 t_2\int_{-\infty}^{\infty}u^2 f_U(u)\mathrm{d}u=t_1 t_2\int_0^1 u^2\cdot 1\cdot \mathrm{d}u=\frac{t_1 t_2}{3}$$

$$C_X(t_1,t_2)=R_X(t_1,t_2)-m_X(t_1)m_X(t_2)=\frac{t_1 t_2}{3}-\frac{t_1}{2}\cdot\frac{t_2}{2}=\frac{t_1 t_2}{12}$$

$$\sigma_X^2(t)=C_X(t,t)=\frac{t^2}{12}$$

例 2.5　已知一个随机过程由四条样本函数组成，如图 2.13 所示，而且每条样本函数

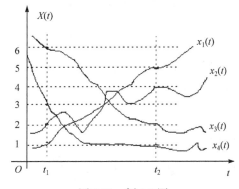

图 2.13　例 2.5 图

出现的概率相等。求自相关函数 $R_X(t_1, t_2)$。

解： 由题意可知，随机过程 $X(t)$ 在 t_1 和 t_2 两个时刻为两个离散随机变量。根据图 2.13 所示，可列出联合分布律如下：

	ζ_1	ζ_2	ζ_3	ζ_4
$X(t_1)$	1	2	6	3
$X(t_2)$	5	4	2	1
$P_{k_1 k_2}(t_1, t_2)$	0.25	0.25	0.25	0.25

故

$$R_X(t_1, t_2) = \sum_{k_1, k_2 \in \varepsilon_Y} \sum k_1 k_2 p_{k_1 k_2}(t_1, t_2) = \sum_{k_1, k_2 \in \varepsilon_Y} \sum k_1 k_2 p\{X(t_1) = k_1, X(t_2) = k_2\}$$

$$= 0.25 \times (1 \times 5 + 2 \times 4 + 6 \times 2 + 3 \times 1) = 7$$

2.1.5 随机过程的特征函数

由第 1 章可知，随机变量的特征函数与其概率密度存在着唯一对应性，从而可以用特征函数来简化随机变量数字特征的运算。随机过程的特征函数与其概率密度之间也存在着唯一对应性，因此也可利用随机过程的特征函数来简化随机过程数字特征的运算。

1. 一维特征函数

随机过程 $X(t)$ 在任一固定时刻 t_1 的状态 $X(t_1)$ 是一维随机变量，$X(t_1)$ 的特征函数为

$$Q_X(u_1; t_1) = E[\mathrm{e}^{\mathrm{j}u_1 X(t_1)}] = \int_{-\infty}^{\infty} \mathrm{e}^{\mathrm{j}u_1 x} f_X(x; t_1) \mathrm{d}x \tag{2-35}$$

式中，$x = x(t_1)$ 为随机变量 $X(t_1)$ 可能的取值，$f_X(x; t)$ 为过程 $X(t)$ 的一维概率密度。若将 t_1 换成 t 变量，则随机过程 $X(t)$ 的一维特征函数为

$$Q_X(u; t) = E[\mathrm{e}^{\mathrm{j}u X(t)}] = \int_{-\infty}^{\infty} \mathrm{e}^{\mathrm{j}u x} f_X(x; t) \mathrm{d}x \tag{2-36}$$

它是 u, t 的二元函数，它与 $f_X(x; t)$ 构成一对变换，则有

$$f_X(x; t) = \frac{1}{2\pi} \int_{-\infty}^{\infty} Q_X(u; t) \mathrm{e}^{-\mathrm{j}u x} \mathrm{d}u \tag{2-37}$$

若将特征函数定义式 (2-36) 的两边都对变量 u 求 n 阶偏导数，得

$$\frac{\partial^n Q_X(u; t)}{\partial u^n} = \mathrm{j}^n \int_{-\infty}^{\infty} x^n \mathrm{e}^{\mathrm{j}u x} f_X(x; t) \mathrm{d}x \tag{2-38}$$

则随机过程 $X(t)$ 的 n 阶原点矩函数为

$$E[X^n(t)] = \int_{-\infty}^{\infty} x^n f_X(x; t) \mathrm{d}x = (-\mathrm{j})^n \frac{\partial^n Q_X(u; t)}{\partial u^n} \Big|_{u=0} \tag{2-39}$$

可见，利用特征函数可以将求积分转变成求导，简化了运算。

2. 二维特征函数

$X(t)$ 在任意两个时刻 t_1, t_2 的状态构成二维随机变量 $[X(t_1), X(t_2)]$，它们的联合特征函数

$$Q_X(u_1, u_2; t_1, t_2) = E\{\exp[ju_1 X(t_1) + ju_2 X(t_2)]\}$$

$$= \int_{-\infty}^{\infty} \int_{-\infty}^{\infty} e^{j(u_1 x_1 + u_2 x_2)} f_X(x_1, x_2; t_1, t_2) dx_1 dx_2 \qquad (2\text{-}40)$$

称为随机过程 $X(t)$ 的二维特征函数。它是 u_1, u_2, t_1, t_2 的四元函数，式中，$x_1 = x(t_1), x_2 = x(t_2)$ 分别为随机变量 $X(t_1), X(t_2)$ 可能的取值。

$f_X(x_1, x_2; t_1, t_2)$ 是随机过程 $X(t)$ 的二维概率密度，它与二维特征函数 $Q_X(u_1, u_2; t_1, t_2)$ 构成变换对，有

$$f_X(x_1, x_2; t_1, t_2) = \frac{1}{(2\pi)^2} \int_{-\infty}^{\infty} \int_{-\infty}^{\infty} Q_X(u_1, u_2; t_1, t_2) e^{-j(u_1 x_1 + u_2 x_2)} du_1 du_2 \qquad (2\text{-}41)$$

若将二维特征函数定义式 (2-40) 的两边对变量 u_1, u_2 各求一次偏导数，得

$$\frac{\partial^2 Q_X(u_1, u_2; t_1, t_2)}{\partial u_1 \partial u_2} = j^2 \int_{-\infty}^{\infty} \int_{-\infty}^{\infty} x_1 x_2 e^{j(u_1 x_1 + u_2 x_2)} f_X(x_1, x_2; t_1, t_2) dx_1 dx_2 \qquad (2\text{-}42)$$

则随机过程 $X(t)$ 的相关函数为

$$R_X(t_1, t_2) = \int_{-\infty}^{\infty} \int_{-\infty}^{\infty} x_1 x_2 f_X(x_1, x_2; t_1, t_2) dx_1 dx_2 = -\frac{\partial^2 Q_X(u_1, u_2; t_1, t_2)}{\partial u_1 \partial u_2}\bigg|_{u_1 = u_2 = 0} \qquad (2\text{-}43)$$

3. n 维特征函数

同理，定义随机过程 $X(t)$ 的 n 维特征函数为

$$Q_X(u_1, \cdots, u_n; t_1, \cdots, t_n) = E\{\exp[ju_1 X(t_1) + \cdots + ju_n X(t_n)]\}$$

$$= \int_{-\infty}^{\infty} \cdots \int_{-\infty}^{\infty} e^{j(u_1 x_1 + \cdots + u_n x_n)} f_X(x_1, \cdots, x_n; t_1, \cdots, t_n) dx_1 \cdots dx_n \qquad (2\text{-}44)$$

根据逆转公式，由过程 $X(t)$ 的 n 维特征函数可求得 n 维概率密度为

$$f_X(x_1, \cdots, x_n; t_1, \cdots, t_n) = \frac{1}{(2\pi)^n} \int_{-\infty}^{\infty} \cdots \int_{-\infty}^{\infty} Q_X(u_1, \cdots, u_n; t_1, \cdots, t_n) e^{-j(u_1 x_1 + \cdots + u_n x_n)} du_1 \cdots du_n \qquad (2\text{-}45)$$

4. 离散型随机过程的特征函数

设离散型随机过程 $X(t)$ 在 t_1 时刻的状态（随机变量）为 $X(t_1)$。随机变量 $X(t_1)$ 的取值为 $x_i (i = 1, 2, \cdots)$，其分布律为 $p_i(t_1) = P\{X(t_1) = x_i\}$。则离散型随机过程的一维特征函数定义为

$$Q(u; t) = \sum_i e^{jux_i} p_i(t), \quad t \in T \qquad (2\text{-}46)$$

2.2　复随机过程

前面讨论的过程都是实随机过程，即其样本函数是时间的实函数。这种表示方法的优

点是直观，易于接受。但在某些情况下，如高频窄带随机信号的处理中，将信号表示成复函数形式更为方便。将这种用复函数表示的随机过程称为复随机过程。类似于实随机过程，复随机过程是随时间变化的复随机变量。所以本节首先引入复随机变量的概念，然后再介绍复随机过程的概念和有关特性。

1. 复随机变量

定义复随机变量 Z 为

$$Z = X + jY \tag{2-47}$$

式中，X 和 Y 都为实随机变量。实质上，复随机变量 Z 是实随机变量 X 和 Y 所组成的二维随机变量，故 Z 的统计特性可以用 X 和 Y 的联合分布来完整地描述。

下面在将实随机变量的数学期望、方差和相关等概念推广到复随机变量中时，必须遵循的原则是：当 $Y = 0$ 时，复随机变量 Z 等于实随机变量 X。

1) 复随机变量 Z 的数学期望

$$m_Z = E[Z] = E[X] + jE[Y] = m_X + jm_Y \tag{2-48}$$

2) 复随机变量 Z 的方差

$$D_Z = D[Z] = E[|Z - m_Z|^2] = E[|\dot{Z}|^2] \tag{2-49}$$

式中，$\dot{Z} = Z - m_Z$，且有

$$D_Z = D_X + D_Y \tag{2-50}$$

3) 两个复随机变量 Z_1, Z_2 的协方差

$$C_{Z_1 Z_2} = E[(Z_1 - m_{Z_1})^* \cdot (Z_2 - m_{Z_2})] = E[\dot{Z}_1^* \cdot \dot{Z}_2] \tag{2-51}$$

式中，* 表示共轭，$Z_1 = X_1 + jY_1$，$Z_2 = X_2 + jY_2$。当 $Z_1 = Z_2 = Z$ 时，$C_{Z_1 Z_2} = E[|\dot{Z}|^2] = D_Z$。

还可以把协方差写成下面的形式

$$C_{Z_1 Z_2} = C_{X_1 X_2} + C_{Y_1 Y_2} + j(C_{X_1 Y_2} - C_{Y_1 X_2}) \tag{2-52}$$

式中，$C_{X_1 X_2}, C_{Y_1 Y_2}, C_{X_1 Y_2}, C_{Y_1 X_2}$ 分别是 $(X_1, X_2), (Y_1, Y_2), (X_1, Y_2), (Y_1, X_2)$ 的协方差。

4) 两个复随机变量 Z_1, Z_2 的独立

若两个复随机变量 $Z_1 = X_1 + jY_1$，$Z_2 = X_2 + jY_2$ 满足

$$f_{X_1 Y_1 X_2 Y_2}(x_1, y_1, x_2, y_2) = f_{X_1 Y_1}(x_1, y_1) f_{X_2 Y_2}(x_2, y_2) \tag{2-53}$$

则称 Z_1 与 Z_2 相互独立。

5) 两个复随机变量 Z_1, Z_2 的互不相关

若两个复随机变量 Z_1, Z_2 满足

$$C_{Z_1 Z_2} = E[(Z_1 - m_{Z_1})^* \cdot (Z_2 - m_{Z_2})] = 0 \tag{2-54}$$

则称 Z_1 与 Z_2 互不相关。

6) 两个复随机变量 Z_1, Z_2 的正交

若两个复随机变量 Z_1, Z_2 满足

$$R_{Z_1 Z_2} = E[(Z_1^* \cdot Z_2)] = 0 \tag{2-55}$$

则称 Z_1 与 Z_2 正交。

2. 复随机过程

定义复随机过程为

$$Z(t) = X(t) + jY(t) \tag{2-56}$$

式中，$X(t)$ 和 $Y(t)$ 都是实随机过程。

复随机过程 $Z(t)$ 的统计特性可由 $X(t)$ 和 $Y(t)$ 的 $2n$ 维联合分布完整描述，其概率密度为

$$f_{XY}\left(x_1, \cdots, x_n, y_1, \cdots, y_n; t_1, \cdots, t_n, t_1', \cdots, t_n'\right)$$

1) 复随机过程 $Z(t)$ 的数学期望

$$m_Z(t) = E[Z(t)] = E[X(t) + jY(t)] = m_X(t) + jm_Y(t) \tag{2-57}$$

2) 复随机过程 $Z(t)$ 的方差

$$D_Z(t) = E[|Z(t) - m_Z(t)|^2] = E[|\dot{Z}(t)|^2] \tag{2-58}$$

式中，$\dot{Z}(t) = Z(t) - m_Z(t)$。且有

$$D_Z(t) = D_X(t) + D_Y(t) \tag{2-59}$$

3) 复随机过程 $Z(t)$ 的自相关函数

$$R_Z(t, t+\tau) = E[Z^*(t)Z(t+\tau)] \tag{2-60}$$

4) 复随机过程 $Z(t)$ 的自协方差函数

$$C_Z(t, t+\tau) = E\{[Z(t) - m_Z(t)]^* \cdot [Z(t+\tau) - m_Z(t+\tau)]\} = E[\dot{Z}^*(t)\dot{Z}(t+\tau)] \tag{2-61}$$

当 $\tau = 0$ 时，自协方差函数就是方差，即

$$C_Z(t, t) = D_Z(t) \tag{2-62}$$

5) 两个复随机过程 $Z_1(t)$ 和 $Z_2(t)$ 的互相关函数和互协方差函数

$$R_{Z_1 Z_2}(t, t+\tau) = E[Z_1^*(t)Z_2(t+\tau)] \tag{2-63}$$

$$C_{Z_1 Z_2}(t, t+\tau) = E\{[Z_1(t) - m_{Z_1}(t)]^* [Z_2(t+\tau) - m_{Z_2}(t+\tau)]\} \tag{2-64}$$

6)两个复随机过程 $Z_1(t)$ 和 $Z_2(t)$ 的互不相关

若两个复随机过程 $Z_1(t)$ 和 $Z_2(t)$ 满足

$$C_{Z_1Z_2}(t,t+\tau)=0 \tag{2-66}$$

则称这两个复随机过程互不相关。

7)两个复随机过程 $Z_1(t)$ 和 $Z_2(t)$ 的正交

若两个复随机过程 $Z_1(t)$ 和 $Z_2(t)$ 满足

$$R_{Z_1Z_2}(t,t+\tau)=0 \tag{2-67}$$

则称这两个复随机过程正交。

例 2.6　已知复随机过程 $V(t)$ 由 N 个复信号之和组成，即

$$V(t)=\sum_{n=1}^{N}A_n\exp\left[\mathrm{j}(\omega_0 t+\varPhi_n)\right]\ ,\quad n=1,2,\cdots,N$$

式中，ω_0 为常数，表示每个复信号的角频率；A_n 是随机变量，表示第 n 个复信号的幅度；$\varPhi_n$ 是服从 $(0,2\pi)$ 上均匀分布的随机变量，表示第 n 个复信号的相位。若 $\varPhi_n(n=1,2,\cdots,N)$ 之间相互独立，且幅度 A_n 和 $\varPhi_n$ 之间也是相互独立的。求复过程 $V(t)$ 的自相关函数。

解：由复过程的自相关函数定义

$$
\begin{aligned}
R_V(t,t+\tau)&=E\left[V^*(t)V(t+\tau)\right]\\
&=E\left\{\sum_{n=1}^{N}A_n\exp\left[-\mathrm{j}(\omega_0 t+\varPhi_n)\right]\cdot\sum_{m=1}^{N}A_m\exp\left[\mathrm{j}(\omega_0(t+\tau)+\varPhi_m)\right]\right\}\\
&=\sum_{n=1}^{N}\sum_{m=1}^{N}\left\{\exp(\mathrm{j}\omega_0\tau)\cdot E\left[A_nA_m\exp\left[\mathrm{j}(\varPhi_m-\varPhi_n)\right]\right]\right\}=R_V(\tau)
\end{aligned}
$$

由已知的独立条件可得

$$
\begin{aligned}
R_V(\tau)&=\exp(\mathrm{j}\omega_0\tau)\cdot\sum_{n=1}^{N}\sum_{m=1}^{N}E\left[A_nA_m\exp\left[\mathrm{j}(\varPhi_m-\varPhi_n)\right]\right]\\
&=\exp(\mathrm{j}\omega_0\tau)\cdot\sum_{n=1}^{N}\sum_{m=1}^{N}\left\{E(A_nA_m)\cdot E\left[\exp\left[\mathrm{j}(\varPhi_m-\varPhi_n)\right]\right]\right\}
\end{aligned}
$$

且

$$
E\left\{\exp\left[\mathrm{j}(\varPhi_m-\varPhi_n)\right]\right\}=\begin{cases}E\left[\mathrm{e}^{\mathrm{j}0}\right]=1,&m=n\\E\left[\mathrm{e}^{\mathrm{j}\varPhi_m}\right]\cdot E\left[\mathrm{e}^{-\mathrm{j}\varPhi_n}\right]=0,&m\neq n\end{cases}
$$

所以

$$R_V(\tau)=\exp(\mathrm{j}\omega_0\tau)\sum_{n=1}^{N}E\left[A_n^{\ 2}\right]$$

2.3　随机过程的微分和积分

高等数学中，数列收敛与极限的概念是函数微积分的基础；随机过程中，离散随机过程的收敛与极限的概念则是随机过程微积分的基础。下面先介绍离散随机过程收敛的概念。

2.3.1　离散随机过程的收敛

普通数列的收敛（复习）：若有数列 $S_1,S_2,\cdots,S_n,\cdots$ ，对任意小的正实数 $\varepsilon>0$ ，总能找到一个正整数 N ，使得对于任意 $n>N$ ，存在 $|S_n-a|<\varepsilon$ 。则称数列 $S_1,S_2,\cdots,S_n,\cdots$ 收敛于常数 a ，表示为

$$\lim_{n\to\infty} S_n = a\ (\text{或}\ S_1,S_2,\cdots,S_n,\cdots \xrightarrow[n\to\infty]{} a) \tag{2-68}$$

1. 离散随机过程收敛的几种定义

离散随机过程又称为离散时间随机过程，记为 $\{X(\zeta,n),\zeta\in\Omega,n\in Z\}$ ，简记为 $\{X(n)\}$ 。它是 ζ,n 的二元函数，样本函数在时间上是离散的。

1）离散随机过程的处处收敛

类似普通数列收敛的概念，建立离散随机过程处处收敛的概念。

设离散随机过程 $\{X(n)\}$ （或表示为 $X(1),X(2),\cdots,X(n),\cdots$ ）与随机变量 X 在同一概率空间 (Ω,F,P) 上。对于每次试验结果 ζ_k ，离散随机过程 $\{X(n)\}$ 的样本数列都是一个普通的数列 $\{x_k(n)\}$ （或表示为 $x_k(1),x_k(2),\cdots,x_k(n),\cdots$ ）。因此，一个离散随机过程 $\{X(n)\}$ 实际上是定义在 $\zeta\in\Omega$ 上的一族普通数列。

若离散随机过程 $\{X(n)\}$ 的每一个样本数列都收敛，即

$$(\zeta_1,\cdots,\zeta_k,\cdots)\in\Omega \left\{ \begin{array}{l} \zeta_1\cdots x_1(1),x_1(2),\cdots,x_1(n)\xrightarrow[n\to\infty]{}x_1 \\ \vdots\qquad\quad\vdots\qquad\quad\vdots\qquad\quad\vdots \\ \zeta_k\cdots x_k(1),x_k(2),\cdots,x_k(n)\xrightarrow[n\to\infty]{}x_k \\ \vdots\qquad\quad\vdots\qquad\quad\vdots\qquad\quad\vdots \end{array} \right\} (x_1,\cdots,x_k,\cdots)\in X$$

则称随机变量序列 $\{X(n)\}$ 处处收敛于随机变量 X 。记作

$$\lim_{n\to\infty} X(n) = X\ \text{或}\ \{X(n)\} \xrightarrow{\text{e}} X \tag{2-69}$$

其中，e 是 every where 的简记。

由离散随机过程处处收敛的定义，无论样本空间 Ω 上有多少个样本 ζ_k （有限个或无限个），只要有一个 ζ_k 所对应的样本数列 $\{x_k(n)\}$ 不收敛，则离散随机过程 $\{X(n)\}$ 就不处处收敛。显然，这种收敛的定义太苛刻，不实用。下面介绍几种常见的、较宽松的收敛定义。

2）以概率 1 收敛（几乎处处收敛）

若离散随机过程 $\{X(n)\}$ 相对试验 E 的所有可能结果 ζ_k ，均满足

$$P\{\lim_{n\to\infty} X(n) = X\} = 1 \tag{2-70}$$

则称 $\{X(n)\}$ 以概率 1 收敛于 X（或几乎处处收敛于随机变量 X）。记作

$$X(n) \xrightarrow{\text{a·e}} X$$

其中，a·e 是 almost every where 的简记。也就是说在 $\zeta \in \Omega$ 上，尽管离散随机过程 $\{X(n)\}$ 可能存在几个不收敛的样本数列，但对于所有可能结果 Ω 来说这个事件的概率为零。即

$$P\{\lim_{n\to\infty} X(n) \neq X\} = 0 \tag{2-71}$$

　　3）依概率收敛（又称为随机收敛或依测度收敛）

　　若对于任意给定的小正数 $\varepsilon > 0$，有

$$\lim_{n\to\infty} P\{|X(n) - X| \geqslant \varepsilon\} = 0 \tag{2-72}$$

则称离散随机过程 $\{X(n)\}$ 依概率收敛于随机变量 X。记作

$$X(n) \xrightarrow{\text{P}} X$$

其中，P 是 Probability 的简记。

　　4）依分布收敛

　　设离散随机过程 $\{X(n)\}$ 和随机变量 X 的分布函数分别为 $F_n(x)(n=1,2,\cdots)$ 和 $F(x)$，若在 $F(x)$ 的每个连续点 x 上存在

$$\lim_{n\to\infty} F_n(x) = F(x) \tag{2-73}$$

则称离散随机过程 $\{X(n)\}$ 依分布收敛于 X。记作

$$X(n) \xrightarrow{\text{d}} X$$

其中，d 为 distribution 的简记。

　　上述的收敛必须对所有样本 $\zeta_k \in \Omega (i = 1,2,\cdots,m)$ 进行检验，非常麻烦。在实际应用中，如随机过程的微积分等运算中常常采用另外的一种收敛——均方收敛。

　　5）均方收敛

　　若离散随机过程 $\{X(n)\}$ 对所有 n 有 $E[|X(n)|^2] < \infty$，随机变量 X 有 $E[|X|^2] < \infty$，且满足

$$\lim_{n\to\infty} E\{|X(n) - X|^2\} = 0 \tag{2-74}$$

则称离散随机过程 $\{X(n)\}$ 均方收敛于随机变量 X，记作

$$\underset{n\to\infty}{1 \cdot \text{i} \cdot \text{m}} X(n) = X \text{ 或 } \{X(n)\} \xrightarrow{\text{M·S}} X$$

其中，1·i·m 是 limit in mean 的简记，M·S 是 Mean Square 的简记。

　　均方收敛的充要条件——柯西准则：若离散随机过程 $\{X(n)\}$ 有 $E[|X(n)|^2] < \infty$，则 $\{X(n)\}$ 均方收敛于随机变量 X 的充要条件是

$$\lim_{n\to\infty,m\to\infty} E\{|X(n)-X(m)|^2\}=0 \tag{2-75}$$

因为只需对序列$\{X(n)\}$的一个方差$E[|X(n)-X(m)|^2]$进行检验，比较简便。所以，在随机过程的微积分等运算中用的都是这种收敛定义。

2. 几种收敛定义的比较

五种收敛定义的相互关系如图 2.14 所示。可以证明：
(1) 以概率 1 收敛必定依概率收敛，反之不一定成立。
(2) 均方收敛必定依概率收敛，反之不一定成立。
(3) 依概率收敛必定依分布收敛，反之不一定成立。

例 2.7　已知二维随机变量(X,Y)在平面区域$G=\{(x,y):|x|\leqslant 1,|y|\leqslant 1\}$内服从均匀分布。对于任意正整数$n\geqslant 1$，记平面区域$G_n=\{(x,y):|x|\leqslant 1/n,|y|\leqslant 1/n\}$，如图 2.15 所示。

$$Z(n)=\begin{cases}\dfrac{1}{n}, & (X,Y)\in G_n \\[2mm] 0, & (X,Y)\notin G_n\end{cases}$$

请证明：(1)离散随机过程$\{Z(n)\}$依概率收敛于 0；(2)离散随机过程$\{Z(n)\}$依分布收敛于 0；(3)离散随机过程$\{Z(n)\}$均方收敛于 0。

处　　以概率1收敛　　依　　依
处　⇒{　　　　　　}⇒概　分
收　　　　　　　　　率　布
敛　　均方收敛　　　收⇒收
　　　　　　　　　　敛　敛

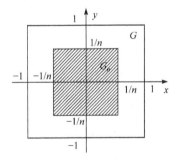

图 2.14　离散随机过程几种收敛定义的相互关系　　　　图 2.15　例 2.7 图

证明：(1)由已知条件可得

$$\begin{cases}(X,Y)\notin G_n\text{条件下，}\quad P\{|Z(n)-0|\geqslant\varepsilon\}=P\{0\geqslant\varepsilon\}=0 \\[2mm] (X,Y)\in G_n\text{条件下，}\quad P\{|Z(n)-0|\geqslant\varepsilon\}=P\left\{\dfrac{1}{n}\geqslant\varepsilon\right\}\end{cases}$$

综合上述两种情况可知，在整个平面区域上

$$P\{|Z(n)-0|\geqslant\varepsilon\}=P\left\{\dfrac{1}{n}\geqslant\varepsilon\right\}$$

当$n\to\infty$时

$$\lim_{n\to\infty}P\{|Z(n)-0|\geqslant\varepsilon\}=\lim_{n\to\infty}P\left\{\dfrac{1}{n}\geqslant\varepsilon\right\}=0$$

由依概率收敛的定义可知，此离散随机过程 $\{Z(n)\}$ 依概率收敛于 0。

(2) 由题可知，离散随机过程 $\{Z(n)\}$ 的分布律为

$Z(n)$	$Z(1)$	$Z(2)$	...	$Z(i)$	...
$P\left\{Z(n)=\dfrac{1}{n}\right\}=\dfrac{1}{n^2}$	1	$\dfrac{1}{4}$	...	$\dfrac{1}{4}$	...
$P\{Z(n)=0\}=1-\dfrac{1}{n^2}$	0	$\dfrac{3}{4}$	...	$1-\dfrac{1}{i^2}$	...

可得其分布函数为

$Z(n)$	$Z(1)$	$Z(2)$	...	$Z(i)$	...
$F_n(z)$	$U(z-1)$	$\dfrac{3}{4}U(z)+\dfrac{1}{4}U\left(z-\dfrac{1}{2}\right)$	...	$\left(1-\dfrac{1}{i^2}\right)U(z)+\dfrac{1}{i^2}U\left(z-\dfrac{1}{i}\right)$	...

求其极限

$$\lim_{n\to\infty}F_n(z)=\lim_{n\to\infty}\left[\left(1-\frac{1}{n^2}\right)U(z)+\frac{1}{n^2}U\left(z-\frac{1}{n}\right)\right]=U(z)$$

又由随机变量 $z=0$ 的分布函数 $F(z)=U(z)$，表明离散随机过程依分布收敛于 0。

另外，由收敛模式的关系可知，依概率收敛于 0 必然依分布收敛于 0。

(3) 根据离散随机过程 $\{Z(n)\}$ 的分布律可得

$$\lim_{n\to\infty}E\left\{|Z(n)-0|^2\right\}=\lim_{n\to\infty}E\left\{|Z(n)|^2\right\}=\lim_{n\to\infty}\left[\left(\frac{1}{n}\right)^2\cdot\frac{1}{n^2}+0\cdot\left(1-\frac{1}{n^2}\right)\right]=\lim_{n\to\infty}\frac{1}{n^4}=0$$

表明离散随机过程 $\{Z(n)\}$ 均方收敛于 0。

思考：离散随机过程 $\{Z(n)\}$ 是否以概率 1 收敛于 0？

2.3.2　随机过程的连续性

由于函数的微积分是建立在函数连续的基础上的，同理随机过程的微积分也是建立在随机过程连续的基础上的。因此类似于函数微积分，在建立随机过程的微积分概念之前，先建立随机过程连续的概念。

首先回顾确定函数 $x(t)$ 的连续性。设函数 $x(t)$ 在点 t_0 的某一个邻域内有定义，如果当自变量的增量 Δt 趋向于零时，对应函数的增量也趋向于零，即 $\lim\limits_{\Delta t\to 0}x(t_0+\Delta t)=x(t_0)$，则称函数 $x(t)$ 在点 t_0 是连续的。如果 $x(t)$ 在区间 $t\in T$ 上每一点都是连续的，则称 $x(t)$ 在 T 上连续。

1. 随机过程 $X(t)$ 处处连续

随机过程 $X(t)$ 的每一个样本函数都是一个确定函数。所以，如果 $X(t)$ 在 Ω 中的所有样本函数在 t 点都是连续的，满足

$$\lim_{\Delta t\to 0}x_k(t+\Delta t)=x_k(t),\quad \zeta_k\in\Omega \tag{2-76}$$

则称该过程 $X(t)$ 在 t 点处处连续，即 $X(t+\Delta t)\xrightarrow[\Delta t\to 0]{\text{e}}X(t)$。

显然这种定义的条件太苛刻，多数随机过程不满足，而且检验起来也很不方便。

2. 随机过程 $X(t)$ 的均方连续

1）定义

如果二阶矩过程 $X(t)$ 在 $t\in T$ 上满足

$$\lim_{\Delta t\to 0}E\{[X(t+\Delta t)-X(t)]^2\}=0,\quad t\in T \tag{2-77}$$

则称 $X(t)$ 在 $t\in T$ 上均方连续，或称该二阶矩过程 $X(t)$ 具有均方连续性。表示为

$$\underset{\Delta t\to 0}{\text{l·i·m}}X(t+\Delta t)=X(t),\quad t\in T \tag{2-78}$$

简称过程 M·S 连续。

注意：$\underset{\Delta t\to 0}{\text{l·i·m}}X(t+\Delta t)=X(t)$ 与 $\underset{n\to\infty}{\text{l·i·m}}X(n)=X$ 的意义完全相同，当 t 固定时 $X(t)$ 是随机变量，由于 Δt 对应 n，则 $X(t+\Delta t)$ 对应于 $X(n)$，因此 $X(t+\Delta t)$ 均方收敛于 $X(t)$。

2）均方连续的准则

当且仅当二阶矩过程 $[X(t),t\in T]$ 的自相关函数 $R_X(t_1,t_2)$ 在 (t,t) 连续时，$X(t)$ 便在 $t\in T$ 上均方连续。

证明：（1）充分性。

展开均方连续定义式左端的 $E\{[X(t+\Delta t)-X(t)]^2\}$ 式，得

$$E\{[X(t+\Delta t)-X(t)]^2\}=R_X(t+\Delta t,t+\Delta t)-R_X(t,t+\Delta t)-R_X(t+\Delta t,t)+R_X(t,t) \tag{2-79}$$

可见只要函数 $R_X(t_1,t_2)$ 在 $t_1=t_2=t$ 处二元连续，上式右端的极限为零，使得定义式成立。

（2）必要性。

已知 $X(t)$ 在 $t\in T$ 上均方连续，要推导自相关函数 $R_X(t_1,t_2)$ 在 (t,t) 连续。由

$$R_X(t+\Delta t_1,t+\Delta t_2)-R_X(t,t)$$
$$=E[X(t+\Delta t_1)X(t+\Delta t_2)]-E[X(t)X(t)] \tag{2-80}$$
$$=E\{[X(t+\Delta t_1)-X(t)]X(t+\Delta t_2)\}+E\{X(t)[X(t+\Delta t_2)-X(t)]\}$$

利用施瓦茨不等式

$$\left|E\{[X(t+\Delta t_1)-X(t)]X(t+\Delta t_2)\}\right|\leqslant\left(E\{[X(t+\Delta t_1)-X(t)]^2\}E\{X^2(t+\Delta t_2)\}\right)^{\frac{1}{2}} \tag{2-81}$$

$$\left|E\{X(t)[X(t+\Delta t_2)-X(t)]\}\right|\leqslant\left(E[X^2(t)]E\{[X(t+\Delta t_2)-X(t)]^2\}\right)^{\frac{1}{2}} \tag{2-82}$$

若 $X(t)$ 在 $t\in T$ 上均方连续，则当 $\Delta t_1,\Delta t_2\to 0$ 时，上两式右端趋于零。则有

$$\lim_{\Delta t_1\to 0}\lim_{\Delta t_2\to 0}R(t+\Delta t_1,t+\Delta t_2)=R(t,t) \tag{2-83}$$

结论：由 $X(t)$ 均方连续可证得 $R(t_1,t_2)$ 在 (t,t) 处连续。可见二阶矩过程 $X(t)$，在 $t\in T$ 上均方连续的充要条件为：自相关函数 $R(t_1,t_2)$ 在 $(0)\in(T\times T)$ 上连续。

3）两个推论

推论 1： 若自相关函数 $R(t_1,t_2)$ 在 $t_1=t_2 \in T \times T$ 的每一点上连续，则它在时域 $T \times T$ 上处处连续。

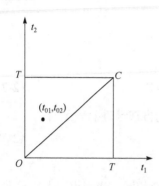

图 2.16　均方连续的推论

证明：如图 2.16 所示，时域 $T \times T$ 用正方形表示，$t_1=t_2 \in T \times T$ 用对角线 OC 表示。设 (t_{01},t_{02}) 是正方形 $T \times T$ 中任意一点。

由于 $R(t_1,t_2)$ 在 $t_1=t_2=t \in T$ 上连续，则随机过程 $X(t)$ 在 $t \in T$ 上均方连续。又因 $t_{01} \in T$，$t_{02} \in T$，则有 $\underset{t_1 \to t_{01}}{\mathrm{l \cdot i \cdot m}} X(t_1) = X(t_{01})$，$\underset{t_2 \to t_{02}}{\mathrm{l \cdot i \cdot m}} X(t_2) = X(t_{02})$。将 t_{01},t_{02} 分别代替式（2-80）中的 (t_1,t_2)，应用施瓦茨不等式（2-81），可得

$$\lim_{t_1 \to t_{01}} \lim_{t_1 \to t_{02}} R(t_1,t_2) = R(t_{01},t_{02}) \tag{2-84}$$

推论 1 指出，如果 $R(t_1,t_2)$ 在正方形的对角线 OC 上连续，则它在正方形中处处连续。

推论 2： 如果随机过程 $X(t)$ 是均方（M·S）连续的，则它的数学期望也必定连续，即

$$\lim_{\Delta t \to 0} E[X(t+\Delta t)] = E[X(t)] \tag{2-85}$$

证明：设随机过程 $Y(t)=X(t+\Delta t)-X(t)$，因为

$$\sigma_Y^2(t) = E[Y^2(t)] - E^2[Y(t)] \geqslant 0 \tag{2-86}$$

故

$$E[Y^2(t)] \geqslant E^2[Y(t)] \tag{2-87}$$

则

$$E\{[X(t+\Delta t)-X(t)]^2\} \geqslant E^2\{[X(t+\Delta t)-X(t)]\} \tag{2-88}$$

利用施瓦茨不等式

$$[E\{[X(t+\Delta t)-X(t)]^2\}]^{\frac{1}{2}} \geqslant \left| E\{[X(t+\Delta t)-X(t)]\} \right| \tag{2-89}$$

对上式两边取极限，由于过程 $X(t)$ 均方连续，因此不等式左端随同 Δt 一起趋于零，则其右端也必趋于零，满足

$$\lim_{\Delta t \to 0} E\{[X(t+\Delta t)-X(t)]\} = 0 \tag{2-90}$$

即

$$\lim_{\Delta t \to 0} E[X(t+\Delta t)] = E[X(t)] \tag{2-91}$$

又因 $X(t)$ 均方连续，有 $\underset{\Delta t \to 0}{\mathrm{l \cdot i \cdot m}} X(t+\Delta t) = X(t)$，所以结果也可以写成下列形式

$$\lim_{\Delta t \to 0} E[X(t+\Delta t)] = E[\underset{\Delta t \to 0}{\mathrm{l \cdot i \cdot m}} X(t+\Delta t)] \tag{2-92}$$

一个均方连续的随机过程，其求极限与求数学期望的运算次序可以交换。这个性质以后将经常用到。但必须注意的是，对 $E[\cdot]$ 求极限是普通函数的极限运算，而对 $X(t)$ 求极限则是随机过程均方意义上的极限运算。

2.3.3　随机过程的微分

1. 随机过程微分的定义

1) 处处可微的定义

随机过程能否求导？仿照确定函数求导的方法，如果连续随机过程 $X(t)$ 的所有样本函数都能使极限

$$\lim_{\Delta t \to 0} \frac{x_k(t+\Delta t)-x_k(t)}{\Delta t} = x_k'(t), \quad \zeta_k \in \Omega \tag{2-93}$$

存在，则称随机过程 $X(t)$ 是处处可微的。即在处处收敛意义下的导数 $X'(t)$ 存在。记作

$$\lim_{\Delta t \to 0} \frac{X(t+\Delta t)-X(t)}{\Delta t} = X'(t) \tag{2-94}$$

显然用这种方法来验证随机过程的可微性，在实用中不可行。因此，采用在均方意义下求极限的方法来定义随机过程的微分。

2) 均方导数的定义

设有随机过程 $X(t)(t \in T)$ 和随机过程 $X'(t)(t \in T)$，若在整个 T 内，当 $\Delta t \to 0$ 时，$\dfrac{X(t+\Delta t)-X(t)}{\Delta t}$ 均方收敛于 $X'(t)$，即满足

$$\lim_{\Delta t \to 0} E\left\{ \left[\frac{X(t+\Delta t)-X(t)}{\Delta t} - X'(t) \right]^2 \right\} = 0 \tag{2-95}$$

或

$$\underset{\Delta t \to 0}{\mathrm{l \cdot i \cdot m}} \frac{X(t+\Delta t)-X(t)}{\Delta t} = X'(t) \tag{2-96}$$

则称过程 $X(t)$ 在 $t \in T$ 上均方可微（可导）。称

$$X'(t) = \frac{\mathrm{d}X(t)}{\mathrm{d}t} \tag{2-97}$$

为过程 $X(t)$ 在 $t \in T$ 上的均方导数。

注意：这里虽沿用一般确定函数的微分符号，但由于对象是随机过程，其含义已经与确定函数导数的意义不同，应理解为均方意义下的导数。

3) 均方可微的条件

在检验过程 $X(t)$ 是否均方可导时，遇到了一个问题，即 $X'(t)$ 是未知的。因此，为了检验其收敛性，应当用一个能避开 $X'(t)$ 的准则——柯西准则。即如果 $X(t)$ 满足

$$\lim_{\Delta t_1, \Delta t_2 \to 0} E\left[\left(\frac{X(t+\Delta t_1)-X(t)}{\Delta t_1} - \frac{X(t+\Delta t_2)-X(t)}{\Delta t_2} \right)^2 \right] = 0 \tag{2-98}$$

则称 $X(t)$ 是均方可微的。

下面由式(2-98)推出 $X(t)$ 求导的充分条件。由

$$E\left[\left(\frac{X(t+\Delta t_2)-X(t)}{\Delta t_1}-\frac{X(t+\Delta t_2)-X(t)}{\Delta t_2}\right)^2\right]$$

$$=\frac{1}{\Delta t_1^2}[R_X(t+\Delta t_1,t+\Delta t_1)+R_X(t,t)-R_X(t+\Delta t_1,t)-R_X(t,t+\Delta t_1)]$$

$$+\frac{1}{\Delta t_2^2}[R_X(t+\Delta t_2,t+\Delta t_2)+R_X(t,t)-R_X(t+\Delta t_2,t)-R_X(t,t+\Delta t_2)] \tag{2-99}$$

$$-\frac{2}{\Delta t_1\Delta t_2}[R_X(t+\Delta t_1,t+\Delta t_2)+R_X(t,t)-R_X(t+\Delta t_1,t)-R_X(t,t+\Delta t_2)]$$

上式右端已不包含任何随机变量，求其极限为普通函数的极限运算。

如果偏导数 $\dfrac{\partial R_X(t_1,t_2)}{\partial t_1}$，$\dfrac{\partial R_X(t_1,t_2)}{\partial t_2}$ 和 $\dfrac{\partial^2 R_X(t_1,t_2)}{\partial t_1\partial t_2}$ 存在，则对上式求极限得

$$\lim_{\Delta t_1,\Delta t_2\to 0}E\left[\left(\frac{X(t+\Delta t_1)-X(t)}{\Delta t_1}-\frac{X(t+\Delta t_2)-X(t)}{\Delta t_2}\right)^2\right]$$

$$=\left[\frac{\partial^2 R_X(t_1,t_2)}{\partial t_1\partial t_1}+\frac{\partial^2 R_X(t_1,t_2)}{\partial t_2\partial t_2}-2\frac{\partial^2 R_X(t_1,t_2)}{\partial t_1\partial t_2}\right]_{t_1=t_2=t}=0 \tag{2-100}$$

由此可见，随机过程 $X(t)$ 在 $t\in T$ 上均方可微的充要条件是在一切 $[(t,t),t\in T]$ 上，存在

$$\left.\frac{\partial^2 R_X(t_1,t_2)}{\partial t_1\partial t_2}\right|_{t_1=t_2=t} \tag{2-101}$$

应当指出，随机过程均方可微的先决条件是随机过程必须是均方连续的。但是均方连续的随机过程并不一定是均方可微的。

2. 随机过程导数 $Y(t)=X'(t)$ 的数学期望与相关函数

1) $X'(t)$ 的数学期望

$$E[X'(t)]=E\left[\mathop{\text{l·i·m}}_{\Delta t\to 0}\frac{X(t+\Delta t)-X(t)}{\Delta t}\right]=\lim_{\Delta t\to 0}E\left[\frac{X(t+\Delta t)-X(t)}{\Delta t}\right]$$

$$=\lim_{\Delta t\to 0}\frac{m_X(t+\Delta t)-m_X(t)}{\Delta t}=\frac{\mathrm{d}m_X(t)}{\mathrm{d}t} \tag{2-102}$$

上式表明：随机过程导数的数学期望等于随机过程数学期望的导数，即

$$E\left[\frac{\mathrm{d}X(t)}{\mathrm{d}t}\right]=\frac{\mathrm{d}}{\mathrm{d}t}E[X(t)] \tag{2-103}$$

由此可见，随机过程的导数运算与数学期望运算的次序可以交换。

注意：由于 $E[X(t)]$ 不是随机过程，因此它的求导是普通函数的求导；而 $X(t)$ 是随机过程，对它的求导是均方意义上的导数运算。

2) $X'(t)$ 的自相关函数

$X'(t)$ 的自相关函数为

$$R_Y(t_1, t_2) = E[Y(t_1)Y(t_2)] = E[X'(t_1)X'(t_2)] \tag{2-104}$$

$X(t)$ 与 $X'(t)$ 的互相关函数为

$$R_{XY}(t_1, t_2) = E[X(t_1)Y(t_2)] = E[X(t_1)X'(t_2)] \tag{2-105}$$

$$R_{YX}(t_1, t_2) = E[Y(t_1)X(t_2)] = E[X'(t_1)X(t_2)] \tag{2-106}$$

它们和 $X(t)$ 的自相关函数 $R_X(t_1, t_2)$ 存在下面的关系：

$$R_{XY}(t_1, t_2) = \frac{\partial R_X(t_1, t_2)}{\partial t_2} \tag{2-107}$$

$$R_{YX}(t_1, t_2) = \frac{\partial R_X(t_1, t_2)}{\partial t_1} \tag{2-108}$$

$$R_Y(t_1, t_2) = \frac{\partial^2 R_X(t_1, t_2)}{\partial t_1 \partial t_2} \tag{2-109}$$

上式表明：随机过程导数的自相关函数等于随机过程的自相关函数的二阶混合偏导数。

证明： 由随机过程均方微分的定义

$$
\begin{aligned}
R_{XY}(t_1, t_2) &= E[X(t_1)Y(t_2)] = E[X(t_1)X'(t_2)] \\
&= E\left[X(t_1) \underset{\Delta t_2 \to 0}{\mathrm{l \cdot i \cdot m}} \frac{X(t_2 + \Delta t_2) - X(t_2)}{\Delta t_2} \right] \\
&= \lim_{\Delta t_2 \to 0} \frac{R_X(t_1, t_2 + \Delta t_2) - R_X(t_1, t_2)}{\Delta t_2} \\
&= \frac{\partial R_X(t_1, t_2)}{\partial t_2}
\end{aligned}
\tag{2-110}
$$

则

$$
\begin{aligned}
R_Y(t_1, t_2) &= E[Y(t_1)Y(t_2)] = E[X'(t_1)Y(t_2)] \\
&= E\left[\underset{\Delta t_1 \to 0}{\mathrm{l \cdot i \cdot m}} \frac{X(t_1 + \Delta t_1) - X(t_1)}{\Delta t_1} X'(t_2) \right] \\
&= \lim_{\Delta t_1 \to 0} \frac{R_{XY}(t_1 + \Delta t_1, t_2) - R_{XY}(t_1, t_2)}{\Delta t_1} \\
&= \frac{\partial R_{XY}(t_1, t_2)}{\partial t_1} = \frac{\partial^2 R_X(t_1, t_2)}{\partial t_1 \partial t_2}
\end{aligned}
\tag{2-111}
$$

同理可证式 (2-108) 成立。

2.3.4 随机过程的积分

1. 随机过程积分的定义

1) 处处可积的定义

若连续型随机过程 $X(t)(t \in T)$ 在区间 $[a,b] \in T$ 上的所有样本函数 $X(t, \zeta)(\zeta \in \Omega)$ 均存

在黎曼积分，即满足

$$\lim_{\substack{\Delta t_i \to 0 \\ n \to \infty}} \sum_{i=0}^{n-1} X(t_i', \zeta) \cdot \Delta t_i = \int_a^b X(t, \zeta) \mathrm{d}t = Y(\zeta) = Y \tag{2-112}$$

则称 $X(t)$ 在 $[a,b]$ 上是处处可积的，或称 $X(t)$ 是样本可积的。其中，Δt_i 是在 $[a,b]$ 上有限分割 $a = t_0 < t_1 < \cdots < t_n \le b$ 的任意子区间 (t_{i+1}, t_i) 长度；t_i' 是子区间 (t_{i+1}, t_i) 中任意处。

对于每次试验结果 ζ，积分都可得到一个数 $Y(\zeta)$；但是，对应不同的 ζ，积分值 $Y(\zeta)$ 也是不同的，故对所有的试验结果 $\zeta \in \Omega$，Y 是一个随机变量。

多数情况下，随机过程不满足处处可积的条件，所以在工程中用得最多的是均方积分。

2）均方积分的定义

若二阶过程 $\{X(t), t \in T\}$ 在区间 $[a,b] \in T$ 上存在

$$\lim_{\substack{\Delta t_i \to 0 \\ n \to \infty}} E\left[\left[Y - \sum_{i=0}^{n-1} X(t_i') \cdot \Delta t_i \right]^2 \right] = 0 \tag{2-113}$$

则称过程 $X(t)$ 在 $[a,b]$ 上是均方可积的。而称随机变量

$$Y = \operatorname*{l \cdot i \cdot m}_{\substack{\Delta t_i \to 0 \\ n \to \infty}} \sum_{i=0}^{n-1} X(t_i') \cdot \Delta t_i = \int_a^b X(t) \mathrm{d}t \tag{2-114}$$

为过程 $X(t)$ 在确定区间 $[a,b]$ 上的均方积分。也可把 Y 称为和式 $\sum_{i=0}^{n-1} X(t_i') \Delta t_i$ 的均方极限。

注意：这里虽然沿用一般确定函数的积分符号，但含义不同，表示的是随机过程在均方意义下的积分运算。下面假设所讨论的随机过程都是均方可积的。

3）广义均方积分

均方积分的定义可以推广到带有"权函数"的随机过程的积分

$$Y(t) = \int_a^b X(\lambda) h(\lambda, t) \mathrm{d}\lambda \tag{2-115}$$

式中，权函数 $h(\lambda, t)$ 是一个普通函数，而 $Y(t)$ 这个新的随机过程定义为 $X(t)$ 的广义均方积分。

4）均方可积的条件

随机过程均方可积的充要条件是存在二重积分

$$\int_a^b \int_a^b R_X(t_1, t_2) \mathrm{d}t_1 \mathrm{d}t_2 < \infty \tag{2-116}$$

类似地，广义均方积分存在的充要条件是存在二重积分

$$\int_a^b \int_a^b \left| h(\tau_1, t) h(\tau_2, t) R_X(\tau_1, \tau_2) \right| \mathrm{d}\tau_1 \mathrm{d}\tau_2 < \infty \tag{2-117}$$

2. 随机过程积分的数学期望与相关函数

1）随机过程积分的数学期望

若用和式的极限表示积分，并将求极限与求期望交换次序，则有

$$E\left[\int_a^b X(t)\mathrm{d}t\right] = E\left[\underset{\substack{\Delta t_i \to 0 \\ n \to \infty}}{\mathrm{l.i.m}} \sum_{i=0}^{n-1} X(t_i) \cdot \Delta t_i\right] = \lim_{\substack{\Delta t_i \to 0 \\ n \to \infty}} \sum_{i=0}^{n-1} E\left[X(t_i)\right] \cdot \Delta t_i = \int_a^b E[X(t)]\mathrm{d}t \quad (2\text{-}118)$$

上式表明：随机过程积分的数学期望等于随机过程数学期望的积分。即

$$E\left[\int_a^b X(t)\mathrm{d}t\right] = \int_a^b E[X(t)]\mathrm{d}t \quad\quad\quad (2\text{-}119)$$

由此可见，随机过程的积分运算与数学期望运算的次序可以互换。

对广义均方积分定义式两边求数学期望，有

$$E[Y(t)] = E\left[\int_a^b X(\lambda)h(\lambda,t)\mathrm{d}\lambda\right] = \int_a^b E[X(\lambda)]h(\lambda,t)\mathrm{d}\lambda \quad\quad (2\text{-}120)$$

2）随机过程积分的均方值、方差

将过程 $X(t)$ 积分的平方写成二重积分的形式

$$Y^2 = \left[\int_a^b X(t)\mathrm{d}t\right]^2 = \int_a^b X(t_1)\mathrm{d}t_1 \int_a^b X(t_2)\mathrm{d}t_2 = \int_a^b\int_a^b X(t_1)X(t_2)\mathrm{d}t_1\mathrm{d}t_2 \quad (2\text{-}121)$$

对式(2-121)两边求数学期望，可得过程积分 Y 的均方值为

$$E[Y^2] = \int_a^b\int_a^b E[X(t_1)X(t_2)]\mathrm{d}t_1\mathrm{d}t_2 = \int_a^b\int_a^b R_X(t_1,t_2)\mathrm{d}t_1\mathrm{d}t_2 \quad\quad (2\text{-}122)$$

由此可进一步求得 Y 的方差为

$$\begin{aligned}
\sigma_X^2 &= E[Y^2] - E^2[Y] = \int_a^b\int_a^b R_X(t_1,t_2)\mathrm{d}t_1\mathrm{d}t_2 - \int_a^b E[X(t_1)]\mathrm{d}t_1 \cdot \int_a^b E[X(t_2)]\mathrm{d}t_2 \\
&= \int_a^b\int_a^b \left\{R_X(t_1,t_2) - E[X(t_1)]\cdot E[X(t_2)]\right\}\mathrm{d}t_1\mathrm{d}t_2 = \int_a^b\int_a^b C_X(t_1,t_2)\mathrm{d}t_1\mathrm{d}t_2
\end{aligned} \quad (2\text{-}123)$$

式中，$C_X(t_1,t_2) = R_X(t_1,t_2) - E[X(t_1)]\cdot E[X(t_2)]$ 是过程 $X(t)$ 的协方差函数。

3）随机过程积分的自相关函数

在实际中，有时会遇到如下的随机过程的变上限积分：

$$Y(t) = \int_0^t X(\lambda)\mathrm{d}\lambda \quad\quad\quad (2\text{-}124)$$

随机过程积分 $Y(t)$ 的自相关函数为 $R_Y(t_1,t_2) = E[Y(t_1)Y(t_2)]$，其中

$$Y(t_1) = \int_0^{t_1} X(\lambda)\mathrm{d}\lambda, \quad Y(t_2) = \int_0^{t_2} X(\lambda)\mathrm{d}\lambda \quad\quad (2\text{-}125)$$

交换期望运算与积分运算的次序，得

$$\begin{aligned}
R_Y(t_1,t_2) &= E\left[\int_0^{t_1} X(\lambda_1)\mathrm{d}\lambda_1 \cdot \int_0^{t_2} X(\lambda_2)\mathrm{d}\lambda_2\right] \\
&= \int_0^{t_2}\int_0^{t_1} E[X(\lambda_1)X(\lambda_2)]\mathrm{d}\lambda_1\mathrm{d}\lambda_2 \\
&= \int_0^{t_2}\int_0^{t_1} R_X(\lambda_1,\lambda_2)\mathrm{d}\lambda_1\mathrm{d}\lambda_2
\end{aligned} \quad (2\text{-}126)$$

式(2-126)表明：求随机过程积分的自相关函数，只要对随机过程的自相关函数作两次积分(先按一个变量 t_1 或 t_2 积分，后对另一个变量 t_2 或 t_1 积分)即可。

2.4　高斯过程

中心极限定理已证明，大量独立的、均匀微小的随机变量之和近似地服从高斯分布。高斯分布是在实际应用中最常遇到的、最重要的分布。同样，在电子系统中遇到最多的过程也是高斯过程。如电路中最常见的电阻热噪声、电子管(或晶体管)的散粒噪声；如大气和宇宙噪声；以及许多积极干扰、消极干扰(包括云雨杂波、地物杂波等)也都可以近似为高斯过程。另外，只有高斯过程的统计特性最简便，故常用作噪声的理论模型。高斯过程将是以后各章的一个主要研讨对象。

第 1 章已经较详细地讨论了一维和多维高斯变量，现在将高斯过程的概念推广到随机过程中。

1)定义

任意 n 维分布都是高斯分布的随机过程，称为高斯随机过程。

2)高斯过程 $X(t)$ 的 n 维概率密度

$$f_X(x_1,\cdots,x_n;t_1,\cdots,t_n)=\frac{1}{(2\pi)^{n/2}|C|^{1/2}}\exp\left[-\frac{(X-M_X)^T C^{-1}(X-M_X)}{2}\right] \quad (2\text{-}127)$$

式中，M_X 是 n 维期望矢量，C 是协方差矩阵。

$$M_X=\begin{pmatrix}E[X(t_1)]\\\vdots\\E[X(t_n)]\end{pmatrix}=\begin{pmatrix}m_X(t_1)\\\vdots\\m_X(t_n)\end{pmatrix}_{n\times 1},\quad C=\begin{pmatrix}C_{11}&C_{12}&\cdots&C_{1n}\\C_{21}&C_{22}&\cdots&C_{2n}\\\vdots&\vdots&\ddots&\vdots\\C_{n1}&C_{n2}&\cdots&C_{nn}\end{pmatrix}_{n\times n} \quad (2\text{-}128)$$

$$C_{ik}=C_X(t_i,t_k)=E\big[[X(t_i)-m_X(t_i)][X(t_k)-m_X(t_k)]\big]=R_X(t_i,t_k)-m_X(t_i)m_X(t_k)$$
$$(2\text{-}129)$$

从定义式中可看出，高斯过程的 n 维分布完全由均值矢量 M_X 与协方差矩阵 C 所确定。且有关时间 $(t_1,\cdots,t_n)$ 的因素，全部包含在 M_X 和 C 中。

3)高斯过程不同时刻状态间的互不相关和独立等价

证明：设高斯过程 $X(t)$ 的 n 个不同时刻 $t_1,t_2,\cdots,t_n$ 的状态为 $X(t_1),X(t_2),\cdots,X(t_n)$。由高斯过程定义可知，它们都是高斯变量。

当高斯过程互不相关时，协方差矩阵 $C=\begin{pmatrix}\sigma_X^2(t_1)&0&\cdots&0\\0&\sigma_X^2(t_2)&\cdots&\vdots\\\vdots&&\ddots&0\\0&\cdots&0&\sigma_X^2(t_n)\end{pmatrix}$，其中

$$\begin{cases} C_{ik} = C_X(t_i, t_k) = E\{[X(t_i) - m_X(t_i)][X(t_k) - m_X(t_k)]\} = 0, & i \neq k \\ C_{ii} = C_X(t_i, t_i) = E\{[X(t_i) - m_X(t_i)]^2\} = \sigma_X^2(t_i) \end{cases} \tag{2-130}$$

代入 n 维概率密度表达式，并展开

$$f_X(x_1, x_2, \cdots, x_n; t_1, t_2, \cdots, t_n)$$

$$= \frac{1}{(2\pi)^{n/2} \sigma_X(t_1) \sigma_X(t_2) \cdots \sigma_X(t_n)} \exp\left[-\frac{1}{2} \sum_{i=1}^{n} \frac{(x_i - m_X(t_i))^2}{\sigma_X^2(t_i)} \right]$$

$$= \prod_{i=1}^{n} \frac{1}{\sqrt{2\pi}\sigma_X(t_i)} \exp\left[-\frac{(x_i - m_X(t_i))^2}{2\sigma_X^2(t_i)} \right] \tag{2-131}$$

$$= f_X(x_1; t_1) \cdot f_X(x_2; t_2) \cdots f_X(x_n; t_n)$$

由式 (2-131) 可见，在 $C_{ik} = 0 (i \neq k)$ 的条件下，n 维概率密度等于 n 个一维概率密度的乘积，满足独立的条件。故对高斯过程来说，不同时刻状态间的不相关与独立是等价的。

4) 若高斯序列矢量 $\{X(n)\}$ 均方收敛于随机矢量 X，则这个随机矢量 X 服从高斯分布

证明： 设 k 维高斯序列矢量 $\{X(n)\} = \begin{pmatrix} \{X_1(n)\} \\ \{X_2(n)\} \\ \vdots \\ \{X_k(n)\} \end{pmatrix}_{k \times 1}$ 均方收敛于 k 维随机矢量

$X = \begin{pmatrix} X_1 \\ X_2 \\ \vdots \\ X_k \end{pmatrix}_{k \times 1}$，其中，高斯序列矢量 $\{X(n)\}$ 的每个分量 $\{X_i(n)\}$ 都是高斯序列，它均方收敛

于随机矢量 X 的分量 X_i。若 $\{X(n)\}$ 和 X 的均值矢量和方差阵分别记为

$$E[X(n)] = \begin{bmatrix} m_1(n) \\ m_2(n) \\ \vdots \\ m_k(n) \end{bmatrix} = M(n), \quad E[X] = \begin{bmatrix} m_1 \\ m_2 \\ \vdots \\ m_k \end{bmatrix} = M$$

$$E\left[(X(n) - M(n))(X(n) - M(n))^T \right] = C(n), \quad E\left[(X - M)(X - M)^T \right] = C$$

由于高斯序列矢量 $\{X(n)\}$ 的每个分量 $\{X_i(n)\}$ 都均方收敛于随机矢量 X 的分量 X_i，即

$$\lim_{n \to \infty} E\left[|X_i(n) - X_i|^2 \right] = 0, \quad i = 1, 2, \cdots, k \tag{2-132}$$

根据均方收敛的推论 2 可知，离散随机过程 $\{X_i(n)\}$ 的数学期望也收敛

$$\lim_{n \to \infty} E[X_i(n)] = E[X_i], \quad i = 1, 2, \cdots, k \tag{2-133}$$

则

$$\begin{cases} \lim_{n \to \infty} m_i(n) = m_i \\ \lim_{n \to \infty} C_{ij}(n) = C_{ij} \end{cases}, \quad i,j = 1,2,\cdots,k \tag{2-134}$$

从而，高斯序列矢量 $\{X(n)\}$ 的均值矢量和方差阵有

$$\begin{cases} \lim_{n \to \infty} M(n) = M \\ \lim_{n \to \infty} C(n) = C \end{cases} \tag{2-135}$$

若以 $Q_n(u_1, u_2, \cdots, u_k)$ 和 $Q_X(u_1, u_2, \cdots, u_k)$ 分别代表 $\{X(n)\}$ 和 X 的 k 维特征函数，由于 $X(n)$ 为 k 维高斯分布的随机矢量，故

$$Q_n(u_1, u_2, \cdots, u_k) = \exp\left[jU^T M(n) - \frac{1}{2} U^T C(n) U \right] \tag{2-136}$$

对上式两边求极限

$$\begin{aligned} \lim_{n \to \infty} Q_n(u_1, u_2, \cdots, u_k) &= \exp\left\{ jU^T \left[\lim_{n \to \infty} M(n) \right] - \frac{1}{2} U^T \left[\lim_{n \to \infty} C(n) \right] U \right\} \\ &= \exp\left[jU^T M - \frac{1}{2} U^T C U \right] \end{aligned} \tag{2-137}$$

由于 $\{X(n)\}$ 均方收敛于 X，则有

$$\lim_{n \to \infty} Q_n(u_1, u_2, \cdots, u_k) = Q_X(u_1, u_2, \cdots, u_k) \tag{2-138}$$

对照上述两式右端，可得

$$Q_X(u_1, u_2, \cdots, u_k) = \exp\left[jU^T M - \frac{1}{2} U^T C U \right] \tag{2-139}$$

所以，X 也是 n 维高斯分布的随机矢量。

5）均方可微高斯过程的导数是高斯过程

证明：设高斯过程 $[X(t), t \in T]$ 在 T 上均方可微。

在 T 上任意取 $t_1, \cdots, t_i, \cdots, t_n$ 使 $\{t_1 + \Delta t, \cdots, t_i + \Delta t, \cdots, t_n + \Delta t\} \in T$，构造随机矢量

$$\left[\frac{X(t_1 + \Delta t) - X(t_1)}{\Delta t}, \cdots, \frac{X(t_i + \Delta t) - X(t_i)}{\Delta t}, \cdots, \frac{X(t_n + \Delta t) - X(t_n)}{\Delta t} \right]^T$$

上式是 n 维高斯矢量 $[X(t_1), \cdots, X(t_i), \cdots, X(t_n)]^T$ 的线性组合，所以也是 n 维高斯矢量。

由于 $X(t)$ 均方可微，故对每个 t_i 而言，$\dfrac{X(t_i + \Delta t) - X(t_i)}{\Delta t}$ 均方收敛于 $X'(t_i)(i=1, 2,\cdots,n)$。

根据性质（4），上式构造的高斯矢量的均方极限 $[X'(t_1), X'(t_2), \cdots, X'(t_n)]^T$ 也是 n 维高斯随机矢量，即 $X'(t)$ 是一个高斯随机过程。

6）均方可积高斯过程的积分是高斯过程

高斯过程 $X(t)$ 的均方积分为

$$Y(t) = \int_a^t X(\lambda)\mathrm{d}\lambda, \quad a,t \in T \tag{2-140}$$

证明： 对任意的 $t_1, t_2, \cdots, t_n \in T$ ，使 $\lambda_0, \lambda_1, \lambda_2, \cdots, \lambda_{k_j}$ 为 $[a, t_j]$ 区间上的一系列采样点，即 $a = \lambda_0 < \lambda_1 < \lambda_2 < \cdots < \lambda_{k_j} < t_j \,(j = 1, 2, \cdots, n)$ 。构造一个线性组合，令

$$\sum_{i=0}^{k_j} X(\lambda_i) \cdot \Delta \lambda_i = Y(k_j), \quad j = 1, 2, \cdots, n \tag{2-141}$$

由于 $X(t)$ 是高斯过程， $X(\lambda_i)$ 是高斯变量，因此 $X(\lambda_i)$ 的线性组合 $Y(k_j)$ 也是高斯变量，而 $\{Y(k_j)\}, k_j = 0, 1, 2, \cdots$ 为高斯序列。所以 $\left[\{Y(k_1)\}, \{Y(k_2)\}, \cdots, \{Y(k_n)\}\right]^{\mathrm{T}}$ 所组成随机矢量是 n 维高斯序列矢量。据随机过程积分的定义，由于 $X(t)$ 在 T 上均方可积，故对每个 t_j 而言，有

$$\mathop{\mathrm{l\cdot i\cdot m}}_{k_j \to \infty} Y(k_j) = \mathop{\mathrm{l\cdot i\cdot m}}_{\substack{k_j \to \infty \\ \Delta\lambda \to 0}} \sum_{i=0}^{k_j} X(\lambda_i) \cdot \Delta \lambda_i = \int_a^{t_j} X(\lambda)\mathrm{d}\lambda = Y(t_j) \tag{2-142}$$

即高斯序列 $\{Y(k_j)\}$ 均方收敛于 $Y(t_j)\,(j = 1, 2, \cdots, n)$ 。

由性质 4) 可得，高斯序列矢量 $\left[\{Y(k_1)\}, \{Y(k_2)\}, \cdots, \{Y(k_n)\}\right]^{\mathrm{T}}$ 的均方极限 $[Y(t_1), Y(t_2), \cdots, Y(t_n)]^{\mathrm{T}}$ 也是 n 维高斯矢量，即 $Y(t)$ 为高斯过程。

同理，可以证明在确定区间 $[a, b]$ 上，高斯过程 $X(t)$ 与权函数 $h(\lambda, t)$ （ λ, t 的连续函数）乘积的积分

$$Y(t) = \int_a^b X(\lambda) h(\lambda, t)\mathrm{d}\lambda \tag{2-143}$$

仍为高斯过程。这样，若高斯过程 $X(t)$ 在 $-\infty < t < \infty$ 上均方可积，则

$$Y(t) = \int_{-\infty}^{\infty} X(\lambda) h(\lambda, t)\mathrm{d}\lambda \tag{2-144}$$

也为高斯过程。由此可见，高斯过程经过积分变换后仍为高斯过程。

例 2.8 已知随机过程 $X(t) = A\cos\omega_0 t + B\sin\omega_0 t$ ，其中， A 与 B 是相互独立的高斯变量，且 $E[A] = E[B] = 0$ ， $E[A^2] = E[B^2] = \sigma^2$ ， ω_0 为常数。求此过程 $X(t)$ 的一、二维概率密度。

解： 在任意时刻 t_i 对过程 $X(t)$ 进行采样，由于它是高斯变量 A 与 B 的线性组合，故 $X(t_i)$ 也是个高斯变量。从而可知， $X(t)$ 是一高斯过程。为确定高斯过程 $X(t)$ 的概率密度，只要求出 $X(t)$ 的均值和协方差函数即可。

$$E[X(t)] = E[A\cos\omega_0 t + B\sin\omega_0 t] = E[A]\cos\omega_0 t + E[B]\sin\omega_0 t = 0$$

$$R_X(t, t+\tau) = E[X(t)X(t+\tau)]$$

$$= E[(A\cos\omega_0 t + B\sin\omega_0 t)(A\cos\omega_0(t+\tau) + B\sin\omega_0(t+\tau))]$$

$$= E[A^2]\cos\omega_0 t \cos\omega_0(t+\tau) + E[B^2]\sin\omega_0 t \sin\omega_0(t+\tau)$$

$$+ E[AB]\cos\omega_0 t \sin\omega_0(t+\tau) + E[AB]\sin\omega_0 t \cos\omega_0(t+\tau)$$

因 A 与 B 独立，有 $E[AB] = E[A] \cdot E[B] = 0$ ，则

$$R_X(t, t+\tau) = E[A^2]\cos\omega_0 t\cos\omega_0(t+\tau) + E[B^2]\sin\omega_0 t\sin\omega_0(t+\tau)$$
$$= \sigma^2\cos\omega_0\tau = R_X(\tau)$$

可求得 $X(t)$ 的均方值和方差为

$$\psi_X^2 = R_X(0) = \sigma^2 < \infty, \quad \sigma_X^2 = R_X(0) - m_X^2 = \sigma^2$$

由上可知，高斯过程 $X(t)$ 的一维概率密度为

$$f_X(x) = \frac{1}{\sqrt{2\pi}\sigma}\exp\left(-\frac{x^2}{2\sigma^2}\right)$$

其二维均值矢量和协方差矩阵为

$$\boldsymbol{M}_X = \begin{pmatrix} 0 \\ 0 \end{pmatrix}, \quad \boldsymbol{C} = \begin{pmatrix} \sigma^2 & \sigma^2\cos\omega_0\tau \\ \sigma^2\cos\omega_0\tau & \sigma^2 \end{pmatrix}$$

则其二维概率密度为

$$f_X(x_1, x_2; \tau) = \frac{1}{2\pi\sigma^2\sqrt{1-\cos^2\omega_0\tau}}\exp\left[-\frac{x_1^2 - 2x_1 x_2\cos\omega_0\tau + x_2^2}{2\sigma^2(1-\cos^2\omega_0\tau)}\right]$$

例 2.9 考虑一个信号为两个正弦信号的和：

$$X(T) = A\cos(\omega_1 t) + B\cos(\omega_2 t)$$
$$\omega_i = 2\pi f_i, \quad i = 1, 2$$

其中，A 和 B 是独立的高斯随机变量，其概率密度函数分别为

$$f_A(a) = \frac{1}{\sqrt{2\pi\sigma_1^2}}\exp\left(\frac{-a^2}{2\sigma_1^2}\right)$$

$$f_B(b) = \frac{1}{\sqrt{2\pi\sigma_2^2}}\exp\left(\frac{-b^2}{2\sigma_1^2}\right)$$

求 $X(t)$ 的概率密度函数。

解： 因为 $X(t)$ 是两个高斯随机变量的线性组合，$X(t)$ 也是一个高斯随机变量。其中

$$E[A] = E[B] = 0$$
$$\text{Var}(A) = \sigma_1^2, \quad \text{Var}(B) = \sigma_2^2$$
$$E[X(t)] = E[A\cos(\omega_1 t) + B\cos(\omega_2 t)]$$
$$= E[A]\cos(\omega_1 t) + E[B]\cos(\omega_2 t)$$
$$= 0\cos(\omega_1 t) + 0\cos(\omega_2 t)$$
$$= 0$$
$$E[X^2(t)] = E[A^2\cos^2(\omega_1 t) + B^2\cos^2(\omega_2 t) + 2AB\cos(\omega_1 t)\cos(\omega_2 t)]$$
$$= E[A^2]\cos^2(\omega_1 t) + E[B^2]\cos^2(\omega_2 t) + 2E[A]E[B]\cos(\omega_1 t)\cos(\omega_2 t)$$
$$= \sigma_1^2\cos^2(\omega_1 t) + \sigma_2^2\cos^2(\omega_2 t) + 0\cdot 0\cdot 2\cos(\omega_1 t)\cos(\omega_2 t)$$

所以 $X(t)$ 的概率密度函数为

$$f_x(x,t) = \frac{1}{\sqrt{2\pi\left[\sigma_1^2\cos^2(\omega_1 t) + \sigma_2^2\cos^2(\omega_2 t)\right]}} \times \exp\left\{-\frac{x^2}{2\left[\sigma_1^2\cos^2(\omega_1 t) + \sigma_2^2\cos^2(\omega_2 t)\right]}\right\}$$

注意：第二个时刻是 t 的函数。

习 题 二

2-1　已知随机过程 $X(t) = A\cos\omega_0 t$ ，其中，ω_0 为常数，随机变量 A 服从标准高斯分布。求 $t = 0, \pi/3\omega_0, \pi/2\omega_0$ 三个时刻 $X(t)$ 的一维概率密度。

2-2　如图 2.17 所示，已知随机过程 $X(t)$ 仅由四条样本函数组成，出现的概率为 $\dfrac{1}{8}, \dfrac{1}{4}, \dfrac{3}{8}, \dfrac{1}{4}$ 。

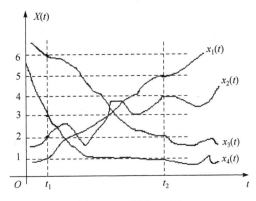

图 2.17　习题 2-2 图

在 t_1 和 t_2 两个时刻的分布律如下：

	ζ_1	ζ_2	ζ_3	ζ_4
$X(t_1)$	1	2	6	3
$X(t_2)$	5	4	2	1
$p_{k_1 k_2}(t_1, t_2)$	1/8	1/4	3/8	1/4

求 $E[X(t_1)], E[X(t_2)], [X(t_1)X(t_2)]$ 。

2-3　已知随机过程 $X(t)$ 由 $X(t, \zeta_1) = 1$ ，$X(t, \zeta_2) = \sin t$ 和 $X(t, \zeta_3) = \cos t$ 三条样本函数曲线组成，三条样本等概率出现。求随机过程的期望 $E[X(t)]$ 和自相关函数 $R_X(t_1, t_2)$ 。

2-4　已知随机过程 $X(t) = A + Bt$ ，其中，A, B 皆为已知的随机变量。

(1)求随机过程的期望 $E[X(t)]$ 和自相关函数 $R_X(t_1, t_2)$ ；

(2)若已知随机变量 A, B 相互独立,试用它们的概率密度 $f_A(a)$ 和 $f_B(b)$ 来表示 $X(t)$ 的一维概率密度 $f_X(x;t)$ 。

2-5　一个随机信号 $X(t) = A\cos(2\pi f_c t)$ 。幅度 A 是高斯随机变量，均值为 μ 、方差 σ^2 。

求 $X(t)$ 的概率密度。

2-6　一个随机信号 $X(t)=A\cos(2\pi f_c t+\phi)$ ，相位 ϕ 是一个随机变量，概率密度服从 $(0,2\pi)$ 均匀分布，求 $X(t)$ 的概率密度。

2-7　观察一个随机过程 $X(t)=A+N(t)$ ，其中，$E[N(t)]=0$ ，$R_N(\tau)=E[N(t)N(t+\tau)]$ 为噪声的自相关函数。$R_X(\tau)=A^2+R_N(\tau)$ ，因此假设 $R_X(\tau)=25\mathrm{e}^{-|\tau|}+400$ ，求 $E[X(t)]$ ，$E[X^2(t)]$ ，$\mathrm{Var}[X(t)]$ 。

2-8　两个随机过程

$$X(t)=A\cos(2\pi f_c t+\phi_1)$$
$$Y(t)=B\sin(2\pi f_c t+\phi_2)$$

其中

$$f_{\phi_i}(\phi)=\begin{cases}\dfrac{1}{2\pi}, & 0\leqslant\phi\leqslant 2\pi,i=1,2\\ 0, & \text{其他}\end{cases}$$

(1)写出 $R_{xy}(\tau),R_{yx}(\tau)$ ；

(2)证明 $R_{yx}(\tau)=R_{xy}(-\tau)$ 和 $\left[R_{xy}(\tau)\right]^2\leqslant\left|R_x(0)R_y(0)\right|$ 。

2-9　已知随机过程 $X(t)$ 的数学期望 $E[X(t)]=t^2+4$ ，求随机过程 $Y(t)=tX'(t)+t^2$ 的期望。

第 3 章　平稳随机信号

3.1　平稳随机过程

3.1.1　平稳随机过程的概念

所谓平稳随机过程，是指其统计特性不随时间变化的随机过程。

1. 严平稳随机过程

为便于形象地理解平稳概念，暂且用纵坐标表达随机过程 $X(t)$ 的所有状态，如图 3.1 所示。

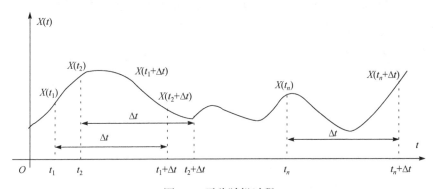

图 3.1　平稳随机过程

1) 定义

如果随机过程 $X(t)$ 的任意 n 维分布不随时间起点的不同而变化，即取样点在时间轴上平移了任意 Δt 后，其 n 维概率密度保持不变

$$f_X\left(x_1,\cdots,x_n;t_1+\Delta t,\cdots,t_n+\Delta t\right)=f_X\left(x_1,\cdots,x_n;t_1,\cdots,t_n\right) \tag{3-1}$$

则称该过程为严平稳随机过程（或狭义平稳过程）。

也可以说，严平稳随机过程的统计特性与所选取的时间起点无关。无论从什么时间开始测量 n 个状态，所得到的统计特性是一样的，即 $\{X(t),t\in T\}$ 与 $\{X(t+\Delta t),t+\Delta t\in T\}$ 具有相同的分布与统计特性。例如，测量电阻热噪声的统计特性，由于它是平稳过程，因此在任何时间进行测试都能得到相同的结果。因此，讨论平稳随机过程的实际意义在于：平稳过程可使分析大为简化。

2) 概率密度及数字特征

严平稳随机过程的 n 维概率密度不随时间平移而变化的特性，反映在它的一、二维概率密度及数字特征上具有下列性质。

(1)若 $X(t)$ 是严平稳随机过程，则它的一维概率密度和数字特征与时间 t 无关。

将严平稳随机过程的定义式用于一维概率密度情况，令 $\Delta t = -t_1$，则有

$$f_X(x_1;t_1) = f_X(x_1;t_1+\Delta t) = f_X(x_1;0) = f_X(x_1) \tag{3-2}$$

由此可求得过程 $X(t)$ 的均值、均方值和方差皆为与时间 t 无关的常数，分别记作 m_X、ψ_X^2 和 σ_X^2。

$$E[X(t)] = \int_{-\infty}^{\infty} x_1 f_X(x_1) \mathrm{d}x_1 = m_X \tag{3-3}$$

$$E[X^2(t)] = \int_{-\infty}^{\infty} x_1^2 f_X(x_1) x_1 = \psi_X^2 \tag{3-4}$$

$$D[X(t)] = \int_{-\infty}^{\infty} (x_1 - m_X)^2 f_X(x_1) \mathrm{d}x_1 = \sigma_X^2 \tag{3-5}$$

(2)严平稳过程 $X(t)$ 的二维概率密度和数字特征只与 t_1, t_2 的时间间隔 $\tau = t_2 - t_1$ 有关，而与时间起点 t_1 无关。

将严平稳随机过程的定义式用于二维概率密度情况，令 $\Delta t = -t_1$，并设 $\tau = t_2 - t_1$，则

$$f_X(x_1,x_2;t_1,t_2) = f_X(x_1,x_2;t_1+\Delta t,t_2+\Delta t) = f_X(x_1,x_2;0,t_2-t_1) = f_X(x_1,x_2;\tau) \tag{3-6}$$

这表明二维概率密度仅依赖于时间差 $\tau = t_2 - t_1$，而与时刻 t_1, t_2 无关。由此可得，过程 $X(t)$ 的自相关函数只是单变量 τ 的函数，即

$$R_X(t_1,t_2) = \int_{-\infty}^{\infty}\int_{-\infty}^{\infty} x_1 x_2 f_X(x_1,x_2;\tau) \mathrm{d}x_1 \mathrm{d}x_2 = R_X(\tau) \tag{3-7}$$

同理，自协方差函数

$$C_X(t_1,t_2) = C_X(\tau) = R_X(\tau) - m_X^2 \tag{3-8}$$

当 $t_1 = t_2 = t$ 即 $\tau = 0$ 时，有

$$C_X(0) = \sigma_X^2 = R_X(0) - m_X^2 \tag{3-9}$$

2. 宽平稳随机过程

实际上，要判定某个具体随机过程严平稳是很困难的。一般在工程应用中，若产生随机过程的主要物理条件在时间进程中不变化，那么此过程就可认为是平稳的。例如，电子管中的散弹噪声是由器件的颗粒效应引起的，由于产生它的主要条件与时间无关，因此此噪声可以认为是平稳随机过程。当然，在刚接上电源，接收机还处在过渡状态时的输出噪声是非平稳的。另外，有些非平稳过程，在某一时间范围内可作为平稳过程来处理。在很多实际问题的研究中，往往并不需要随机过程在所有时间都平稳，只要在观测的有限时间内过程平稳就行了。

因此，在工程实际的应用中，通常只在相关理论的范围内考察过程的平稳性问题。所谓相关理论是指仅限于研究与随机过程的一、二阶矩有关的理论。它主要研究随机过程的数学期望、相关函数及功率谱密度等。随机过程的一、二阶矩函数虽不能像 n 维概率分布那样全面地描述随机过程的统计特性，但它们在一定程度上相当有效地描述了随机过程的

某些重要特性。以电子技术为例，若平稳过程 $X(t)$ 代表某一噪声电压，则由 $X(t)$ 的一、二阶矩函数可以求出该噪声电压的直流平均功率、交流平均功率、总平均功率和功率谱密度等参数。对于很多实际工程技术而言，往往获得这些参数也就够了。而对于工程技术中最常用来模拟随机现象的高斯过程来说，研究其一、二阶矩就能代替对其整个过程性质的研究。因此，在实际应用中经常只讨论在二阶矩意义上的、较广泛的一类平稳过程——宽平稳随机过程。

定义：若随机过程 $X(t)$ 的数学期望为常数，其相关函数只与时间间隔 $\tau = t_2 - t_1$ 有关，且均方值有限，即满足三个条件

$$\begin{cases} E[X(t)] = m_X \\ R_X(t_1, t_2) = E[X(t_1)X(t_2)] = R_X(\tau) \\ E[X^2(t)] < \infty \end{cases} \tag{3-10}$$

则称 $X(t)$ 为宽平稳随机过程(或广义平稳过程)。

因为宽平稳随机过程的定义只涉及与一、二维概率密度有关的数字特征，所以，一个严平稳随机过程只要均方值有界，则它必定是宽平稳的；反之则不一定成立。只有高斯过程例外，因为高斯过程的概率密度是由均值和自相关函数完全确定的。如果高斯过程的均值和自相关函数不随时间变化，那么其概率密度也就不随时间变化。即对于高斯过程，宽平稳和严平稳等价。

注意：本书以后提到的平稳随机过程除特别指明外，通常是指宽平稳随机过程。

例 3.1　设随机过程 $X(t) = a\cos(\omega_0 t + \Phi)$，式中，$a, \omega_0$ 皆为常数，Φ 是服从 $(0, 2\pi)$ 上均匀分布的随机变量。判断 $X(t)$ 是否为平稳随机过程，给出理由。

解：由题意可知，随机变量 Φ 的概率密度为

$$f_\Phi(\varphi) = \begin{cases} \dfrac{1}{2\pi}, & 0 < \varphi < 2\pi \\ 0, & \text{其他} \end{cases}$$

根据定义式求得过程 $X(t)$ 的均值、自相关函数和均方值分别为

(1)　$m_X(t) = E[X(t)] = \displaystyle\int_{-\infty}^{\infty} x(t) f_\Phi(\varphi) \mathrm{d}\varphi = \int_0^{2\pi} a\cos(\omega_0 t + \varphi) \cdot \frac{1}{2\pi} \cdot \mathrm{d}\varphi = 0$

(2)　$R_X(t_1, t_2) = R_X(t, t+\tau) = E[X(t)X(t+\tau)]$

$\qquad = E[a\cos(\omega_0 t + \Phi) \cdot a\cos(\omega_0(t+\tau) + \Phi)]$

$\qquad = \dfrac{a^2}{2} E[\cos\omega_0\tau + \cos(2\omega_0 t + \omega_0\tau + 2\Phi)]$

$\qquad = \dfrac{a^2}{2}\left[\cos\omega_0\tau + \int_0^{2\pi} \cos(2\omega_0 t + \omega_0\tau + 2\varphi) \cdot \frac{1}{2\pi}\mathrm{d}\varphi\right]$

$\qquad = \dfrac{a^2}{2}\cos\omega_0\tau = R_X(\tau)$

(3)　$E[X^2(t)] = R_X(t, t) = R_X(0) = \dfrac{a^2}{2} < \infty$

由以上计算可知，过程 $X(t)$ 的均值为 0（常数），自相关函数仅与时间间隔 τ 有关，均方值为 $a^2/2$（有限），故过程 $X(t)$ 是（宽）平稳随机过程。

可以证明，仅当随机变量 Φ 服从 $(0,2\pi)$ 或 $(-\pi,\pi)$ 上的均匀分布时，$X(t)=a\cos(\omega_0 t+\Phi)$ 过程才是宽平稳随机过程。

例 3.2　已知两个随机过程 $X_1(t)=Y$ 和 $X_2(t)=tY$，式中 Y 是随机变量。判断过程 $X_1(t)$ 和 $X_2(t)$ 的平稳性，给出理由。

解：（1）对于过程 $X_1(t)$，由于

$$\begin{cases} m_{X_1}(t)=E[X_1(t)]=E[Y]=m_Y=\text{常数} \\ R_X(t_1,t_2)=E[X_1(t_1)X_1(t_2)]=E[Y\cdot Y]=E[Y^2]=\psi_Y^2=\text{常数} \\ E[X_1^2(t)]=R_{X_1}(t,t)=\psi_Y^2<\infty \end{cases}$$

因此 $X_1(t)$ 为平稳随机过程。

（2）对于过程 $X_2(t)$，有

$$\begin{cases} m_{X_2}(t)=E[X_2(t)]=E[tY]=tE[Y]=tm_Y \\ R_{X_2}(t_1,t_2)=E[X_2(t_1)X_2(t_2)]=E[t_1Y\cdot t_2Y]=t_1t_2E[Y^2]=t_1t_2\psi_Y^2 \end{cases}$$

可见，由于 $X_2(t)$ 的均值与时间 t 有关，故 $X_2(t)$ 不是平稳随机过程；或由于自相关函数与时间 t_1,t_2 有关，故 $X_2(t)$ 不是平稳随机过程。

3.1.2　平稳随机过程自相关函数的性质

随机过程最基本的数字特征是数学期望和自相关函数。因为平稳过程的数学期望是个常数，经中心化后变为零，所以平稳过程主要的数字特征就是自相关函数。自相关函数不仅提供了随机过程各状态间的关联性信息，也是求随机过程的功率谱密度必不可少的工具。

平稳过程的自相关函数具有如下性质。

（1）平稳过程的自相关函数在 $\tau=0$ 点的值为过程的均方值，且非负。即

$$R_X(0)=E[X^2(t)]=\psi_X^2\geqslant 0 \tag{3-11}$$

（2）平稳过程自相关函数和自协方差函数是变量 τ 的偶函数。即

$$R_X(-\tau)=R_X(\tau)，\quad C_X(-\tau)=C_X(\tau) \tag{3-12}$$

证明：

$$R_X(\tau)=E\{X(t)X(t+\tau)]=E[X(t+\tau)X(t)]=R_X(-\tau)$$

（3）平稳过程的自相关函数和自协方差函数在 $\tau=0$ 时具有最大值，即

$$R_X(0)\geqslant|R_X(\tau)|，\quad C_X(0)=\sigma_X^2\geqslant|C_X(\tau)| \tag{3-13}$$

注意：这里并不排除在 $\tau\neq 0$ 时，$R_X(\tau)$ 和 $C_X(\tau)$ 也有可能出现同样的最大值。如随相余弦信号的自相关函数 $R_X(\tau)=\dfrac{a^2}{2}\cos\omega_0\tau$ 在 $\tau=\dfrac{2n\pi}{\omega_0}(n=0,\pm 1,\pm 2,\cdots)$ 时，均为最大值 $\dfrac{a^2}{2}$。

（4）若 $X(t)$ 为周期平稳过程，满足 $X(t+T)=X(t)$，则其自相关函数必为周期函数，

且它的周期与过程的周期相同。即

$$R_X(\tau+T)=R_X(\tau) \tag{3-14}$$

(5)若平稳过程 $X(t)$ 含有一个周期分量，则 $R_X(\tau)$ 也可能含有一个周期分量。

例如，某接收机收到的混合信号 $X(t)$ 是随相余弦信号 $S(t)$ 和噪声 $N(t)$ 之和

$$X(t)=S(t)+N(t)=a\cos(\omega_0 t+\Phi)+N(t) \tag{3-15}$$

式中，Φ 是服从 $(0,2\pi)$ 上均匀分布的随机变量，$N(t)$ 为平稳过程，且 $S(t)$ 与 $N(t)$ 相互独立。易求 $X(t)$ 的自相关函数为

$$R_X(\tau)=R_S(\tau)+R_N(\tau)=\frac{a^2}{2}\cos\omega_0\tau+R_N(\tau) \tag{3-16}$$

可见，$R_X(\tau)$ 含有的周期分量 $R_S(\tau)$ 与 $X(t)$ 的周期分量 $S(t)$ 周期的相同。

(6)若平稳过程不含有任何周期分量，则

$$\lim_{|\tau|\to\infty}R_X(\tau)=R_X(\infty)=m_X^2 \tag{3-17}$$

证明：对此类非周期平稳过程，当 $|\tau|$ 增大时，随机变量 $X(t)$ 与 $X(t+\tau)$ 之间的相关性减弱。在 $|\tau|\to\infty$ 的极限情况下，两者相互独立。故有

$$R_X(\infty)=\lim_{|\tau|\to\infty}R_X(\tau)=\lim_{|\tau|\to\infty}E[X(t)X(t+\tau)]=\lim_{|\tau|\to\infty}E[X(t)]\cdot E[X(t+\tau)]=m_X^2 \tag{3-18}$$

同理可得

$$\lim_{|\tau|\to\infty}C_X(\tau)=C_X(\infty)=0 \tag{3-19}$$

(7)若平稳过程含有平均分量(均值) m_X，则相关函数也将会含有平均分量 m_X^2，即

$$R_X(\tau)=C_X(\tau)+m_X^2 \tag{3-20}$$

则由性质(6)和性质(7)可推出，当平稳过程不含有任何周期分量时，其在 $\tau=0$ 时的方差

$$\sigma_X^2=C_X(0)=R_X(0)-R_X(\infty) \tag{3-21}$$

(8)平稳过程的自相关函数不含有阶跃函数 $U(\tau)$ 因子。

由平稳过程的频域分析可知(参见第 4 章)，平稳过程的功率谱密度 $G_X(\omega)=F[R_X(\tau)]$ 是 ω 的实函数。若 $R_X(\tau)$ 中含有 $U(\tau)$ 因子，则 $G_X(\omega)$ 必含有 $\pi\sigma(\omega)+1/j\omega$ 虚数因子。

根据以上性质的讨论，可画出平稳过程自相关函数 $R_X(\tau)$ 的典型曲线，如图 3.2 所示。

例 3.3　已知平稳过程 $X(t)$ 的自相关函数为 $R_X(\tau)=\dfrac{4}{1+5\tau^2}+36$，求 $X(t)$ 的均值和方差。

解：由性质(6)和性质(7)

$$m_X^2=R_X(\infty)=36 \quad\Rightarrow\quad m_X=\pm\sqrt{R_X(\infty)}=\pm 6$$

$$\sigma_X^2=R_X(0)-R_X(\infty)=40-36=4$$

例 3.4　已知平稳过程 $X(t)$ 的自相关函数为 $R_X(\tau)=100e^{-10|\tau|}+100\cos 10\tau+100$，求

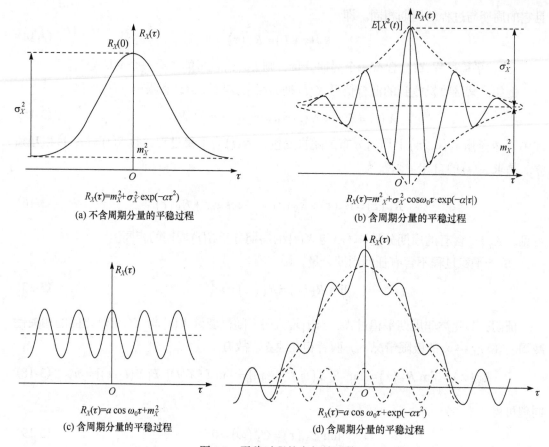

图 3.2　平稳过程的自相关函数

$X(t)$ 的均值、均方值和方差。

解: 将 $R_X(\tau)$ 分解成周期与非周期两部分

$$R_X(\tau) = (100\cos 10\tau) + \left(100e^{-10|\tau|} + 100\right) = R_{X_1}(\tau) + R_{X_2}(\tau)$$

则 $X(t) = X_1(t) + X_2(t)$，且 $X_1(t)$ 与 $X_2(t)$ 相互独立。$R_{X_1}(\tau) = 100\cos 10\tau$ 是周期分量 $X_1(t)$ 的自相关函数，利用例 3.1 的结论，此分量的均值 $m_{X_1} = 0$。

式中，$R_{X_2}(\tau) = 100e^{-10|\tau|} + 100$ 是非周期分量 $X_2(t)$ 的自相关函数，由性质(6)可得

$$m_{X_2}^2 = R_{X_2}(\infty) = 100 \quad \Rightarrow \quad m_{X_2} = \pm\sqrt{R_{X_2}(\infty)} = \pm 10$$

则

$$m_X = m_{X_1} + m_{X_2} = \pm 10$$

$$E[X^2(t)] = R_X(0) = 300$$

$$\sigma_X^2 = R_X(0) - m_X^2 = 200$$

即随机过程 $X(t)$ 的均值为 ± 10，均方值为 300，方差为 200。

3.1.3 平稳随机过程的自相关系数和自相关时间

1. 自相关系数

为了表示平稳过程 $X(t)$ 在两个不同时刻状态间的线性关联程度，排除其他因素的影响，要对自相关函数进行归一化处理，从而得到过程 $X(t)$ 的自相关系数

$$\rho_X(\tau) = \frac{C_X(\tau)}{\sigma_X^2} = \frac{R_X(\tau) - m_X^2}{\sigma_X^2} \tag{3-22}$$

又可称为 $X(t)$ 的归一化自相关函数。图 3.3 给出了自相关系数 $\rho_X(\tau)$ 的两条典型曲线。

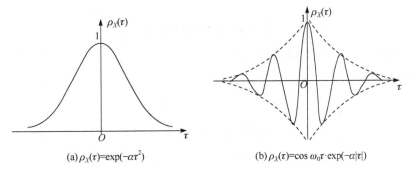

(a) $\rho_X(\tau) = \exp(-\alpha\tau^2)$ (b) $\rho_X(\tau) = \cos\omega_0\tau \cdot \exp(-\alpha|\tau|)$

图 3.3 自相关系数 $\rho_X(\tau)$ 的两条典型曲线

由图可见，$\rho_X(\tau)$ 可以为正值、负值。正值表示正相关，即表示随机变量 $X(t)$ 与 $X(t+\tau)$ 同方向的相关；负值表示负相关，即表示随机变量 $X(t)$ 与 $X(t+\tau)$ 反方向的相关。$\rho_X(\tau)=0$ 表示线性不相关；$|\rho_X(\tau)|=1$ 表示最强的线性相关。

2. 自相关时间

对于非周期随机过程 $X(t)$，随着 τ 的增大，$X(t)$ 与 $X(t+\tau)$ 的相关程度将减弱。当 $\tau \to \infty$ 时，$\rho_X(\tau) \to 0$，此时的 $X(t)$ 与 $X(t+\tau)$ 不再相关。实际上，当 τ 大到一定程度时，$\rho_X(\tau)$ 就已经很小了，$X(t)$ 与 $X(t+\tau)$ 可认为已不相关。因此，常常定义一个时间 τ_0，当 $\tau > \tau_0$ 时，就认为 $X(t)$ 与 $X(t+\tau)$ 不相关。把这个时间 τ_0 称为相关时间。时间 τ_0 有两种定义的形式，定义如图 3.4 所示。

1) 定义一

定义自相关系数由最大值 $\rho_X(0)=1$ 下降到 $\rho_X(\tau)=0.05$ 所经历的时间间隔为相关时间 τ_0'。即

$$\left|\rho_X(\tau_0')\right| = 0.05 \tag{3-23}$$

2) 定义二

(1) 对不含高频分量的平稳过程，用 $\rho_X(\tau)$ 积分的一半来定义其相关时间 τ_0，即

$$\tau_0 = \int_0^\infty \rho_X(\tau)\,\mathrm{d}\tau \tag{3-24}$$

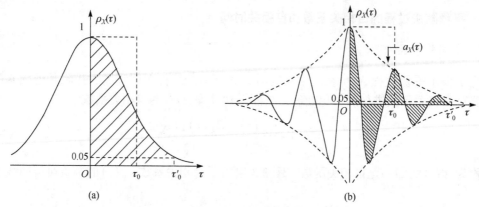

图 3.4　相关时间的定义

(2) 对于含高频分量的平稳过程，如 $\rho_X(\tau) = a(\tau)\cos\omega_0\tau$，则利用其包络 $a_X(\tau)$ 积分的一半来定义其相关时间，即

$$\tau_0 = \int_0^\infty a_X(\tau)\mathrm{d}\tau \tag{3-25}$$

综上所述，自相关时间是随机过程的任意两个状态线性互不相关所需时间差的一种量度，如图 3.5 所示。由图可见，$\rho_X(\tau)$ 曲线越陡，相关时间 τ_{10}' 越小，就意味着随机过程 $X(t)$ 的任意两个状态线性互不相关所需的时间差 τ_{10}' 越短，过程随时间变化越剧烈，其样本随时间 t 起伏越大；反之，$\rho_X(\tau)$ 曲线越平缓，则 τ_{20}' 越大则意味着过程 $X(t)$ 的任意两个状态线性互不相关所需的时间差越长，随机过程随时间变化越缓慢，其样本随 t 起伏就越小。

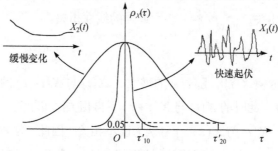

图 3.5　自相关时间

例 3.5　已知平稳过程 $X(t)$ 的自相关函数 $R_X(\tau) = 3\exp[-\tau^2]$，求相关系数和相关时间。

解： 由相关系数的定义

$$\rho_X(\tau) = \frac{C_X(\tau)}{C_X(0)} = \frac{R_X(\tau) - R_X(\infty)}{R_X(0) - R_X(\infty)} = \frac{3\mathrm{e}^{-\tau^2} - 3\mathrm{e}^{-\infty^2}}{3\mathrm{e}^{-0^2} - 3\mathrm{e}^{-\infty^2}} = \frac{3\mathrm{e}^{-\tau^2}}{3} = \mathrm{e}^{-\tau^2}$$

由相关时间定义一

$$\left|\rho_X(\tau_0')\right| = 0.05 \quad \Rightarrow \quad \tau_0' = \sqrt{-\ln(0.05)} = 1.731$$

由相关时间定义二

$$\tau_0 = \int_0^\infty \rho_X(\tau)\mathrm{d}\tau = \int_0^\infty \mathrm{e}^{-\tau^2}\mathrm{d}\tau = \frac{\sqrt{\pi}}{2} = 0.886$$

3.1.4　平稳随机过程的时域分析

1. 复随机过程 $Z(t)$ 宽平稳

若复随机过程 $Z(t)$ 满足下面两个条件

$$m_Z(t) = m_Z \tag{3-26}$$

$$R_Z(t, t+\tau) = R_Z(\tau) \tag{3-27}$$

则称此随机过程 $Z(t)$ 宽平稳。

2. 高斯过程

1) 平稳高斯过程

若高斯过程 $X(t)$ 的数学期望是常数，自相关函数只与时间差值 τ 有关，即满足

$$\begin{cases} m_X(t) = m_X \\ R_X(t_i, t_k) = R_X(\tau_{k-i}), \quad \tau_{k-i} = t_k - t_i \, (i, k = 1, 2, \cdots, n) \\ E[X^2(t)] = R_X(0) < \infty \end{cases} \tag{3-28}$$

则此高斯过程是宽平稳的。

2) 平稳高斯过程的 n 维特征函数

$$Q(u_1, \cdots, u_n; \tau_1, \cdots, \tau_{n-1}) = \exp\left[jm_X \sum_{i=1}^{n} u_i - \frac{1}{2} \sum_{i=1}^{n} \sum_{k=1}^{n} C(\tau_{k-i}) u_i u_k \right] \tag{3-29}$$

3) 平稳高斯过程的性质

(1) 高斯过程的宽平稳与严平稳等价。

证明：在高斯过程 n 维概率密度中，与时间有关的两个参量 $\boldsymbol{M}_X$ 和 $\boldsymbol{C}$。因为高斯过程宽平稳，所以其均值矢量 $\boldsymbol{M}_X = [m_X, m_X, \cdots, m_X]^{\mathrm{T}}$ 为常数矢量，矩阵 $\boldsymbol{C}$ 中的每一个元素 C_{ik} 仅取决于时间差 $\tau_1, \tau_2, \cdots, \tau_{n-1}$，而与时间的起点无关，即

$$C_{ik} = C(t_i, t_k) = R(\tau_{k-i}) - m_X^2, \quad i, k = 1, 2, \cdots, n \tag{3-30}$$

因此，宽平稳高斯过程的 n 维概率密度仅仅是时间差的函数。有

$$f_X(x_1, x_2, \cdots, x_n; t_1, t_2, \cdots, t_n) = f_X(x_1, x_2, \cdots, x_n; \tau_1, \tau_2, \cdots, \tau_{n-1}) \tag{3-31}$$

当高斯过程 $X(t)$ 的 n 维概率密度的取样点 $X_1, X_2, \cdots, X_n$ 在时间轴上作任意 Δt 平移后，因为时间差 $\tau'_{k-i} = (t_k + \Delta t) - (t_i + \Delta t) = t_k - t_i = \tau_{k-i}$ 不随时间平移 Δt 而变化，所以过程 $X(t)$ 的 n 维概率密度也不随时间平移 Δt 而变化。据严平稳定义可知，满足上述条件的过程是严平稳的。

(2) 平稳高斯过程与确定信号之和仍是高斯过程，但不一定平稳。

在通信、雷达等系统中，从噪声 $X(t)$ 背景中接收、检测有用信号 $s(t)$ 时，往往需要处理的是噪声与信号叠加在一起的随机信号。而噪声 $X(t)$ 常常认为是高斯过程。

证明：设合成的随机信号 $Y(t) = X(t) + s(t)$。若已知 $f_X(x; t)$ 为噪声 $X(t)$ 的一维概率密度，因 $s(t)$ 是确定信号，故其概率密度可表示为 $\delta[s - s(t)]$。利用独立和的卷积公式，可得到合成信号 $Y(t)$ 的一维概率密度为

$$f_Y(y;t) = \int_{-\infty}^{\infty} f_X(x;t)\delta[y - s(t) - x]\mathrm{d}x = f_X[y - s(t)] \tag{3-32}$$

可见，当 $f_X(x;t)$ 为高斯分布时，合成信号的一维分布 $f_Y(y;t)$ 是服从高斯分布的。

例 3.6 已知平稳高斯过程 $X(t)$ 的均值为零，自相关函数 $R_X(\tau) = \dfrac{1}{4}\exp(-2|\tau|)$。求在 t_1 时刻，$X(t_1)$ 取值在 $0.5 \sim 1$ 的概率。

解：高斯过程 $X(t)$ 在 t_1 时刻的状态为高斯变量 $X(t_1)$，其均值 $m_X = 0$，均方值 $R_X(0) = 1/4$，方差 $\sigma_X^2 = R_X(0) - m_X^2 = 1/4$。则

$$
\begin{aligned}
P\{0.5 \leqslant X(t_1) \leqslant 1\} &= P\{\sigma_X \leqslant X(t_1) \leqslant 2\sigma_X\} \\
&= \varPhi\left(\frac{2\sigma_X - m_X}{\sigma_X}\right) - \varPhi\left(\frac{\sigma_X - m_X}{\sigma_X}\right) \\
&= \varPhi(2) - \varPhi(1) = 0.1359
\end{aligned}
$$

同理可得，合成信号 $Y(t)$ 的二维概率密度为

$$f_Y(y_1, y_2; t_1, t_2) = f_X(y_1 - s(t_1), y_2 - s(t_2)) \tag{3-33}$$

也是服从高斯分布的。

以此类推，只要用 $y_i - s(t_i)$ 代替 x_i 就可得到合成信号 $Y(t)$ 的 n 维概率密度，即合成信号的 n 维分布也是服从高斯分布的。

$$f_Y(y_1, \cdots, y_n; t_1, \cdots, t_n) = f_X(y_1 - s(t_1), \cdots, y_n - s(t_n)) \tag{3-34}$$

还应指出，虽然平稳高斯过程与确定信号之和的概率分布仍为高斯分布。但是，一般情况下的合成信号不再是平稳过程。而平稳高斯过程与随相余弦信号的合成，虽已不再服从高斯分布，可却是宽平稳的随机过程。

3.平稳过程的微积分

根据均方连续的充要条件的结论可以推论出：平稳过程 $X(t)$ 在 $\tau \in T$ 上均方连续的充要条件为自相关函数 $R(\tau)$ 在 $\tau = 0$ 处连续。

在随机过程 $X(t)$ 均方连续的条件下，同时满足均方可微的充要条件时来讨论平稳过程的导数分析如下。

1）平稳过程导数的期望

由于平稳过程的期望 $E[X(t)] = $ 常数，则平稳过程均方导数 $X'(t)$ 的期望为 0。即

$$E[X'(t)] = \frac{\mathrm{d}}{\mathrm{d}t}E[X(t)] = 0 \tag{3-35}$$

2）平稳过程导数的自相关函数

由平稳过程 $X(t)$ 的自相关函数 $R_X(t_1, t_2) = R_X(\tau)(\tau = t_2 - t_1)$，则平稳过程导数的自相关函数为

$$R_Y(t_1, t_2) = \frac{\partial^2 R_X(t_1, t_2)}{\partial t_1 \partial t_2} = -\frac{\partial^2 R_X(\tau)}{\partial^2 \tau} = -R_X''(\tau) = R_Y(\tau) \tag{3-36}$$

由此可得 $X(t)$ 均方可微（$X'(t)$ 存在）的条件为：当 $t_1 = t_2$ 时

$$\frac{\partial^2}{\partial t_1 \partial t_2} R_X(t_1, t_2) \bigg|_{t_1 = t_2} = -R_X''(0) \tag{3-37}$$

存在。可以证明导数 $Y(t) = X'(t)$ 与平稳过程 $X(t)$ 是联合平稳的。

3）$R_X'(0) = 0$

证明：若平稳过程 $X(t)$ 均方可微，则 $R_X''(\tau)$ 在 $\tau = 0$ 处存在，得 $R_X'(\tau)$ 在 $\tau = 0$ 处连续。由平稳过程的自相关函数 $R_X(\tau)$ 为偶函数 $R_X(\tau) = R_X(-\tau)$，则 $R_X'(-\tau) = -R_X'(\tau)$。则平稳过程 $X(t)$ 有

$$R_X'(0) = 0 \tag{3-38}$$

4）平稳过程的导数 $X'(t)$ 与 $X(t)$ 是联合平稳的

$X(t)$ 为平稳过程；导数 $Y(t) = X'(t)$ 期望为 0，自相关函数只与时间差 τ 有关，$R_Y(\tau) = -R_X''(\tau)$，二阶矩存在，平稳过程的导数也是平稳过程。平稳过程的导数 $X'(t)$ 与 $X(t)$ 的自相关函数 $R_{XY}(\tau) = R_X'(\tau)$，$R_{YX}(\tau) = -R_X'(\tau)$ 也仅与时间差 τ 有关。由于两个随机过程 $X(t)$ 和 $Y(t)$ 各自宽平稳，且它们的互相关函数仅是单变量 τ 的函数，所以可证它们为联合平稳。联合平稳为两个随机过程的联合统计特性在下一节中会进行详述。

3.2　两个随机过程联合的统计特性

前面讨论了单个随机过程的统计特性。在实际应用中，常需要研究两个或多个随机过程的统计特性。例如，接收机收到的通常是混入噪声的信号（图 3.6）。为了从噪声中检出有用信号，除了考虑噪声和信号各自的统计特性，还要研究它们联合的统计特性。

图 3.6　接收机模块

1. 两个随机过程的联合分布

设有两个随机过程 $\{X(t), t \in T\}$ 和 $\{Y(t), t \in T\}$ 的概率密度分别为

$$f_X(x_1, x_2, \cdots, x_n; t_1, t_2, \cdots, t_n), \quad f_Y(y_1, y_2, \cdots, y_m; t'_1, t'_2, \cdots, t'_m)$$

1）两个过程的 $n + m$ 维联合分布函数

$$\begin{aligned} &F_{XY}(x_1, \cdots, x_n, y_1, \cdots, y_m; t_1, \cdots, t_n, t'_1, \cdots, t'_m) \\ &= P\{X(t_1) \leqslant x_1, \cdots, X(t_n) \leqslant x_n, Y(t'_1) \leqslant y_1, \cdots, Y(t'_m) \leqslant y_m\} \end{aligned} \tag{3-39}$$

2）两个过程的 $n + m$ 维联合概率密度

$$f_{XY}(x_1, \cdots, x_n, y_1, \cdots, y_m; t_1, \cdots, t_n, t'_1, \cdots, t'_m) = \frac{\partial^{n+m} F_{XY}(x_1, \cdots, x_n, y_1, \cdots, y_m; t_1, \cdots, t_n, t'_1, \cdots, t'_m)}{\partial x_1 \cdots \partial x_n \partial y_1 \cdots \partial y_m} \tag{3-40}$$

3）随机过程 $X(t)$ 和 $Y(t)$ 的独立

若对任意的 m, n，$X(t)$ 和 $Y(t)$ 都有

$$F_{XY}(x_1, \cdots, x_n, y_1, \cdots, y_m; t_1, \cdots, t_n, t'_1, \cdots, t'_m) = F_X(x_1, \cdots, x_n; t_1, \cdots, t_n) \cdot F_Y(y_1, \cdots, y_m; t'_1, \cdots, t'_m)$$

$$(3\text{-}41)$$

或

$$f_{XY}(x_1, \cdots, x_n, y_1, \cdots, y_m; t_1, \cdots, t_n, t'_1, \cdots, t'_m) = f_X(x_1, \cdots, x_n; t_1, \cdots, t_n) \cdot f_Y(y_1, \cdots, y_m; t'_1, \cdots, t'_m)$$

$$(3\text{-}42)$$

成立，则称随机过程 $X(t)$ 和 $Y(t)$ 是独立的。

4）联合严平稳

若两个过程任意 $n+m$ 维联合分布均不随时间变化，则称此两过程为联合严平稳。

2. 两个随机过程的相关和正交

1）互相关函数

定义两个随机过程 $X(t)$ 和 $Y(t)$ 的互相关函数为

$$R_{XY}(t_1, t_2) = E[X(t_1)Y(t_2)] = \int_{-\infty}^{\infty} \int_{-\infty}^{\infty} xy f_{XY}(x, y; t_1, t_2) \mathrm{d}x \mathrm{d}y \tag{3-43}$$

式中，$X(t_1), Y(t_2)$ 是过程 $X(t), Y(t)$ 在 t_1, t_2 时刻的状态。

2）互协方差函数

定义两个过程 $X(t)$ 和 $Y(t)$ 的互协方差函数为

$$C_{XY}(t_1, t_2) = E\{[X(t_1) - m_X(t_1)] \cdot [Y(t_2) - m_Y(t_2)]\}$$

$$= \int_{-\infty}^{\infty} \int_{-\infty}^{\infty} [x - m_X(t_1)][y - m_Y(t_2)] f_{XY}(x, y; t_1, t_2) \mathrm{d}x \mathrm{d}y \tag{3-44}$$

式中，$m_X(t_1)$ 和 $m_Y(t_2)$ 分别是随机变量 $X(t_1)$ 和 $Y(t_2)$ 的数学期望。上式也可写成

$$C_{XY}(t_1, t_2) = R_{XY}(t_1, t_2) - m_X(t_1)m_Y(t_2) \tag{3-45}$$

3）两个过程正交

若两个过程 $X(t)$ 和 $Y(t)$ 对任意两个时刻 t_1, t_2 都有

$$R_{XY}(t_1, t_2) = 0 \ (\text{或} \ C_{XY}(t_1, t_2) = -m_X(t_1)m_Y(t_2)) \tag{3-46}$$

则称 $X(t)$ 和 $Y(t)$ 两个过程正交。

若仅在同一时刻 t 存在

$$R_{XY}(t, t) = 0 \tag{3-47}$$

则称 $X(t)$ 和 $Y(t)$ 两个过程在同一时刻的状态正交。

4）两个过程互不相关

若两个过程 $X(t)$ 和 $Y(t)$ 对任意两个时刻 t_1, t_2 都有

$$C_{XY}(t_1, t_2) = 0 \ (\text{或} \ R_{XY}(t_1, t_2) = m_X(t_1)m_Y(t_2)) \tag{3-48}$$

则称 $X(t)$ 和 $Y(t)$ 两个过程互不相关。

若仅在同一时刻 t 存在

$$C_{XY}(t, t) = 0 \tag{3-49}$$

则称 $X(t)$ 和 $Y(t)$ 两个过程在同一时刻的状态互不相关。

3. 两个随机过程的联合平稳

1) 定义

若两个随机过程 $X(t)$ 和 $Y(t)$ 各自宽平稳，且它们的互相关函数仅是单变量 τ 的函数，即

$$R_{XY}(t_1,t_2) = E[X(t_1)Y(t_2)] = R_{XY}(\tau), \quad \tau = t_2 - t_1 \tag{3-50}$$

则称过程 $X(t)$ 和 $Y(t)$ 联合宽平稳(或联合平稳)。其中，两个复随机过程 $Z_1(t)$ 和 $Z_2(t)$ 联合平稳。

若两个复随机过程 $Z_1(t)$ 和 $Z_2(t)$ 各自平稳，且它们的互相关函数满足

$$R_{Z_1 Z_2}(t,t+\tau) = E\left[Z_1^*(t)Z_2(t+\tau)\right] = R_{Z_1 Z_2}(\tau)$$

则称这两个复随机过程联合平稳。

2) 性质

两个联合平稳过程的互相关函数和互协方差函数具有如下性质。

(1) 互相关函数和互协方差函数不存在偶对称，它们满足

$$\begin{cases} R_{XY}(\tau) = R_{YX}(-\tau) \\ C_{XY}(\tau) = C_{YX}(-\tau) \end{cases} \tag{3-51}$$

(2) 互相关函数和互协方差函数的取值满足

$$\begin{cases} |R_{XY}(\tau)|^2 \leqslant R_X(0) \cdot R_Y(0) \\ |C_{XY}(\tau)|^2 \leqslant C_X(0) \cdot C_Y(0) = \sigma_X^2 \sigma_Y^2 \end{cases} \tag{3-52}$$

$$\begin{cases} |R_{XY}(\tau)| \leqslant \dfrac{1}{2}[R_X(0) + R_Y(0)] \\ |C_{XY}(\tau)| \leqslant \dfrac{1}{2}[C_X(0) + C_Y(0)] = \dfrac{1}{2}[\sigma_X^2 + \sigma_Y^2] \end{cases} \tag{3-53}$$

3) 两个联合平稳过程的互相关系数

定义

$$\rho_{XY}(\tau) = \frac{C_{XY}(\tau)}{\sqrt{C_X(0)C_Y(0)}} = \frac{R_{XY}(\tau) - m_X m_Y}{\sigma_X \sigma_Y} \tag{3-54}$$

为两个联合平稳过程 $X(t)$ 和 $Y(t)$ 的互相关系数。

由性质(2)易得 $|\rho_{XY}(\tau)| \leqslant 1$，且当 $\rho_{XY}(\tau) = 0$ 时，两个平稳过程 $X(t)$ 和 $Y(t)$ 线性不相关。

例 3.7 已知随机过程 $X(t)$ 和 $Y(t)$ 是平稳随机过程，判断以下两种情况时，$X(t)$ 和 $Y(t)$ 是否联合平稳，并给出理由。

$$(1) \quad \begin{cases} X(t) = U\sin t + V\cos t \\ Y(t) = W\sin t + V\cos t \end{cases}$$

$$(2) \quad \begin{cases} X(t) = A\cos t + B\sin t \\ Y(t) = A\cos 2t + B\sin 2t \end{cases}$$

式中，U,V,W 是均值为 0、方差为 6，且互不相关的随机变量；A,B 是均值为 0、方差为 3，

且互不相关的随机变量。

解： (1) 过程 $X(t)$ 和 $Y(t)$ 的互相关函数为

$$R_{XY}(t,t+\tau) = E[X(t)Y(t+\tau)]$$
$$= E\{(U\sin t + V\cos t) \cdot [W\sin(t+\tau) + V\cos(t+\tau)]\}$$
$$= E[UW\sin t\sin(t+\tau) + UV\sin t\cos(t+\tau) + VW\cos t\sin(t+\tau) + V^2\cos t\cos(t+\tau)]$$
$$= 0 + 0 + 0 + E[V^2]\cos t\cos(t+\tau)$$
$$= 6 \cdot \frac{1}{2}[\cos(2t+\tau) + \cos\tau]$$
$$= 3\cos(2t+\tau) + 3\cos\tau$$

可见，此互相关函数是变量 t,τ 的二元函数，故 $X(t)$ 和 $Y(t)$ 不是联合平稳的。

(2) 过程 $X(t)$ 和 $Y(t)$ 的互相关函数为

$$R_{XY}(t,t+\tau) = E[X(t)Y(t+\tau)]$$
$$= E\{(A\cos t + B\sin t)[A\cos 2(t+\tau) + B\sin 2(t+\tau)]\}$$
$$= E[A^2\cos t\cos 2(t+\tau) + AB\cos t\sin 2(t+\tau) + AB\sin t\cos 2(t+\tau) + B^2\sin t\sin 2(t+\tau)]$$
$$= E[A^2][\cos t\cos 2(t+\tau) + \sin t\sin 2(t+\tau)] + 0 + 0$$
$$= 3\cos(t+2\tau)$$

可见，此互相关函数也是变量 t,τ 的二元函数，故过程 $X(t)$ 和 $Y(t)$ 也不是联合平稳的。

例 3.8 对于联合平稳的随机过程 $X(t)$ 和 $Y(t)$，通过计算

$$E\left[\left(\frac{X(t)}{\sqrt{R_X(0)}} \pm \frac{Y(t+\tau)}{\sqrt{R_Y(0)}}\right)^2\right]$$

证明性质 (2) 的 $|R_{XY}(\tau)|^2 \leqslant R_X(0) \cdot R_Y(0)$ 成立。

证明： 式中 $R_X(0)$ 和 $R_Y(0)$ 分别为随机过程 $X(t)$ 和 $Y(t)$ 的均方值，即

$$R_X(0) = E[X^2(t)] ， \quad R_Y(0) = E[Y^2(t+\tau)]$$

由于本题所讨论的只是实随机过程，就是说 $X(t)$ 和 $Y(t)$ 皆为时间 t 的实函数。而实函数的平方是非负的，则

$$E\left[\left(\frac{X(t)}{\sqrt{E[X^2(t)]}} \pm \frac{Y(t+\tau)}{\sqrt{E[Y^2(t+\tau)]}}\right)^2\right] \geqslant 0$$

将不等式左边展开，得

$$\frac{E[X^2(t)]}{E[X^2(t)]} \pm 2\frac{E[X(t)Y(t+\tau)]}{\sqrt{E[X^2(t)] \cdot E[Y^2(t+\tau)]}} + \frac{E[Y^2(t+\tau)]}{E[Y^2(t+\tau)]} \geqslant 0$$

$$\Rightarrow \quad 2 \pm 2\frac{R_{XY}(\tau)}{\sqrt{E[X^2(t)] \cdot E[Y^2(t+\tau)]}} \geqslant 0$$

$$\Rightarrow \quad |R_{XY}(\tau)| \leqslant \sqrt{E[X^2(t)] \cdot E[Y^2(t+\tau)]}$$

$$\Rightarrow \quad |R_{XY}(\tau)|^2 \leqslant R_X(0)R_Y(0)$$

3.3　各态历经过程和熵

3.3.1　各态历经过程的基本概念

研究随机过程的统计特性，从理论上说需要知道过程的 n 维概率密度或 n 维分布函数，或者要知道所有样本函数。这一点在实际问题中往往办不到，因为这需要对一个过程进行大量重复的实验或观察，甚至要求实验次数 $N \to \infty$ 才能达到。因而，促使人们提出这样一个问题，能否用在一段时间范围内观察到的一个样本函数作为提取整个过程数字特征的充分依据？

欣钦证明：在具备一定的补充条件下，有一种平稳随机过程，对其任一个样本函数所作的各种时间平均，从概率意义上趋近于此过程的各种统计平均。对具有这一特性的随机过程，称为具有各态历经性的随机过程（或遍历过程）。

从字面上可以理解为：这类过程的各个样本函数都同样经历了整个过程的所有可能状态。因此，这类随机过程的任何一个样本函数中含有整个过程的全部统计信息。即可以用它的任何一个样本函数的时间平均来代替它的统计平均。

例如，在较长时间 T 内观测一个已工作在稳定状态下的噪声二极管的输出电压。欲求时间平均，从理论上本应该

$$\overline{x_k(t)} = \frac{1}{T}\int_0^T x_k \mathrm{d}t \tag{3-55}$$

如图 3.7 所示，因为 $x_k(t)$ 是噪声电压，所以写不出样本函数 $x_k(t)$ 的表达式。因此，只有对 $x_k(t)$ 进行采样。将 T 分成 n 等份（这个 n 应相当大），对在 T 时间内采得的 n 个电压值 $x_1, \cdots, x_n$ 进行算术平均。

$$\overline{x_k'(t)} = \frac{x_1 + \cdots + x_n}{n} \tag{3-56}$$

以算术平均 $\overline{x_k'(t)}$ 来近似时间平均 $\overline{x_k(t)}$。

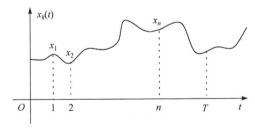

图 3.7　噪声电压

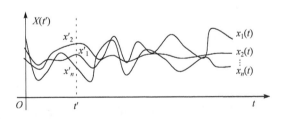

图 3.8　n 条样本函数

在工作条件不变的情况下，假如对同一个工作在稳定状态下的噪声二极管进行 n 次独立重复的试验，取出它的 n 条件样本函数，如图 3.8 所示，并对任一时刻 t' 的状态 $X(t')$ 的

所有取值进行统计平均

$$E\left[X(t')\right] = \sum_{j=1}^{n} x'_j P\left\{X(t') = X'_j\right\} = \frac{1}{n} \cdot (x'_1 + \cdots + x'_n) \tag{3-57}$$

如果 T 取得相当长，这些样本函数可以看成是从 $x_k(t)$ 上一段段截取下来的，又由于工作在稳定状态下，可以把它看成是平稳的，因此其特性与起点无关。那么只要 n 取得相当大，就不能认为前一种方法得到的时间平均 $\overline{x_k(t)}$ 与后一方法得到的统计平均值 $E[X(t')]$ 有差别。也就是说，当 $T \to \infty, n \to \infty$ 时，在概率意义上

$$P\left\{E[X(t)] = \overline{x_k(t)}\right\} = 1 \tag{3-58}$$

噪声电压在时间上的平均值与它的统计平均值相等。这就是所谓的均值各态历经性。

3.3.2　各态历经过程的分类

1. 严各态历经过程

如果一个平稳随机过程 $X(t)$，它的各种时间平均（时间足够长）处处收敛于相应的统计平均，即

$$\lim_{T \to \infty} 各种时间平均 = 相应的统计平均 \tag{3-59}$$

则称过程 $X(t)$ 具有严格的各态历经性，或称此过程为严（或狭义）各态历经过程。

1）时间均值

一般来说，若对一个确定的时间函数 $x(t)$ 求时间均值，即

$$\overline{x(t)} = \frac{1}{2T} \int_{-T}^{T} x(t) \mathrm{d}t = m \tag{3-60}$$

其结果 m 是个确定的常数。但因为随机过程 $X(\zeta,t)$ 是随时间变化的随机变量，对不同的试验结果 $\zeta_k \in \Omega$，则有不同的确定时间函数 $x_k(t)$ 与其对应，所以若对过程 $X(\zeta,t)$ 求时间均值

$$\overline{X(t)} = \frac{1}{2T} \int_{-T}^{T} X(t) \mathrm{d}t = \frac{1}{2T} \int_{-T}^{T} X(\zeta,t) \mathrm{d}t = M(\zeta) \tag{3-61}$$

则 $M(\zeta)$ 是个随机变量，对每一个试验结果 $\zeta_k \in \Omega$，都有一个确定值 m_k 与其对应。其中，符号 $\overline{(\cdot)}$ 表示求时间平均。

对随机数字信号而言，实际是对离散随机过程 $X_i(\zeta)$ 求时间均值，则

$$\bar{X}_N(n) = \frac{1}{N} \sum_{i=1}^{N} X_i(\zeta) = D(\zeta) \tag{3-62}$$

则 $D(\zeta)$ 是个随机变量，对每一个试验结果 $\zeta_k \in \Omega$，都有一个确定值 d_k 与其对应。其中，符号 $\overline{(\cdot)}$ 表示求时间平均。

2）时间自相关

若对确定函数 $x(t)$ 求时间自相关，则

$$\overline{x(t)x(t+\tau)} = \frac{1}{2T}\int_{-T}^{T}x(t)x(t+\tau)\mathrm{d}t = f(\tau) \tag{3-63}$$

其结果 $f(\tau)$ 是个确定的时间函数。

若对随机过程 $X(\zeta,t)$ 求时间自相关，则

$$\overline{X(t)X(t+\tau)} = \frac{1}{2T}\int_{-T}^{T}X(t)X(t+\tau)\mathrm{d}t$$
$$= \frac{1}{2T}\int_{-T}^{T}X(\zeta,t)X(\zeta,t+\tau)\mathrm{d}t = f(\zeta,\tau) \tag{3-64}$$

由于 $f(\zeta,\tau)$ 对每一个试验结果 $\zeta_k \in \Omega$ 而言，都有一个确定的时间函数 $f_k(\tau)$ 与其对应，因此，随机过程的时间自相关函数一般是个随机过程。

对随机数字信号而言，实际是对离散随机过程 $X_i(\zeta)$ 求时间自相关，则

$$\hat{R}(j) = \overline{X(n)X(n+j)} = \frac{1}{N}\sum_{i=1}^{N}X_i(\varsigma)X_{i+j}(\varsigma) = z(\varsigma,j) \tag{3-65}$$

由于 $z_j(\zeta)$ 对每一个试验结果 $\zeta_k \in \Omega$ 而言，都有一个确定的时间函数 z_j 与其对应，因此离散随机过程的时间自相关函数一般是个离散随机过程。

严各态历经过程均值和自相关函数均为严各态历经的：

$$\lim_{T\to\infty}\overline{X(t)} = E\big[X(t)\big] = m_X \tag{3-66}$$

$$\lim_{T\to\infty}\overline{X(t)X(t+\tau)} = E\big[X(t)X(t+\tau)\big] = R_X(\tau) \tag{3-67}$$

同样，以上讨论的均为随机模拟信号或者连续信号，对于随机数字信号此定义依然成立得到：

$$\lim_{N\to\infty}\overline{X}_N = m_X \tag{3-68}$$

$$\lim_{N\to\infty}\overline{X(n)X(n+k)} = E\big[X(n)X(n+k)\big] = R_X(k) \tag{3-69}$$

但是，如同在前面讨论随机过程的平稳性时曾经指出的理由一样，工程上往往只在相关理论的范围内考虑各态历经过程，称为宽（广义）各态历经过程。下面首先引入随机过程的时间平均概念，然后给出宽各态历经过程的定义。

2. 宽各态历经过程

设 $X(t)$ 是一个平稳随机过程，如果

$$P\left\{\lim_{T\to\infty}\overline{X(t)} = m_X\right\} = 1 \text{ 或者 } \lim_{T\to\infty}E\left\{\left[\overline{X(t)} - m_X\right]^2\right\} = 0 \tag{3-70}$$

以概率 1 成立或者依均方收敛，则称过程 $X(t)$ 的均值具有各态历经性。

如果

$$P\left\{\lim_{T\to\infty}\overline{X(t)X(t+\tau)} = R_X(\tau)\right\} = 1 \text{ 或者 } \lim_{T\to\infty}E\left\{\left[\overline{X(t)X(t+\tau)} - R_X(\tau)\right]^2\right\} = 0 \tag{3-71}$$

以概率 1 成立或者依均方收敛，则称过程 $X(t)$ 的自相关函数具有各态历经性。

若 $\tau=0$ 时，式(3-71)成立，则称过程 $X(t)$ 的均方值具有各态历经性。

定义：如果过程 $X(t)$ 的均值和自相关函数都具有各态历经性，则称 $X(t)$ 为宽(广义)各态历经过程。

今后，凡提到各态历经时，除非特别指出，通常皆指宽各态历经过程。

以下有两个称为宽各态历经的定理。

定理 1：如果 $\{X_n\}$ 是一个宽平稳序列满足均值宽各态历经：

$$\lim_{N\to\infty} E\left[\left(\overline{X}_N - m_X\right)^2\right] = 0 \tag{3-72}$$

那么协方差 $C_X(j)$ 时间平均满足时间均值为 0，即下面等式成立：

$$\lim_{N\to\infty} \frac{1}{N}\sum_{j=0}^{N-1} C_X(j) = 0 \tag{3-73}$$

定理 2：如果 $\{X_n\}$ 是一个零均值高斯宽平稳序列，满足自相关函数对于任何 $j=0,\pm1,\cdots$ 均方遍历

$$\lim_{N\to\infty} E\left[\hat{R}_X(j) - R_X(j)\right]^2 = 0 \tag{3-74}$$

那么自相关函数满足时间均值为 0，即下面等式成立

$$\lim_{x\to\infty} \frac{1}{N}\sum_{j=0}^{N-1} R_X^2(j) = 0 \tag{3-75}$$

3.3.3　各态历经性的实际意义

1)随机过程的各态历经性具有重要的实际意义

对一般随机过程而言，其时间平均是个随机变量。可是，对各态历经过程来说，由上述定义时间平均，得到的结果趋于一个非随机的确定量。由式(3-58)和式(3-70)可得

$$P\left\{\lim_{T\to\infty} \overline{X(t)} = \overline{x_k(t)}\right\} = 1 \tag{3-76}$$

即

$$\overline{X(t,\zeta)} \overset{\text{a.e}}{=} \overline{x_k(t)} \tag{3-77}$$

式(3-77)表明：各态历经过程诸样本函数的时间平均，实际上可认为是相同的。因此，各态历经过程的时间平均就可由它的任一样本函数的时间平均来表示。这样，对各态历经过程可以直接用它的任一个样本函数的时间平均来代替对整个过程统计平均的研究，故有

$$E\left[X(t)\right] = \lim_{T\to\infty} \frac{1}{2T}\int_{-T}^{T} x(t)\mathrm{d}t \tag{3-78}$$

$$R_X(\tau) = \lim_{T\to\infty} \frac{1}{2T}\int_{-T}^{T} x(t)x(t+\tau)\mathrm{d}t \tag{3-79}$$

实际上，这也正是引出各态历经性概念的重要目的，从而给解决许多工程问题带来极

大的方便。例如，测得接收机的噪声，用一般的方法，就需要用数量极多的相同的接收机，在同一条件下同时进行测量和记录，再用统计方法算出所需的数学期望、相关函数等数字特征；而利用噪声过程的各态历经性，则可以只用一部接收机，在不变的条件下，对其输出噪声作长时间的记录，然后用求时间平均的方法，即可求出数学期望、相关函数等数字特征，这使得工作大大简化。当然，在实际工作中，由于对随机过程的观察时间总是有限的，因此，用有限的时间代替无限长的时间会给结果带来一定的误差。然而，只要所取时间足够长，结果定能满足实际要求。

2)电子技术中，代表噪声电压(或电流)的各态历经过程 $X(t)$，其数字特征的物理意义

(1)数学期望代表噪声电压(或电流)的直流分量。

$$\overline{X(t)} = E[X(t)] = m_X$$

(2)均方值代表噪声电压(或电流)消耗在1Ω电阻上的总平均功率。

令 $\tau = 0$，则自相关函数有

$$R_X(0) = \lim_{T\to\infty} \frac{1}{2T} \int_{-T}^{T} x(t)x(t+\tau)\mathrm{d}t \bigg|_{\tau=0} = \lim_{T\to\infty} \frac{1}{2T} \int_{-T}^{T} x^2(t)\mathrm{d}t \tag{3-80}$$

可见，$R_X(0)$ 代表噪声电压(或电流)消耗在1Ω电阻上的总平均功率。

(3)方差代表噪声电压(或电流)消耗在1Ω电阻上的交流平均功率。

$$\sigma_X^2 = \lim_{T\to\infty} \frac{1}{2T} \int_{-T}^{T} \left[x(t) - m_X\right]^2 \mathrm{d}t \tag{3-81}$$

σ_X^2 代表噪声电压(或电流)消耗在1Ω电阻上的交流平均功率。标准差 σ_X 则代表噪声电压(或电流)的有效值。

例 3.9　设随机过程 $X(t) = a\cos(\omega_0 t + \Phi)$，式中，$a, \omega_0$ 皆为常数，Φ 是服从 $(0, 2\pi)$ 上均匀分布的随机变量。判断 $X(t)$ 是否严各态历经，并给出理由。

解：因为

$$\overline{X(t)} = \lim_{T\to\infty} \frac{1}{2T} \int_{-T}^{T} a\cos(\omega_0 t + \Phi)\mathrm{d}t = \lim_{T\to\infty} \frac{a\cos\Phi \cdot \sin\omega_0 T}{\omega_0 T} = 0$$

$$\overline{X(t)X(t+\tau)} = \lim_{T\to\infty} \frac{1}{2T} \int_{-T}^{T} a\cos(\omega_0 t + \Phi) \cdot a\cos\left[\omega_0(t+\tau) + \Phi\right]\mathrm{d}t = \frac{a^2}{2}\cos\omega_0\tau$$

由例 3.1 的结果，可得

$$\overline{X(t)} = E\left[X(t)\right] = 0$$

$$\overline{X(t)X(t+\tau)} = E\left[X(t)X(t+\tau)\right] = \frac{a^2}{2}\cos\omega_0\tau$$

所以过程 $X(t)$ 具有严各态历经性。

例 3.10　随机过程 $X(t) = Y$，其中，Y 是方差不为零的随机变量。讨论过程的各态历经性。

解：由例 3.2 可知

$$E\left[X(t)\right] = E[Y] = 常数$$

$$E\left[X(t)X(t+\tau)\right] = E[Y^2] = 常数$$

故过程 $X(t)$ 为宽平稳的。然而,因

$$\overline{X(t)} = \lim_{T \to \infty} \frac{1}{2T} \int_{-T}^{T} Y \mathrm{d}t = Y$$

可见,$\overline{X(t)}$ 是个随机变量 Y,时间均值随 Y 的取值不同而变化,$\overline{X(t)} \neq E[X(t)]$。所以,$X(t)$ 不是各态历经过程。此例表明:平稳过程不一定具有各态历经性。

3.3.4 随机过程具备各态历经性的条件

1)各态历经过程一定是平稳过程

各态历经过程一定是平稳随机过程,但平稳随机过程并不一定具备各态历经性。现简单说明如下:由均值各态历经定义可知,时间均值必定是个与时间无关的常数;由时间自相关各态历经的定义可知,时间自相关函数必定只是时间差 τ 的单值函数。这就是说,因为各态历经过程的数学期望是个常数,其相关函数仅是 τ 的单值函数,所以,它必定是个平稳随机过程。但平稳过程不一定具有各态历经性。

2)均值的各态历经性定理

平稳随机过程的均值具有各态历经性的充要条件为

$$\lim_{T \to \infty} \frac{1}{T} \int_{0}^{2T} \left(1 - \frac{\tau}{2T} \right) \left[R_X(\tau) - m_X^2 \right] \mathrm{d}\tau = 0 \tag{3-82}$$

3)自相关函数 $R_X(\tau)$ 的各态历经性定理

平稳随机过程自相关函数具有各态历经性的充要条件为

$$\lim_{T \to \infty} \frac{1}{T} \int_{0}^{2T} \left(1 - \frac{\tau}{2T} \right) \left[R_\Phi(\tau) - E^2\left[\Phi(t) \right] \right] \mathrm{d}\tau = 0 \tag{3-83}$$

式中,$\Phi(t) = X(t + \tau_1)X(t)$,$R_\Phi(\tau) = E[\Phi(t+\tau)\Phi(t)]$,$E[\Phi(t)] = E[X(t+\tau_1)X(t)] = R_X(\tau_1)$。

4)平稳高斯过程的各态历经性定理

平稳高斯过程具有各态历经性的充分条件为

$$\int_{0}^{\infty} |R_X(\tau)| \mathrm{d}\tau < \infty \tag{3-84}$$

式(3-84)在平稳高斯过程的均值为零,自相关函数 $R_X(\tau)$ 连续的条件下,可以证明。

在实际应用中,要想从理论上确切地证明一个平稳过程是否满足这些条件,并非易事。事实上,由于同一随机过程中各样本都出于同一随机因素,因此各样本函数都具有相同的概率分布特性,可以认为所遇到的大多数平稳过程都具有各态历经性。因此,常常凭经验把各态历经性作为一种假设,然后,再根据实验来检验此假设是否合理。

例 3.11 已知随机电报信号 $X(t)$ 的均值和相关函数分别为 $E\left[X(t) \right] = 0$ 和 $R_X(\tau) = \mathrm{e}^{-a|\tau|}$,判断 $X(t)$ 是否均值各态历经,并给出理由。

解: 由均值的各态历经性定理

$$\lim_{T \to \infty} \frac{1}{T} \int_{0}^{2T} \left(1 - \frac{\tau}{2T} \right) \left[\mathrm{e}^{-a|\tau|} - 0^2 \right] \mathrm{d}\tau = \lim_{T \to \infty} \frac{1}{T} \int_{0}^{2T} \mathrm{e}^{-a\tau} \left(1 - \frac{\tau}{2T} \right) \mathrm{d}\tau = \lim_{T \to \infty} \left[\frac{1}{aT} - \frac{1 - \mathrm{e}^{-2aT}}{2a^2 T^2} \right] = 0$$

因此,$X(t)$ 的均值具有各态历经性。

3.3.5　随机过程的信息熵

在宽各态历经的条件下，样本的功率谱密度等于全体功率谱密度。在第 4 章将进行详细讨论。在这里讨论熵，是一种测量信息内容的度量。当随机过程或者离散随机过程是各态历经的，任何一样本可以代替所有样本的统计特征，同时时间平均相同和统计平均相同，离散参数过程和连续参数随机过程均可以看成一个随机变量，只是概率密度为连续还是离散型不同。那么随机数字信号信息量的度量如下。

假设 X 是一个随机变量，$X=x_i$ 的可能性 $p(x_i)$，$i=1,\cdots,n$，同时假设 Y 是另一个随机变量 $Y=y_j$ 的可能性 $p(y_j)$，$j=1,\cdots,n$。那么信息中发生 $X=x_i$ 的概率可定义为

$$I(x_i) = -\log\big[p(x_i)\big] \tag{3-85}$$

同时平均信息量是遍历所有全体样本

$$H(X) = E\big[I(x)\big] = -\sum_{i=1}^{n} p_i \log[p_i], \quad p_i \triangleq P(x_i) \tag{3-86}$$

如果是二进制的信号，$H(X)$ 就是 bit 为单位；如果基于指数 e，$H(X)$ 是以 nat 为单位。$H(X)$ 称为 X 的熵。互信息是定义在两个随机变量 X_i 和 Y_j 之间的信息量

$$I(X_i, Y_j) = \log \frac{P(x_i/y_j)}{P(x_i)} \tag{3-87}$$

平均互信息是

$$I(X,Y) = \sum_{i=1}^{n} \sum_{j=1}^{n} P(x_i, y_j) \log \frac{P(x_i/y_j)}{P(x_i)} \tag{3-88}$$

可以证明它的性质如下。

(1)　　　　　　　　　　$I(X;Y) \geqslant 0$

(2)　　　　　　　　　　$I(X;Y) = I(Y;X)$

(3) 当 X 和 Y 之间互相独立

$$I(X;Y) = 0$$

(4)　　　　　　　　　　$H(X) \geqslant 0$

(5) 对于所有的 i 概率 $p_i = \dfrac{1}{n}$

$$H(X) \leqslant \log n$$

为了证明性质(5)，使用如下不等式：

$$-\sum_{i=1}^{n} a_i \log a_i \leqslant -\sum_{i=1}^{n} a_i \log b_i \tag{3-89}$$

当且仅当 $a_i = b_i$ 时等式成立，不等式成立条件：

$$\sum_{i=1}^{n} a_i = 1$$

$$\sum_{i=1}^{n} b_i \leqslant 1$$

条件熵或疑义度定义为

$$H(X/Y) = \sum_{j=1}^{n} p(Y = y_j) \cdot \sum_{i=1}^{n} p(X = x_i / Y = y_j) \log_2 \left\{ p(X = x_i / Y = y_j) \right\} \tag{3-90}$$

联合熵定义为

$$H(X,Y) = -\sum_{i=1}^{n} \sum_{j=1}^{n} p(X = x_i, Y = y_j) \log_2 p(X = x_i, Y = y_j) \tag{3-91}$$

其中

$$p(x_i, y_i) = p(x_i / y_j) p(y_j)$$

$p(x)$，$p(x|y)$ 和 $p(y|x)$ 分别表示先验概率、后验概率以及条件概率。由式 (3-90) 和式 (3-91) 可以得到

$$H(X|Y) = H(X,Y) - H(Y) \tag{3-92}$$

或者

$$H(X,Y) = H(X|Y) + H(Y) \tag{3-93}$$

平均互信息可以用熵来表示，即

$$\begin{aligned} I(X;Y) &= -H(X,Y) + H(X) + H(Y) \\ &= H(Y) - H(Y|X) \\ &= H(X) - H(X|Y) \end{aligned} \tag{3-94}$$

注意：

$$I(X;Y) = I(Y;X) \geqslant 0 \tag{3-95}$$

即使 X 和 Y 可能为负值，互信息也是非负值。如果随机数字信号中 $X_1, X_2, \cdots, X_n$ 是 n 个随机变量，n 维的联合熵可以定义为

$$H(X_1, X_2, \cdots, X_n) = -\sum_{i_1} \sum_{i_2} \cdots \sum_{i_n} p(i_1, \cdots, i_n) \log p(i_1, \cdots, i_n) \tag{3-96}$$

其中

$$p(i_1, \cdots, i_n) = p[X_1 = i_1, \cdots, X_n = i_n]$$

可以用条件熵来表示联合熵为

$$\begin{aligned} H(X_1, \cdots, X_n) = H(X_n | X_1, \cdots, X_{n-1}) + H(X_n | X_1, \cdots, X_{n-2}) \\ + \cdots + H(X_n / X_2, X_1) + H(X_2 / X_1) + H(X_1) \end{aligned} \tag{3-97}$$

当 X 和 Y 是连续随机过程时，为了减少公式复杂性省去参变量 t，熵和联合熵分别为

$$H(X) = E[I(X)] = -\int_{-\infty}^{\infty} f_x(x) \log[f_x(x)] \mathrm{d}x = E[-\log f_x(x)] \tag{3-98}$$

$$H(X,Y) = -\int_{-\infty}^{\infty} f_{xy}(x,y) \log[f_{xy}(x,y)] \mathrm{d}x\mathrm{d}y \tag{3-99}$$

$$I(X) = -\log f_x(x) \tag{3-100}$$

连续随机变量 $X_n, n = 1, \cdots, N$ 的联合熵为

$$H(X_1, \cdots, X_n) = -\int\int_{-\infty}^{\infty}\int \cdots \int\int f_x(x_1, \cdots, x_n) \log_2[f_x(x_1, \cdots, x_n)] \mathrm{d}x_1 \cdots \mathrm{d}x_n \tag{3-101}$$

$$n = \text{fold}$$

其中，$f_x(x), f_{xy}(x,y), f_x(x_1, \cdots, x_n)$ 分别为 X, X 与 Y, $X = (X_1, \cdots, X_n)$ 的概率密度函数。条件熵为

$$H(X|Y) = -\int_{-\infty}^{\infty}\int_{-\infty}^{\infty} f_{xy}(x,y) \log[f_{X|Y}(x|y)] \mathrm{d}x\mathrm{d}y \tag{3-102}$$

如果 x 是均值为 μ、方差为 σ^2 的高斯随机变量，有

$$H(x) = E(-\ln x) = \ln \sigma\sqrt{2\pi} + E\left[\frac{(x-\mu)^2}{2\sigma^2}\right]$$

$$= \log \sigma\sqrt{2\pi} + \frac{\sigma^2}{2\sigma^2} = \log(\sigma\sqrt{2\pi \mathrm{e}}) \tag{3-103}$$

平均互信息量为

$$I(X,Y) = \int_{-\infty}^{\infty}\int_{-\infty}^{\infty} f_{xy}(x,y) \log \frac{f_{xy}(x,y)}{f_x(x)f(y)} \mathrm{d}x\mathrm{d}y \tag{3-104}$$

在通信信道中将源信号随机变量 X 和目标信号随机变量 Y 关联起来，如图 3.9 所示。$H(X)$ 称为源熵。

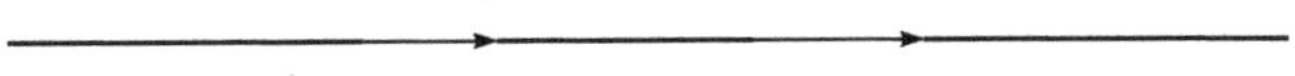

图 3.9　通信信道

假设我们想要在信道中发送三个符号 A, B, C。$X = A$ 的概率为 $p_1 = \frac{1}{2}$，$X = B$ 的概率为 $p_2 = \frac{1}{4}$，$X = C$ 的概率为 $p_3 = \frac{1}{4}$。所以源熵为

$$H(X) = -\frac{1}{2}\log_2\frac{1}{2} - \frac{1}{4}\log_2\frac{1}{4} - \frac{1}{4}\log_2\frac{1}{4}$$

$$= \frac{1}{2} + \frac{1}{2} + \frac{1}{2} = 1.5 \text{(bits/symbol)}$$

如果每 T_s 秒发送一个符号，那么发送速率为每秒 $f_s = \frac{1}{T_s}$ 个符号。

如果以每秒 f_s 个符号的速率传送符号，则源信息速率为

$$R = f_s H(X) \tag{3-105}$$

信息传输的平均速率 D_t 为

$$D_t = I(X,Y)f_s = [H(X) - H(X/Y)]f_s \tag{3-106}$$

信道容量定义为

$$C = \max_{P(x)}(I(X,Y)f_s) = \max_{P(x)}[(H(X) - H(X/Y))f_s] \tag{3-107}$$

其中，$P(x)$ 是离散随机变量 X 所有可能概率分布的集合。

例 3.12　信号带宽限制为 5kHz，以每秒 10000 个样本的速率采样，并量化为四个级别，以便采样值分别以概率 $p, p, \frac{1}{2}-p, \frac{1}{2}-p$ 取值 $0,1,2,3$，信道用转移概率矩阵定义：

$$P = \{P_{ij}\} = P[X = X_i \,|\, Y = Y_j]$$

$$
\begin{array}{c}
\quad Y=j \\
X=i\quad
\begin{bmatrix}
1 & 0 & 0 & 0 \\
0 & 1 & 0 & 0 \\
0 & 0 & \dfrac{1}{2} & \dfrac{1}{2} \\
0 & 0 & \dfrac{1}{2} & \dfrac{1}{2}
\end{bmatrix}
\end{array}
$$

计算信道容量。

解：信道模型如图 3.10 所示。

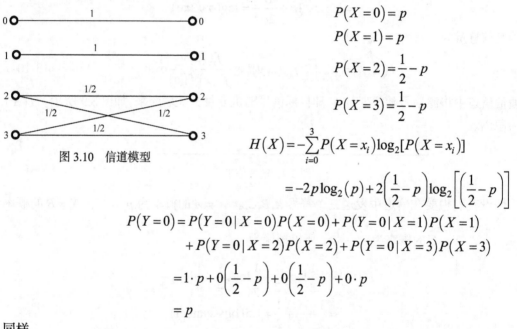

图 3.10　信道模型

$$P(X = 0) = p$$
$$P(X = 1) = p$$
$$P(X = 2) = \frac{1}{2} - p$$
$$P(X = 3) = \frac{1}{2} - p$$

$$H(X) = -\sum_{i=0}^{3} P(X = x_i) \log_2[P(X = x_i)]$$
$$= -2p \log_2(p) + 2\left(\frac{1}{2} - p\right) \log_2\left[\left(\frac{1}{2} - p\right)\right]$$

$$
\begin{aligned}
P(Y = 0) &= P(Y = 0 \,|\, X = 0)P(X = 0) + P(Y = 0 \,|\, X = 1)P(X = 1) \\
&\quad + P(Y = 0 \,|\, X = 2)P(X = 2) + P(Y = 0 \,|\, X = 3)P(X = 3) \\
&= 1 \cdot p + 0\left(\frac{1}{2} - p\right) + 0\left(\frac{1}{2} - p\right) + 0 \cdot p \\
&= p
\end{aligned}
$$

同样

$$P(Y = 1) = p$$

$$
\begin{aligned}
P(Y = 2) &= P(Y = 2 \,|\, X = 0)P(X = 0) + P(Y = 2 \,|\, X = 1)P(X = 1) \\
&\quad + P(Y = 2 \,|\, X = 2)P(X = 2) + P(Y = 2 \,|\, X = 3)P(X = 3) \\
&= 0 \cdot p + 0\left(\frac{1}{2} - p\right) + \frac{1}{2}\left(\frac{1}{2} - p\right) + \left(\frac{1}{2} - p\right)\frac{1}{2} = \left(\frac{1}{2} - p\right)
\end{aligned}
$$

$$P(Y = 3) = \left(\frac{1}{2} - p\right)$$

$$P(X = 0, Y = 0) = P(X = 0 \,|\, Y = 0)P(Y = 0) = 1 \cdot p$$

$$P(X=0,Y=1)=P(X=0\,|\,Y=1)P(Y=1)=0\cdot p=0$$

$$P(X=0,Y=2)=P(X=0\,|\,Y=2)P(Y=2)=0\cdot\left(\frac{1}{2}-p\right)=0$$

$$P(X=0,Y=3)=0$$

$$P(X=1,Y=0)=0$$

$$P(X=1,Y=1)=P(X=1\,|\,Y=1)P(Y=1)=1\cdot p$$

$$P(X=1,Y=2)=0$$

$$P(X=1,Y=3)=0$$

$$P(X=2,Y=0)=0$$

$$P(X=2,Y=1)=0$$

$$P(X=2,Y=2)=\frac{1}{2}\left(\frac{1}{2}-p\right)$$

$$P(X=2,Y=3)=\frac{1}{2}\left(\frac{1}{2}-p\right)$$

$$P(X=3,Y=0)=0$$

$$P(X=3,Y=1)=0$$

$$P(X=3,Y=2)=\frac{1}{2}\left(\frac{1}{2}-p\right)$$

$$P(X=3,Y=3)=\frac{1}{2}\left(\frac{1}{2}-p\right)$$

因此，有

$$H(X\,|\,Y)=-p\log_2(1)-p\log_2(1)-\frac{1}{2}\left(\frac{1}{2}-p\right)\log_2\left(\frac{1}{2}\right)-\frac{1}{2}\left(\frac{1}{2}-p\right)\log_2\left(\frac{1}{2}\right)$$

$$-\frac{1}{2}\left(\frac{1}{2}-p\right)\log_2\left(\frac{1}{2}\right)-\frac{1}{2}\left(\frac{1}{2}-p\right)\log_2\left(\frac{1}{2}\right)$$

$$=2\left(\frac{1}{2}-p\right)$$

$$f_s=10\text{kHz}$$

$$C=\max_p[H(X)-H(X\,|\,Y)]\cdot10^4$$

$$=\max_p\left\{\left[-2p\log_2 p-2\left(\frac{1}{2}-p\right)\log_2\left(\frac{1}{2}-p\right)-2\left(\frac{1}{2}-p\right)\right]\cdot10^4\right\} \tag{3-108}$$

$$\frac{\partial C}{\partial p}=\left\{-2\log_2 p-\frac{2p}{p}+2\log_2\left[\left(\frac{1}{2}-p\right)\right]+\frac{2\left(\frac{1}{2}-p\right)}{\left(\frac{1}{2}-p\right)}+2\right\}\cdot10^4=0$$

化简后得到

$$p = \frac{1}{3}$$

所以

$$C = \left[-\frac{2}{3}\log_2\left(\frac{1}{3}\right) - 2\left(\frac{1}{2} - \frac{1}{3}\right)\log_2\left(\frac{1}{2} - \frac{1}{3}\right) - 2\left(\frac{1}{2} - \frac{1}{3}\right) \right] \cdot 10^4 = [\log_2 3] \cdot 10^4 \, (\text{bit/s})$$

例 3.13　让接收到的信号为

$$Y(t) = X(t) + N(t)$$

X, Y 为联合高斯分布，联合概率密度函数为

$$f_{xy}(x, y) = \frac{1}{2\pi\sigma_x\sigma_y\sqrt{1-\rho^2}}\exp\left\{ \frac{-1}{2(1-\rho^2)}\left[\left(\frac{x}{\sigma_x}\right)^2 - 2\frac{\rho_{xy}}{\sigma_x\sigma_y} + \left(\frac{y}{\sigma_y}\right)^2 \right] \right\}$$

其中

$$\rho_{xy} = \frac{E[XY]}{\sigma_x\sigma_y}, \qquad \sigma_x^2 = E[X^2], \qquad \sigma_y^2 = E[Y^2]$$

$X(t)$，$N(t)$ 是独立的随机过程，求 $I(X, Y)$ 和 C。

解：X 的边缘密度为

$$f_X(x) = \int_{-\infty}^{\infty} f(x, y)\mathrm{d}y = \frac{1}{(2\pi\sigma_x^2)^{1/2}}\exp\left(\frac{-x^2}{2\sigma_x^2}\right)$$

同样地

$$f_Y(y) = \frac{1}{(2\pi\sigma_y^2)^{1/2}}\exp\left[\frac{-y^2}{2\sigma_y^2}\right]$$

$$\frac{f_{XY}(x, y)}{f_X(x)f_Y(y)} = \frac{1}{(1-\rho_1^2)^{1/2}}\exp\left\{ \frac{-\rho_1^2}{2(1-\rho_1^2)}\left[\left(\frac{x}{\sigma_x^2}\right)^2 - \frac{2xy}{\rho_1\sigma_x\sigma_y} + \left(\frac{y}{\sigma_y^2}\right)^2 \right] \right\}$$

其中

$$\rho_1^2 = \sigma_x^2 / \sigma_y^2$$

$$I(X, Y) = \int_{-\infty}^{\infty}\int_{-\infty}^{\infty} f_{xy}(x, y)\log\frac{f_X(x)f_Y(y)}{f_{xy}(x, y)}\mathrm{d}x\mathrm{d}y$$

$$= -\frac{1}{2}\ln(1-\rho_1^2)\int_{-\infty}^{\infty}\int_{-\infty}^{\infty} f_{xy}(x, y)\mathrm{d}x\mathrm{d}y$$

$$- \frac{\rho_1^2}{2(1-\rho_1^2)}\int_{-\infty}^{\infty}\int_{-\infty}^{\infty} f_{XY}(x, y)\left[\left(\frac{x}{\sigma_x}\right)^2 - \frac{2xy}{\rho_1\sigma_x\sigma_y} + \left(\frac{y}{\sigma_y}\right)^2 \right]\mathrm{d}x\mathrm{d}y$$

因此

$$I(X,Y) = -\frac{1}{2}\ln\left(1-\rho_1^2\right)$$

因为 X 和 N 相互独立：

$$\sigma_y^2 = \sigma_x^2 + \sigma_N^2$$

$$\rho_1^2 = \frac{\sigma_x^2}{\sigma_y^2} = \frac{\sigma_x^2}{\sigma_x^2 + \sigma_N^2}$$

所以有

$$I(X,Y) = -\frac{1}{2}\ln\left(1-\frac{\sigma_x^2}{\sigma_x^2+\sigma_N^2}\right) = -\frac{1}{2}\ln\left(\frac{\sigma_N^2}{\sigma_x^2+\sigma_N^2}\right)$$

$$= \frac{1}{2}\ln\left(\frac{\sigma_x^2+\sigma_N^2}{\sigma_N^2}\right) = \frac{1}{2}\ln\left(1+\frac{\sigma_x^2}{\sigma_N^2}\right)$$

设置 $\sigma_x^2 = S, \sigma_N^2 = N_0$，就可以得到：

$$I(X,Y) = \frac{1}{2}\ln\left(1+\frac{S}{N}\right)$$

因此有

$$C = \max_{p(x)} I(X,Y) f_s = \frac{f_s}{2}\ln\left(1+\frac{S}{N_0}\right) = B\ln\left(1+\frac{S}{N_0}\right) \tag{3-109}$$

$$f_s = \frac{1}{T_s} = 2B$$

其中，$2B$ 是当噪声的双边带功率谱密度为 $\eta/2$ Watts/Hz 时，随机信号 X 的功率谱密度带宽，并且有

$$N_0 = \eta B$$

所以等式(3-109)可以化简为

$$C = B\ln\left(1+\frac{S}{\eta B}\right) \tag{3-110}$$

该等式就是香农-哈特利定律，在通信系统设计中提供了能量和带宽之间的权衡关系。

习 题 三

3-1 已知 $X(t)$ 为平稳过程，随机变量 $Y = X(t_0)$，t_0 为常数。判断随机过程 $Z(t) = X(t) + Y$ 的平稳性。

3-2 已知随机过程 $Y(t) = X(t)\cos(\omega_0 t + \Phi)$，其中，随机过程 $X(t)$ 宽平稳，表示幅度；角频率 ω_0 为常数；随机相位 Φ 服从 $(-\pi,\pi)$ 的均匀分布，且与过程 $X(t)$ 相互独立。

(1) 求随机过程 $Y(t)$ 的期望和自相关函数；

(2) 判断随机过程 $Y(t)$ 是否宽平稳。

3-3　已知随机过程 $X(t)$ 由三个样本函数 $X(t,\zeta_1)=2, X(t,\zeta_2)=2\cos t, X(t,\zeta_3)=3\sin t$ 组成，每个样本等概率出现。判断该随机过程 $X(t)$ 是否宽平稳。

3-4　已知平稳过程 $X(t)$ 的自相关函数为 $R_X(\tau)=4\mathrm{e}^{-|\tau|}\cos 3\pi\tau+\cos 3\pi\tau$，求过程 $X(t)$ 的均方值和方差。

3-5　已知随机过程 $X(t)$ 和 $Y(t)$ 相互独立且各自平稳，证明新的随机过程 $Z(t)=X(t)Y(t)$ 也是平稳的。

3-6　已知过程 $X(t)=A\cos t-B\sin t$ 和 $Y(t)=B\cos t+A\sin t$，其中，随机变量 A,B 独立，均值都为 0，方差都为 5。

(1) 证明 $X(t)$ 和 $Y(t)$ 各自平稳且联合平稳；

(2) 求两个过程的互相关函数。

3-7　已知过程 $X(t)$ 和 $Y(t)$ 联合平稳，令 $Z(t)=X(t)Y(t)$。试用 $X(t)$ 和 $Y(t)$ 的自相关函数和互相关函数表示：

(1) $Z(t)$ 的自相关函数 $R_Z(\tau)$；

(2) $X(t)$ 和 $Y(t)$ 独立时的 $R_Z(\tau)$；

(3) $X(t)$ 和 $Y(t)$ 独立且均值都为 0 时的 $R_Z(\tau)$。

3-8　已知随机过程 $X(t)$ 和 $Y(t)$ 独立且各自平稳，自相关函数为

$$R_X(\tau)=2\mathrm{e}^{-|\tau|}\cos\omega_0\tau, R_Y(\tau)=9+\exp(-3\tau^2)$$

令随机过程 $Z(t)=AX(t)Y(t)$，其中，A 是均值为 2、方差为 9 的随机变量，且与 $X(t)$ 和 $Y(t)$ 相互独立。求过程 $Z(t)$ 的均值、方差和自相关函数。

3-9　已知联合平稳的两个随机过程 $X(t)$ 和 $Y(t)$ 为

$$\begin{cases} X(t)=a\cos(\omega_0 t+\varPhi) \\ Y(t)=b\sin(\omega_0 t+\varPhi) \end{cases}$$

其中，a,b,ω_0 皆为常数，随机相位 $\varPhi$ 服从 $(0,2\pi)$ 上的均匀分布。求互相关函数 $R_{XY}(\tau), R_{YX}(\tau)$，并说明互相关函数在 $\tau=0$ 时的意义。

3-10　已知复随机过程

$$Z(t)=\sum_{i=1}^{\infty}A_i\exp(\mathrm{j}\omega_i t)$$

式中，$A_i(i=1,\cdots,n)$ 为 n 个实随机变量，$\omega_i(i=1,\cdots,n)$ 为 n 个实数。求当 $A_i(i=1,\cdots,n)$ 满足什么条件时，$Z(t)$ 复平稳？

3-11　已知随机过程 $X(t)$ 均方可导，证明 $X(t)$ 和其导数 $Y(t)=X'(t)$ 的互相关函数有

$$R_{YX}(t_1,t_2)=\frac{\partial R_X(t_1,t_2)}{\partial t_1}$$

3-12 已知平稳过程 $X(t)$ 均方可导，$Y(t)=X'(t)$。证明 $X(t),Y(t)$ 的互相关函数和 $Y(t)$ 的自相关函数分别为

$$R_{XY}(\tau)=\frac{\mathrm{d}R_X(\tau)}{\mathrm{d}\tau},\quad R_Y(\tau)=\frac{\mathrm{d}^2R_X(\tau)}{\mathrm{d}\tau^2}$$

3-13 已知平稳过程 $X(t)$ 的自相关函数 $R_X(\tau)=2\exp\left(-\frac{1}{2}\tau^2\right)$。求：

(1) 其导数 $Y(t)=X'(t)$ 的自相关函数和方差；

(2) $X(t)$ 和 $Y(t)$ 的方差比。

3-14 已知随机过程 $X(t)=V\cos 3t$，其中，V 是均值和方差皆为 1 的随机变量。令随机过程

$$Y(t)=\frac{1}{t}\int_0^t X(\lambda)\mathrm{d}\lambda$$

求 $Y(t)$ 的均值、自相关函数、协方差函数和方差。

3-15 已知平稳过程 $X(t)$ 的自相关函数为

(1) $R_X(\tau)=6\exp\left(-\frac{|\tau|}{2}\right)$；

(2) $R_X(\tau)=6\dfrac{\sin\pi\tau}{\pi\tau}$。

求当 t 固定时，过程 $X(t)$ 的四个状态 $X(t),X(t+1),X(t+2),X(t+3)$ 的协方差矩阵。

3-16 已知平稳高斯过程 $X(t)$ 的均值为 0，令随机过程 $Y(t)=\left[X(t)\right]^2$。证明

$$R_Y(\tau)=\left[R_X(0)\right]^2+2\left[R_X(\tau)\right]^2$$

3-17 已知随机过程 $X(t)=A\cos(\omega_0 t+\Phi)$，其中，随机相位 Φ 服从 $(0,2\pi)$ 上的均匀分布；A 可能为常数，也可能为随机变量，且若 A 为随机变量，和随机变量 Φ 相互独立。当 A 具备什么条件时，过程各态历经？

第4章 随机信号的频域分析

在信号与系统、信号处理、通信理论及其他许多领域的理论与实际应用中，广泛应用傅里叶变换这一有效工具对确定信号在时域上和频域上的状况进行分析。许多情况下，在时域中需要卷积积分运算的问题，放在频域中只需要乘法运算就可以解决，大大减少了运算量。那么是否也能应用傅里叶变换这一工具对随机过程进行频域分析？随机过程是否也有通常意义的"频谱"呢？下面就从理论上详细讨论随机过程的频域特性。

4.1 实随机过程的功率谱密度

在研究随机过程的频域特性之前，首先对傅里叶变换做一简单回顾。

设确定信号 $s(t)$ 是时间 t 的非周期实函数，其傅里叶变换存在的条件如下。

(1) $s(t)$ 在 $(-\infty,\infty)$ 范围内满足狄利克雷条件。

(2) $\int_{-\infty}^{\infty}\left|s(t)\right|\mathrm{d}t<\infty$（绝对可积）等价条件为 $\int_{-\infty}^{\infty}\left|s(t)\right|^2\mathrm{d}t<\infty$（信号 $s(t)$ 的总能量有限）。

若 $s(t)$ 满足上述条件，则有傅里叶变换对存在：

（正变换）频谱

$$S(\omega)=\int_{-\infty}^{+\infty}s(t)\mathrm{e}^{-\mathrm{j}\omega t}\mathrm{d}t \tag{4-1}$$

（逆变换）信号

$$s(t)=\frac{1}{2\pi}\int_{-\infty}^{+\infty}S(\omega)\mathrm{e}^{\mathrm{j}\omega t}\mathrm{d}\omega \tag{4-2}$$

或者说信号 $s(t)$ 的频谱存在。

工程技术上许多重要的时间函数的总能量是无限的，不能满足傅里叶变换的条件，如正弦函数。因为随机过程样本函数的持续时间无限，其总能量也是无限的，不能满足傅里叶变换的条件，随机过程样本函数的"频谱"不存在。所以，随机过程没有通常意义的"频谱"存在。

然而人们发现，这类信号尽管总能量是无限的，但它们的平均功率却是有限值。即随机过程样本函数平均功率满足傅里叶变换的条件，随机过程样本函数平均功率的频谱存在——功率谱。

4.1.1 实随机过程的功率谱概念

1. 能量谱密度

对于实信号 $s(t)$，由傅里叶变换对可得

$$\int_{-\infty}^{\infty}\left[s(t)\right]^2\mathrm{d}t = \int_{-\infty}^{\infty}s(t)\cdot\left[\frac{1}{2\pi}\int_{-\infty}^{\infty}S(\omega)\mathrm{e}^{\mathrm{j}\omega t}\mathrm{d}\omega\right]\mathrm{d}t = \frac{1}{2\pi}\int_{-\infty}^{\infty}S(\omega)\cdot\left[\int_{-\infty}^{\infty}s(t)\mathrm{e}^{\mathrm{j}\omega t}\mathrm{d}t\right]\mathrm{d}\omega \tag{4-3}$$

$$= \frac{1}{2\pi}\int_{-\infty}^{\infty}S(\omega)\cdot S^*(\omega)\mathrm{d}\omega = \frac{1}{2\pi}\int_{-\infty}^{\infty}\left|S(\omega)\right|^2\mathrm{d}\omega$$

实信号 $s(t)$ 频谱 $S(\omega)$ 一般是 ω 的复函数，有 $S^*(\omega)=S(-\omega)$，"*"表示复共轭。

由上述推导过程得

$$\int_{-\infty}^{\infty}\left[s(t)\right]^2\mathrm{d}t = \frac{1}{2\pi}\int_{-\infty}^{\infty}\left|S(\omega)\right|^2\mathrm{d}\omega \tag{4-4}$$

称为帕塞瓦尔等式。等式左边表示 $s(t)$ 在时间 $(-\infty,\infty)$ 上的总能量，右边是对 $\left|S(\omega)\right|^2$ 在整个频域上的积分。因此被积函数 $\left|S(\omega)\right|^2$ 则称为 $s(t)$ 的能量谱密度。

2. 实随机信号的平均功率

若要将傅里叶变换应用于实随机过程，必须对过程的样本函数做某些限制，最简单的一种方法是应用截取函数，如图 4.1 所示。

实随机过程 $X(t)$ 的样本函数 $X(t,\zeta_k)=x_k(t)$ 中任意截取 $2T$ 长的一段 $x_{kT}(t)$

$$x_{kT}(t)=\begin{cases}x_k(t), & |t|\leqslant T\\ 0, & |t|>T\end{cases} \tag{4-5}$$

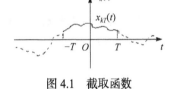

图 4.1　截取函数

称 $x_{kT}(t)$ 为样本函数 $x_k(t)$ 的截取函数。

则当 T 为有限值时，截取函数 $x_{kT}(t)$ 满足绝对可积条件，其傅里叶变换存在，即

$$\mathcal{X}_{kT}(\omega) = \int_{-\infty}^{\infty}x_{kT}(t)\mathrm{e}^{-\mathrm{j}\omega t}\mathrm{d}t = \int_{-T}^{T}x_k(t)\mathrm{e}^{-\mathrm{j}\omega t}\mathrm{d}t \tag{4-6}$$

$$x_{kT}t = \frac{1}{2\pi}\int_{-\infty}^{+\infty}\mathcal{X}_{kT}(\omega)\mathrm{e}^{\mathrm{j}\omega t}\mathrm{d}\omega \tag{4-7}$$

可见，$\mathcal{X}_{kT}(\omega)=\mathcal{X}_{T}(\omega,\zeta_k)$ 为 $x_{kT}(t)$ 的频谱函数。据帕塞瓦尔等式，有如下关系

$$\int_{-\infty}^{+\infty}x_{kT}^2(t)\mathrm{d}t = \int_{-T}^{T}x_k^2(t)\mathrm{d}t = \frac{1}{2\pi}\int_{-\infty}^{+\infty}\left|\mathcal{X}_{kT}(\omega)\right|^2\mathrm{d}\omega \tag{4-8}$$

若随机过程 $X(t)$ 代表一噪声电压(或电流)，则 $\int_{-T}^{T}x_k^2(t)\mathrm{d}t$ 表示噪声的一个样本 ζ_k 在时间 $(-T,T)$ 内消耗在 1Ω 电阻上的总能量。这个总能量在 $(-T,T)$ 上求时间平均的极限为

$$P_k = \lim_{T\to\infty}\frac{1}{2T}\int_{-T}^{T}x_k^2(t)\mathrm{d}t = \lim_{T\to\infty}\frac{1}{4\pi T}\int_{-\infty}^{\infty}\left|\mathcal{X}_{kT}(\omega)\right|^2\mathrm{d}\omega \tag{4-9}$$

则 P_k 表示随机过程的样本函数 $x_k(t)$ 消耗在 1Ω 电阻上的平均功率。一般称为随机过程样本函数 $x_k(t)$ 的平均(时间平均)功率。

因为样本 ζ_k 对应的样本函数 $x_k(t)$ 是个确定函数，所以平均功率 P_k 是个值。对于不同的 ζ_k，样本函数 $x_k(t)$ 不同，P_k 也不同。对应于试验结果 $\zeta\in\Omega$，所有样本函数的平均功

率 P_k 的总体 $\{P_k\} = P_\Delta(\zeta)$ 是一个随机变量。

$$P_\Delta(\zeta) = \lim_{T \to \infty} \frac{1}{2T} \int_{-T}^{T} X^2(t,\zeta) \mathrm{d}t = \lim_{T \to \infty} \frac{1}{4\pi T} \int_{-\infty}^{\infty} |X_T(\omega,\zeta)|^2 \mathrm{d}\omega \tag{4-10}$$

其中，$X(t,\zeta) = X(t)$ 代表一个随机过程，$X_T(\omega,\zeta) = X_T(\omega)$ 代表随机过程的截取函数的频谱。

若对 $P_\Delta(\zeta)$ 取统计平均

$$\boldsymbol{P} = E[P_\Delta(\zeta)] = \lim_{T \to \infty} \frac{1}{2T} \int_{-T}^{T} E[X^2(t)] \mathrm{d}t = \frac{1}{2\pi} \int_{-\infty}^{\infty} \lim_{T \to \infty} \frac{1}{2T} E[|X_T(\omega)|^2] \mathrm{d}\omega \tag{4-11}$$

则定义所得的确定值 $\boldsymbol{P}$ 为随机过程 $X(t)$ 的平均功率。

3. 功率谱密度

1）功率谱密度的定义

由随机过程 $X(t)$ 的平均功率的定义式，右端的被积函数记作

$$G_X(\omega) = \lim_{T \to \infty} \frac{1}{2T} E[|X_T(\omega)|^2] \tag{4-12}$$

则 $G_X(\omega)$ 在整个频域上的积分，被定义为随机过程的平均功率。那么被积函数 $G_X(\omega)$ 则表示随机过程 $X(t)$ 在不同频率上的单位频带内消耗在 1Ω 电阻上的平均功率。

由于 $G_X(\omega)$ 描述了随机过程 $X(t)$ 的各个平均功率在各个频率上的分布状况，因此称为随机过程的功率谱密度。

同理可得，样本函数 $x_k(t)$ 的功率谱密度为

$$G_k(\omega) = \lim_{T \to \infty} \frac{1}{2T} |\mathcal{X}_{kT}(\omega)|^2 \tag{4-13}$$

由于 $\lim\limits_{T \to \infty} \frac{1}{2T} \int_{-T}^{T} (\cdot) \mathrm{d}t = \overline{(\cdot)}$ 表示时间平均，因此平均功率和功率谱密度相互关系也可表示为

$$\boldsymbol{P} = \lim_{T \to \infty} \frac{1}{2T} \int_{-T}^{T} E[X^2(t)] \mathrm{d}t = \overline{E[X^2(t)]} = \frac{1}{2\pi} \int_{-\infty}^{\infty} G_X(\omega) \mathrm{d}\omega \tag{4-14}$$

即随机过程的平均功率，可以通过对过程的均方值 $E[X^2(t)]$ 求时间平均来获得。

2）平稳过程的平均功率

若 $X(t)$ 为平稳过程，均方值 $E[X^2(t)] = R(0)$ 为常数，则平均功率可表示为

$$\boldsymbol{P} = \overline{E[X^2(t)]} = \overline{R(0)} = R(0) = E[X^2(t)] \tag{4-15}$$

3）各态历经过程的平均功率

由 $\overline{X(t,\zeta)} \overset{\text{a.e}}{=} \overline{x_k(t)}$ 得知，各态历经过程 $X(t)$ 的所有样本函数的时间平均都以概率 1 相同，与 $\zeta \in \Omega$ 无关。因此可以由式(4-9)、式(4-10)推出

$$（随机变量）\quad P_\Delta(\zeta) = \overline{X^2(t,\zeta)} \overset{\text{a·e}}{=} \overline{x_k^2(t)} = P_k \quad （常数） \tag{4-16}$$

而

$$\boldsymbol{P} = E\big[P_\Delta(\zeta)\big] \overset{\text{a·e}}{=} E[P_k] = P_k \tag{4-17}$$

即各态历经过程 $X(t)$ 的平均功率 $\boldsymbol{P}$ 与其样本函数的平均功率 P_k 以概率 1 相等。所以，各态历经过程 $X(t)$ 的平均功率 $\boldsymbol{P}$ 可以由一个样本函数的平均功率 P_k 来代替。

4）各态历经过程的功率谱密度

同理，由各态历经性可以推出

$$G_X(\omega,\zeta) = \lim_{T\to\infty} \frac{1}{2T}\big|X_T(\omega,\zeta)\big|^2 \overset{\text{a·e}}{=} \lim_{T\to\infty} \frac{1}{2T}\big|\mathscr{X}_{kT}(\omega)\big|^2 = G_k(\omega) \tag{4-18}$$

因此有

$$G_X(\omega) = E\big[G_X(\omega,\zeta)\big] \overset{\text{a·e}}{=} E\big[G_k(\omega)\big] = G_k(\omega) = \lim_{T\to\infty} \frac{1}{2T}\big|\mathscr{X}_{kT}(\omega)\big|^2 \tag{4-19}$$

可得结论：

(1) 各态历经过程的平均功率 $\boldsymbol{P}$ 与其样本函数的平均功率 P_k 以概率 1 相等。

(2) 各态历经过程的功率谱密度 $G_X(\omega)$ 与其样本函数的功率谱密度 $G_k(\omega)$ 以概率 1 相等。

综上所述，功率谱密度 $G_X(\omega)$ 是从频率角度描述随机过程 $X(t)$ 统计规律的最主要的数字特征。但必须指出，$G_X(\omega)$ 仅仅描述了随机过程 $X(t)$ 的平均功率按频率分布的情况。

5）实随机过程功率谱密度的性质

功率谱密度是随机过程在频域中主要的统计特征。它具有下列重要性质。

(1) 功率谱密度非负，满足

$$G_X(\omega) \geqslant 0 \tag{4-20}$$

(2) 功率谱密度是 ω 的实函数，满足

$$G_X^*(\omega) = G_X(\omega) \tag{4-21}$$

(3) 功率谱密度是 ω 的偶函数，满足

$$G_X(\omega) = G_X(-\omega) \tag{4-22}$$

证明：根据傅里叶变换的性质，当截取函数 $x_{iT}(t)$ 为 t 的实函数时，其频谱有

$$\mathscr{X}_{iT}(\omega) = \mathscr{X}_{iT}^*(-\omega) \Rightarrow \mathscr{X}_{iT}^*(\omega) = \mathscr{X}_{iT}(-\omega) \tag{4-23}$$

所以对于过程 $X(t)$ 截尾函数的频谱有

$$X_T(\omega) = X_T^*(-\omega) \Rightarrow X_T^*(\omega) = X_T(-\omega)$$

代入功率谱的定义式

$$\begin{aligned}
G_X(\omega) &= \lim_{T\to\infty} \frac{1}{2T} E\big[\big|X_T(\omega)\big|^2\big] = \lim_{T\to\infty} \frac{1}{2T} E\big[X_T^*(\omega)X_T(\omega)\big] \\
&= \lim_{T\to\infty} \frac{1}{2T} E\big[X_T(-\omega)X_T^*(-\omega)\big] = G_X(-\omega)
\end{aligned} \tag{4-24}$$

(4) 平稳过程的功率谱密度可积，满足

$$\int_{-\infty}^{\infty} G_X(\omega)\mathrm{d}\omega < \infty \tag{4-25}$$

证明：平稳过程的平均功率

$$P = E[X^2(t)] = \frac{1}{2\pi}\int_{-\infty}^{\infty} G_X(\omega)\mathrm{d}\omega \tag{4-26}$$

由平稳过程的第三个条件可知，它的均方值有限，满足 $E[X^2(t)] < \infty$。得证。

(5)若平稳过程的功率谱密度可以表示为有理函数形式

$$G_X(\omega) = G_0 \frac{\omega^{2m} + a_{2m-2}\omega^{2m-2} + \cdots + a_0}{\omega^{2n} + b_{2n-2}\omega^{2n-2} + \cdots + b_0} \tag{4-27}$$

由性质(1)和性质(4)要求上式满足：$G_0 > 0$；有理式的分母无实数根(在实轴上无极点)，且 $n > m$。

例 4.1　利用功率谱密度的性质，判断下列函数，哪些可能成为平稳过程的功率谱密度？

$$f_1(\omega) = \cos 3\omega, \quad f_2(\omega) = \frac{1}{(\omega-1)^2 + 2}$$

$$f_3(\omega) = \frac{\omega^2 + 1}{\omega^4 + 5\omega^2 + 6}, \quad f_4(\omega) = \frac{\omega^2 + 4}{\omega^4 - 4\omega^2 + 3}$$

解：只有 $f_3(\omega)$ 可能，因为 $f_1(\omega) < 0$，$f_2(\omega)$ 非偶，$f_4(\omega)$ 在实数轴上有极点。

4.1.2　实平稳过程的功率谱密度与自相关函数之间的关系

1. 维纳-欣钦定理

众所周知，确定信号 $s(t)$ 与它的频谱 $S(\omega)$ 在时域和频域之间构成一对傅里叶变换。可以证明，平稳随机信号的自相关函数与其功率谱密度之间也构成一对傅里叶变换。下面就来推导这一关系式。

由功率谱密度的推导可知

$$G_X(\omega) = \lim_{T \to \infty} \frac{1}{2T} E\left[\left|X_T(\omega)\right|^2\right] = \lim_{T \to \infty} \frac{1}{2T} E\left[X_T^*(\omega) X_T(\omega)\right] \tag{4-28}$$

式中，截取函数的频谱

$$X_T(\omega) = \int_{-T}^{T} X(t)\mathrm{e}^{-\mathrm{j}\omega t}\mathrm{d}t \tag{4-29}$$

则实过程 $X(t)$ 的功率谱密度表示为

$$\begin{aligned}
G_X(\omega) &= \lim_{T \to \infty} \frac{1}{2T} E\left[\int_{-T}^{T} X(t_1)\mathrm{e}^{\mathrm{j}\omega t_1}\mathrm{d}t_1 \cdot \int_{-T}^{T} X(t_2)\mathrm{e}^{-\mathrm{j}\omega t_2}\mathrm{d}t_2\right] \\
&= \lim_{T \to \infty} \frac{1}{2T} \int_{-T}^{T}\int_{-T}^{T} E\left[X(t_1)X(t_2)\right]\mathrm{e}^{-\mathrm{j}\omega(t_2-t_1)}\mathrm{d}t_1\mathrm{d}t_2 \\
&= \lim_{T \to \infty} \frac{1}{2T} \int_{-T}^{T}\int_{-T}^{T} R_X(t_1,t_2)\mathrm{e}^{-\mathrm{j}\omega(t_2-t_1)}\mathrm{d}t_1\mathrm{d}t_2
\end{aligned} \tag{4-30}$$

式中，$R_X\left(t_1,t_2\right)$ 只在 $-T\leqslant t_1,t_2\leqslant T$ 存在。令 $t=t_1,\tau=t_2-t_1=t_2-t$。代入上式进行变量置换，如图 4.2 所示。可得

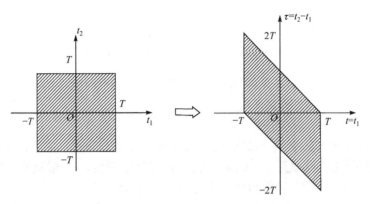

图 4.2　维纳-欣钦定理推导中的变量置换

$$
\begin{aligned}
G_X(\omega) &= \lim_{T\to\infty}\frac{1}{2T}\left\{\int_{-2T}^{0}\left[\int_{-T-\tau}^{T}R_X\left(t,t+\tau\right)\mathrm{d}t\right]\mathrm{e}^{-\mathrm{j}\omega\tau}\mathrm{d}\tau+\int_{0}^{2T}\left[\int_{-T}^{T-\tau}R_X\left(t,t+\tau\right)\mathrm{d}t\right]\mathrm{e}^{-\mathrm{j}\omega\tau}\mathrm{d}\tau\right\}\\
&=\int_{-\infty}^{0}\left[\lim_{T\to\infty}\frac{1}{2T}\int_{-T-\tau}^{T}R_X\left(t,t+\tau\right)\mathrm{d}t\right]\mathrm{e}^{-\mathrm{j}\omega\tau}\mathrm{d}\tau+\int_{0}^{+\infty}\left[\lim_{T\to\infty}\frac{1}{2T}\int_{-T}^{T-\tau}R_X\left(t,t+\tau\right)\mathrm{d}t\right]\mathrm{e}^{-\mathrm{j}\omega\tau}\mathrm{d}\tau\\
&=\int_{-\infty}^{0}\overline{R_X\left(t,t+\tau\right)}\,\mathrm{e}^{-\mathrm{j}\omega\tau}\mathrm{d}\tau+\int_{0}^{+\infty}\overline{R_X\left(t,t+\tau\right)}\,\mathrm{e}^{-\mathrm{j}\omega\tau}\mathrm{d}\tau\\
&=\int_{-\infty}^{+\infty}\overline{R_X\left(t,t+\tau\right)}\,\mathrm{e}^{-\mathrm{j}\omega\tau}\mathrm{d}\tau\\
&=F\left[\overline{R_X\left(t,t+\tau\right)}\right]
\end{aligned}
$$

$$(4\text{-}31)$$

由傅里叶变换的定义，上式成立的条件是 $\overline{R_X\left(t,t+\tau\right)}$ 绝对可积。根据傅里叶变换的唯一性，必有

$$\overline{R_X\left(t,t+\tau\right)}=F^{-1}\left[G_X\left(\omega\right)\right]=\frac{1}{2\pi}\int_{-\infty}^{\infty}G_X\left(\omega\right)\mathrm{e}^{\mathrm{j}\omega\tau}\mathrm{d}\omega \tag{4-32}$$

所以，任意随机过程 $X(t)$ 自相关函数的时间平均与其功率谱密度互为傅里叶变换，有

$$\overline{R_X\left(t,t+\tau\right)}\underset{F^{-1}}{\overset{F}{\rightleftharpoons}}G_X\left(\omega\right) \tag{4-33}$$

当随机过程 $X(t)$ 是平稳过程时，其自相关函数 $R_X\left(t_1,t_2\right)=R_X\left(t,t+\tau\right)=R_X\left(\tau\right)$ 与 t 无关。则

$$\overline{R_X\left(t,t+\tau\right)}=\overline{R_X\left(\tau\right)}=R_X\left(\tau\right) \tag{4-34}$$

只要 $R_X\left(\tau\right)$ 绝对可积，满足

$$\int_{-\infty}^{\infty}\left|R_X\left(\tau\right)\right|\mathrm{d}\tau<\infty \tag{4-35}$$

则

$$G_X(\omega) = \int_{-\infty}^{+\infty} R_X(\tau) e^{-j\omega\tau} d\tau \tag{4-36}$$

同理

$$R_X(\tau) = \frac{1}{2\pi} \int_{-\infty}^{+\infty} G_X(\omega) e^{j\omega\tau} d\omega \tag{4-37}$$

所以平稳过程的自相关函数与其功率谱密度之间是一对傅里叶变换关系

$$R_X(\tau) \underset{F^{-1}}{\overset{F}{\rightleftharpoons}} G_X(\omega) \tag{4-38}$$

这一关系就是著名的维纳-欣钦定理，或称为维纳-欣钦公式。它给出了平稳过程的时域特性和频域特性之间的联系。可以说，它是分析随机过程的一个最重要、最基本的公式。

利用平稳过程的自相关函数和功率谱密度皆为偶函数，维纳-欣钦定理可表示为

$$\begin{cases} G_X(\omega) = 2\int_0^\infty R_X(\tau)\cos\omega\tau d\tau \\ R_X(\tau) = \frac{1}{\pi}\int_0^\infty G_X(\omega)\cos\omega\tau d\omega \end{cases} \tag{4-39}$$

2. 维纳-欣钦定理的推广

应该指出，以上讨论的维纳-欣钦定理是在随机过程的 $R_X(\tau)$ 满足绝对可积的条件下推出的。它要求随机过程的均值为常数，且 $R_X(\tau)$ 中不能含有周期分量。而实际中含有直流分量和周期分量的随机过程很多，绝对可积的条件限制了定理的应用。

通过借助 δ 函数，就可以不受此条件的限制。即将直流分量与周期分量在各个频率点上的无限值用一个 δ 函数来表示，借助 δ 函数的傅里叶变换，则维纳-欣钦公式就可以推广到含有直流或周期成分的平稳过程中。

δ 函数的时域和频域傅里叶变换为

$$\begin{cases} \delta(\tau) \Leftrightarrow 1 \\ \dfrac{1}{2\pi} \Leftrightarrow \delta(\omega) \end{cases} \tag{4-40}$$

周期函数的傅里叶变换对为

$$\begin{cases} \cos(\omega_0\tau) \Leftrightarrow \pi[\delta(\omega-\omega_0)+\delta(\omega+\omega_0)] \\ \sin(\omega_0\tau) \Leftrightarrow \dfrac{\pi[\delta(\omega-\omega_0)-\delta(\omega+\omega_0)]}{j} \end{cases} \tag{4-41}$$

δ 函数与连续函数 $s(t)$ 的乘积公式为

$$\begin{cases} s(t)\cdot\delta(t-\tau) = s(\tau)\cdot\delta(t-\tau) \\ s(t)\cdot\delta(t) = s(0)\cdot\delta(t) \end{cases} \tag{4-42}$$

例 4.2　已知一个电报信号是平稳随机过程，其自相关函数 $R_X(\tau) = Ae^{-\beta|\tau|}$，$A>0$，$\beta>0$，如图 4.3(a) 所示。求该电报信号的功率谱密度。

解： 因为在 $R_X(\tau)$ 的表示式中包含有 $|\tau|$ 项，因此在应用维纳-欣钦公式求积分时，应将积分按 $+\tau$ 和 $-\tau$ 分成两部分进行。

$$G_X(\omega) = \int_{-\infty}^{0} A\mathrm{e}^{\beta\tau}\mathrm{e}^{-\mathrm{j}\omega\tau}\mathrm{d}\tau + \int_{0}^{\infty} A\mathrm{e}^{-\beta\tau}\mathrm{e}^{-\mathrm{j}\omega\tau}\mathrm{d}\tau = A\frac{\mathrm{e}^{(\beta-\mathrm{j}\omega)\tau}}{(\beta-\mathrm{j}\omega)}\bigg|_{-\infty}^{0} + A\frac{\mathrm{e}^{-(\beta+\mathrm{j}\omega)\tau}}{-(\beta+\mathrm{j}\omega)}\bigg|_{0}^{\infty}$$

$$= A\left[\frac{1}{\beta-\mathrm{j}\omega} + \frac{1}{\beta+\mathrm{j}\omega}\right] = \frac{2A\beta}{\beta^2+\omega^2}$$

计算出来的 $G_X(\omega)$ 如图 4.3(b) 所示。

例 4.3 已知随机相位过程 $X(t) = A\cos(\omega_0 t + \theta)$，其中，$A$、$\omega_0$ 为实常数，θ 为随机相位，服从 $(0,2\pi)$ 上的均匀分布。可证其平稳过程，且自相关函数为

$$R_X(\tau) = \frac{A^2}{2}\cos(\omega_0\tau)$$

求 $X(t)$ 的功率谱密度 $G_X(\omega)$。

解： $R_X(\tau)$ 含有周期分量，引入 δ 函数可得

$$G_X(\omega) = \frac{A^2}{4}\int_{-\infty}^{\infty}\left[\mathrm{e}^{\mathrm{j}\omega_0\tau} + \mathrm{e}^{-\mathrm{j}\omega_0\tau}\right]\mathrm{e}^{-\mathrm{j}\omega\tau}\mathrm{d}\tau = \frac{A^2\pi}{2}\left[\delta(\omega-\omega_0) + \delta(\omega+\omega_0)\right]$$

表示 $X(t)$ 的功率谱密度为在 $\pm\omega_0$ 处的 δ 函数，功率集中在 $\pm\omega_0$ 处，如图 4.4 所示。

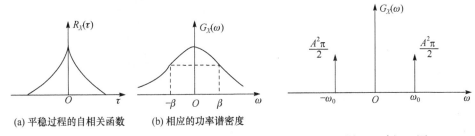

(a) 平稳过程的自相关函数　　(b) 相应的功率谱密度

图 4.3　例 4.2 图　　　　　　　　　　图 4.4　例 4.3 图

例 4.4 已知平稳过程 $X(t)$，具有功率谱密度为

$$G_X(\omega) = \frac{16}{\omega^4 + 13\omega^2 + 36}$$

求该过程的自相关函数和均方值。

解： 由例 4.2 知

$$R_X(\tau) = A\mathrm{e}^{-\beta|\tau|} \Leftrightarrow G_X(\omega) = \frac{2A\beta}{\beta^2+\omega^2}$$

为了利用傅里叶变换关系，可以将 $G_X(\omega)$ 用部分分式法展开

$$G_X(\omega) = \frac{16}{\omega^4 + 13\omega^2 + 36} = \frac{16}{(\omega^2+4)(\omega^2+9)} = \frac{16/5}{\omega^2+4} - \frac{16/5}{\omega^2+9}$$

于是，$R_X 0\tau$ 应当具有如下形式

$$R_X(\tau) = F^{-1}\left[G_X(\omega)\right] = F^{-1}\left[\frac{16/5}{\omega^2+4}\right] - F^{-1}\left[\frac{16/5}{\omega^2+9}\right]$$

由于

$$\frac{16/5}{\omega^2+4} = \frac{2\times2\times4/5}{\omega^2+4}, \qquad \frac{16/5}{\omega^2+9} = \frac{2\times3\times8/15}{\omega^2+9}$$

故 $A_1 = \dfrac{4}{5}, \beta_1 = 2$；$A_2 = \dfrac{8}{15}, \beta_2 = 3$，可得

$$R_X(\tau) = \frac{4}{5}e^{-2|\tau|} - \frac{8}{15}e^{-3|\tau|}$$

$X(t)$ 的均方值为

$$E\left[X^2(t)\right] = R_X(0) = \frac{4}{5} - \frac{8}{15} = \frac{4}{15}$$

3. 物理功率谱密度

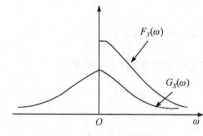

图 4.5　物理功率谱密度

前面定义的功率谱密度分布在 $(-\infty, \infty)$ 整个频率范围之内，故常称它为双边谱密度。由于实际应用中 $\omega < 0$ 负频率并不存在，公式中的负频率纯粹只有数学上的意义和运算的方便，因此有时也采用另一种仅在 $\omega \geqslant 0$ 正频率范围分布的功率谱密度，定义为物理功率谱密度，记作 $F_X(\omega)$。又称单边谱密度，如图 4.5 所示。

$F_X(\omega)$ 与 $G_X(\omega)$ 的关系如下：

$$F_X(\omega) = 2G_X(\omega)U(\omega) = \begin{cases} 2G_X(\omega), & \omega \geqslant 0 \\ 0, & \omega < 0 \end{cases} \tag{4-43}$$

其中，阶跃函数

$$U(\omega) = \begin{cases} 1, & \omega \geqslant 0 \\ 0, & \omega < 0 \end{cases} \tag{4-44}$$

若用物理功率谱密度 $F_X(\omega)$ 表示平稳随机过程的自相关函数及平均功率为

$$R_X(\tau) = \frac{1}{2\pi}\int_0^\infty F_X(\omega)e^{j\omega t}d\omega \tag{4-45}$$

$$P = R_X(0) = \frac{1}{2\pi}\int_0^\infty F_X(\omega)d\omega \tag{4-46}$$

本书讨论的功率谱密度，若不加说明，皆指双边谱密度(功率谱密度)。

4.2　两个实随机过程的互功率谱密度

在第 3 章已经建立两个实随机过程联合平稳的概念。下面将单个实随机过程的功率谱

密度的概念，以及相应的分析方法推广到两个随机过程中。

1. 互功率谱密度

1）互平均功率的定义

考虑两个平稳实随机过程 $X(t), Y(t)$ ，仿照功率谱密度所用的方法，定义过程 $X(t)$ 和 $Y(t)$ 样本函数 $x_k(t)$ 和 $y_k(t)$ 的两个截取函数 $x_{kT}(t), y_{kT}(t)$ 为

$$x_{kT}(t) = \begin{cases} x_k(t), & -T < t < T \\ 0, & 其他 \end{cases}, \quad y_{kT}(t) = \begin{cases} y_k(t), & -T < t < T \\ 0, & 其他 \end{cases} \tag{4-47}$$

因为截取函数 $x_{kT}(t), y_{kT}(t)$ 都满足绝对可积的条件，所以它们的傅里叶变换存在，于是有

$$x_{kT}(t) \xrightleftharpoons[F^{-1}]{F} \mathcal{X}_{kT}(\omega), \quad y_{kT}(t) \xrightleftharpoons[F^{-1}]{F} \mathcal{Y}_{kT}(\omega) \tag{4-48}$$

由于 $x_{kT}(t), y_{kT}(t)$ 的傅里叶变换存在，故帕塞瓦尔定理对它们也适用，即

$$\int_{-\infty}^{\infty} x_{kT}^*(t) y_{kT}(t) \mathrm{d}t = \int_{-T}^{T} x_k^*(t) y_k(t) \mathrm{d}t = \frac{1}{2\pi} \int_{-\infty}^{\infty} \mathcal{X}_{kT}^*(\omega) \mathcal{Y}_{kT}(\omega) \mathrm{d}\omega \tag{4-49}$$

因为 $X(t), Y(t)$ 为实过程，所以 $x_{kT}^*(t) = x_{kT}(t)$，$y_{kT}^*(t) = y_{kT}(t)$ 。因此可得两个随机过程的样本函数 $x_k(t)$ 和 $y_k(t)$ 的互平均功率

$$P_k = \lim_{T \to \infty} \frac{1}{2T} \int_{-T}^{T} x_k(t) y_k(t) \mathrm{d}t = \lim_{T \to \infty} \frac{1}{2\pi} \int_{-\infty}^{\infty} \frac{1}{2T} \mathcal{X}_{kT}^*(\omega) \mathcal{Y}_{kT}(\omega) \mathrm{d}\omega \tag{4-50}$$

由于 $x_{kT}(t), y_{kT}(t)$ 以及 $\mathcal{X}_{kT}(\omega), \mathcal{Y}_{kT}(\omega)$ 都是试验结果 ζ_k 的函数，而 $\zeta \in \Omega$ ，则相对于所有试验结果的互平均功率 $\{P_k\} = P_\Delta(\zeta)$ 是一个随机变量。因此，定义统计平均后的确定值 P_{XY} 为 $X(t), Y(t)$ 两个随机过程的互平均功率

$$P_{XY} = E[P_\Delta(\zeta)] = E\left[\lim_{T \to \infty} \frac{1}{2\pi} \int_{-T}^{T} X(t) Y(t) \mathrm{d}t \right] = E\left[\lim_{T \to \infty} \frac{1}{2\pi} \int_{-\infty}^{\infty} \frac{1}{2T} X_T^*(\omega) Y_T(\omega) \mathrm{d}\omega \right] \tag{4-51}$$

交换期望与极限的次序有

$$\begin{aligned} P_{XY} &= \lim_{T \to \infty} \frac{1}{2T} \int_{-T}^{T} E[X(t) Y(t)] \mathrm{d}t = \lim_{T \to \infty} \frac{1}{2T} \int_{-T}^{T} R_{XY}(t,t) \mathrm{d}t \\ &= \frac{1}{2\pi} \int_{-\infty}^{\infty} \lim_{T \to \infty} \frac{1}{2T} E[X_T^*(\omega) Y_T(\omega)] \mathrm{d}\omega \end{aligned} \tag{4-52}$$

2）互功率谱密度的定义

定义 $X(t), Y(t)$ 两个随机过程的互功率谱密度为

$$G_{XY}(\omega) = \lim_{T \to \infty} \frac{1}{2T} E[X_T^*(\omega) Y_T(\omega)] \tag{4-53}$$

则互平均功率为

$$P_{XY} = \frac{1}{2\pi} \int_{-\infty}^{\infty} G_{XY}(\omega) \mathrm{d}\omega \tag{4-54}$$

同理可得，$X(t),Y(t)$ 的另一个互功率谱密度为

$$G_{YX}(\omega) = \lim_{T \to \infty} \frac{1}{2T} E\left[Y_T^*(\omega) X_T(\omega)\right] \tag{4-55}$$

$X(t),Y(t)$ 的另一个互平均功率为

$$P_{YX} = \frac{1}{2\pi} \int_{-\infty}^{\infty} G_{YX}(\omega) \mathrm{d}\omega \tag{4-56}$$

比较可得两个互平均谱密度关系为

$$G_{XY}(\omega) = G_{YX}^*(\omega) \tag{4-57}$$

2. 互谱密度与互相关函数的关系

如单个实平稳过程自相关函数与其功率谱密度之间的关系一样，两个实平稳过程互相关函数与互谱密度之间也存在着类似的关系。对于两个实随机过程 $X(t),Y(t)$，其互谱密度 $G_{XY}(\omega)$ 与其互相关函数 $R_{XY}(t,t+\tau)$ 之间的关系为

$$G_{XY}(\omega) = \int_{-\infty}^{\infty} \overline{R_{XY}(t,t+\tau)}\, \mathrm{e}^{-\mathrm{j}\omega\tau} \mathrm{d}\tau \tag{4-58}$$

即

$$\overline{R_{XY}(t,t+\tau)} \underset{F^{-1}}{\overset{F}{\rightleftharpoons}} G_{XY}(\omega) \tag{4-59}$$

若 $X(t),Y(t)$ 联合平稳，则有

$$R_{XY}(\tau) \underset{F^{-1}}{\overset{F}{\rightleftharpoons}} G_{XY}(\omega) \tag{4-60}$$

即两个联合平稳的实随机过程，它们的互谱密度与互相关函数为一傅里叶变换对

$$\begin{cases} G_{XY}(\omega) = \int_{-\infty}^{\infty} R_{XY}(\tau) \mathrm{e}^{-\mathrm{j}\omega\tau} \mathrm{d}\tau \\ R_{XY}(\tau) = \frac{1}{2\pi} \int_{-\infty}^{\infty} G_{XY}(\omega) \mathrm{e}^{\mathrm{j}\omega\tau} \mathrm{d}\omega \end{cases} \tag{4-61}$$

3. 互谱密度的性质

两个随机过程的互功率谱密度与单个随机过程的功率谱密度不同，它不再是频率 ω 的非负、实的、偶函数。下面列出互功率谱密度的若干性质。

(1)互谱密度非偶函数，满足

$$G_{XY}(\omega) = G_{YX}^*(\omega) = G_{YX}(-\omega) \tag{4-62}$$

(2)互谱密度的实部为 ω 的偶函数，即

$$\begin{cases} \mathrm{Re}\left[G_{XY}(\omega)\right] = \mathrm{Re}\left[G_{XY}(-\omega)\right] \\ \mathrm{Re}\left[G_{YX}(\omega)\right] = \mathrm{Re}\left[G_{YX}(-\omega)\right] \end{cases} \tag{4-63}$$

式中，$\mathrm{Re}[\cdot]$ 表示实部。

（3）互谱密度的虚部为 ω 的奇函数，即

$$\begin{cases} \mathrm{Im}\big[G_{XY}(\omega)\big] = -\mathrm{Im}\big[G_{XY}(-\omega)\big] \\ \mathrm{Im}\big[G_{YX}(\omega)\big] = -\mathrm{Im}\big[G_{YX}(-\omega)\big] \end{cases} \tag{4-64}$$

式中，$\mathrm{Im}[\cdot]$ 表示虚部。

（4）若 $X(t), Y(t)$ 正交，则有

$$G_{XY}(\omega) = G_{YX}(\omega) = 0 \tag{4-65}$$

（5）若 $X(t), Y(t)$ 不相关，且分别具有常数均值 m_X 和 m_Y，则

$$\begin{cases} R_{XY}(t, t+\tau) = m_X m_Y \\ G_{XY}(\omega) = G_{YX}(\omega) = 2\pi m_X m_Y \delta(\omega) \end{cases} \tag{4-66}$$

（6）互相关函数和互谱密度满足

$$\begin{cases} \overline{R_{XY}(t, t+\tau)} \Leftrightarrow G_{XY}(\omega) \\ \overline{R_{YX}(t, t+\tau)} \Leftrightarrow G_{YX}(\omega) \end{cases} \tag{4-67}$$

例 4.5　设两个随机过程 $X(t), Y(t)$ 联合平稳，其互相关函数

$$R_{XY}(\tau) = \begin{cases} 9\mathrm{e}^{-3\tau}, & \tau \geqslant 0 \\ 0, & \tau < 0 \end{cases}$$

求互谱密度 $G_{XY}(\omega)$ 和 $G_{YX}(\omega)$。

解：由联合平稳过程互相关函数和互谱密度的傅里叶变换对关系，可得

$$G_{XY}(\omega) = \int_{-\infty}^{\infty} R_{XY}(\tau)\mathrm{e}^{-\mathrm{j}\omega\tau}\mathrm{d}\tau = \int_{-\infty}^{\infty} 9\mathrm{e}^{-3\tau}\mathrm{e}^{-\mathrm{j}\omega\tau}\mathrm{d}\tau = 9\int_{0}^{\infty} \mathrm{e}^{-(3+\mathrm{j}\omega)\tau}\mathrm{d}\tau = \frac{9}{3+\mathrm{j}\omega}$$

可见，$G_{XY}(\omega)$ 是 ω 的复函数。根据互谱密度的性质（1），可得

$$G_{YX}(\omega) = G_{XY}^{*}(\omega) = \frac{9}{3-\mathrm{j}\omega}$$

4.3　白　噪　声

4.3.1　理想白噪声

1）白噪声的定义

若平稳过程 $N(t)$ 的均值为零，功率谱密度在整个频率轴 $(-\infty, +\infty)$ 上均匀分布，满足

$$G_N(\omega) = \frac{1}{2}N_0 \tag{4-68}$$

其中，N_0 为正实常数，则称此过程为白噪声过程，简称白噪声。

"白"是借用了光学中"白光"这一术语。因为白光的光谱包含了所有可见光的频率分量，分布在整个频率轴上。任意的非白噪声定义为色噪声。如图 4.3（b）所示，例 4.2 所表示的随机过程就是色噪声的一例。

2）白噪声的自相关函数

利用维纳-欣钦定理，不难得到白噪声 $N(t)$ 的自相关函数为

$$R_N(\tau) = \frac{1}{2}N_0\delta(\tau) \tag{4-69}$$

上式说明，白噪声的自相关函数是一个面积等于功率谱密度的 δ 函数。白噪声的功率谱密度和自相关函数的图形如图 4.6 所示。

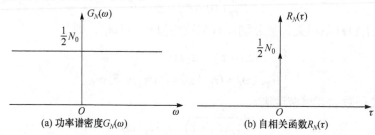

(a) 功率谱密度 $G_N(\omega)$　　　　　　　　(b) 自相关函数 $R_N(\tau)$

图 4.6　理想白噪声

3）白噪声的自相关系数

$$\rho_N(\tau) = \frac{R_N(\tau)}{R_N(0)} = \begin{cases} 1, & \tau = 0 \\ 0, & \tau \neq 0 \end{cases} \tag{4-70}$$

4）白噪声的特点

（1）理想化的数学模型。

①　由白噪声的自相关系数可见，白噪声在任何两个相邻时刻的状态（即使是紧连着的两个时刻），只要不是同一时刻都是不相关的。因此，在时域中白噪声的样本函数变化极快。然而任何实际的过程，无论样本函数变化多快，紧连着的两个时刻的状态总存在一定的关联性，自相关函数不可能是一个 δ 函数。

②　由于定义下的白噪声模型的功率谱无限宽，因此其平均功率就无限大。然而，物理上存在的任何随机过程，其平均功率总是有限的。

因此，在这样定义下的白噪声只是一种理想化的数学模型，在物理上是不存在的。

尽管如此，因为白噪声在数学上具有处理简单、方便的优点，所以它在随机过程的理论研究及实际应用中仍占有特别重要的地位。

（2）数学上有很好的运算性质。

因为白噪声的功率谱密度是常数，自相关函数是一个冲激函数，所以，将它作为噪声与信号一起分析处理时，运算起来非常方便。

（3）是大多数重要噪声的模型。

经过科学家的验证，大自然中许多重要的噪声过程，因功率谱近似于常数，确实可以用白噪声来近似。例如，对通信系统有很大影响的热噪声，是由元件中电子的热运动产生的。约翰逊和奈奎斯特从实验和理论两个方面研究证明：在正常室温下，网络工作频率低于 10^3 Hz 时，阻值为 R 的电阻两端噪声电压 N_V 的均值为零，均方值（平均功率）为

$$E\left[N_V^2(t)\right] = 4kTR\Delta f \tag{4-71}$$

式中，T 为热力学温度，$k = 1.38 \times 10^{-23}$ 为玻耳兹曼常数，Δf 为噪声带宽。

其功率谱密度为

$$G_{NV}(\omega) = \frac{E\left[N_V^2(t)\right]}{2\Delta f} = 2kTR \qquad (4\text{-}72)$$

可见，热噪声具有平坦的功率谱密度，可以用白噪声来近似。

（4）白噪声可以替代实际应用中的宽带噪声。

在实际工作中，任何一个系统的带宽总是有限的。当噪声通过某一系统时，只要它在我们感兴趣的信号频带宽得多的范围内，都具有近似均匀的功率谱密度，如图 4.7 所示。这个噪声就可以当作白噪声来处理，而且不会带来很大的误差。因此，电子设备中出现的各种起伏过程，大多数都可认为是白噪声。如电阻热噪声、晶体管的散弹噪声等，在相当宽的频率范围内都具有均匀的功率谱密度，所以可以把它们看成白噪声。

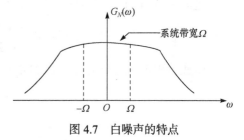

图 4.7　白噪声的特点

（5）高斯白噪声。

高斯白噪声在任意两相邻时刻的状态之间是相互独立的，且可以证明，高斯白噪声具有各态历经性。

4.3.2　限带白噪声

1）定义

平稳随机过程 $X(t)$ 均值为零，功率谱密度在有限频率范围内均匀分布，在此范围外为零，则称此过程为限带白噪声。限带白噪声是另外一个常用的概念。

2）分类

限带白噪声分为低通型限带白噪声和带通型限带白噪声。

（1）低通型限带白噪声。

若随机过程 $X(t)$ 的功率谱密度满足

$$G_X(\omega) = \begin{cases} G_0, & |\omega| \leqslant \Omega/2 \\ 0, & |\omega| > \Omega/2 \end{cases} \qquad (4\text{-}73)$$

则称此过程为低通型限带白噪声。

将白噪声通过一个理想低通滤波器，便可产生出低通型限带白噪声。其自相关函数为

$$R_X(\tau) = \frac{1}{2\pi}\int_{-\infty}^{\infty} G_X(\omega)\mathrm{e}^{\mathrm{j}\omega\tau}\mathrm{d}\omega = \frac{1}{2\pi}\int_{-\Omega/2}^{\Omega/2} G_0\mathrm{e}^{\mathrm{j}\omega\tau}\mathrm{d}\omega = \frac{\Omega G_0}{2\pi}\cdot\frac{\sin(\Omega\tau/2)}{(\Omega\tau/2)} \qquad (4\text{-}74)$$

低通型限带白噪声的 $G_X(\omega)$ 和 $R_X(\tau)$ 的图形如图 4.8 所示。

可以看出，时间间隔 τ 等于 $2\pi/\Omega$ 整数倍的那些随机变量，彼此是不相关的。

（2）带通型限带白噪声。

类似低通型限带白噪声，带通型限带白噪声的功率谱密度为

$$G_Y(\omega) = \begin{cases} G_0, & \omega_0 - \Omega/2 < |\omega| < \omega_0 + \Omega/2 \\ 0, & \text{其他} \end{cases} \qquad (4\text{-}75)$$

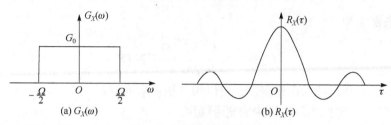

图 4.8　低通型限带白噪声

应用维纳-欣钦定理，不难导出它的自相关函数为

$$R_Y(\tau) = \frac{\Omega G_0}{\pi} \cdot \frac{\sin(\Omega\tau/2)}{(\Omega\tau/2)} \cos\omega_0\tau = 2R_X(\tau)\cos\omega_0\tau \tag{4-76}$$

带通型限带白噪声的 $G_Y(\omega)$ 和 $R_Y(\tau)$ 的图形如图 4.9 所示。

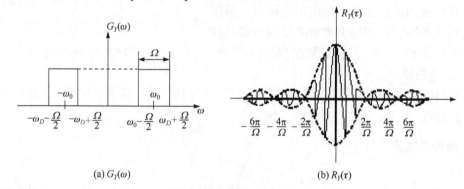

图 4.9　带通型限带白噪声

不难看出，将白噪声通过一个理想带通滤波器便可产生带通型限带白噪声。

习　题　四

4-1　已知平稳过程 $X(t)$ 的功率谱密度为 $G_X(\omega) = 32/(\omega^2 + 16)$，求：

(1) 该过程的平均功率；

(2) ω 取值在 $(-4, 4)$ 范围内的平均功率。

4-2　已知平稳过程的功率谱密度为

$$G_X(\omega) = \frac{\omega^2}{\omega^4 + 3\omega^2 + 2}$$

求此过程的均方值和方差。

4-3　已知平稳过程 $X(t)$ 的自相关函数如下，求它们的功率谱密度 $G_X(\omega)$，并画出图形。

(1) $R_X(\tau) = \mathrm{e}^{-3|\tau|}$；

(2) $R_X(\tau) = \mathrm{e}^{-|\tau|}\cos\pi\tau$；

(3) $R_X(\tau) = 5\exp\left(-\dfrac{\tau^2}{8}\right)$；

(4) $R_X(\tau) = \begin{cases} 1 - |\tau|, & |\tau| \leqslant 1 \\ 0, & \text{其他} \end{cases}$。

4-4　已知平稳过程 $X(t)$ 的自相关函数如下，求功率谱密度 $G_X(\omega)$。

(1)　$R_X(\tau) = 4\mathrm{e}^{-|\tau|}\cos\pi\tau + \cos 3\pi\tau$ ；

(2)　$R_X(\tau) = 16\mathrm{e}^{-2|\tau|} - 8\mathrm{e}^{-4|\tau|}$ 。

4-5　已知平稳过程 $X(t)$ 在频率 $f = 0$ 时的功率谱密度为零，证明 $X(t)$ 的自相关函数满足

$$\int_{-\infty}^{\infty} R_X(\tau)\mathrm{d}\tau = 0$$

4-6　已知平稳过程 $X(t)$ 的自相关函数为

$$R_X(\tau) = a\cos^4\omega_0\tau$$

其中，a 和 ω_0 皆为正常数，求 $X(t)$ 的功率谱密度和平均功率。

4-7　如图 4.10 所示，线性系统的输入 $X(t)$ 为平稳过程，系统的输出为平稳过程 $Y(t) = X(t) - X(t-T)$。证明输出 $Y(t)$ 的功率谱密度为 $G_Y(\omega) = 2G_X(\omega)(1-\cos\omega T)$ 。

4-8　已知平稳过程

$$X(t) = \sum_{i=1}^{N} a_i Y_i(t)$$

式中，a_i 是一组常实数，而随机过程 $Y_i(t)$ 皆为平稳过程且相互正交。证明

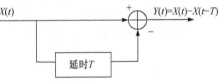

图 4.10　习题 4-7 图

$$G_X(\omega) = \sum_{i=1}^{N} a_i^2 G_{Yi}(\omega)$$

4-9　已知平稳过程 $X(t)$ 和 $Y(t)$ 相互独立，功率谱密度分别为

$$G_X(\omega) = \frac{16}{\omega^2 + 16} , \quad G_Y(\omega) = \frac{\omega^2}{\omega^2 + 16}$$

令新的随机过程

$$\begin{cases} Z(t) = X(t) + Y(t) \\ V(t) = X(t) - Y(t) \end{cases}$$

(1)证明 $X(t)$ 和 $Y(t)$ 联合平稳；

(2)求 $Z(t)$ 的功率谱密度 $G_Z(\omega)$ ；

(3)求 $X(t)$ 和 $Y(t)$ 的互谱密度 $G_{XY}(\omega)$ ；

(4)求 $X(t)$ 和 $Z(t)$ 的互相关函数 $R_{XZ}(\tau)$ ；

(5)求 $V(t)$ 和 $Z(t)$ 的互相关函数 $R_{VZ}(\tau)$ 。

4-10　已知可微平稳过程 $X(t)$ 的功率谱密度为

$$G_X(\omega) = \frac{4}{\omega^2 + 9}$$

(1)证明过程 $X(t)$ 和导数 $Y(t) = X'(t)$ 联合平稳；

(2)求互相关函数 $R_{XY}(\tau)$ 和互谱密度 $G_{XY}(\omega)$ 。

4-11　已知可微平稳过程 $X(t)$ 的自相关函数为 $R_X(\tau) = 2\exp[-\tau^2]$ ，其导数为 $Y(t) = X'(t)$ 。求互谱密度 $G_{XY}(\omega)$ 和功率谱密度 $G_Y(\omega)$ 。

4-12 已知随机过程 $W(t)=X(t)\cos\omega_0 t+Y(t)\sin\omega_0 t$ ，式中，随机过程 $X(t),Y(t)$ 联合平稳，ω_0 为常数。

(1) 讨论 $X(t),Y(t)$ 及其均值和自相关函数在何种条件下，才能使随机过程 $W(t)$ 宽平稳；

(2) 利用(1)的结论，用功率谱密度 $G_X(\omega),G_Y(\omega),G_{XY}(\omega)$ 表示 $W(t)$ 的功率谱密度 $G_W(\omega)$ ；

(3) 若 $X(t),Y(t)$ 互不相关，求 $W(t)$ 的功率谱密度 $G_W(\omega)$ 。

4-13 已知平稳过程 $X(t),Y(t)$ 互不相关，它们的均值 m_X,m_Y 皆不为零。令新的随机过程 $Z(t)=X(t)+Y(t)$ ，求互谱密度 $G_{XY}(\omega)$ 和 $G_{XZ}(\omega)$ 。

4-14 已知复过程 $X(t)$ 宽平稳，证明：

(1) $X(t)$ 的自相关函数为 $R_X(\tau)=R_X^*(-\tau)$ ；

(2) 已知复过程 $X(t)$ 的自相关函数 $R_X(\tau)$ 和其功率谱密度 $G_X(\omega)$ 也满足维纳-欣钦定理，为一傅里叶变换对，证明功率谱密度 $G_X(\omega)$ 为实函数。

4-15 已知可微平稳过程 $X(t)$ 的功率谱密度为

$$G_X(\omega)=\frac{4\alpha^2\beta}{\left(\alpha^2+\omega^2\right)^2}$$

其中，α 和 β 皆为实正常数，求随机过程 $X(t)$ 和其导数 $Y(t)=X'(t)$ 的互谱密度 $G_{XY}(\omega)$ 。

4-16 已知随机过程 $X(t),Y(t)$ 为

$$\begin{cases} X(t)=a\cos(\omega_0 t+\theta) \\ Y(t)=A(t)\cos(\omega_0 t+\theta) \end{cases}$$

式中，a 和 ω_0 为实正常数，$A(t)$ 是具有恒定均值 m_A 的随机过程，θ 为与 $A(t)$ 独立的随机变量。

(1) 运用互谱密度的定义式

$$G_{XY}(\omega)=\lim_{T\to\infty}\frac{1}{2T}E\left[X_T^*(\omega)Y_T(\omega)\right]$$

证明无论随机变量 θ 的概率密度形式如何，总有

$$G_{XY}(\omega)=\frac{\pi a m_A}{2}[\delta(\omega-\omega_0)+\delta(\omega-\omega_0)]$$

(2) 证明 $X(t),Y(t)$ 的互相关函数为

$$R_{XY}(t,t+\tau)=\frac{a m_A}{2}\left\{\cos\omega_0\tau+E\left[\cos(2\theta)\right]\cos(2\omega_0 t+\omega_0\tau)-E\left[\sin(2\theta)\right]\sin(2\omega_0 t+\omega_0\tau)\right\}$$

(3) 求互相关函数 $R_{XY}(t,t+\tau)$ 的时间平均 $\overline{R_{XY}(t,t+\tau)}$ 。

4-17 已知平稳过程 $X(t)$ 的物理功率谱密度为

$$F_X(\omega)=\begin{cases} 4, & \omega\geqslant 0 \\ 0, & \text{其他} \end{cases}$$

(1) 求 $X(t)$ 的功率谱密度 $G_X(\omega)$ 和自相关函数 $R_X(\tau)$ ，并画出 $F_X(\omega),G_X(\omega),R_X(\tau)$ 的图形；

(2) 判断过程 $X(t)$ 是白噪声还是色噪声，给出理由。

第5章 随机信号通过线性系统的分析

前面研究了随机过程的一般概念及随机过程时域、频域的统计特性。接下来需要研究一个电子系统输入了随机信号后，其输出响应的情况。在电子技术中，通常把系统分成线性系统(如线性放大器、线性滤波器等)和非线性系统(如检波器、限幅器、调制器等)两大类。本章仅限于对线性系统的分析。

本章要讨论的问题如下。

(1)随机信号通过线性系统后其统计特征是否发生变化?

(2)如何由输入随机信号的统计特征来确定输出随机信号的统计特征(时域及频域)?

(3)输入的随机信号与输出的随机信号有什么样的统计关系(时域及频域)?

5.1 线性系统的基本理论

为了便于本章内容的阐述，首先简要回顾一下确定信号通过线性系统的基本理论。

1. 一般线性系统

如图 5.1 所示，一般系统的输出响应 $y(t)$ 和输入 $x(t)$ 之间的关系可表示为

$$y(t) = L[x(t)] \tag{5-1}$$

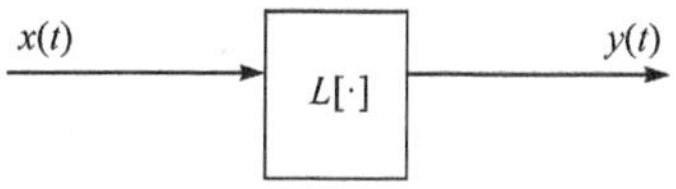

式中的符号 $L[\cdot]$ 表示系统对输入信号 $x(t)$ 进行某种运算的符号，称作算子。它代表各种数学运算方法，如加法、乘法、微分、积分等。

图 5.1 一般线性系统

满足齐次、叠加原理的算子称作线性算子，即

$$L\left[\sum_{k=1}^{n} a_k \cdot x_k(t)\right] = \sum_{k=1}^{n} a_k \cdot L[x_k(t)] \tag{5-2}$$

式中，a_k 为任意常数，n 可以无穷大。

1)线性系统

具有线性算子的系统称为线性系统，满足齐次、叠加原理。

$$y(t) = L\left[\sum_{k=1}^{n} a_k \cdot x_k(t)\right] = \sum_{k=1}^{n} a_k \cdot y_k(t) \tag{5-3}$$

即系统输入 $x_k(t)(k=1,2,\cdots,n)$ 线性组合的响应，等于各自响应 $y_k(t)=L[x_k(t)](k=1,2,\cdots,n)$ 的线性组合，则称这个系统是线性系统。

例 5.1 已知下列系统，讨论它们是否为线性系统。

(1) 微分算子

$$y(t) = \frac{dx(t)}{dt} = \frac{d}{dt}x(t) = L_1[x(t)]$$

(2) 平方算子

$$y(t) = [x(t)]^2 = L_2[x(t)]$$

(3) 积分算子

$$y(t) = \int_{-\infty}^{t} x(u)du = L_3[x(t)]$$

如果将算子 $L_1 = \frac{d}{dt}[\cdot]$，$L_2 = [\cdot]^2$ 和 $L_3 = \int_{-\infty}^{t}[\cdot]du$ 分别代入式(5-2)进行验证，不难得出结论：L_1、L_3 是线性算子，L_2 不是线性算子。

2) 连续时间系统和离散时间系统

若系统的输入和输出都是连续时间函数，而且可以用一组常微分方程来描述，则称该系统为连续时间系统；若系统的输入和输出都是离散时间函数，而且可以用一组差分方程来描述，则称该系统为离散时间系统。为了简单起见，下面仅限于讨论连续时间系统的问题。

2. 线性时不变系统

1) 线性系统的冲激响应

根据冲激函数 $\delta(t)$ 的性质

$$x(t) = \int_{-\infty}^{\infty} x(\tau) \cdot \delta(t-\tau)d\tau \tag{5-4}$$

代入式(5-1)，并考虑运算子只对时间 t 进行运算，故有

$$y(t) = L[x(t)] = L\left[\int_{-\infty}^{\infty} x(\tau) \cdot \delta(t-\tau)d\tau\right] = \int_{-\infty}^{\infty} x(\tau) \cdot L[\delta(t-\tau)]d\tau \tag{5-5}$$

定义一个新函数 $h(t)$，并令

$$h(t) = L[\delta(t)] \tag{5-6}$$

因为 $h(t)$ 是线性系统在输入为冲激 $\delta(t)$ 情况下的输出，所以通常称 $h(t)$ 为线性系统的冲激响应，它是反映系统时域特性的函数。于是线性系统的输出 $y(t)$ 为

$$y(t) = \int_{-\infty}^{\infty} x(\tau)h(t,\tau)d\tau \tag{5-7}$$

2) 线性时不变系统

若输入信号 $x(t)$ 有时移，使输出 $y(t)$ 也会有一个相同的时移，即

$$y(t-\tau) = L[x(t-\tau)] \tag{5-8}$$

则这个系统 $L[\cdot]$ 就称为线性时不变系统，如图 5.2 所示。

因此，线性时不变系统的冲激响应也满足

$$h(t-\tau)=L[\delta(t-\tau)] \tag{5-9}$$

故可得一个线性时不变系统的响应(输出)为

$$y(t)=\int_{-\infty}^{\infty}x(\tau)h(t-\tau)\mathrm{d}\tau \tag{5-10}$$

或由变量置换，写成

$$y(t)=\int_{-\infty}^{\infty}x(t-\tau)h(\tau)\mathrm{d}\tau \tag{5-11}$$

记作

$$y(t)=x(t)*h(t) \tag{5-12}$$

它表明线性时不变系统的响应完全由系统的输入 $x(t)$ 与系统的冲激响应 $h(t)$ 所确定。

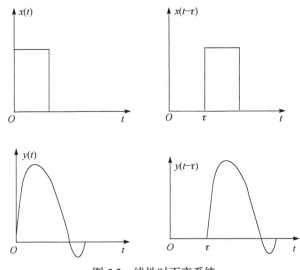

图 5.2　线性时不变系统

若对上式求傅里叶变换，则三者之间在频域的关系为

$$Y(\omega)=X(\omega)\cdot H(\omega) \tag{5-13}$$

式中，$H(\omega)$ 称为系统的传递函数。它与系统的冲激响应构成一对傅里叶变换。即

$$h(t)\xrightleftharpoons[F^{-1}]{F}H(\omega) \tag{5-14}$$

3. 系统的稳定性与物理可实现性

1)稳定系统

定义：若一个线性时不变系统，对任意有界输入其输出均有界，则称此系统是稳定的。

根据定义寻找稳定系统的条件。若输入信号有界，则必有正常数 A 存在，使得对于所有的 t 有 $|x(t)|\leqslant A<\infty$ 成立。由式(5-11)对所有的 t 显然有下式成立。

$$|y(t)|=\left|\int_{-\infty}^{\infty}h(\tau)x(t-\tau)\mathrm{d}t\right|\leqslant\int_{-\infty}^{\infty}|h(\tau)||x(t-\tau)|\mathrm{d}\tau\leqslant A\int_{-\infty}^{\infty}|h(\tau)|\mathrm{d}\tau \tag{5-15}$$

如果要求系统稳定，即要求输出有界 $|y(t)| \leq B < \infty$。则稳定系统的冲激响应满足

$$\int_{-\infty}^{\infty} |h(\tau)| d\tau < \infty \tag{5-16}$$

即冲激响应 $h(t)$ 绝对可积。

2）物理可实现性（因果性）

工程上为使系统在物理上有可实现性，必须要求系统在考察 $(t=0)$ 以前不产生响应，即系统具有因果性。也就是说系统的冲激响应函数应满足

$$h(t) = 0, \quad t < 0 \tag{5-17}$$

所有实际运行的物理可实现系统都是因果的，都满足式(5-17)。于是，对于物理可实现系统来说

$$y(t) = \int_0^{\infty} h(\tau) x(t-\tau) d\tau = \int_{-\infty}^{t} x(\tau) h(t-\tau) d\tau \tag{5-18}$$

物理可实现系统的传递函数为

$$H(\omega) = \int_0^{\infty} h(t) e^{-j\omega t} dt \tag{5-19}$$

上式也可以用复频率 $(s = \sigma + j\omega)$ 表示，若以 s 代替 $H(\omega)$ 中的 $j\omega$，则有

$$H(s) = \int_0^{\infty} h(t) e^{-st} dt \tag{5-20}$$

3）稳定的物理可实现系统

若物理可实现系统传递函数 $H(s)$ 的所有极点都位于 S 平面的左半面（不含虚轴），则称此系统为稳定的物理可实现系统。

例 5.2　某系统的传递函数用拉普拉斯变换形式表示，讨论其稳定性。

(1) $H_1(s) = \dfrac{1}{a+s}$，　$a > 0$；　(2) $H_2(s) = \dfrac{1}{a-s}$，　$a > 0$。

解：（1）$H_1(s)$ 的极点 $s_1 = -a < 0$ 在左半平面，相应的冲激响应 $h_1(t) = e^{-at} (t > 0)$。可见此系统的冲激响应绝对可积，所以此系统是稳定的。

（2）$H_2(s)$ 的极点 $s_2 = a > 0$ 在右半平面，相应的冲激响应 $h_2(t) = e^{at} (t > 0)$。可见此系统的冲激响应非绝对可积，所以此系统是不稳定的。

5.2　随机信号通过线性系统的统计特性

本节主要研究输入信号为随机过程时，稳定、线性时不变的实系统输出的统计特性。

5.2.1　随机信号通过线性系统的时域分析。

1. 系统的输出

当输入为随机过程 $X(t)$ 的一个样本函数 $x_k(t)$ 时，由于样本函数是确定的时间函数，

则可以直接利用式(5-11)，得到相应的输出 $y_k(t)$，即

$$y_k(t) = \int_{-\infty}^{\infty} h(\tau) x_k(t-\tau)\mathrm{d}\tau = x_k(t) * h(t) \tag{5-21}$$

对于不同的 $x_k(t)$，输出 $y_k(t)$ 也不同。对于 $X(t)$ 的所有样本 $\{x_k(t), \zeta_k \in \Omega\}$，系统输出一族样本函数 $\{y_k(t), \zeta_k \in \Omega\}$ 与其对应，这族样本函数的总体构成一个新的随机信号 $Y(t)$。可写成

$$Y(t) = \int_{-\infty}^{\infty} h(\tau) X(t-\tau)\mathrm{d}\tau = h(t) * X(t) \tag{5-22}$$

即对于输入是随机信号的线性系统，可由上式求它的输出信号 $Y(t)$，且 $Y(t)$ 也是个随机过程。

2. 系统输出的均值与自相关函数

1）均值

已知输入随机信号的均值，求系统输出的均值

$$E[Y(t)] = E\left[\int_{-\infty}^{\infty} h(\tau) X(t-\tau)\mathrm{d}\tau\right] = \int_{-\infty}^{\infty} h(\tau) E[X(t-\tau)]\mathrm{d}\tau = h(t) * E[X(t)] \tag{5-23}$$

如图 5.3 所示，这个关系式可用系统的术语给以解释：若把 $E[X(t)]$ 加到一个具有单位冲激响应 $h(t)$ 的连续系统的输入端，则其输出的就是 $E[Y(t)]$。

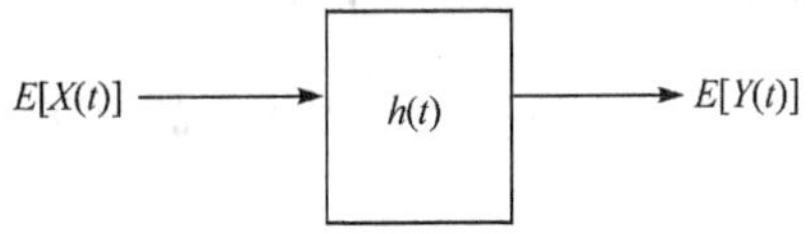

2）自相关函数

已知输入随机信号的自相关函数 $R_X(t_1,t_2)$，求线性系统输出信号的自相关函数 $R_Y(t_1,t_2)$。推导如下

图 5.3　系统输出的均值

$$
\begin{aligned}
R_Y(t_1,t_2) &= E[Y(t_1)Y(t_2)] = E\left[\int_{-\infty}^{\infty} h(u) X(t_1-u)\mathrm{d}u \int_{-\infty}^{\infty} h(v) X(t_2-v)\mathrm{d}v\right] \\
&= \int_{-\infty}^{\infty}\int_{-\infty}^{\infty} h(u)h(v) E[X(t_1-u)X(t_2-v)]\mathrm{d}u\mathrm{d}v \\
&= \int_{-\infty}^{\infty}\int_{-\infty}^{\infty} h(u)h(v) R_X(t_1-u,t_2-v)\mathrm{d}u\mathrm{d}v \\
&= h(t_1) * h(t_2) * R_X(t_1,t_2)
\end{aligned} \tag{5-24}
$$

3. 系统输入与输出之间的互相关函数

系统输入与输出之间的互相关函数 $R_{XY}(t_1,t_2)$ 与 $R_{YX}(t_1,t_2)$ 为

$$
\begin{aligned}
R_{XY}(t_1,t_2) &= E[X(t_1)Y(t_2)] = E\left[X(t_1)\int_{-\infty}^{\infty} h(u)\cdot X(t_2-u)\mathrm{d}u\right] \\
&= \int_{-\infty}^{\infty} h(u) E[X(t_1)X(t_2-u)]\mathrm{d}u = \int_{-\infty}^{\infty} h(u) R_X(t_1,t_2-u)\mathrm{d}u \\
&= R_X(t_1,t_2) * h(t_2)
\end{aligned} \tag{5-25}
$$

同理可得

$$R_{YX}(t_1,t_2) = R_X(t_1,t_2) * h(t_1) \tag{5-26}$$

比较 $R_X(t_1,t_2)$，$R_Y(t_1,t_2)$，$R_{XY}(t_1,t_2)$ 和 $R_{YX}(t_1,t_2)$，则有

$$R_Y(t_1, t_2) = h(t_1) * R_{XY}(t_1, t_2) = h(t_2) * R_{YX}(t_1, t_2) \tag{5-27}$$

系统输入与输出的互相关函数如图 5.4 所示。上面的分析既适用于输入是平稳信号的情况，也适用于输入是非平稳信号的情况。当输入信号平稳时，输出随机信号是否也一定平稳？关于这点，将在下面作详细的讨论。

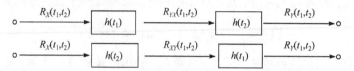

图 5.4　系统输入与输出的互相关函数

5.2.2　物理可实现系统输出的统计特性

有关输入为平稳随机信号时，系统输出信号的平稳性及统计特性的计算问题，包含两种情况：一种情况是，输入的平稳随机信号 $X(t)$ 在 $t = -\infty$ 时刻开始就一直作用于系统输入端，称输入的是双侧信号；另一种情况是 $X(t)$ 在 $t = 0$ 时刻开始作用于系统输入端，称输入的是单侧信号，即 $X(t)U(t)$。对于同一个随机信号 $X(t)$，在上述两种情况下作用于系统，其输出的结果是不同的。

1. 系统输入双侧信号的分析

假设 $x_k(t)$ 为输入的双侧随机信号 $X(t)$ 的任一样本函数，如图 5.5 所示。输入 $X(t)$ 可看成在考察（$t = 0$）之前，在 $t = -\infty$ 时就施加在输入端。

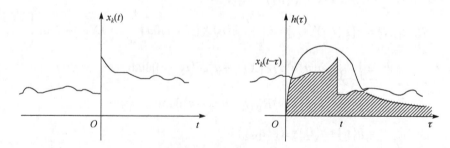

图 5.5　双侧随机信号

若系统为物理可实现系统，即满足 $h(t) = 0 (t < 0)$，则

$$y_k(t) = \int_0^\infty h(\tau) x_k(t-\tau) \mathrm{d}\tau = \int_{-\infty}^\infty h(\tau) x_k(t-\tau) \mathrm{d}\tau = x_k(t) * h(t) \tag{5-28}$$

所以输出随机信号为

$$Y(t) = \int_0^\infty h(\tau) X(t-\tau) \mathrm{d}\tau = h(t) * X(t) \tag{5-29}$$

若在这种情况下输入 $X(t)$ 具有平稳性和各态历经性，则系统的输出有以下结果。

1）若输入 $X(t)$ 是宽平稳的，则系统输出 $Y(t)$ 也是宽平稳的，且输入与输出联合平稳

证明：若 $X(t)$ 宽平稳，则有

$$\begin{cases} E[X(t)] = m_X \leftarrow (\text{常数}) \\ R_X(t_1, t_2) = R_X(\tau), \qquad \tau = t_2 - t_1 \\ R_X(0) = E[X^2(t)] < \infty \end{cases} \tag{5-30}$$

应用时域分析的结果可得

(1) $\qquad E[Y(t)] = \int_0^\infty h(\tau) E[X(t-\tau)] \mathrm{d}\tau = m_X \cdot \int_0^\infty h(\tau) \mathrm{d}\tau = m_Y \text{——常数} \tag{5-31}$

(2) $\qquad R_{XY}(t_1, t_2) = \int_0^\infty h(u) R_X(\tau - u) \mathrm{d}u = R_X(\tau) * h(\tau) = R_{XY}(\tau) \tag{5-32}$

(3) $\qquad R_{YX}(t_1, t_2) = \int_0^\infty h(u) R_X(\tau + u) \mathrm{d}u = R_X(\tau) * h(-\tau) = R_{YX}(\tau) \tag{5-33}$

(4)
$$\begin{aligned} R_Y(t_1, t_2) &= \int_0^\infty \int_0^\infty h(u) h(v) R_X(t_2 - t_1 - v + u) \mathrm{d}u \mathrm{d}v \\ &= \int_0^\infty \int_0^\infty h(u) h(v) R_X(\tau - v + u) \mathrm{d}u \mathrm{d}v = R_Y(\tau) \end{aligned} \tag{5-34}$$

此外，系统输出的均方值为

$$\begin{aligned} E[Y^2(t)] &= \left| E[Y^2(t)] \right| = \left| \int_0^\infty \int_0^\infty h(u) h(v) R_X(u-v) \mathrm{d}u \mathrm{d}v \right| \\ &\leqslant \int_0^\infty \int_0^\infty |h(u)| |h(v)| |R_X(u-v)| \mathrm{d}u \mathrm{d}v \\ &\leqslant R_X(0) \int_0^\infty \int_0^\infty |h(u)| |h(v)| \mathrm{d}u \mathrm{d}v \\ &= R_X(0) \int_0^\infty |h(u)| \mathrm{d}u \cdot \int_0^\infty |h(v)| \mathrm{d}v \end{aligned} \tag{5-35}$$

如果系统是稳定的，则由 $\int_{-\infty}^\infty |h(\tau)| \mathrm{d}\tau < \infty$ 可推出。

(5) $\qquad\qquad\qquad\qquad \left| E[Y^2(t)] \right| < \infty \tag{5-36}$

由(1)(4)(5)可证，输出 $Y(t)$ 是宽平稳过程。由(2)或(3)可证，输入与输出之间是联合宽平稳的。若用卷积形式，则上述各式可表示成

$$\begin{cases} R_{XY}(\tau) = R_X(\tau) * h(\tau) \\ R_{YX}(\tau) = R_X(\tau) * h(-\tau) \\ R_Y(\tau) = R_X(\tau) * h(\tau) * h(-\tau) = R_{XY}(\tau) * h(-\tau) = R_{YX}(\tau) * h(\tau) \end{cases} \tag{5-37}$$

2)若输入 $X(t)$ 是严平稳的，则输出 $Y(t)$ 也是严平稳的

证明：因为是线性时不变系统，可证对于任何时移 ε 都有

$$Y(t+\varepsilon) = h(t+\varepsilon) * X(t+\varepsilon) \tag{5-38}$$

成立。可见，输出 $Y(t+\varepsilon)$ 和输入 $X(t+\varepsilon)$ 之间的关系与 $Y(t)$ 和 $X(t)$ 之间的关系是完全一样的。由于 $X(t)$ 是严平稳的，$X(t+\varepsilon)$ 与 $X(t)$ 具有相同的概率密度函数，因此 $Y(t+\varepsilon)$ 与 $Y(t)$ 也具有相同的概率密度函数，所以 $Y(t)$ 也是严平稳的。

3)若输入 $X(t)$ 是宽各态历经的，则输出 $Y(t)$ 也是宽各态历经的

证明：由随机过程的宽各态历经定义，输入 $X(t)$ 满足

$$\begin{cases} \overline{X(t)} = m_X \\ \overline{X(t)X(t+\tau)} = R_X(\tau) \end{cases} \tag{5-39}$$

则输出 $Y(t)$ 的时间平均有

$$\begin{aligned} \overline{Y(t)} &= \lim_{T \to \infty} \frac{1}{2T} \int_{-T}^{T} Y(t)\mathrm{d}t = \lim_{T \to \infty} \frac{1}{2T} \int_{-T}^{T} \left[\int_0^\infty h(u)X(t-u)\mathrm{d}u \right]\mathrm{d}t \\ &= \int_0^\infty \left[\lim_{T \to \infty} \frac{1}{2T} \int_{-T}^{T} X(t-u)\mathrm{d}t \right] \cdot h(u)\mathrm{d}u \\ &= \int_0^\infty m_X h(u)\mathrm{d}u = m_Y \end{aligned} \tag{5-40}$$

$$\begin{aligned} \overline{Y(t)Y(t+\tau)} &= \lim_{T \to \infty} \frac{1}{2T} \int_{-T}^{T} Y(t)Y(t+\tau)\mathrm{d}t \\ &= \int_0^\infty \int_0^\infty h(u)h(v) \left[\lim_{T \to \infty} \frac{1}{2T} \int_{-T}^{T} X(t-u)X(t+\tau-v)\mathrm{d}t \right]\mathrm{d}u\mathrm{d}v \\ &= \int_0^\infty \int_0^\infty h(u)h(v)R_X(\tau+u-v)\mathrm{d}u\mathrm{d}v = R_Y(\tau) \end{aligned} \tag{5-41}$$

故 $Y(t)$ 是宽各态历经的。

例 5.3 如图 5.6 所示的低通 RC 电路，已知输入信号 $X(t)$ 是宽平稳的双侧信号，其均值为 m_X，求输出均值。

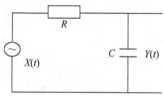

图 5.6 低通 RC 电路

解：由电路知识可得此系统的冲激响应为 $h(t) = be^{-bt}U(t)$，其中，$b = 1/RC$。则其输出均值为

$$m_Y = m_X \int_0^\infty be^{-bu}\mathrm{d}u = -m_X \left. e^{-bu} \right|_0^\infty = m_X$$

从物理概念分析此结果是正确的，因为此电路的直流增益为 1。

例 5.4 若例 5.3 中 $X(t)$ 是自相关函数为 $\dfrac{N_0}{2}\delta(\tau)$ 的白噪声，求：(1)输出的自相关函数；(2)输出的平均功率；(3)输入与输出间互相关函数 $R_{XY}(\tau)$ 和 $R_{YX}(\tau)$。

解：(1)由题意知 $R_X(\tau) = \dfrac{N_0}{2}\delta(\tau)$，则输出自相关函数为

$$R_Y(\tau) = \int_0^\infty h(u) \left[\int_0^\infty \frac{N_0}{2}\delta(\tau+u-v)h(v)\mathrm{d}v \right]\mathrm{d}u = \frac{N_0}{2} \int_0^\infty h(u)h(\tau+u)\mathrm{d}u$$

上式表明当输入是白噪声时，输出信号的自相关函数正比于系统冲激响应的卷积。于是

$$R_Y(\tau) = \frac{N_0}{2} \int_0^\infty (be^{-bu})U(u) \cdot (be^{-b(\tau+u)})U(\tau+u)\mathrm{d}u$$

上式分别按 $\tau \geqslant 0$ 与 $\tau < 0$ 两种情况求解：当 $\tau \geqslant 0$ 时，有

$$R_Y(\tau) = \frac{N_0 b^2}{2} e^{-b\tau} \int_0^\infty e^{-2bu}\mathrm{d}u = \frac{N_0 b}{4} e^{-b\tau}$$

由于自相关函数的偶对称性，则当 $\tau < 0$ 时有

$$R_Y(\tau) = R_Y(-\tau) = \frac{N_0 b}{4} e^{b\tau}$$

合并 $\tau \geqslant 0$ 和 $\tau < 0$ 时的结果，得到输出的自相关函数

$$R_Y(\tau) = \frac{N_0 b}{4} e^{-b|\tau|}, \quad |\tau| < \infty$$

（2）在上式中令 $\tau = 0$，即可得输出的平均功率为

$$E[Y^2(t)] = R_Y(0) = \frac{b N_0}{4}$$

由于 b 是时间常数 RC 的倒数，因此也与电路的带宽 Δf 有关，其中

$$\Delta f = \frac{1}{2\pi RC} = \frac{b}{2\pi}$$

于是输出平均功率又可写成

$$E[Y^2(t)] = \frac{\pi N_0}{2} \Delta f$$

由此可见，该电路的输出平均功率随着电路的带宽变宽而线性增大。

（3）输入和输出的互相关函数为

$$R_{XY}(\tau) = \int_0^\infty \frac{N_0}{2}\delta(\tau - u)h(u)\mathrm{d}u = \frac{N_0}{2}h(\tau)U(\tau) = \begin{cases} \dfrac{N_0}{2}h(\tau), & \tau \geqslant 0 \\ 0, & \tau < 0 \end{cases}$$

同理

$$R_{YX}(\tau) = \int_0^\infty \frac{N_0}{2}\delta(\tau + u)h(u)\mathrm{d}u = \frac{N_0}{2}h(-\tau)U(-\tau) = \begin{cases} 0, & \tau > 0 \\ \dfrac{N_0}{2}h(-\tau), & \tau \leqslant 0 \end{cases}$$

上述两个互相关函数的计算式给出了一个测量（估计）线性系统单位冲激响应 $h(t)$ 的方法。

测量系统如图 5.7 所示。输入为高斯白噪声 $X(t)$，将 $X(t)$ 加在被测线性系统和理想可变延迟线上，得到相应的输出 $Y(t)$ 和 $X(t-\tau)$，然后通过乘法器相乘得 $Z(t,\tau) = X(t-\tau) \times Y(t)$，再让 $Z(t,\tau)$ 通过一个低通滤波器。如果能使低通滤波器带宽充分小，输出 $\ddot{Z}(\tau)$ 就近似等于 $Z(t,\tau)$ 的直流成分。

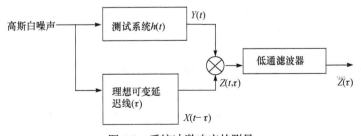

图 5.7　系统冲激响应的测量

由于输入 $X(t)$ 是各态历经的，那么输出 $Z(t,\tau)$ 也是各态历经的。因为各态历经的直流分量就是它的时间平均，所以输出 $\ddot{Z}(\tau)$ 就近似等于 $Z(t,\tau)$ 的时间平均，即满足

$$\ddot{Z}(\tau) \approx \overline{Z(t,\tau)}$$

又因各态历经过程，均值的统计平均和时间平均相等，即 $\overline{Z(t,\tau)} = E[Z(t,\tau)]$，则有

$$\overline{Z(t,\tau)} = E[Z(t,\tau)] = E[X(t-\tau)Y(t)] = R_{XY}(\tau)$$

由（3）互相关函数的结论，可得

$$\overline{Z(t,\tau)} = R_{XY}(\tau) = \frac{N_0}{2}h(\tau)U(\tau)$$

即对于物理可实现系统 $h(\tau)(\tau>0)$ 有

$$h(\tau) = \frac{2}{N_0}R_{XY}(\tau) = \frac{2}{N_0}\overline{Z(t,\tau)} \approx \frac{2}{N_0}\ddot{Z}(\tau)$$

也可表示为系统 $h(\tau)(\tau>0)$ 的估计为

$$\hat{h}(\tau) = \frac{2}{N_0}\ddot{Z}(\tau) = \frac{2}{N_0}\ddot{R}_{XY}(\tau)$$

式中，$\ddot{Z}(\tau) = \ddot{R}_{XY}(\tau)$ 是测量系统对应每一个具体的延迟 τ 输出的实测值，$\hat{h}(\tau)$ 是待求系统 $h(\tau)$ 对应每一个具体延迟 τ 的估计值。只要改变延迟 τ 的范围足够大，就能估计出被测系统完整的单位冲激响应。

通常只要输入信号 $X(t)$ 功率谱的带宽比被测系统的带宽大若干倍（10∶1），利用上述测量设备就能很好地测出输入输出互相关函数 $\ddot{R}_{XY}(\tau)$，估计出系统的冲激响应 $\hat{h}(t)$。这种方法已成功地应用于一些实际工程。如自动控制系统、化工过程、飞行的航天器特征的测量等。

例 5.5　在例 5.4 中，假设 $X(t)$ 的自相关函数为 $R_X(\tau) = \frac{\beta N_0}{4}e^{-\beta|\tau|}$，式中，$\beta \neq b$，求输出的自相关函数。

解： $R_Y(\tau) = \int_0^\infty \int_0^\infty R_X(\tau+u-v)h(u)h(v)\mathrm{d}u\mathrm{d}v = \int_0^\infty \int_0^\infty \frac{\beta N_0}{4}e^{-\beta|\tau+u-v|}be^{-bu}\cdot be^{-bv}\mathrm{d}u\mathrm{d}v$

当 $\tau \geq 0$ 时，考虑到 u,v 均在 $0\sim\infty$ 变化，故先对 v 积分较方便。

$$R_Y(\tau) = \frac{\beta N_0 b^2}{4}\int_0^\infty e^{-bu}\left[\int_0^{\tau+u} e^{-\beta(\tau+u-v)}e^{-bv}\mathrm{d}v + \int_{\tau+u}^\infty e^{\beta(\tau+u-v)}e^{-bv}\mathrm{d}v\right]\mathrm{d}u$$

$$= \frac{\beta N_0 b^2}{4(b^2-\beta^2)}\left(e^{-\beta\tau} - \frac{\beta}{b}e^{-b\tau}\right), \quad \tau \geq 0$$

因自相关函数为 τ 的偶函数，所以 $\tau<0$ 时的 $R_Y(\tau)$ 表达式能直接由 $\tau \geq 0$ 时的表达式 $R_Y(-\tau)$ 写出。综合可得

$$R_Y(\tau) = \frac{b^2\beta N_0}{4(b^2-\beta^2)}\left(e^{-\beta|\tau|} - \frac{\beta}{b}e^{-b|\tau|}\right)$$

为了做比较，可上式写为

$$R_Y(\tau) = \left(\frac{bN_0}{4} \mathrm{e}^{-b|\tau|} \right) \cdot \left\{ \frac{1}{1 - b^2/\beta^2} \left[1 - \frac{b}{\beta} \mathrm{e}^{-(\beta-b)|\tau|} \right] \right\}$$

式中的第一项因子是白噪声输入时系统输出的自相关函数；第二项因子是当非白噪声输入时系统输出的自相关函数附加的相乘因子。显然，当 $\beta/b \to \infty$ 时有

$$\lim_{\beta \to \infty} R_Y(\tau) = \frac{bN_0}{4} \mathrm{e}^{-b|\tau|}$$

即 $R_Y(\tau)$ 趋近于第一项因子。

由此可知，当 β 较 b 大很多时，第二项因子接近于 1，$R_Y(\tau)$ 趋近于第一项因子——白噪声输入时系统输出的自相关函数。由于 β 正比于输入信号的带宽，b 正比于系统的带宽，因此上面讨论指出：在输入信号的带宽远大于系统带宽的情况下，分析系统输出的统计特性时，可利用白噪声来近似输入的随机信号。这既可以节省工作量，又不会使精度降低太多。

例如，在带宽为 10MHz 的高增益宽带放大器中，最重要的噪声来源是第一级的热噪声，这种热噪声的带宽可以到 1000MHz，因此，若取 b/β 为 0.01，那么用白噪声近似热噪声时，其误差不超过 1%。

2. 系统输入单侧信号的分析

设 $x_k(t)$ 为输入的单侧随机信号的一个样本，在 $t=0$ 时刻作用于系统，如图 5.8 所示。

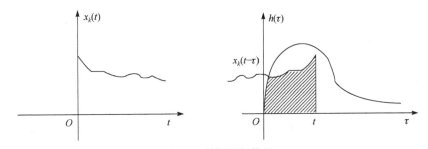

图 5.8　单侧随机信号

对于物理可实现系统，可得

$$y_k(t) = \int_0^t h(\tau) x_k(t - \tau) \mathrm{d}\tau \tag{5-42}$$

则系统的输出为

$$Y(t) = \int_0^t h(\tau) X(t - \tau) \mathrm{d}\tau \tag{5-43}$$

若 $X(t)$ 是宽平稳的，其输出信号的数字特征为

$$E[Y(t)] = m_X \int_0^t h(u) \mathrm{d}u = m_Y(t) \tag{5-44}$$

$$R_Y(t_1, t_2) = \int_0^{t_1} \int_0^{t_2} R_X(\tau + u - v) h(v) h(u) \mathrm{d}v \mathrm{d}u \tag{5-45}$$

$$R_{XY}(t_1, t_2) = \int_0^{t_2} R_X(\tau - v)h(v)\,\mathrm{d}v \tag{5-46}$$

$$R_{YX}(t_1, t_2) = \int_0^{t_1} R_X(\tau + u)h(u)\,\mathrm{d}u \tag{5-47}$$

$$E[Y^2(t)] = \int_0^t \int_0^t R_X(u - v)h(v)h(u)\,\mathrm{d}v\mathrm{d}u \tag{5-48}$$

则输出响应 $Y(t)$ 非平稳。这是由于实际系统输入信号为 $X(t)U(t)$（单侧信号）是非平稳的。

关于这一点，我们亦可这样说明。如图 5.9 所示，动态系统的开关 K 在 $t=0$ 时闭合，由于系统惰性的影响，输出有一个建立的过程，这个过程是瞬态的。正是这个瞬态分量导致了非平稳的输出。因此，前面讨论的输出的平稳性、各态历经等性质在此都不再成立了。但当 $t \to \infty, t_1 \to \infty, t_2 \to \infty$ 而

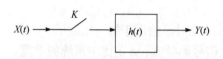

图 5.9　单侧信号举例

$t_2 - t_1$ 保持有限时，输出信号的数字特征就几乎与平稳的结果相同。此时输出 $Y(t)$ 称为渐近平稳的。

注意：本书中除特殊说明外，通常系统输入的信号，均用双侧信号。

5.2.3　随机信号通过线性系统的频域分析

若研究的系统是实系统，输入信号 $X(t)$ 是宽平稳过程，输出信号 $Y(t)$ 也宽平稳，且 $Y(t)$ 与 $X(t)$ 联合平稳。因此，可直接利用维纳-欣钦公式及傅里叶变换对计算下面的关系：

$$R_X(\tau) \underset{F^{-1}}{\overset{F}{\rightleftharpoons}} G_X(\omega), \quad h(t) \underset{F^{-1}}{\overset{F}{\rightleftharpoons}} H(\omega), \quad R_Y(\tau) \underset{F^{-1}}{\overset{F}{\rightleftharpoons}} G_Y(\omega), \quad R_{XY}(\tau) \underset{F^{-1}}{\overset{F}{\rightleftharpoons}} G_{XY}(\omega)$$

1. 系统输出的均值

利用傅里叶变换 $h(t) \underset{F^{-1}}{\overset{F}{\rightleftharpoons}} H(\omega)$，可得

$$m_Y = m_X \int_0^\infty h(\tau)\,\mathrm{d}\tau = m_X \cdot H(0) \tag{5-49}$$

2. 系统输出的功率谱密度

对 $R_Y(\tau) = R_X(\tau) * h(\tau) * h(-\tau)$ 两边取傅里叶变换，有

$$G_Y(\omega) = G_X(\omega)H(\omega)H(-\omega) \tag{5-50}$$

式中，$H(\omega)$ 是系统的传递函数。

由于 $h(t)$ 是实函数 $H(-\omega) = H^*(\omega)$，则

$$G_Y(\omega) = H(\omega)H^*(\omega) \cdot G_X(\omega) = \left| H(\omega) \right|^2 \cdot G_X(\omega) \tag{5-51}$$

式中，$\left| H(\omega) \right|^2$ 称为系统的功率传递函数。上式表明，系统输出信号的功率谱密度不仅与输入信号的功率谱密度有关，还与系统的幅频特性 $\left| H(\omega) \right|$ 有关。反之

$$\left| H(\omega) \right| = \sqrt{\frac{G_Y(\omega)}{G_X(\omega)}} \tag{5-52}$$

3. 系统输入和输出的互谱密度

对 $R_{XY}(\tau) = R_X(\tau) * h(\tau)$ 和 $R_{YX}(\tau) = R_X(\tau) * h(-\tau)$ 两边取傅里叶变换，有

$$\begin{cases} G_{XY}(\omega) = H(\omega) \cdot G_X(\omega) \\ G_{YX}(\omega) = H(-\omega) \cdot G_X(\omega) \end{cases} \tag{5-53}$$

而系统的传递函数也可表示成

$$H(\omega) = \frac{G_{XY}(\omega)}{G_X(\omega)} \tag{5-54}$$

当输入信号为白噪声时，因 $G_X(\omega) = N_0 / 2$，则有

$$\begin{cases} G_{XY}(\omega) = \dfrac{N_0}{2} H(\omega) \\ G_{YX}(\omega) = \dfrac{N_0}{2} H(-\omega) \end{cases} \tag{5-55}$$

此时系统的传递函数为

$$\begin{cases} H(\omega) = \dfrac{2}{N_0} G_{XY}(\omega) \\ H(-\omega) = \dfrac{2}{N_0} G_{YX}(\omega) \end{cases} \tag{5-56}$$

4. 系统输出的平均功率

系统输出信号的平均功率可表示为

$$P_Y = \frac{1}{2\pi} \int_{-\infty}^{\infty} G_Y(\omega) \mathrm{d}\omega = \frac{1}{2\pi} \int_{-\infty}^{\infty} |H(\omega)|^2 G_X(\omega) \mathrm{d}\omega \tag{5-57}$$

有时输入平稳信号的自相关函数较简单，也可以用下式计算输出信号的平均功率

$$P_Y = E[Y^2(t)] = \int_0^{\infty} \int_0^{\infty} h(u) h(v) R_X(u - v) \mathrm{d}u \mathrm{d}v \tag{5-58}$$

到目前为止，我们研究了随机信号通过线性系统的时域、频域两种分析方法。在实系统和平稳信号的情况下，时域、频域两种分析方法可以根据需要用傅里叶变换进行互换。

例 5.6 采用频域分析法重做例 5.4。

解： 由于 $R_X(\tau) = \dfrac{N_0}{2} \delta(\tau)$，则有 $G_X(\omega) = \dfrac{N_0}{2}$。低通 RC 电路的传递函数、功率传递函数为

$$H(\omega) = \frac{b}{b + \mathrm{j}\omega}, \quad |H(\omega)|^2 = \frac{b^2}{b^2 + \omega^2}$$

于是

$$G_Y(\omega) = |H(\omega)|^2 G_X(\omega) = \frac{N_0 b^2}{2(b^2 + \omega^2)}$$

$$G_{XY}(\omega) = H(\omega)G_X(\omega) = \frac{N_0 b}{2(b + j\omega)} \ , \quad G_{YX}(\omega) = H(-\omega)G_X(\omega) = \frac{N_0 b}{2(b - j\omega)}$$

系统输出的自相关函数为

$$R_Y(\tau) = \frac{1}{2\pi}\int_{-\infty}^{\infty} G_Y(\omega)\mathrm{e}^{j\omega\tau}\mathrm{d}\omega = \frac{1}{2\pi}\int_{-\infty}^{\infty}\frac{N_0 b^2}{2(b^2 + \omega^2)}\mathrm{e}^{j\omega\tau}\mathrm{d}\omega = \frac{N_0 b}{4}\mathrm{e}^{-b|\tau|}$$

输出平均功率为

$$E[Y^2(t)] = R_Y(0) = \frac{N_0 b}{4}$$

互相关函数为

$$R_{XY}(\tau) = \frac{1}{2\pi}\int_{-\infty}^{\infty} G_{XY}(\omega)\mathrm{e}^{j\omega\tau}\mathrm{d}\omega = \frac{1}{2\pi}\int_{-\infty}^{\infty}\frac{N_0 b}{2(b + j\omega)}\mathrm{e}^{j\omega\tau}\mathrm{d}\omega = \frac{b N_0}{2}\mathrm{e}^{-b\tau}, \quad \tau \geqslant 0$$

同理可得

$$R_{YX}(\tau) = \frac{b N_0}{2}\mathrm{e}^{b\tau}, \quad \tau \leqslant 0$$

可见，频域分析和时域分析所得结果完全一致。

例 5.7　利用频域分析法重做例 5.5。

解： 由 $R_X(\tau) = \dfrac{\beta N_0}{4}\mathrm{e}^{-\beta|\tau|}$ 得

$$G_X(\omega) = \int_{-\infty}^{\infty}\frac{\beta N_0}{4}\mathrm{e}^{-\beta|\tau|}\mathrm{e}^{-j\omega\tau}\mathrm{d}\tau = \frac{\beta^2 N_0}{2(\beta^2 + \omega^2)}$$

则

$$G_Y(\omega) = |H(\omega)|^2 G_X(\omega) = \frac{b^2 \beta^2 N_0}{2(b^2 + \omega^2)(\beta^2 + \omega^2)}$$

$$= \frac{b^2 \beta N_0}{4(b^2 - \beta^2)}\left[\frac{2\beta}{\beta^2 + \omega^2} - \frac{\beta}{b}\cdot\frac{2b}{b^2 + \omega^2}\right]$$

对上式两边取傅里叶逆变换得

$$R_Y(\tau) = \frac{1}{2\pi}\int_{-\infty}^{\infty} G_Y(\omega)\mathrm{e}^{j\omega\tau}\mathrm{d}\omega$$

$$= \frac{b^2 \beta N_0}{4(b^2 - \beta^2)}\left[\frac{1}{2\pi}\int_{-\infty}^{\infty}\frac{2\beta}{\beta^2 + \omega^2}\mathrm{e}^{j\omega\tau}\mathrm{d}\omega - \frac{\beta}{b}\frac{1}{2\pi}\int_{-\infty}^{\infty}\frac{2b}{b^2 + \omega^2}\mathrm{e}^{j\omega\tau}\mathrm{d}\omega\right]$$

$$= \frac{b^2 \beta N_0}{4(b^2 - \beta^2)}\left[\mathrm{e}^{-\beta|\tau|} - \frac{\beta}{b}\mathrm{e}^{-b|\tau|}\right]$$

5.2.4　多个随机信号通过线性系统

在实际应用中，经常会遇到多个随机信号同时加入一个线性系统的问题。比如，信号与噪声会同时进入接收机，因此要对两个随机信号通过线性系统的情况进行分析。

设系统的输入 $X(t)$ 是两个联合平稳的随机过程 $X_1(t)$ 与 $X_2(t)$ 的和，即

$$X(t) = X_1(t) + X_2(t) \tag{5-59}$$

由于系统是线性的，根据每个输入产生相应的输出，有

$$Y(t) = Y_1(t) + Y_2(t) \tag{5-60}$$

对于输入信号 $X(t)$，有

$$m_X = m_{X_1} + m_{X_2} \tag{5-61}$$

$$R_X(\tau) = R_{X_1}(\tau) + R_{X_2}(\tau) + R_{X_1 X_2}(\tau) + R_{X_2 X_1}(\tau) \tag{5-62}$$

所以输出 $Y(t)$ 有均值为

$$E[Y(t)] = (m_{X_1} + m_{X_2})\int_{-\infty}^{\infty} h(\tau)\mathrm{d}\tau = m_{Y_1} + m_{Y_2} = m_Y \tag{5-63}$$

$Y(t)$ 的自相关函数为

$$\begin{aligned}
R_Y(\tau) &= R_X(\tau) * h(\tau) * h(-\tau) \\
&= [R_{X_1}(\tau) + R_{X_2}(\tau) + R_{X_1 X_2}(\tau) + R_{X_2 X_1}(\tau)] * h(\tau) * h(-\tau) \\
&= R_{Y_1}(\tau) + R_{Y_2}(\tau) + R_{Y_1 Y_2}(\tau) + R_{Y_2 Y_1}(\tau)
\end{aligned} \tag{5-64}$$

输出 $Y(t)$ 的功率谱密度

$$G_Y(\omega) = |H(\omega)|^2 \cdot [G_{X_1}(\omega) + G_{X_2}(\omega) + G_{X_1 X_2}(\omega) + G_{X_2 X_1}(\omega)] \tag{5-65}$$

当输入 $X_1(t)$ 与 $X_2(t)$ 之间互不相关时：

$$R_X(\tau) = R_{X_1}(\tau) + R_{X_2}(\tau) + 2m_{X_1} m_{X_2} \tag{5-66}$$

$$G_X(\omega) = G_{X_1}(\omega) + G_{X_2}(\omega) + 4\pi m_{X_1} m_{X_2} \delta(\omega) \tag{5-67}$$

且 $X_1(t)$ 与 $X_2(t)$ 中至少还有一个为零均值时

$$R_X(\tau) = R_{X_1}(\tau) + R_{X_2}(\tau) \tag{5-68}$$

$$G_X(\omega) = G_{X_1}(\omega) + G_{X_2}(\omega) \tag{5-69}$$

$$R_Y(\tau) = [R_{X_1}(\tau) + R_{X_2}(\tau)] * h(\tau) * h(-\tau) = R_{Y_1}(\tau) + R_{Y_2}(\tau) \tag{5-70}$$

$$G_Y(\omega) = |H(\omega)|^2 \cdot [G_{X_1}(\omega) + G_{X_2}(\omega)] = G_{Y_1}(\omega) + G_{Y_2}(\omega) \tag{5-71}$$

5.3　色噪声的产生与白化滤波器

下面将讨论在理论和实际应用中具有重要意义的两个问题。其一，如何设计一个线性系统，使其输入为白噪声时，能输出具有所指定功率谱密度的色噪声；其二，如何设计一个线性系统，使其在输入为色噪声时，能输出白噪声，如图 5.10 所示。

图 5.10　色噪声的产生和白化滤波器

1. 色噪声的产生

当具有单位功率谱密度的白噪声通过一个传递函数为 $|H(\omega)|$ 的线性系统时，其输出的

功率谱密度为

$$G_Y(\omega) = |H(\omega)|^2 \cdot 1 \tag{5-72}$$

上式表明白噪声通过任一线性系统后，由于输出取决于系统的功率传递函数 $|H(\omega)|^2$，因此输出的功率谱密度不再是常数，即不再是白噪声。

若需要产生(或模拟)一个指定功率谱密度的色噪声，可以由给定的功率谱密度

$$G_Y(\omega) = H(\omega)H^*(\omega) \tag{5-73}$$

设计一个线性系统的传递函数 $H(\omega)$。然后用白噪声激励所设计的系统，由输出端获得所需要的色噪声 $G_Y(\omega)$。注意：所设计的系统必须是物理可实现的稳定系统，即选择的 $H(\omega)$ 必须要满足稳定的物理可实现系统的条件。

为了便于讨论，将传递函数用复频率来表示，以 s 代替 $H(\omega)$ 中的 $j\omega$，以 $-s^2$ 代替 $G_X(\omega)$ 中的 ω^2，则有

$$G_Y(s) = H(s)H(-s) \tag{5-74}$$

因此，可以利用白噪声源和线性系统产生具有指定功率谱密度的色噪声，其方法如下。

(1)将指定色噪声的功率谱密度 $G_Y(s)$ 分解成

$$G_Y(s) = \tilde{G}_Y(s) \cdot \tilde{G}_Y(-s) \tag{5-75}$$

(2)根据物理可实现稳定系统的条件，在 $\tilde{G}_Y(s), \tilde{G}_Y(-s)$ 中，选择满足所有极点都位于 s 左半面(不包含虚轴)的一个为 $H(s)$。

例 5.8　设计一稳定的线性系统，使其在具有单位谱的白噪声激励下输出功率谱为

$$G_Y(\omega) = \frac{25\omega^2 + 49}{\omega^4 + 10\omega^2 + 9}$$

解： $G_Y(\omega)$ 的复频域表达式为

$$G_Y(s) = \frac{49 - 25s^2}{s^4 - 10s^2 + 9}$$

将 $G_Y(s)$ 进行谱分解

$$G_Y(s) = \frac{(7+5s)(7-5s)}{(1-s^2)(9-s^2)} = \frac{(7+5s)(7-5s)}{(1+s)(1-s)(3+s)(3-s)}$$

令

$$\overline{S_0^2(t)} = \lim_{T \to \infty} \frac{1}{2T} \int_{-T}^{T} S_0^2(t)\mathrm{d}t, \qquad \tilde{G}_Y(-s) = \frac{-(5s-7)}{(s-1)(s-3)}$$

因 $\tilde{G}_Y(s)$ 位于 S 平面的所有极点 $s_1 = -1, s_2 = -3$ 均在左半平面。所以选 $\tilde{G}_Y(s)$ 为 $H(s)$。即

$$H(s) = \tilde{G}_Y(s) = \frac{(5s+7)}{(s+1)(s+3)}$$

所设计系统的传递函数为

$$H(\omega) = \frac{5j\omega + 7}{(j\omega + 1)(j\omega + 3)}$$

2. 白化滤波器

在随机信号处理中，往往会遇到等待处理的随机信号是非白的，这样会给问题的解决带来困难。克服这一困难的措施之一是，对色噪声进行白化处理。所谓白化处理就是设计一个稳定的线性滤波器，使输入色噪声的系统输出是白噪声。这实质上是求上一节问题色噪声产生的逆。称完成这一功能的系统为白化滤波器。色噪声白化的方法如下。

(1) 先将色噪声的有理谱 $G_X(s)$ 分解为 (若色噪声的谱密度不是有理函数形式，常用有理函数来逼近)

$$G_X(s) = \tilde{G}_X(s) \cdot \tilde{G}_X(-s) \tag{5-76}$$

(2) 令系统的传递函数为

$$H(s) = \frac{1}{\tilde{G}_X(s)} \quad \text{或} \quad H(s) = \frac{1}{\tilde{G}_X(-s)} \tag{5-77}$$

要求 $H(s)$ 是稳定的因果系统的传递函数 (在虚轴与右半平面无极点)。

(3) 虽然输入系统的是色噪声，但系统输出信号的功率谱密度是

$$G_Y(s) = H(s)H(-s)G_X(s) = \frac{1}{\tilde{G}_X(s)} \frac{1}{\tilde{G}_X(-s)} \cdot \tilde{G}_X(s)\tilde{G}_X(-s) = 1 \tag{5-78}$$

可见系统输出的是单位谱的白噪声。

由于白噪声具有数学运算简单等特点，因此白化滤波器在信号检测、估计等方面得到广泛应用。

5.4　白噪声通过线性系统

由于白噪声在数学上有很好的性质，任何随机信号与白噪声结合都会使分析简单化。因此，利用白噪声作为实际噪声的模型或作为研究随机信号时的背景，将会给随机信号的分析带来方便。由前面的讨论，任何一个平稳随机信号都可以看作受白噪声激励的某个线性系统的输出。因此，可以通过对白噪声通过线性系统的分析来研究平稳随机信号的统计特性。

5.4.1　白噪声通过线性系统的基本理论

设输入白噪声的功率谱密度为

$$G_X(\omega) = \frac{N_0}{2}, \quad -\infty < \omega < \infty \quad \text{或} \quad F_X(\omega) = N_0, \quad \omega \geqslant 0$$

1. 输出信号的功率谱密度

白噪声通过线性系统后输出信号的功率谱密度为

$$G_Y(\omega) = G_X(\omega)\left|H(\omega)\right|^2 = \frac{N_0}{2}\left|H(\omega)\right|^2, \quad -\infty < \omega < \infty \tag{5-79}$$

或

$$F_Y(\omega) = N_0\left|H(\omega)\right|^2, \quad \omega \geqslant 0 \tag{5-80}$$

上式表明，白噪声通过线性系统后，输出信号的功率谱密度完全由系统频率特性 $H(\omega)$（选择性）所决定，不再保持常数 N_0，如图 5.11 所示。因此，白噪声通过线性系统后输出的不再是白噪声。

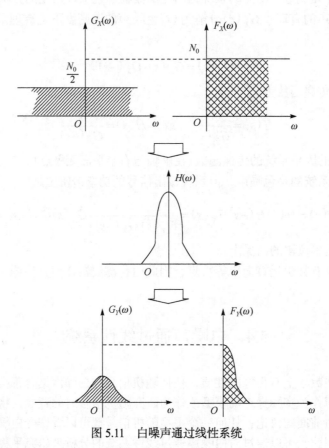

图 5.11　白噪声通过线性系统

2. 输出信号的自相关函数

$$R_Y(\tau) = \frac{1}{2\pi}\int_{-\infty}^{\infty}\frac{N_0}{2}\left|H(\omega)\right|^2 \mathrm{e}^{\mathrm{j}\omega\tau}\mathrm{d}\omega = \frac{1}{2\pi}\int_{0}^{\infty}N_0\left|H(\omega)\right|^2 \mathrm{e}^{\mathrm{j}\omega\tau}\mathrm{d}\omega \tag{5-81}$$

$$R_Y(\tau) = \frac{N_0}{2}\delta(\tau) * h(\tau) * h(-\tau) = \frac{N_0}{2}h(\tau) * h(-\tau) = \frac{N_0}{2}\int_{0}^{\infty}h(u)h(u+\tau)\mathrm{d}u \tag{5-82}$$

3. 输出信号的平均功率

$$P_Y = R_Y(0) = \frac{N_0}{2\pi}\int_{0}^{\infty}\left|H(\omega)\right|^2 \mathrm{d}\omega = \frac{N_0}{2}\int_{0}^{\infty}h^2(u)\,\mathrm{d}u \tag{5-83}$$

5.4.2 等效噪声带宽

由限带白噪声的知识可知，如果白噪声通过频率响应为矩形的理想系统，那么输出的信号就是限带白噪声。而利用白噪声作为背景和数学模型，又将会给随机信号的分析带来很大方便。所以在实际应用中，为了分析方便，通常会用一个频率响应为矩形的理想系统来代替实际系统。而白噪声通过这个实际系统的输出，就等效成了一个限带白噪声，如图 5.12 和图 5.13 所示。因此，理想系统的带宽就是等效出来的限带白噪声功率谱的带宽，用 $\Delta\omega_e$ 表示，称为等效噪声带宽。

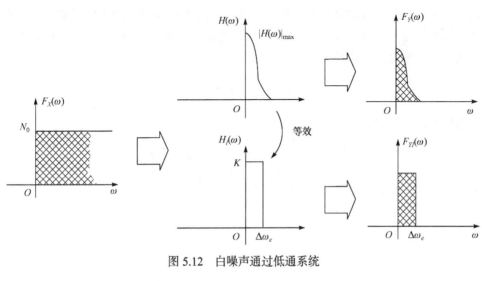

图 5.12 白噪声通过低通系统

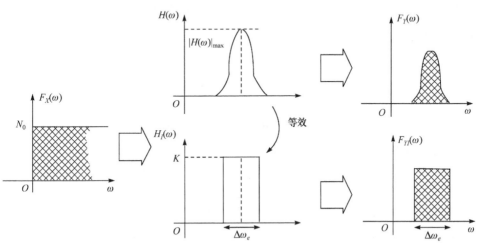

图 5.13 白噪声通过带通系统

1. 等效的原则

(1)在输入同一白噪声时，理想系统与实际系统输出的平均功率必须相等。即满足

$$P_I = P_Y \tag{5-84}$$

P_Y 表示实际系统输出的平均功率，P_I 表示等效后理想系统输出的平均功率。

（2）理想系统的增益必须等同于实际系统的最大增益。即满足

$$K = \left| H(\omega) \right|_{\max} \tag{5-85}$$

K 表示理想矩形系统的增益。

2. 系统等效噪声带宽的计算

1）系统等效噪声带宽的频域计算

根据等效噪声带宽的定义可知，把一个实际系统等效成理想的矩形系统，则此理想矩形系统的带宽就是等效噪声带宽，用 $\Delta\omega_e$ 表示。当输入物理功率谱密度为 N_0(W/Hz) 的白噪声时，实际系统输出的平均功率为

$$P_Y = \frac{N_0}{2\pi} \int_0^\infty \left| H(\omega) \right|^2 \mathrm{d}\omega \tag{5-86}$$

理想系统输出的平均功率为

$$P_I = \frac{N_0}{2\pi} \int_0^\infty \left| H_I(\omega) \right|^2 \mathrm{d}\omega = \frac{1}{2\pi} \Delta\omega_e \cdot N_0 \cdot \left| H(\omega) \right|_{\max}^2 \tag{5-87}$$

根据等效原则 $P_I = P_Y$，可解得系统的等效噪声带宽为

$$\Delta\omega_e = \frac{\int_0^\infty \left| H(\omega) \right|^2 \mathrm{d}\omega}{\left| H(\omega) \right|_{\max}^2} = \frac{2\pi P_Y}{N_0 \cdot \left| H(\omega) \right|_{\max}^2} \tag{5-88}$$

如果实际系统是一个低通滤波器，如图 5.12 所示。$\left| H(\omega) \right|$ 的最大值一般出现在 $\omega = 0$ 处，即 $\left| H(\omega) \right|_{\max} = \left| H(0) \right|$，故有

$$\Delta\omega_e = \frac{\int_0^\infty \left| H(\omega) \right|^2 \mathrm{d}\omega}{\left| H(0) \right|^2} \tag{5-89}$$

如果实际系统是一个带通滤波器，如图 5.13 所示。$\left| H(\omega) \right|$ 的最大值一般出现在中心频率 $\omega = \omega_0$ 处，即 $\left| H(\omega) \right|_{\max} = \left| H(\omega_0) \right|$，故有

$$\Delta\omega_e = \frac{\int_0^\infty \left| H(\omega) \right|^2 \mathrm{d}\omega}{\left| H(\omega_0) \right|^2} \tag{5-90}$$

2）系统等效噪声带宽的时域计算

上面的计算中，系统的增益和输出平均功率都是通过频域分析和计算得来的。当系统的传递函数为非有理函数（较复杂）而系统的单位冲激响应 $h(t)$ 较简单时，系统的等效噪声带宽也可以在时域中计算。

若输入的是自相关函数为 $R_X(\tau) = \frac{N_0}{2}\delta(\tau)$ 的白噪声，则由式（5-83）可知系统输出的平均功率为

$$P_Y = R_Y(0) = \frac{N_0}{2} \int_0^\infty h^2(t)\, \mathrm{d}t \tag{5-91}$$

系统的传递函数为

$$H(\omega) = \int_0^\infty h(t)\mathrm{e}^{-\mathrm{j}\omega t}\mathrm{d}t \tag{5-92}$$

可得

$$\Delta\omega_e = \frac{2\pi P_Y}{N_0 \cdot |H(\omega)|_{\max}^2} = \frac{\pi \displaystyle\int_0^\infty h^2(t)\,\mathrm{d}t}{\left| \displaystyle\int_0^\infty h(t)\mathrm{e}^{-\mathrm{j}\omega t}\mathrm{d}t \right|_{\max}^2} \tag{5-93}$$

对于低通滤波器有

$$\Delta\omega_e = \frac{\pi \displaystyle\int_0^\infty h^2(t)\,\mathrm{d}t}{\left[\displaystyle\int_0^\infty h(t)\mathrm{d}t \right]^2} \tag{5-94}$$

对于带通滤波器有

$$\Delta\omega_e = \frac{\pi \displaystyle\int_0^\infty h^2(t)\,\mathrm{d}t}{\left[\displaystyle\int_0^\infty h(t)\mathrm{e}^{-\mathrm{j}\omega_0 t}\mathrm{d}t \right]^2} \tag{5-95}$$

由系统等效噪声带宽的频域和时域计算分析可知，一个实际系统的等效噪声带宽完全由它的传递函数 $H(\omega)$ 或冲激响应 $h(t)$ 确定。

3. 随机信号的等效噪声带宽

由色噪声的产生可知，任何一个平稳的随机信号 $Y(t)$ 都可以看成是单位谱密度的白噪声 $G_X(\omega) = 1$ 通过某个线性系统的输出。则随机信号的功率谱可看成是白噪声 $G_X(\omega) = 1$ 通过某系统输出的功率谱。

$$G_Y(\omega) = G_X(\omega) \cdot |H(\omega)|^2 = 1 \cdot |H(\omega)|^2 = |H(\omega)|^2 \tag{5-96}$$

而这个虚构系统的等效噪声带宽

$$\Delta\omega_e = \frac{\displaystyle\int_0^\infty |H(\omega)|^2 \mathrm{d}\omega}{|H(\omega)|_{\max}^2} = \frac{\displaystyle\int_0^\infty G_Y(\omega)\, \mathrm{d}\omega}{[G_Y(\omega)]_{\max}} \tag{5-97}$$

实际上就是随机信号 $Y(t)$ 等效限带白噪声的带宽。

例 5.9　求图 5.6 所示 RC 电路的等效噪声带宽。

解：已知

$$H(\omega) = \frac{b}{b+\mathrm{j}\omega}, \quad b = \frac{1}{RC}$$

于是

$$\left|H(\omega)\right|_{\max} = H(0) = 1, \quad \left|H(\omega)\right|^2 = \frac{b^2}{b^2 + \omega^2}$$

则

$$\Delta\omega_e = \frac{1}{\left|H(\omega)\right|_{\max}}\int_0^\infty \left|H(\omega)\right|^2 \mathrm{d}\omega = \int_0^\infty \frac{b^2}{b^2 + \omega^2}\mathrm{d}\omega = b\cdot\arctan\left(\frac{\omega}{b}\right)\Bigg|_0^\infty = \frac{\pi}{2}b$$

$$\Delta f_e = \frac{\Delta\omega_e}{2\pi} = \frac{b}{4} = \frac{1}{4RC}$$

若将等效噪声带宽 Δf_e 与例 5.3 中的 3 dB 带宽 $\Delta f(\Delta f = 1/2\pi RC)$ 进行比较，显然两者是不相等的。下面对系统的等效噪声带宽与系统的 3 dB 带宽做进一步的比较和讨论。

4. 系统的等效噪声带宽与 3dB 带宽的比较

在一般线性系统中，通常都是以半功率点的通频带 $\Delta\omega$（3 dB 带宽）来表示该系统对确定信号频谱的选择性。而在这里则是以等效噪声带宽 $\Delta\omega_e$ 来表示系统对输入白噪声功率谱的选择性。然而，选择性是由系统本身参数所决定的，一旦线性系统的形式和级数确定，$\Delta\omega_e$ 和 $\Delta\omega$ 也就确定，而且两者之间有着确定的关系。

例如，七种不同的线性滤波器的 3 dB 带宽 $\Delta\omega$ 与其等效噪声带宽 $\Delta\omega_e$ 的关系，如图 5.14 所示。从图中可以看到，滤波器级数越多，等效噪声带宽就越接近于 3 dB 带宽。又如，在雷达接收机中，在检波之前的高频、中频谐振电路的级数总是较多的。因此，在计算和测

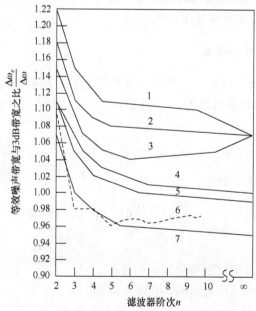

图 5.14　等效噪声带宽和 3dB 带宽的比较

1.同步；2.高斯；3.贝塞尔；4.巴特沃思；5.切比雪夫(0.1dB 波纹)；6.勒让德；7.切比雪夫(0.5dB 波纹)

量噪声时，通常都可以用 3 dB 带宽直接代替等效噪声带宽。作这样的近似，误差不大，一般在工程计算上是允许的。

系统等效噪声带宽 $\Delta\omega_e$ 具有理论意义和实际意义，它反映了系统输出的噪声功率，所以通常作为比较线性系统性能(如信噪比性能)的判据。此外，当系统输入白噪声时，采用等效噪声带宽的优点之一就是，使仅用参数 $\Delta\omega_e$ 和 $|H(\omega)|_{max}$ 描述非常复杂的线性系统及其噪声响应成为可能。而在实际中，这两个参数能相当容易地用实验的方法从系统中测试得到。

例 5.10　测得某通信系统中接收机调谐频率 ω_0 上的电压增益是 10^6，等效噪声带宽 Δf_e 为 $10\,\mathrm{kHz}$。接收机输入端噪声(由散粒噪声和热噪声构成)有数百兆赫的带宽，相对接收机的带宽而言，输入噪声可以看成是白噪声。设输入噪声的功率谱密度 $N_0/2 = 2\times10^{-20}\,\mathrm{V}^2/\mathrm{Hz}$。问为使接收机输出端的功率信噪比为 100，输入信号的有效值应是多大？

解： 如果对接收机每级进行精确分析，将难以回答这个问题。然而利用等效噪声带宽，问题就会迎刃而解。

因为输出信噪比为

$$\left(\frac{S}{N}\right)_0 = \frac{输出信号平均功率P_S}{输出噪声平均功率P_Y}$$

设输入信号的有效值 $\overline{X}$，由于信号调谐在 ω_0 上，ω_0 上的增益为 $|H(\omega_0)|$，则输出信号的有效值 $\overline{Y} = \overline{X}\cdot|H(\omega_0)|$，输出信号的平均功率为

$$P_S = \overline{X}^2\cdot|H(\omega_0)|^2$$

则输出噪声的平均功率为

$$P_Y = \frac{1}{2\pi}N_0\cdot\Delta\omega_e\cdot|H(\omega_0)|^2$$

因此

$$\left(\frac{S}{N}\right)_0 = \frac{P_S}{P_Y} = \frac{\overline{X}^2\cdot|H(\omega_0)|^2}{\dfrac{N_0\Delta\omega_e}{2\pi}|H(\omega_0)|^2} = \frac{\overline{X}^2}{2\cdot\dfrac{N_0}{2}\cdot\Delta f_e}$$

式中，$\overline{X}^2$ 表示输入信号的平均功率，$N_0/2 = 2\times10^{-20}\,\mathrm{V}^2/\mathrm{Hz}$ 表示输入噪声的平均功率，等效噪声带宽 $\Delta f_e = 10^4$。

由接收机输出端的功率信噪比为 100，即

$$\frac{\overline{X}^2}{2\cdot\dfrac{N_0}{2}\cdot\Delta f_e} = 100 \quad\Rightarrow\quad \overline{X}^2 = 2\cdot\frac{N_0}{2}\cdot\frac{\Delta\omega_e}{2\pi}\cdot100 = 2\cdot(2\times10^{-20})\cdot(10^4)\cdot100 = 4\times10^{-14}$$

则要求的输入信号有效值为

$$\overline{X} = \sqrt{\overline{X}^2} = 2\times10^{-7}$$

系统输出信噪比(SNR)的一般计算方法(时域)

$$\text{SNR} = \frac{\text{输出信号平均功率}}{\text{输出噪声平均功率}} = \frac{\overline{S_0^2(t)}}{E[N_0^2(t)]}$$

式中

$$\overline{S_0^2(t)} = \lim_{T \to \infty} \frac{1}{2T} \int_{-T}^{T} S_0^2(t) \mathrm{d}t$$

其中，$S_0(t)$ 是系统对输入信号(所需要的有用信息)的响应。若 $S_0(t)$ 各态历经，则 $\overline{S_0^2(t)}$ 可写为 $E[S_0^2(t)]$；$N_0(t)$ 是系统输出的噪声，一般是平稳的。

5.4.3 白噪声通过理想线性系统

1. 白噪声通过理想低通系统

理想低通系统具有如下的幅频特性

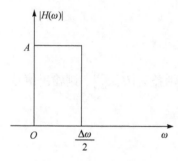

图 5.15 理想低通系统

$$|H(\omega)| = \begin{cases} A, & |\omega| \leqslant \Delta\omega/2 \\ 0, & \text{其他} \end{cases} \tag{5-98}$$

如图 5.15 所示，实际的低通滤波器或低频放大器都可以用这样的理想低通线性系统来等效。

设输入白噪声的物理谱密度 $F_X(\omega) = N_0$，则有以下结论。

1) 系统输出信号物理谱密度

$$F_Y(\omega) = F_X(\omega)|H(\omega)|^2 = \begin{cases} N_0 A^2, & 0 \leqslant \omega \leqslant \Delta\omega/2 \\ 0, & \text{其他} \end{cases} \tag{5-99}$$

2) 输出信号的自相关函数

$$R_Y(\tau) = \frac{1}{2\pi}\int_0^\infty F_Y(\omega)\cos\omega\tau\mathrm{d}\omega = \frac{1}{2\pi}\int_0^{\Delta\omega/2} N_0 A^2 \cos\omega\tau\mathrm{d}\omega$$

$$= \frac{N_0 A^2 \Delta\omega}{4\pi} \cdot \frac{\sin\dfrac{\Delta\omega\tau}{2}}{\dfrac{\Delta\omega\tau}{2}} = \frac{N_0 A^2 \Delta\omega}{4\pi} \cdot \text{Sa}\left(\frac{\Delta\omega\tau}{2}\right) \tag{5-100}$$

3) 输出信号的平均功率

$$P_Y = R_Y(0) = E\left[Y^2(t)\right] = \frac{N_0 A^2 \Delta\omega}{4\pi} \tag{5-101}$$

4) 输出信号的自相关系数

$$\rho_Y(\tau) = \frac{C_Y(\tau)}{C_Y(0)} = \frac{R_Y(\tau)}{R_Y(0)} = \frac{\sin\dfrac{\Delta\omega\tau}{2}}{\dfrac{\Delta\omega\tau}{2}} = \text{Sa}\left(\frac{\Delta\omega\tau}{2}\right) \tag{5-102}$$

5) 输出信号的相关时间

$$\tau_0 = \int_0^{+\infty} \rho_Y(\tau)\mathrm{d}\tau = \int_0^{+\infty} \frac{\sin\dfrac{\Delta\omega\tau}{2}}{\dfrac{\Delta\omega\tau}{2}}\mathrm{d}\tau = \frac{\pi}{\Delta\omega} = \frac{1}{2\Delta f} \qquad (5\text{-}103)$$

该式表明，输出信号的相关时间与系统的带宽成反比。这就是说，系统带宽越宽，相关时间 τ_0 越短，输出信号随时间变化(起伏)越剧烈；反之，系统带宽越窄，则 τ_0 越长，输出信号随时间变化就越缓慢。

2. 白噪声通过理想带通系统

如图 5.16 所示，理想带通系统的幅频特性为

$$|H(\omega)| = \begin{cases} A, & |\omega - \omega_0| \leqslant \Delta\omega/2 \\ 0, & \text{其他} \end{cases} \qquad (5\text{-}104)$$

若输入白噪声的物理谱密度 $F_X(\omega) = N_0$，则有以下结论。

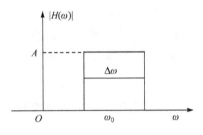

图 5.16　理想带通系统

1)输出信号的物理功率谱密度为

$$F_Y(\omega) = |H(\omega)|^2 \cdot F_X(\omega) = \begin{cases} N_0 A^2, & |\omega - \omega_0| \leqslant \Delta\omega/2 \\ 0, & \text{其他} \end{cases} \qquad (5\text{-}105)$$

2)输出信号的自相关函数

$$R_Y(\tau) = \frac{1}{2\pi}\int_0^\infty F_Y(\tau)\cos\omega\tau\mathrm{d}\omega = \frac{1}{2\pi}\int_{\omega_0 - \frac{\Delta\omega}{2}}^{\omega_0 + \frac{\Delta\omega}{2}} N_0 A^2 \cos\omega\tau\mathrm{d}\omega$$

$$= \frac{N_0 A^2}{\pi\tau}\sin\frac{\Delta\omega\tau}{2}\cos\omega_0\tau = a(\tau)\cos\omega_0\tau \qquad (5\text{-}106)$$

式中，$a(\tau)$ 为 $R_Y(\tau)$ 的包络

$$a(\tau) = \frac{N_0 A^2}{\pi\tau}\sin\frac{\Delta\omega\tau}{2} = 2 \cdot \left(\frac{N_0 A^2 \Delta\omega}{4\pi} \cdot \frac{\sin\dfrac{\Delta\omega\tau}{2}}{\dfrac{\Delta\omega\tau}{2}}\right) = 2 \cdot \left[\frac{N_0 A^2 \Delta\omega}{4\pi} \cdot \mathrm{Sa}\left(\frac{\Delta\omega\tau}{2}\right)\right] \quad (5\text{-}107)$$

讨论：

(1)若 $\Delta\omega \ll \omega_0$，即带通系统的中心频率 ω_0 远大于系统的带宽 $\Delta\omega$，则称这样的系统为窄带系统。此时，随机信号的功率谱分布在高频 ω_0 周围一个很窄的频域内。在第 6 章将定义具有这样功率谱的随机信号为窄带随机信号或窄带过程，并进行详细的研究。

(2)带通系统输出信号的自相关函数 $R_Y(\tau) = a(\tau)\cos\omega_0\tau$，其中，$a(\tau)$ 只包含 $\Delta\omega\tau$ 的成分。当满足 $\Delta\omega \ll \omega_0$ 时，$a(\tau)$ 与 $\cos\omega_0\tau$ 相比，是 τ 的慢变化函数，而 $\cos\omega_0\tau$ 是 τ 的快变化函数。因此，$\cos\omega_0\tau$ 是 $R_Y(\tau)$ 的快变化部分，而 $a(\tau)$ 是 $R_Y(\tau)$ 的包络。其自相关函数波形如图 5.17 所示。

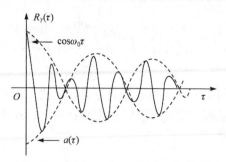

图 5.17　带通系统输出信号的自相关函数

（3）若 $\omega_0 = 0$，则得 $R_Y(\tau) = a(\tau)$。而 $a(\tau)$ 与前面导出的低通滤波器输出自相关函数的形式几乎完全一样。仅相差一个系数 2，这是因为这里带通系统的频带宽度，是前面低通系统频带宽度的 2 倍。即

$$R_{Y带}(\tau) = 2R_{Y低}(\tau) \cdot \cos\omega_0\tau \tag{5-108}$$

3）带通系统输出信号的平均功率

$$\boldsymbol{P}_Y = R_Y(0) = E[Y^2(t)] = \frac{N_0 A^2 \Delta\omega}{2\pi} \tag{5-109}$$

则

$$R_Y(\tau) = R_Y(0) \cdot \mathrm{Sa}\left(\frac{\Delta\omega\tau}{2}\right) \cdot \cos\omega_0\tau \tag{5-110}$$

4）输出信号的自相关系数

$$\rho_Y(\tau) = \frac{C_Y(\tau)}{C_Y(0)} = \frac{R_Y(\tau)}{R_Y(0)} = \mathrm{Sa}\left(\frac{\Delta\omega\tau}{2}\right)\cos\omega_0\tau \tag{5-111}$$

5）输出随机信号的相关时间

根据窄带随机信号相关系数的特点，常用 $\rho_Y(\tau)$ 的包络（慢变化部分）来定义输出随机信号的相关时间为

$$\tau_0 = \int_0^\infty a(\tau)\mathrm{d}\tau = \int_0^\infty \mathrm{Sa}\left(\frac{\Delta\omega\tau}{2}\right)\mathrm{d}\tau = \frac{\pi}{\Delta\omega} = \frac{1}{2\Delta f} \tag{5-112}$$

该式说明，相关时间 τ_0 与系统带宽 Δf 成反比。但必须注意到这里的 τ_0 是表示输出窄带随机信号的包络随时间起伏的快慢程度。表明系统带宽越宽，输出信号包络的起伏变化越剧烈；反之，带宽越窄，则包络变化越缓慢。

5.4.4　白噪声通过具有高斯频率特性的线性系统

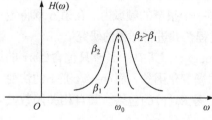

图 5.18　高斯频率特性的线性系统

在单调谐多级放大器中，级数越多，其幅频特性就越接近高斯曲线，如图 5.18 所示。雷达接收机中的中频放大器就属于这种情况。高斯频率特性的表示式为

$$H(\omega) = A \exp\left[-\frac{(\omega - \omega_0)^2}{2\beta^2}\right] \tag{5-113}$$

在输入物理谱密度 $F_X(\omega) = N_0$ 的白噪声时，系统输出信号的物理功率谱密度为

$$F_Y(\omega) = N_0 A^2 \exp\left[-\frac{(\omega - \omega_0)^2}{\beta^2}\right] \tag{5-114}$$

输出信号的自相关函数

$$R_Y(\tau) = \frac{N_0 A^2 \beta}{2\sqrt{\pi}} \exp\left(-\frac{\beta^2 \tau^2}{4}\right) \cdot \cos(\omega_0 \tau) \tag{5-115}$$

输出信号的平均功率

$$\boldsymbol{P}_Y = R_Y(0) = \frac{N_0 A^2 \beta}{2\sqrt{\pi}} \tag{5-116}$$

输出信号的自相关系数

$$\rho_Y(\tau) = \frac{R_Y(\tau)}{R_Y(0)} = \exp\left(-\frac{\beta^2 \tau^2}{4}\right) \cdot \cos(\omega_0 \tau) \tag{5-117}$$

而系统的等效噪声带宽为

$$\Delta\omega_e = \frac{\int_0^\infty |H(\omega)|^2 \, \mathrm{d}\omega}{|H(\omega_0)|^2} = \frac{\int_0^\infty A^2 \exp\left(-\dfrac{2(\omega - \omega_0)^2}{\beta^2}\right) \mathrm{d}\omega}{A^2} = \sqrt{\pi}\beta \tag{5-118}$$

注意：以上讨论的带通系统是频率特性关于 ω_0 对称的情况，对于非对称情况，亦可用类似方法解决。

5.5　线性系统输出端随机信号的概率分布

本章以上各节解决了随机信号通过线性系统后的一阶、二阶矩统计特性的计算问题。在有些实际应用中，仅仅知道一阶、二阶矩是不够的，往往还需要知道随机信号通过线性系统后的概率分布。例如，设计最佳检测系统就有这种要求。

一般来说，要确定系统输出端随机信号的概率分布是一件极不容易的事。目前还没有一般的方法可供使用。只有两种特殊情况，可以比较容易地解决线性系统输出随机信号的概率分布问题。一是输入随机信号为高斯过程的情况；二是输入信号的功率谱带宽远大于线性系统的带宽的情况。下面仅就这两种特殊情况进行讨论，并给出结论和粗略证明。

1. 若线性系统输入为高斯过程，则输出为高斯分布

由于随机信号 $X(t)$ 通过线性系统后的输出为

$$Y(t) = \int_0^\infty X(t - \tau) h(\tau) \mathrm{d}\tau = \int_{-\infty}^t X(\tau) h(t - \tau) \mathrm{d}\tau \tag{5-119}$$

若 $X(t)$ 为高斯过程，则高斯过程的积分 $Y(t)$ 仍是高斯过程。于是，只要求得系统输出信号的均值及自相关函数，即可得到输出的高斯过程的 n 维概率密度函数。

例 5.11　系统电路如图 5.6 所示。设输入随机信号 $X(t)$ 是均值为零、自相关函数为 $\dfrac{N_0}{2}\delta(\tau)$ 的高斯白噪声，求输出随机信号的一维概率密度函数。

解： 由上述结论 1 可知，$Y(t)$ 也是一个高斯随机过程，其一维概率密度为

$$f_Y(y) = \frac{1}{\sqrt{2\pi}\sigma_Y}\exp\left[-\frac{(y-m_Y)^2}{2\sigma_Y^2}\right]$$

由例 5.3 和例 5.4 的结论知 $m_Y = 0$，$R_Y(\tau) = \dfrac{N_0 b}{4}\mathrm{e}^{-b|\tau|}$，则

$$\sigma_Y^2 = R_Y(0) = \frac{N_0}{4RC}$$

于是，输出 $Y(t)$ 的一维概率密度为

$$f_Y(y) = \sqrt{\frac{4RC}{2\pi N_0}}\exp\left(-\frac{2RC\cdot y^2}{N_0}\right)$$

2. 若输入信号的等效噪声带宽远大于系统的带宽，则输出信号接近于高斯分布

将输入与输出的关系 $Y(t) = \displaystyle\int_{-\infty}^{t} X(\tau)h(t-\tau)\mathrm{d}\tau$ 用下列级数之和的形式表示

$$Y(t) = \lim_{\substack{\Delta\tau_i\to 0 \\ n\to\infty}} \sum_{i=1}^{n} X(\tau_i)h(t-\tau_i)\Delta\tau_i \tag{5-120}$$

式中，τ_i 为采样点，$\Delta\tau_i$ 为采样间隔，n 为采样数。

根据中心极限定理，大量统计独立的随机变量之和的分布接近于高斯分布。虽然 $X(\tau_i)$ 不是高斯变量，但 $Y(t)$ 是大量随机变量 $X(\tau_i)$ 之和。如果能使所有随机变量 $X(\tau_i)(i=1,2,\cdots,n)$ 之间独立，且 $n\to\infty$，即输出过程 $Y(t)$ 在任意时刻 t 上的状态皆为大量独立随机变量之和。根据中心极限定理可知，$Y(t)$ 趋于高斯分布。

下面讨论当 $X(t)$ 是任意分布时，欲使 $Y(t)$ 趋于高斯分布，$X(t)$ 必须满足的条件。

1）使采样值之间相互独立的条件

输入随机信号 $X(t)$ 的各个采样值都是随机变量 $X(\tau_i)(i=1,2,\cdots)$。只有当采样间隔的最小值 $\Delta\tau_i$ 大于或等于输入随机信号的相关时间 τ_0（$\Delta\tau_i \geq \tau_0$）时，$X(t)$ 的各个采样值 $X(\tau_i)$ 之间才可以看作互不相关的。若采样间隔远大于相关时间 $\Delta\tau_i \gg \tau_0$，则可以认为 $X(t)$ 的各个采样值 $X(\tau_i)$ 之间是统计独立的。因此，使采样值 $X(\tau_i)$ 之间相互独立的条件为 $\Delta\tau_i \gg \tau_0$。

2）使随机变量求和数目足够多的条件

设线性系统的单位冲激响应 $h(t)$ 的建立时间为 T，如图 5.19 所示。可见 $Y(t)$ 是 $X(t)$ 在 $(t-T)\sim t$ 这一段时间内的采样 $X(\tau_i)$ 与系统冲激响应 $h(t)$ 作用的结果。

$$Y(t)=\int_{t-T}^{t}X(\tau)h(t-\tau)\mathrm{d}\tau=\lim_{\substack{\Delta\tau_i\to0\\n\to\infty}}\sum_{i=1}^{n}X(\tau_i)h(t-\tau_i)\Delta\tau_i \tag{5-121}$$

$$Y(t)\approx\sum_{i=1}^{n}X(\tau_i)h(t-\tau_i)\Delta\tau_i \tag{5-122}$$

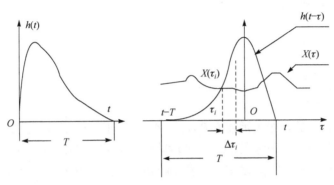

图 5.19　线性系统的冲激响应

若等间隔地对 $X(t)$ 进行采样，则在 $(t-T)\sim t$ 这一段时间内对 $X(t)$ 进行采样所得到的随机变量的数目为 $n=T/\Delta\tau_i$。可见，只要能使 $\Delta\tau_i\ll T$，就能使 $n\approx\to\infty$，即可以构造出足够多的随机变量求和。因此，使随机变量求和数目足够多的条件是 $\Delta\tau_i\ll T$。

综合 1) 和 2) 可知，欲使 $Y(t)$ 趋于高斯分布，$X(t)$ 必须满足的条件 $\tau_0\ll\Delta\tau_i\ll T$。因此，当输入是任意分布时，系统输出趋于高斯分布的条件如下。

在时域：

输入信号的相关时间 $\tau_0\ll$ 系统的响应时间 T

在频域：

输入信号的等效噪声带宽 $\Delta\omega_e\gg$ 系统的通频带 $\Delta\omega$

在中心极限定理的应用中，一般只要 7~10 个独立随机变量求和，其和的分布就足够接近高斯分布了，因此当输入 $\Delta\omega_e\approx(7\sim10)\Delta\omega$ 时，就近似认为系统的输出过程是高斯分布的。当然，这只是一般情况，比值 $\Delta\omega_e/\Delta\omega$ 的大小与趋于高斯分布程度的关系还取决于输入过程 $X(t)$ 的分布特性。例如，在一定范围内，3~5 个均匀分布独立随机变量之和的分布，逼近高斯分布仍然很不理想。当分布密度曲线一侧拖着长尾巴时，常出现这种情况。

上述的这种定性说明，虽不够严密，但它的结论在实际中是很有用处的。例如，雷达或通信机在受到敌人释放的各种噪声干扰时，如果其干扰噪声的带宽比接收机带宽大若干倍，则接收机输出端就得到近似高斯分布的窄带噪声。

习　题　五

5-1　已知系统的单位冲激响应为 $h(t)=5\mathrm{e}^{-3t}U(t)$，输入信号为 $X(t)=M+4\cos(2t+\varPhi)$，其中，M 是随机变量，$\varPhi$ 是 $(0,2\pi)$ 上均匀分布的随机变量，且 M 和 $\varPhi$ 独立。求输出信号的表达式。

5-2 已知线性系统的单位冲激响应为

$$h(t) = [5\delta(t) + 3][U(t) - U(t-1)]$$

输入信号为 $X(t) = 4\sin(2\pi t + \Phi)$，其中，$\Phi$ 是 $(0, 2\pi)$ 上均匀分布的随机变量。求输出信号的表达式、均值和方差。

5-3 已知系统的单位冲激响应为

(1) $h(t) = e^{-2t} U(t)$；

(2) $h(t) = e^{-2t} \sin t \cdot U(t)$；

(3) $h(t) = t e^{-2t} U(t)$；

(4) $h(t) = \delta(t) + e^{-2t} U(t)$。

当输入平稳信号 $X(t)$ 的自相关函数为 $R_X(\tau) = 4 + e^{-|\tau|}$ 时，求系统输出的均值和方差。

5-4 已知有限时间积分系统的单位冲激响应为 $h(t) = [U(t) - U(t-0.5)]$，系统输入功率谱密度为 $10\text{V}^2/\text{Hz}$ 的高斯白噪声，求系统输出的（总）平均功率、交流功率和输入输出互相关函数。

5-5 已知系统的单位冲激响应为 $h(t) = (1-t)[U(t) - U(t-1)]$，其输入平稳信号的自相关函数为 $R_X(\tau) = 2\delta(\tau) + 9$，求系统输出的直流功率和输出信号的自相关函数。

5-6 已知系统的输入信号是物理谱密度为 N_0 的白噪声，系统为一带通滤波器，如图 5.20 所示。求系统输出的（总）噪声平均功率。

5-7 已知如图 5.21 所示的线性系统，系统输入信号是物理谱密度为 N_0 的白噪声，求：

(1) 系统的传递函数 $H(\omega)$；

(2) 输出 $Z(t)$ 的均方值。

其中

$$\int_0^\infty \frac{[\sin(ax)]^2}{x^2} \mathrm{d}x = \int_0^\infty a^2 [\sin(ax)]^2 \mathrm{d}x = \frac{\pi}{2}|a|$$

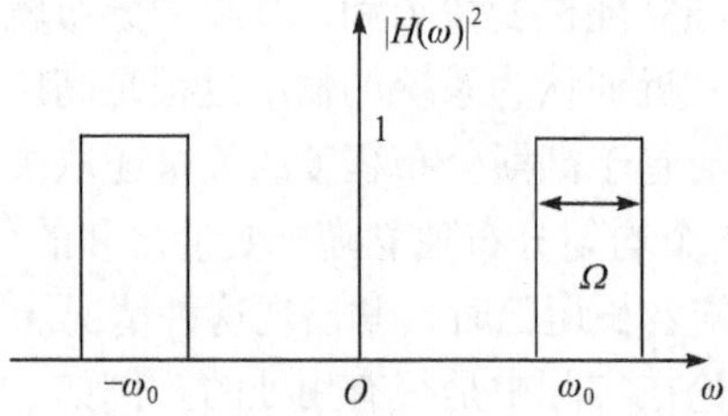

图 5.20 习题 5-6 图 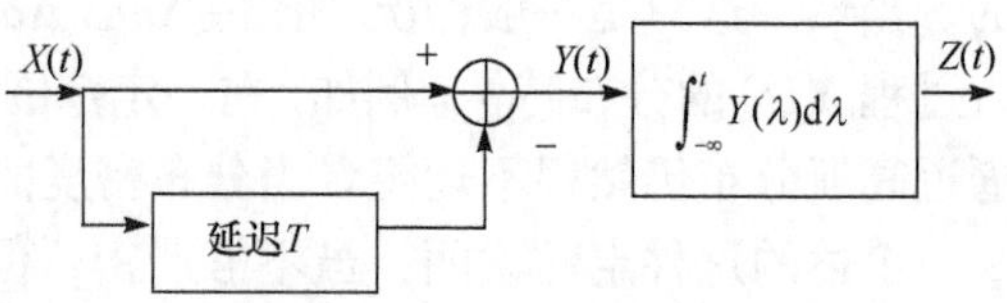   图 5.21 习题 5-7 图

5-8 已知某积分电路输入输出之间满足关系

$$Y(t) = \int_{t-T}^{t} X(t') \mathrm{d}t'$$

式中，T 是指积分时间，为常数。若输入和输出信号皆为平稳过程。证明输出功率谱密度满足

$$G_Y(\omega) = G_X(\omega) \cdot \frac{\left[\sin\left(\dfrac{\omega T}{2}\right)\right]^2}{\left(\dfrac{\omega}{2}\right)^2}$$

5-9　如图 5.22 所示的某单输入、双输出的线性系统。

(1)若输入信号 $X(t)$ 宽平稳，证明输出 $Y_1(t)$ 和 $Y_2(t)$ 的互谱密度满足

$$G_{Y_1Y_2}(\omega) = G_X(\omega) \cdot H_1^*(\omega) \cdot H_2(\omega)$$

(2)若输入信号为零均值高斯过程，求使得 $Y_1(t)$ 和 $Y_2(t)$ 相互独立，传递函数 $H_1(\omega)$ 和 $H_2(\omega)$ 应满足什么条件？并画图说明。

5-10　单位冲激响应 $h(t)$ 如图 5.23 所示的线性系统,若输入为功率谱密度为 $2\text{V}^2/\text{Hz}$ 的白噪声，求：

(1)系统的等效噪声带宽；

(2)系统输出的平均功率。

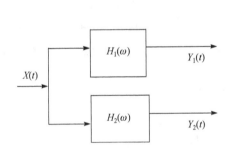

图 5.22　习题 5-9 图

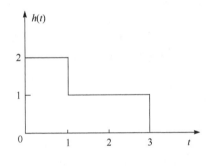

图 5.23　习题 5-10 图

5-11　已知系统的输入为单位谱密度的白噪声，输出的功率谱密度为

$$G_Y(\omega) = \frac{\omega^2 + 4}{\omega^4 + 10\omega^2 + 9}$$

求此稳定系统的单位冲激响应 $h(t)$。

5-12　已知系统输入信号的功率谱密度为

$$G_X(\omega) = \frac{\omega^2 + 3}{\omega^2 + 8}$$

设计一稳定的线性系统 $H(\omega)$，使得系统的输出为单位谱密度的白噪声。

5-13　已知平稳随机信号 $X(t)$ 在 $t=0$ 时刻加到传递函数 $H(s) = s^{-1}$ 的零初始条件的积分器上。

(1)若 $X(t)$ 的自相关函数为 $R_X(\tau) = \sigma^2 + e^{-\beta|\tau|}$，求输出 $Y(t)$ 的均方值；

(2)若 $X(t)$ 的自相关函数为 $R_X(\tau) = \delta(\tau)$，求输出 $Y(t)$ 的自相关函数。

5-14　功率谱密度为 $N_0/2$ 的白噪声作用于 $|H(0)| = 2$ 的低通滤波器上，等效噪声带宽为 2MHz。若在 1Ω 电阻上的输出平均功率为 0.1W。求 N_0 的值。

5-15 已知线性系统的输入信号是功率谱密度为 $N_0/2$ 的白噪声，现用一等效系统的传递函数 $H_e(\omega)$ 来代替原系统的传递函数 $H(\omega)$，等效原则为

$$H_e(\omega) = \begin{cases} H(\omega), & |\omega| \le \Omega \\ 0, & \text{其他} \end{cases}$$

此时记系统的输出为 $Y_e(t)$。

(1) 求使得 $E[Y_e^2(t)] = E[Y^2(t)]$ 时，等效系统的带宽 Ω；

(2) 若已知 $H(\omega) = \dfrac{\beta}{j\omega + 2}$，求原系统 $H(\omega)$ 的等效噪声带宽。

5-16 已知一零均值平稳随机信号 $X(t)$ 的自相关函数为 $R_X(\tau)$，相应的功率谱密度为 $G_X(\omega)$，且 $G_X(\omega) \le G_X(0)$。若通过线性低通滤波器 $H(\omega)$，输出为 $Y(t)$，且系统 $H(\omega)$ 的 3dB 带宽小于 $X(t)$ 的等效噪声带宽。证明：

(1) $\tau_X B_X = \tau_Y B_Y$；

(2) $\dfrac{\tau_Y}{\tau_X} = \dfrac{\sigma_X^2}{\sigma_Y^2} |H(0)|^2$。

其中，τ_X, τ_Y、B_X, B_Y、σ_X^2, σ_Y^2 分别为输入信号和输出信号的相关时间、等效噪声带宽和方差。

5-17 已知线性系统是单位冲激响应为 $h(t)$，系统输入 $X(t)$ 为零均值，自相关函数为 $R_X(\tau) = \delta(\tau)$ 的平稳高斯过程。若要使 $X(t_1)$ 和 $Y(t_1)$ 相互独立，$h(t)$ 应满足什么条件？

5-18 如图 5.24 所示的线性系统，系统输入 $W(t)$ 是零均值，物理谱密度为 1 的白噪声，且 $h(t) = e^{-t} U(t)$。

(1) 判断 $X(t)$ 和 $Y(t)$ 分别服从什么分布并给出理由；

(2) 证明 $Y(t)$ 是严平稳过程；

(3) 求 $W(t)$ 和 $X(t)$ 的互相关函数及 $Y(t)$ 的功率谱密度；

(4) 写出 $Y(t)$ 的一维概率密度表达式；

(5) 判断同一时刻，$X(t)$ 和 $Y(t)$ 是否独立并给出理由。

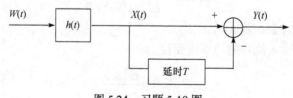

图 5.24　习题 5-18 图

第6章 随机信号统计特征的实验研究方法

用实验手段研究随机信号的统计特征，是研究随机信号的一种必不可少的手段。在工程实际应用中遇到的各种随机信号，如地震时记录的地震波，医学上测量的脑电波，长江水流量变化的记录，及雷达接收到的信号等，实际上都是随机信号的某个实现(样本)。要想从理论上计算出这些随机信号的统计特征(均值、方差、自相关函数、功率谱密度等)，几乎是不可能的。只有借助统计实验的研究方法，估计出随机信号的统计特征。

6.1 统计特征实验研究的基础

由于通过实验获取的随机信号，其实是原随机信号的一个采样——随机序列。

若以等间隔 T_s 对随机信号 $X(t)$ 进行采样，即得随机序列

$$X(nT_s) = X(t) \cdot \delta(t - nT_s), \quad n = 0, \pm 1, \pm 2, \cdots, \pm\infty \tag{6-1}$$

若为了一般性令 $T_s = 1$，可以写成

$$X(nT_s) = X(n) \in \{X(n)\} \tag{6-2}$$

若要求采样得到的随机序列 $\{X(n)\}$ 能够完整地代表原随机信号 $X(t)$，则要求采样必须满足随机过程的采样定理。

1. 随机信号的采样定理

前面已经介绍了确定性信号的采样定理。为了保证能够由离散数字信号准确地恢复原模拟信号，则要求采样频率必须大于等于原信号最高频率的两倍。对于平稳随机信号的采样也有类似的要求。

随机信号的采样定理：如果平稳随机信号 $X(t)$ 的功率谱 $G_X(\omega)$ 满足：$G_X(\omega) = 0, |\omega| \geqslant \Omega_c$，则称 $X(t)$ 为低通带限随机信号，式中，Ω_c 表示功率谱的最高截止频率。若以采样间隔 T_s 对低通带限的平稳随机信号 $X(t)$ 进行采样，采样后获得随机序列 $\{X(n)\}$。只要采样频率 f_s 满足

$$\omega_s = 2\pi f_s \geqslant 2\Omega_c \quad \text{或} \quad T_s \leqslant \frac{1}{2f_c} = \frac{\pi}{\Omega_c} \tag{6-3}$$

采样插值为

$$\hat{X}(t) = \sum_{n=-\infty}^{\infty} X(nT_s) \frac{\sin \Omega_c(t - nT_s)}{\Omega_c(t - nT_s)} \tag{6-4}$$

则可以证明

$$E\left[\left|X(t)-\hat{X}(t)\right|^2\right]=0 \tag{6-5}$$

表明 $\hat{X}(t)$ 在均方意义上等于 $X(t)$。

2. 随机信号估计的准则

统计实验研究的理论是建立在假设随机信号具有各态历经性基础上的。在这个假设的前提下，方可根据一个样本（实现）来估计出整个随机信号的有关统计参数。即根据对随机信号 $X(t)$ 采样得到的随机序列 $\{X(n)\}$ 的一组样本 $x_0,x_1,x_2,\cdots,x_{N-1}$ 来估计 $X(t)$ 的统计参数。

一般来说参数的点估计，就是根据观测到的数据 $x_0,x_1,x_2,\cdots,x_{N-1}$ 构造一个用来估计未知参数 α 的估计量 $\hat{\alpha}$。

$$\hat{\alpha}=h(x_0,x_1,x_2,\cdots,x_{N-1}) \tag{6-6}$$

由于观测到的数据 $x_0,x_1,x_2,\cdots,x_{N-1}$ 是随机的，则由观测数据构造的估计量 $\hat{\alpha}$ 也是随机的。但被估计的参数 α 是确定量，因此构造的估计量 $\hat{\alpha}$ 与真实参数 α 之间存在随机估计误差，这个误差的大小则是判定估计方法好坏的标准。

估计误差用 $\tilde{\alpha}$ 表示

$$\tilde{\alpha}=\hat{\alpha}-\alpha \tag{6-7}$$

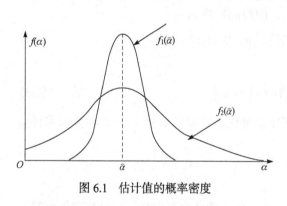

图 6.1　估计值的概率密度

$\tilde{\alpha}$ 和 $\hat{\alpha}$ 都是随机变量，而随机变量则存在一定的统计分布规律。设 $\hat{\alpha}$ 的概率密度曲线如图 6.1 所示，图中 α 是要估计的参数。若估计值 $\hat{\alpha}$ 接近 α 的概率很大，则说这是一种比较好的估计方法，如图中 $f_1(\hat{\alpha})$ 比 $f_2(\hat{\alpha})$ 要好，一般来说，一个好估计值 $\hat{\alpha}$ 的概率密度分布应比较集中在其估计值的真值 α 附近，概率密度曲线必须窄。

通常，评价估计性能好坏的标准有以下三种。

1) 偏移性

令估计量的统计平均值与真值之间的差值为偏移 B，其公式为

$$B=\alpha-E[\hat{\alpha}] \tag{6-8}$$

如果 $B=0$，称为无偏估计。无偏估计表示估计量仅在它真值附近摆动，这是我们希望有的估计特性。如果 $B\neq0$，则称为有偏估计。

如果随着观测次数 N 的加大，能满足

$$\lim_{N\to\infty}E[\hat{\alpha}]=\alpha \tag{6-9}$$

则称为渐近无偏估计，这种情况在实际中是经常有的。

2) 估计量的方差

如果两个估计量的观察次数相同，又都是无偏估计，哪一个估计量在真值附近摆动更小一些，即估计量的方差更小一些，就说这一个估计量的估计更有效。

比如，$\hat{\alpha}$ 和 $\hat{\alpha}'$ 是 X 的两个无偏估计量

$$\sigma_{\hat{\alpha}}^2 = E[(\hat{\alpha} - E[\hat{\alpha}])^2] \tag{6-10}$$

$$\sigma_{\hat{\alpha}'}^2 = E[(\hat{\alpha}' - E[\hat{\alpha}'])^2] \tag{6-11}$$

若对任意 N，它们的方差满足

$$\sigma_{\hat{\alpha}}^2 < \sigma_{\hat{\alpha}'}^2 \tag{6-12}$$

则称 $\hat{\alpha}$ 比 $\hat{\alpha}'$ 更有效。一般希望当 $N \to \infty$ 时，$\sigma_{\hat{\alpha}}^2 \to 0$。

3）一致性——均方误差

在许多情况下，比较两个有偏估计值是麻烦的。偏移较小的估计值，可能有较大的方差，而方差较小的估计值可能有较大的偏移，此时使用与估计值有关的均方误差会更方便。估计量的均方误差用下式表示

$$E[\tilde{\alpha}^2] = E[(\hat{\alpha} - \alpha)^2] \tag{6-13}$$

如果估计量的均方误差随着观察次数的增加趋于 0，即估计量随着 N 的加大，在均方意义上趋于它的真值，则称该估计是一致估计。

估计量的均方误差、估计量的方差和偏移的关系推导如下：

$$\begin{aligned} E[\tilde{\alpha}^2] = E[(\hat{\alpha} - \alpha)^2] &= E\left\{\left[(\hat{\alpha} - E[\hat{\alpha}]) - (\alpha - E[\hat{\alpha}])\right]^2\right\} \\ &= E[(\hat{\alpha} - E[\hat{\alpha}])^2 + (\alpha - E[\hat{\alpha}])^2] - 2E[(\hat{\alpha} - E[\hat{\alpha}]) \cdot (\alpha - E[\hat{\alpha}])] \\ &= B^2 + \sigma_{\hat{\alpha}}^2 \end{aligned} \tag{6-14}$$

上式表示，随 N 的加大，偏移和估计量方差都趋于零，是一致估计的充分必要条件。通常对于一种估计方法的选定，往往不能使上述的三种性能评价一致，此时只能对它们折衷考虑，尽量满足无偏性和一致性。

6.2　随机信号时域特征的估计

1. 最大似然估计

由于各态历经性的假设，实验测得的一组样本 $x_0, x_1, x_2, \cdots, x_{N-1}$ 可看作随机序列 $\{X(n)\}$ 中的一组随机变量。定义在参量 α 条件下 $\{X(n)\}$ 的多维条件概率密度 $f(x_0, x_1, \cdots, x_{N-1}/\alpha)$ 为似然函数。若估计量 $\hat{\alpha}$ 能使似然函数 $f(x_0, x_1, \cdots, x_{N-1}/\alpha)$ 在 $\alpha = \hat{\alpha}$ 时

$$f(x_0, x_1, \cdots, x_{N-1}/\hat{\alpha}) = \max\{f(x_0, x_1, \cdots, x_{N-1}/\alpha)\} \tag{6-15}$$

则估计量 $\hat{\alpha}$ 称为最大似然估计量。

若似然函数 $f(x_0, x_1, \cdots, x_{N-1}/\alpha)$ 对 α 连续可导，则最大似然估计量 $\hat{\alpha}$ 也可由下式解出

$$\left. \frac{\partial \ln f(x_0, x_1, \cdots, x_{N-1}/\alpha)}{\partial \alpha} \right|_{\alpha = \hat{\alpha}} = 0 \tag{6-16}$$

2. 均值的估计

1）均值的最大似然估计

若对高斯信号 $X(t)$ 的采样是独立的，则 $\{X(n)\}$ 就是独立高斯随机序列，实验测得的一组样本 $x_0, x_1, x_2, \cdots, x_{N-1}$ 也可看作相互独立的高斯随机变量。那么 $\{X(n)\}$ 以 m_X 为条件的似然函数为

$$f[x_0, x_1, \cdots, x_{N-1}/m_X] = \prod_{i=0}^{N-1} \left(\frac{1}{2\pi\sigma_X^2}\right)^{\frac{1}{2}} \exp\left[-\frac{(x_i - m_X)^2}{2\sigma_X^2}\right] \tag{6-17}$$

即

$$\ln f[x_0, x_1, \cdots, x_{N-1}/m_X] = K - \sum_{i=0}^{N-1} \exp\left[-\frac{(x_i - m_X)^2}{2\sigma_X^2}\right] \tag{6-18}$$

其中，K 是一个与 m_X 无关的量。可由

$$\left. \frac{\partial \ln f(x_0, x_1, \cdots, x_{N-1}/m_X)}{\partial m_X} \right|_{m_X = \hat{m}_X} = 0 \tag{6-19}$$

解出均值的最大似然估计量为

$$\hat{m}_X = \frac{1}{N} \sum_{i=0}^{N-1} x_i \tag{6-20}$$

2）估计量的评价

（1）$\hat{m}_X$ 是无偏估计量。因为

$$E[\hat{m}_X] = E\left(\frac{1}{N} \sum_{i=0}^{N-1} x_i\right) = \frac{1}{N} \sum_{i=0}^{N-1} E[x_i] = E[x_i] = m_X \tag{6-21}$$

所以

$$B = m_X - E[\hat{m}_X] = 0 \tag{6-22}$$

这个估计量是无偏估计量。

（2）$\hat{m}_X$ 是一致估计量（假设样本数据 $(x_0, x_1, \cdots, x_{N-1})$ 之间不存在相关性）。由

$$\begin{aligned}
E[\hat{m}_X^2] &= \frac{1}{N^2} \sum_{i=0}^{N-1} \sum_{j=0}^{N-1} E[x_i x_j] = \frac{1}{N^2} \left[\sum_{i=0}^{N-1} \sum_{j=0, j=i}^{N-1} E[x_i x_j] + \sum_{i=0}^{N-1} \sum_{j=0, j\neq i}^{N-1} E[x_i x_j] \right] \\
&= \frac{1}{N^2} \left[\sum_{i=0}^{N-1} E[x_i^2] + \sum_{i=0}^{N-1} \sum_{j=0, j\neq i}^{N-1} E[x_i] \cdot E[x_j] \right] \\
&= \frac{1}{N^2} \left[N \cdot E[x_i^2] + N \cdot (N-1) E[x_i] \cdot E[x_j] \right] \\
&= \frac{1}{N} E[x_i^2] + \frac{N-1}{N} m_X^2
\end{aligned} \tag{6-23}$$

可得估计量的方差为

$$\sigma_{\widehat{m}_X}^2 = E[(\widehat{m}_X - E[\widehat{m}_X])^2] = E[\widehat{m}_X^2] - E^2[\widehat{m}_X]$$

$$= E[\widehat{m}_X^2] - m_X^2 = \frac{1}{N}E[x_i^2] - \frac{1}{N}m_X^2 = \frac{1}{N}\sigma_X^2 \tag{6-24}$$

则其极限

$$\lim_{N\to\infty}\sigma_{\widehat{m}_X}^2 = \lim_{N\to\infty}\frac{1}{N}\sigma_X^2 = 0 \tag{6-25}$$

估计量的均方误差

$$E[\tilde{m}_X^2] = E[(\widehat{m}_X - m_X)^2] = B^2 + \sigma_{\widehat{m}_X}^2 = 0 + \sigma_{\widehat{m}_X}^2 \tag{6-26}$$

则其极限

$$\lim_{N\to\infty}E[\tilde{m}_X^2] = \lim_{N\to\infty}\sigma_{\widehat{m}_X}^2 = 0 \tag{6-27}$$

所以该估计量也是一致估计量。

结论：当样本数据内部不相关时，按照式(6-20)估计均值是一种无偏的一致估计，是一种好的估计方法。但如果数据内部存在关联性，会使一致性的效果下降，估计量的方差比数据内部不存在相关情况的方差要大，达不到信号方差的$1/N$。

3. 方差的估计

1)方差的最大似然估计

假设采样得到的$\{X(n)\}$为独立的高斯随机序列，用实验测得的一组样本数据$x_0, x_1, \cdots, x_{N-1}$来估计方差。则由

$$\left.\frac{\partial \ln f(x_0, x_1, \cdots, x_{N-1}/\sigma_X^2)}{\partial \sigma_X^2}\right|_{\sigma_X^2=\widehat{\sigma}_X^2} = 0 \tag{6-28}$$

解出方差的最大似然估计量如下。

(1)若均值m_X已知

$$\widehat{\sigma}_X^2 = \frac{1}{N}\sum_{i=0}^{N-1}(x_i - m_X)^2 \tag{6-29}$$

(2)若均值m_X未知

$$\widehat{\sigma}_X^2 = \frac{1}{N}\sum_{i=0}^{N-1}(x_i - \widehat{m}_X)^2 \tag{6-30}$$

2)估计值的评价(假设样本数据$(x_0, x_1, \cdots, x_{N-1})$之间不存在相关性)

(1) $\widehat{\sigma}_X^2$ 是有偏估计量。

$$E[\widehat{\sigma}_X^2] = \frac{1}{N}\sum_{i=0}^{N-1}\{E[x_i^2] + E[\widehat{m}_X^2] - 2E[x_i\widehat{m}_X]\}$$

$$= \frac{1}{N}\sum_{i=0}^{N-1}E[x_i^2] + \frac{1}{N}\sum_{i=0}^{N-1}E[\widehat{m}_X^2] - \frac{1}{N}\sum_{i=0}^{N-1}2E[x_i\widehat{m}_X] \tag{6-31}$$

$$= E[x_i^2] + E[\widehat{m}_X^2] - 2\left[\frac{1}{N}E[x_i^2] + \frac{N-1}{N}m_X^2\right]$$

代入式(6-23)结论可得

$$E[\hat{\sigma}_X^2] = \frac{N-1}{N}\Big[E[x_i^2] - m_X^2\Big] = \frac{N-1}{N}\sigma_X^2 \tag{6-32}$$

即 $\hat{\sigma}_X^2$ 为有偏估计量。但当 $N \to \infty$ 时，由于 $\lim\limits_{N\to\infty} E[\hat{\sigma}_X^2] = \sigma_X^2, \lim\limits_{N\to\infty} B = 0$ ，则 $\hat{\sigma}_X^2$ 为渐近无偏的。

另外，为了得到无偏估计，可以用下式计算

$$\hat{\sigma}_X'^2 = \frac{1}{N-1}\sum_{i=0}^{N-1}(x_i - \hat{m}_X)^2 \tag{6-33}$$

$\hat{\sigma}_X^2$ 和 $\hat{\sigma}_X'^2$ 之间的关系为

$$\hat{\sigma}_X'^2 = \frac{N}{N-1}\hat{\sigma}_X^2 \tag{6-34}$$

两边取统计平均，并将式(6-32)代入便可得

$$E[\hat{\sigma}_X'^2] = \sigma_X^2 \tag{6-35}$$

所以，$\hat{\sigma}_X'^2$ 是个无偏估计量。

(2) $\hat{\sigma}_X^2$ 是个一致估计量。由 $E[\tilde{\alpha}^2] = E[(\hat{\alpha} - \alpha)^2] = B + \sigma_{\hat{\alpha}}^2$ 知，估计量 $\hat{\sigma}_X^2$ 的均方误差为

$$E[(\tilde{\sigma}_X^2)^2] = E[(\hat{\sigma}_X^2 - \sigma_X^2)^2] = B + D[\hat{\sigma}_X^2] \tag{6-36}$$

其中

$$D[\hat{\sigma}_X^2] = E[(\hat{\sigma}_X^2)^2] - (E[\hat{\sigma}_X^2])^2 \tag{6-37}$$

令

$$\hat{\sigma}_X^2 = \frac{1}{N}\sum_{i=0}^{N-1}(x_i - \hat{m}_X)^2 = \frac{1}{N}\sum_{i=0}^{N-1}(y_i)^2 \tag{6-38}$$

有

$$\begin{aligned} E[(\hat{\sigma}_X^2)^2] &= \frac{1}{N^2}\sum_{i=0}^{N-1}\sum_{j=0}^{N-1}\big(E[y_i^2 \cdot y_j^2]\big) \\ &= \frac{1}{N^2}\{N \cdot E[y_i^4] + N(N-1)\big(E[y_i^2]^2\big)\} \\ &= \frac{1}{N}\{E[y_i^4] + (N-1)\big(E[y_i^2]^2\big)\} \end{aligned} \tag{6-39}$$

$$E[\hat{\sigma}_X^2] = E[\frac{1}{N}\sum_{i=0}^{N-1}y_i^2] = E[y_i^2] \tag{6-40}$$

则

$$D[\hat{\sigma}_X^2] = E[(\hat{\sigma}_X^2)^2] - (E[\hat{\sigma}_X^2])^2 = \frac{1}{N}\{E[y_i^4] - (E[y_i^2])^2\} \tag{6-41}$$

估计量 $\hat{\sigma}_X^2$ 均方误差为

$$E[(\tilde{\sigma}_X^2)^2] = E[(\hat{\sigma}_X^2 - \sigma_X^2)^2] = B + \frac{1}{N}\{E[y_i^4] - (E[y_i^2])^2\} \tag{6-42}$$

因为其极限

$$\lim_{N\to\infty} E[(\tilde{\sigma}_X^2)^2] = \lim_{N\to\infty} B + \lim_{N\to\infty} \frac{1}{N}\{E[y_i^4] - (E[y_i^2])^2\} = 0 \tag{6-43}$$

所以 $\hat{\sigma}_X^2$ 是个一致估计量。

以上由关于 $\{X(n)\}$ 为高斯分布的假设，导出了均值、方差的最大似然估计量。当不知道 $\{X(n)\}$ 的密度函数形式，或不是高斯分布时，也常用式 (6-20) 和式 (6-29) 的估计方法。此时均值估计量仍为无偏一致估计量，而方差估计量仍为渐近无偏一致估计量。但对有限样本来讲，它们不再是最大似然估计，从而不能保证是最佳的了。

4. 自相关函数的估计

设对零均值平稳过程 $X(t)$ 采样得随机序列 $\{X(n)\}$ $(n = 0, \pm1, \pm2, \cdots, \pm\infty)$，其自相关函数为

$$R_X(m) = E[X(n)X(n+m)] \tag{6-44}$$

1) 自相关函数估计量

由实验手段测得 $\{X(n)\}$ 的一组样本数据 $x_0, x_1, x_2, \cdots, x_{N-1}$ 估计的方差 $\hat{\sigma}_X^2$，也就是零滞后自相关函数 $R_X(0)$ 的估计量

$$\hat{R}_X(0) = \hat{\sigma}_X^2 = \frac{1}{N}\sum_{i=0}^{N-1} x_i^2 = \frac{x_0^2 + x_1^2 + \cdots + x_{N-1}^2}{N} \tag{6-45}$$

注意：

(1) 当原过程 $X(t)$ 为独立高斯过程时，该估计量 $\hat{R}_X(0)$ 为最大似然估计量。

(2) 当 $\{X(n)\}$ 中各 X_i 独立但非高斯时，$\hat{R}_X(0)$ 为渐近无偏一致估计量。

(3) 当 $\{X(n)\}$ 中各 X_i 之间不独立时，往往也采用这样的估计量，严格来说这时的估计量已不再是最佳的，甚至可能不再是渐近无偏一致估计量了。

若对 $R_X(0)$ 的估计方法推广至非零滞后自相关函数 $R_X(m)$ 的估计

$$\hat{R}_X(m) = \frac{x_0 \cdot x_{0+|m|} + x_1 \cdot x_{1+|m|} + \cdots + x_{N-1-|m|} \cdot x_{N-1-|m|+|m|}}{N}$$
$$= \frac{1}{N}\sum_{i=0}^{N-|m|-1} x_i \cdot x_{i+|m|}, \quad m = 0, 1, \cdots, N-1 \tag{6-46}$$

估计量 $\hat{R}_X(m)$ 求和的项数一般小于 N，特别是当 m 很大时，参加求和的乘积项将非常少。当 $m \geqslant N$ 时，$x_i \cdot x_{i+|m|} = 0$。因而，令 $m \geqslant N$ 时自相关函数为零，即

$$\hat{R}_X(m) = 0, \quad |m| \geqslant N \tag{6-47}$$

因此，自相关函数的估计量为

$$\hat{R}_X(m) = \begin{cases} \dfrac{1}{N}\displaystyle\sum_{i=0}^{N-|m|-1} x_i \cdot x_{i+|m|}, & m = 0, 1, \cdots, N-1 \\ 0, & |m| \geqslant N \end{cases} \tag{6-48}$$

2) 估计量的评价

(1) $\hat{R}_X(m)$ 是渐近无偏估计。由

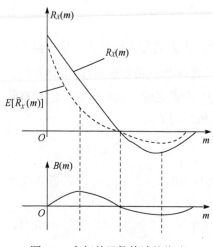

$$E[\hat{R}_X(m)] = \frac{1}{N}\sum_{i=0}^{N-|m|-1} E[x_i \cdot x_{i+|m|}] = \left(1 - \frac{|m|}{N}\right)R_X(m) \qquad (6\text{-}49)$$

其极限为

$$\lim_{N\to\infty} E[\hat{R}_X(m)] = \lim_{N\to\infty}\left(1 - \frac{|m|}{N}\right)R_X(m) = R_X(m) \qquad (6\text{-}50)$$

偏移

$$B(m) = R_X(m) - E[\hat{R}_X(m)] = \frac{|m|}{N}R_X(m) \qquad (6\text{-}51)$$

其极限为

$$\lim_{N\to\infty} B(m) = \lim_{N\to\infty}\frac{|m|}{N}R_X(m) = 0 \qquad (6\text{-}52)$$

图 6.2   自相关函数估计的偏移

所以 $\hat{R}_X(m)$ 是渐近无偏估计。偏移 $B(m) = \dfrac{|m|}{N}R_X(m)$ 是 m 的函数，如图 6.2 所示。

(2) $\hat{R}_X(m)$ 是一致估计量。即需要证明，当 $N \to \infty$ 时，$\hat{R}_X(m)$ 的方差趋向 0。一般情况下这一结论的证明是比较复杂的。当原过程 $X(t)$ 是高斯过程时，可以导出下列方差的近似公式

$$D[\hat{R}_X(m)] \approx \frac{2}{N}\sum_{i=0}^{N-|m|-1}\left(1 - \frac{|m|+i}{N}\right)\left[R_X^2(m) + R_X(i+m)R_X(i-m)\right] \qquad (6\text{-}53)$$

可以证明此式对一般的非高斯过程也是近似成立的。因为尽管 $N \to \infty$，但是当 $i \to \pm\infty$ 时，$R_X(i) \to 0$。即 Σ 号内仅有有限项存在，则

$$\lim_{N\to\infty} D[\hat{R}_X(m)] = 0 \qquad (6\text{-}54)$$

5. 随机信号概率密度的估计

多维概率密度的估计十分复杂，这里仅讨论一种最简单的一维概率密度的估计方法即直方图法。这种方法的合理性是建立在分布函数具有各态历经性的基础上的。

1) 直方图法

若实验测得随机过程 $X(t)$ 的一组样本数据 $x_0, x_1, x_2, \cdots, x_{N-1}$，由这组样本数据来计算 $X(t)$ 的直方图。

(1) 首先求出其位置参量。

极小值：

$$a = \min\{x_0, x_1, \cdots, x_{N-1}\} \qquad (6\text{-}55)$$

极大值：

$$b = \max\{x_0, x_1, \cdots, x_{N-1}\} \tag{6-56}$$

(2)分区间。

将 x 的取值区间 $[a,b)$ 分成 K 个互不相交的分区间，取分割点为 $a_0 < a_1 < \cdots < a_k < \cdots < a_K$ 且使 $a_0 \leqslant a, a_K > b$。则子区间分别为 $[a_{k-1}, a_k)(k=1,2,\cdots,K)$。

(3)计算实验数据的经验频率。

求出落入每个子区间 $[a_{k-1}, a_k)$ 的数据点的个数 $N_k(k=1,2,\cdots,K)$，即

$$a_{k-1} \leqslant x_n < a_k, \quad n=1,2,\cdots,K \tag{6-57}$$

的实验数据的点数。N_k 称经验频数，则经验频率为

$$f_k = \frac{N_k}{N}, \quad k=1,2,\cdots,K \tag{6-58}$$

显然，$0 \leqslant f_k \leqslant 1$，且 $\sum_{k=1}^{K} f_k = 1$，当 N 充分大时，f_k 可以近似表示随机变量 X 在区间 $[a_{k-1}, a_k)$ 上取值的概率。则概率密度在 $[a_{k-1}, a_k)$ 上的估值 $\hat{f}(x)$ 为

$$\hat{f}(x) = \frac{f_k}{a_k - a_{k-1}}, \quad k=1,2,\cdots,K, \quad x \in [a_{k-1}, a_k) \tag{6-59}$$

概率密度的直方图如图 6.3 所示。

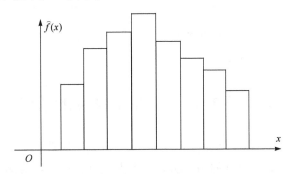

图 6.3　概率密度的直方图

2)常用的两种区间分割方法

在实际估计时，对取值区间 $[a_{k-1}, a_k)(k=1,2,\cdots,K)$ 不同的分法得到不同用途的经验频率 f_k 和直方图，常用的有下列两种分法。

(1)等距直方图。取区间间隔

$$\Delta x = (b-a)/K \tag{6-60}$$

令

$$\begin{cases} a_0 = a \\ a_k = a_{k-1} + \Delta x, \quad k=1,2,\cdots,K-1 \\ a_K = b+1 \end{cases} \tag{6-61}$$

(2)等概率直方图。若大体已知实验数据的总体概率分布的形式，则可选取分点 a_k 使

$$P_k = P\{a_{k-1} \leqslant \eta \leqslant a_k\} = F_X(a_k) - F_X(a_{k-1}) = \frac{1}{K} \quad , \quad k = 1, 2, \cdots, K \qquad (6\text{-}62)$$

按这种方式，将取值区间 $[a, b]$ 分成一些互不相交的等概率区间。

　　显然，若总体在 $[a, b]$ 区间均匀分布，则等距直方图与等概率直方图是一样的。若大体已知总体服从高斯分布，则可首先用估计的均值和方差对实验数据进行标准化处理，即令

$$y_n = \frac{x_n - \hat{m}_X}{\hat{\sigma}_X} \qquad (6\text{-}63)$$

例如，取 $K = 20$ 时的高斯等概率 $(P_k = 1/20 = 0.05)$ 直方图分界点如表 6.1 所示。

表 6.1　直方图分界点

k	a_k	k	a_k	k	a_k	k	a_k
1	−1.64500	6	−0.52440	11	0.12567	16	0.84163
2	−1.28160	7	−0.38533	12	0.25335	17	1.03650
3	−1.03650	8	−0.25335	13	0.38533	18	1.28160
4	−0.84163	9	−0.12567	14	0.52440	19	1.64500
5	−0.67450	10	0	15	0.67450	20	$\max\left\{10^6, \left(b+1-\dfrac{\hat{m}_X}{\hat{\sigma}_X}\right)\right\}$

　　在密度函数估计中通常先采用等距直方图初步观察实际数据的分布图形，进行分布的粗略分类，再采用等概率直方图进行分布的拟合检验。

6.3　随机信号功率谱密度的估计

　　前面已经讨论了有关随机序列的均值、方差和自相关函数的估值方法。本节将讨论功率谱密度的估计方法，即功率谱的测量法。基本方法是：首先把待测的随机过程通过取样量化（A/D 变换）变换成一个随机序列的某个实现（或称时间序列）后，再对它进行功率谱估值。

　　功率谱估值的基本问题是：已知随机过程 $X(t)$ 或 $\{X(n)\}$ 的某个实现

$$\cdots, x_{-2}, x_{-1}, x_0, x_1, x_2, \cdots, x_{N-1}, \cdots$$

中的有限长序列段 $x_n (0 \leqslant n \leqslant N-1)$，或者说 N 个数，如何由这 N 个数尽可能准确地得到 $X(t)$ 或 $\{X(n)\}$ 的功率谱密度 $G_X(\omega)$？

　　功率谱估计分为两大类：一类是经典谱估计（非参数化方法），也称为线性谱估计；另一类是现代谱估计（参数化方法），也称为非线性谱估计。因为讨论现代谱估计所需要具备的理论基础，超出了学生学习本书时所具备的理论基础。所以，下面仅对常用的两种经典谱估计的方法做原理性介绍，而对现代谱估计仅做一般性介绍。有兴趣的读者可以参看有关现代谱估计的著作。

6.3.1　经典谱估计

经典谱估计的方法，实质上依赖于传统的傅里叶变换法。它原理简单，便于实现，且有可以采用 FFT 等技术而使计算量大为减少等优点，因而得到了广泛的应用。

1. BT 法（Blackman-Tukey）

BT 法由 Blackman 与 Tukey 于 1958 年提出，建立在维纳-欣钦定理的基础上。

1）随机序列的维纳-欣钦定理

由于随机序列 $\{X(n)\}$ 的自相关函数 $R_X(m) = E[X(n)X(n+m)]$ 定义在离散点 m 上，设取样间隔为 T_s，则可将随机序列的自相关函数用连续时间函数表示为

$$R_X^D(\tau) = \sum_{m=-\infty}^{\infty} R_X(\tau) \cdot \delta(\tau - mT_s) = \sum_{m=-\infty}^{\infty} R_X(mT_s) \cdot \delta(\tau - mT_s) \tag{6-64}$$

等式两端取傅里叶变换，则随机序列的功率谱密度

$$G_X(\omega) = \int_{-\infty}^{\infty} R_X^D(\tau) \mathrm{e}^{-\mathrm{j}\omega\tau} \mathrm{d}\tau = \sum_{m=-\infty}^{\infty} \int_{-\infty}^{\infty} R_X(mT_s) \delta(\tau - mT_s) \mathrm{e}^{-\mathrm{j}\omega mT_s} \mathrm{d}\tau$$
$$= \sum_{m=-\infty}^{\infty} R_X(mT_s) \mathrm{e}^{-\mathrm{j}\omega mT_s} \tag{6-65}$$

注意：$G_X(\omega)$ 为 ω 的连续函数，而且在频率轴上以 $2\pi/T_s$ 周期重复。而我们感兴趣的仅仅是它在所谓奈奎斯特间隔 $(-\pi/T_s, \pi/T_s)$ 上的值。因此，已知 $G_X(\omega)$ 而要求 $R_X(mT_s)$，仅需在一个周期 $(-\pi/T_s, \pi/T_s)$ 内积分即可

$$R_X(mT_s) = \frac{T_s}{2\pi} \int_{-\frac{\pi}{T_s}}^{\frac{\pi}{T_s}} G_X(\omega) \mathrm{e}^{\mathrm{j}\omega mT_s} \mathrm{d}\omega \tag{6-66}$$

为不失一般性令 $T_s = 1$，则上述两式可写成

$$G_X(\omega) = \sum_{m=-\infty}^{\infty} R_X(m) \cdot \mathrm{e}^{-\mathrm{j}\omega m} \tag{6-67}$$

$$R_X(m) = \frac{1}{2\pi} \int_{-\pi}^{\pi} G_X(\omega) \mathrm{e}^{\mathrm{j}\omega m} \mathrm{d}\omega \tag{6-68}$$

以上两式为随机序列的维纳-欣钦定理。

2）谱估计

BT 法是先估计自相关函数 $\hat{R}_X(m)\left(|m| = 0, 1, 2, \cdots, N-1\right)$，然后再经过离散傅里叶变换求得功率谱密度的估值 $\hat{G}_X(\omega)$。即

$$\hat{G}_X(\omega) = \sum_{m=-N-1}^{N-1} \hat{R}_X(m) \mathrm{e}^{-\mathrm{j}\omega m} \tag{6-69}$$

其中，$\hat{R}_X(m)$ 可由式 (6-46) 得到。因此，用 BT 法估计功率谱的流程为

$$\left\{\frac{1}{N} \sum_{i=0}^{N-|m|-1} x_i \cdot x_{i+|m|}\right\} = \left\{\hat{R}_X(m)\right\} \xrightarrow{\text{FFT}} \left\{\hat{G}_X(\omega)\right\} \tag{6-70}$$

其中，FFT 表示快速傅里叶变换。

2. 周期图法

周期图法是根据各态历经随机过程功率谱的定义来进行谱估计的。在第 3 章中已知，各态历经的连续随机过程的功率谱密度满足

$$G_X(\omega) \overset{\text{a.e}}{=} G_i(\omega) = \lim_{T \to \infty} \frac{1}{2T} \left| \mathcal{X}_{iT}(\omega) \right|^2 \tag{6-71}$$

式中，$\mathcal{X}_{iT}(\omega)$ 是连续随机过程第 i 个样本的截取函数 $x_{iT}(t)$ 的频谱。对应在随机序列中则有

$$G_X(\omega) \overset{\text{a.e}}{=} G_i(\omega) = \lim_{N \to \infty} \frac{1}{2N+1} \left| \mathcal{X}_N(\omega) \right|^2 \tag{6-72}$$

由于随机序列中观测数据 x_n 仅在 $0 \leqslant n \leqslant N-1$ 的点上存在，则 x_n 的 N 点离散傅里叶变换 (DFT) 为

$$\mathcal{X}_N(\omega) = \sum_{n=0}^{N-1} x_n \mathrm{e}^{-\mathrm{j}\omega n} \tag{6-73}$$

因此有随机信号的观测数据 x_n 的功率谱估计值为

$$\hat{G}_X(\omega) = \frac{1}{N} \left| \mathcal{X}_N(\omega) \right|^2 = \frac{1}{N} \left| \sum_{n=0}^{N-1} x_n \mathrm{e}^{-\mathrm{j}\omega n} \right|^2 \tag{6-74}$$

由于式中的离散傅里叶变换（DFT）可以用快速傅里叶变换（FFT）计算，因此，用周期图法估计功率谱的流程如下

$$\{x_n\} \xrightarrow{\text{FFT}} \{\mathcal{X}_N(\omega)\} \to \left\{ \frac{1}{N} \left| \mathcal{X}_N(\omega) \right|^2 \right\} = \hat{G}_X(\omega) \tag{6-75}$$

无论采用哪种方法，估计量 $\hat{G}_X(\omega)$ 的性质是一样的。可以证明它们均为有偏估值，但是渐近无偏的。直接采用上面两个公式的估值方法最大的问题是这个估计量不是一致估计量，即当 N 很大时，$\hat{G}_X(\omega)$ 的方差也不小。理论分析可以证明

$$\lim_{N \to \infty} D[\hat{G}_X(\omega)] \cong G_X^2(\omega) \tag{6-76}$$

即功率谱估值的方差近似等于功率谱真值的平方。真实谱越大的地方（通常是我们感兴趣的地方）经典谱估值的方差也越大，越不可靠，这是个很不理想的结果。关于这两点结论的证明超出了本书讨论的范围，有兴趣的读者可以参看有关谱估计的经典著作。因而在实际使用时，必须将周期图法的谱估值加以修正，下面就介绍两种卓有成效的修正方法。

6.3.2 经典谱估计的改进

从上面的分析可知，周期图法作为功率谱的估计不满足一致估计的条件，必须进行改进。改进的措施主要是将周期图进行平滑（平均属于平滑的一种主要方法），使估计方差减小，从而得到一致谱估计。

平滑的方法主要有两种：一种是常用的窗口处理法即窗函数法——选择适当的窗口函

数作为加权函数，对自相关函数估计值进行加权平均；另一种是周期图平均法——先将数据分段，对各段数据分别求其周期图，最后将所有段周期图的平均作为功率谱的估计。因为平均法采用快速傅里叶变换(FFT)，运算速度快，所以是当前用得较多的一种平滑方法。而 Welch 法是前两种方法的结合，因此是用得最多的一种方法。

1. 窗函数法

从前面的讨论得知，BT 法实质是对自相关函数的估值求傅里叶变换的一种方法。由于作自相关函数估计时，滞后量 m 增大，参与求和的项就会减少，因此平均的效果减弱。当 $m = N-1$ 时，求和项只有一项，也就是说，m 较大的那些自相关估值 $\hat{R}_X(m)$ 可靠性差，估计的方差会较大。由于 BT 法用了从 $m = 0 - (N-1)$ 的全部自相关函数估值，则方差大的自相关函数估值造成了谱估计较大的方差。如果对自相关函数估计值进行加窗，使方差大的自相关函数估值加权小，以减少其对谱估计的影响，就有可能提高谱估计的性能。

为减少谱估计的方差，经常用窗函数 $\varpi(m)$ 对自相关函数进行加权，此时谱估计公式为

$$\hat{G}_X(\omega) = \sum_{m=-M-1}^{M-1} \hat{R}_X(m)\varpi(m)e^{-j\omega m}, \quad M \leqslant N \tag{6-77}$$

式中，窗函数

$$\varpi(m) = \begin{cases} \varpi(m), & -(M-1) \leqslant m \leqslant (M-1) \\ 0, & \text{其他} \end{cases} \tag{6-78}$$

由于功率谱是非负的，则要求加窗后的功率谱也是非负的，因此窗函数 $\varpi(m)$ 的选择必须满足一个原则，即它的傅里叶变换必须是非负的(此时，$\varpi(m)$ 也应是一个偶序列)。例如，三角窗(Bartlett 窗)和 Parzen 窗是满足此条件的，而汉宁(Hanning)窗和汉明(Hamming)窗就不满足此条件。其中，应用较多的 Bartlett 窗为

$$\varpi(m) = \begin{cases} 1 - \dfrac{|m|}{M}, & |m| \leqslant M, \quad M < N \\ 0, & \text{其他} \end{cases} \tag{6-79}$$

2. 平均法(Bartlett 法)

为了了解周期图经过平均后会使它的方差减小，达到一致估计的目的，先来看一个定理：如果 $x_1, x_2, \cdots, x_L$ 是不相关的随机变量，且每一个有均值 μ 及方差 σ^2，则可以证明它们的算术平均 $\bar{x} \triangleq (x_1 + x_2 + \cdots + x_L)/L$ 的均值等于 μ，方差为 $D[\bar{x}] = \sigma^2/L$。

由定理可见：具有 L 个独立同分布随机变量平均的方差，是单个随机变量方差的 $1/L$，当 $L \to \infty$ 时，$D[\bar{x}] \to 0$，可以达到一致估计的目的。因此，将 L 个独立的估计量经过算术平均后得到的估计量的方差也是原估计量的方差的 $1/L$。

平均周期图方法即将数据 $x_0, x_1, \cdots, x_{N-1}$ 分段求周期图后再平均。比如，给定 $N = 1000$ 个数据样本(平均法适用于数据量大的场合)，则可以将它分成 10 个长度为 100 的小段，分别计算每一小段的周期图

$$G_{100,l}(\omega) = \frac{1}{100}\left|\sum_{n=100(l-1)}^{100l-1} x_n e^{-jn\omega}\right|^2, \quad l=1,2,\cdots,10 \tag{6-80}$$

然后将这10个周期图加以平均得谱估值为

$$\hat{G}_{100}^{10}(\omega) = \frac{1}{10}\sum_{l=1}^{10} G_{100,l}(\omega) \tag{6-81}$$

由于这10个小段周期图是取决于同一过程，因此其均值应该相同。若这10个小段周期图是统计独立的，则这10个小段平均之后的方差却是单段方差的1/10。

$$D[\hat{G}_{100}^{10}(\omega)] = \frac{1}{10}D[G_{100,l}(\omega)] \tag{6-82}$$

即平均法将 $x_0, x_1, \cdots, x_{N-1}$ 的 N 个数据分成 $(N=LM)$ L 段，若各段数据相互独立，则平均后估计量的方差是原来不分段估计量方差的 $1/L$。所以当 $L \to \infty$ 时，估计量的方差趋于零，达到了一致估计的目的。但是，随着分段数 L 的增加，M 点数减少，分辨力下降，使估计变成有偏估计。相反，若 L 减少，M 增加，虽偏差减小，但方差增大。况且此时各组数据之间，因存在一定的相关性而非相互独立，也会使方差增大。所以，在实际应用时必须以兼顾分辨力与方差的要求来适当选择 L 与 M 的值。

3. Welch 法

Welch 法又称修正周期图法，它将窗函数法与平均法结合使用，其步骤如下。

(1)先将 N 个数据分成 L 段，每段 M 个数据，$N=ML$。

(2)选择适当的窗函数 $\varpi(n)$，并用该 $\varpi(n)$ 依次对每段数据作相应的加权，然后确定每一段的周期图

$$G_{M,l}(\omega) = \frac{1}{MU}\left|\sum_{n=M\cdot(l-1)}^{M\cdot l-1} x_n \cdot \varpi(n)e^{-jn\omega}\right|^2, \quad 1 \leqslant l \leqslant L \tag{6-83}$$

式中，U 为归一化因子

$$U = \frac{1}{M}\sum_{n=0}^{M-1}\varpi^2(n) \tag{6-84}$$

对分段周期图进行平均得到功率谱估计

$$\hat{G}_M^L(\omega) = \frac{1}{L}\sum_{l=1}^{L} G_{M,l}(\omega) \tag{6-85}$$

由前面的分析得知，当数据量一定时，若分段数 L 较多，M 点数减少，则分辨力下降；若 L 减少，虽 M 增加，但方差增大。数据量一定时，由于 $N=ML$，不可能 L 与 M 两个都大。解决这一矛盾的方法是，让数据段之间适当重叠，如图 6.4 所示。

例如，数据共有1000个点，每段 L 为100个点，若重叠50%，则可以分成20段。这样的分法，由于段间相关性变大，虽然不能使方差减少到原来的1/20，但肯定小于1/10，而分辨力却没变。这是 Welch 法的一个优点。Welch 法的另一个优点是，对窗函数 $\varpi(n)$ 没有

要求，因为在式(6-83)中可以看到，无论什么样的窗函数都可以使谱估计非负。

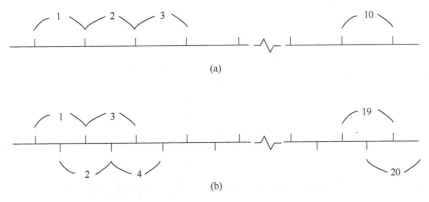

图 6.4　修正周期图法

注意：段长 M 应满足频率分辨力的要求。若要求的频率分辨力是 Δf，则归一化频率分辨力要求 $\Delta f / f_s$。因此要求 $1/M \leqslant \Delta f / f_s$ 或 $M \geqslant f_s / \Delta f$。为了增加 FFT 后谱线的密度，可以在每段数据后适当补零，一般是对 M 长的数据增添 M 个零(或者使添零的结果让总数为 2 的方幂)，做 $2M$ 个点的 FFT。补零并不能提高频率分辨力，只能增加功率谱的谱线密度，克服栅栏效应。

6.3.3　现代谱估计简介

经典谱估计方法可以利用 FFT 计算，因而有计算效率高的优点，在谱分辨力要求不是很高的地方常用这种方法。经典谱估计的一个主要缺点是频率分辨力低。这是由于 BT 法仅利用 N 个有限的观测数据做自相关函数估计，也就隐含着建立了在已知数据之外的自相关函数均为零的假设，或者周期图法在计算中把观测到的有限长的 N 个数据以外的数据认为是零。这显然与事实不符。把观测不到的或估计不到的值认为是零，相当于在时域乘上了一个矩形窗口函数，这在频域里相当于引入了一个与之卷积的 sinc 函数。因为主瓣宽度反比于数据记录长度 N，而在实际中一般又不可能获得很长的数据记录，所以 sinc 函数主瓣不会很窄。如果原来真实的功率谱是很窄的，那么与主瓣卷积后会使功率向附近频域扩散，使得信号模糊，降低了分辨力。可见主瓣越宽分辨力越差，严重时，会使主瓣产生很大的失真，甚至主瓣中的弱分量会被旁瓣中的强泄漏所掩盖。

为了克服以上缺点，人们提出了平均、加窗平滑等方法，在一定程度上改善了经典谱估计的性能。但是，经典谱估计始终无法解决频率分辨力与谱估计稳定性之间的矛盾，特别是在数据记录很短的情况下，这一矛盾显得尤为突出。

由第 5 章的讨论可以知道，任何具有有理功率谱密度的随机信号都可以看成是由一白噪声 $N(n)$ 激励一物理网络所形成的。如果我们能根据已观测到的数据估计出这一物理网络的模型参数，就不必认为 N 个以外的数据全为零，这就有可能克服经典谱估计的缺点。如由这个模型来求功率谱估计，可得到比较好的估计。实际应用中所遇到的随机过程 $X(n)$ 常常可以表示成白噪声 $N(n)$ 经一线性系统的输出，如图 6.5 所示。

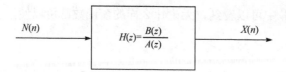

图 6.5　$X(n)$ 表示为白噪声通过线性系统的输出

其传递函数为

$$H(z) = \frac{B(z)}{A(z)} = \frac{\sum\limits_{k=0}^{q} b_k z^{-k}}{\sum\limits_{k=0}^{p} a_k z^{-k}} \tag{6-86}$$

当输入白噪声的功率谱密度 $G_N(\omega) = \sigma_N^2$ 时，输出的功率谱密度为

$$G_N(\omega) = \sigma_N^2 \left| H(\mathrm{e}^{\mathrm{j}\omega}) \right|^2 = \sigma_N^2 \left| \frac{B(\mathrm{e}^{\mathrm{j}\omega})}{A(\mathrm{e}^{\mathrm{j}\omega})} \right|^2 \tag{6-87}$$

如果能确定 σ_N^2 与 $a_k(0 \leqslant k \leqslant p)$，$b_k(0 \leqslant k \leqslant q)$ 值，就可得到所需信号的功率谱密度。由于 $\left| H(\mathrm{e}^{\mathrm{j}\omega}) \right|$ 的增益系数可并入 σ_N^2 进行考虑，因此，为不失一般性可假设 $a_0 = 1$，$b_0 = 1$。我们将这个线性系统分为三种情况。

1. AR 模型

除 $b_0 = 1$ 外所有的 $b_k(1 \leqslant k \leqslant q)$ 均为零，此时系统函数为

$$H(z) = \frac{1}{A(z)} = \frac{1}{1 + \sum\limits_{k=1}^{p} a_k z^{-k}} \tag{6-88}$$

其差分方程为

$$X(n) = -\sum_{k=1}^{p} a_k X(n-k) + N(n) \tag{6-89}$$

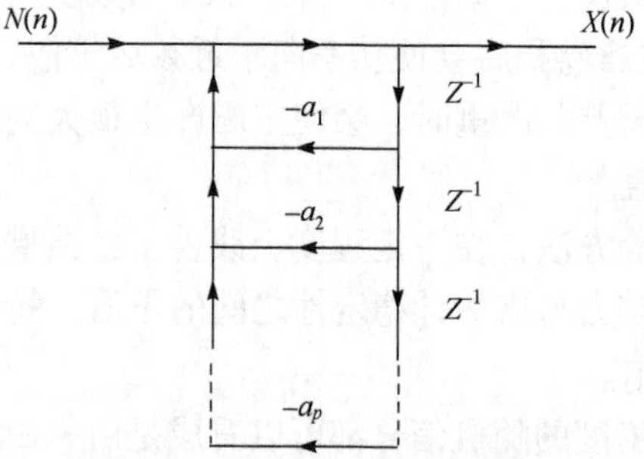

其信号流图则如图 6.6 所示。

这种模型称为 p 阶自回归 (Autoregressive), AR 模型。其系统函数只有极点，没有零点，因此也称为全极点模型。模型输出功率谱为

$$G_X(\omega) = \frac{\sigma_N^2}{\left| A(\mathrm{e}^{\mathrm{j}\omega}) \right|^2} = \frac{\sigma_N^2}{\left| 1 + \sum\limits_{k=1}^{p} a_k \mathrm{e}^{-\mathrm{j}\omega k} \right|^2} \tag{6-90}$$

图 6.6　AR 模型信号流图

只要能求得 σ_N^2 及所有 a_k 值，就可以求得随机信号 $X(n)$ 的功率谱。

2. MA 模型

除 $a_0 = 1$ 外所有的 $a_k(1 \leqslant k \leqslant p)$ 均为零，此时系统函数为

$$H(z) = B(z) = 1 + \sum_{k=1}^{q} b_k z^{-k} \tag{6-91}$$

系统的差分方程为

$$X(n) = \sum_{k=0}^{q} b_k N(n-k) \tag{6-92}$$

其信号流图则如图 6.7 所示。

这种模型称为 q 阶滑动平均(Moving Average, MA)模型。其系统函数只有零点，没有极点，因此也称为全零点模型。模型输出功率谱为

$$G_X(\omega) = \sigma_N^2 \left| B(e^{j\omega}) \right|^2 = \sigma_N^2 \left| 1 + \sum_{k=1}^{q} b_k e^{-j\omega k} \right|^2 \tag{6-93}$$

只要能求得 σ_N^2 及所有 b_k 值，就可以求得随机信号 $X(n)$ 的功率谱。

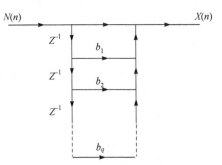

图 6.7　MA 模型信号流图

3. ARMA 模型

设 $a_0 = 1$，$b_0 = 1$，其余所有的 a_k 和 b_k 不全为零。此时模型的传递函数和输出功率谱分别由式(6-86)和式(6-87)表示。这是一个"极点、零点"模型，称为 ARMA(p,q) 模型，或直接简称 ARMA 模型。

结论：基于模型的功率谱估计方法大体上可以按下列步骤进行。

(1)选择一个合适的模型。

(2)用已观测到的数据估计模型参数。

(3)将模型参数代入功率谱的计算公式就可以得到功率谱估值。

由以上讨论可知，用模型法作功率谱估计，实际上要解决的是模型的参数估计问题，所以这类谱估计方法又统称为参数化方法。

基于模型的功率谱估计方法首先要选择一个模型，但在一般情况下我们没有随机信号模型的先验知识，若模型选择不当是否会对谱估计性能产生较大的影响？ Wold 分解定理说明，如果功率谱是连续的，则任何 ARMA 过程或 AR 过程也可以用一个无限阶的 MA 过程表示。Kolmogorov 也提出，任何 ARMA 或 MA 过程也可以用一个无限阶的 AR 过程表示，所以如果选择了一个不合适的模型，但只要模型的阶数足够高，它仍然能够比较好地逼近被建模的随机过程。

在这三种参数模型中，AR 模型得到了普遍应用。其原因如下。

(1)任意 ARMA 或 MA 信号模型都可以用无限阶或阶数足够大的 AR 模型来表示。

(2) AR 模型的参数计算是线性方程，比较简便。同时适合表示很窄的频谱。

(3) AR 模型在作谱估计时，因为具有递推特性，所以所需的数据较短，很适合表示窄的功率谱；而 MA 模型表示窄谱时，一般需要数量很多的参数；ARMA 模型虽然所需的参数数量最少，但参数估计的算法是非线性方程组，其运算远比 AR 模型复杂。

习 题 六

6-1 已知随机变量 X 服从高斯分布

$$f_X(x) = \frac{1}{\sigma\sqrt{2\pi}}\exp\left[-\frac{(x-\mu)^2}{2\sigma^2}\right]$$

求未知参数 μ 和 σ^2 的最大似然估计。

6-2 已知平稳过程 $X(t)$ 的数学期望 μ 和方差 σ^2 存在，$x_0,x_1,\cdots,x_{N-1}$ 是过程的一个样本数据。证明：

(1) $\hat{\mu} = \sum\limits_{i=0}^{N-1} c_i x_i$ 是数学期望 μ 的无偏估计量，其中，$\sum\limits_{i=0}^{N-1} c_i = 1, c_i > 0$；

(2) $\hat{\sigma}_X^2 = \dfrac{1}{N}\sum\limits_{i=0}^{N-1}(x_i - m_X)^2$ 是 σ^2 的无偏估计量；

(3) $\hat{\sigma}_X^2 = \dfrac{1}{N}\sum\limits_{i=0}^{N-1}(x_i - \hat{m}_X)^2$ 不是 σ^2 的无偏估计量。

6-3 已知 $\hat{\theta}$ 是参数 θ 的无偏估计，且有 $D[\hat{\theta}] > 0$，证明 $(\hat{\theta})^2$ 不是 θ^2 的无偏估计。

6-4 证明用 $\hat{R}_X(m) = \dfrac{1}{N}\sum\limits_{n=0}^{N-|m|-1} x^*(n)x(n+m)$ 进行自相关函数的估计是渐近一致估计。

6-5 用周期图法进行谱估计时

$$\hat{G}_X(\omega) = \frac{1}{N}\left|\sum_{n=0}^{N-1} x_n e^{-j\omega n}\right|^2$$

说明为什么可用 FFT 进行计算。周期图法的谱分辨率较低，且估计的方差也较大，说明造成这两种缺点的原因；并说明无论选取什么样的窗函数都难以从根本上解决问题的原因。

6-6 说明白噪声过程的周期图是一个无偏估计器。

6-7 采用下式给出的有偏自相关函数的定义，并加窗 $\varpi(k)$ 得到 BT 谱估计器

$$\hat{R}_X(k) = \begin{cases} \dfrac{1}{N}\sum\limits_{n=0}^{N-1} x^*(n)x(n+k), & k = 0,1,\cdots,N-1 \\ \hat{R}_X(-k), & k = -(N-1),-(N-2),\cdots,-1 \end{cases}$$

$$\varpi(k) = \begin{cases} 1, & |k| \leqslant N-1 \\ 0, & \text{其他} \end{cases}$$

$$\hat{G}_X(\omega) = \sum_{k=-N-1}^{N-1} \hat{R}_X(k)\varpi(k)e^{-j\omega k}$$

说明 BT 谱估计器与周期图相同。

第7章 窄带随机信号

在通信、雷达、广播电视等信息传输系统遇到的许多重要的确定信号以及电子系统都满足窄带条件：中心频率 ω_0 远大于谱宽 $\Delta\omega$，即 $\omega_0 \gg \Delta\omega$。这类信号和系统分别称为窄带信号和窄带系统。具有频率选择性的，工作在高频或中频的无线电系统，多数都是窄带系统。

类似地，一个随机信号的功率谱密度，只要分布在高频载波 ω_0 附近的一个窄带范围 $\Delta\omega$ 内，在此范围以外为零，即满足 $\Delta\omega \ll \omega_0$，则称为窄带随机信号或称窄带随机过程。在信息传输系统，特别是接收机中经常遇到的随机信号都是窄带随机信号。由于在窄带随机过程的分析中，需要用到希尔伯特变换、随机过程的解析形式及随机过程的复数表示法。因此，本章首先介绍这些方法，然后再将这些方法应用到窄带随机过程的分析中。

7.1 预 备 知 识

7.1.1 信号的解析形式

窄带随机信号
的解析形式(一)

1. 单边谱信号

实信号频谱的数学模型是含有正负频率的双边谱。由于在实际应用中，负频率（$\omega < 0$）是物理不可实现的。又因为实信号的双边谱是关于 0 偶对称的，因此，采用单边谱的信号形式，可以简化对问题的分析。下面对只含正频域部分的信号——单边谱信号进行讨论。

1）单边谱信号在时域是复信号

设单边谱信号的傅里叶变换为

$$f(t) \underset{F^{-1}}{\overset{F}{\rightleftharpoons}} F(\omega)\,(\omega > 0) \tag{7-1}$$

由于

$$f(t) = \frac{1}{2\pi}\int_0^\infty F(\omega)\,\mathrm{e}^{\mathrm{j}\omega t}\mathrm{d}\omega \tag{7-2}$$

则

$$f^*(t) = \frac{1}{2\pi}\int_0^\infty F^*(\omega)\,\mathrm{e}^{-\mathrm{j}\omega t}\mathrm{d}\omega \tag{7-3}$$

因为 $f^*(t) \neq f(t)$，所以单边谱信号在时域是个复信号。

2）从实信号中分解出单边谱信号

设 $s(t)$ 为具有连续频谱的实信号

$$s(t) = \frac{1}{2\pi}\int_{-\infty}^\infty S(\omega)\,\mathrm{e}^{\mathrm{j}\omega t}\mathrm{d}\omega \tag{7-4}$$

式中，$S(\omega)$ 为信号 $s(t)$ 的频谱。由傅里叶变换可以证明，当 $s^*(t) = s(t)$ 时

$$S^*(\omega) = S(-\omega) \tag{7-5}$$

所以实信号的频谱 $S(\omega)$ 是 ω 的复函数。

若将 $s(t)$ 傅里叶逆变换分解成正负两频域部分积分之和

$$
\begin{aligned}
s(t) &= \frac{1}{2\pi} \int_{-\infty}^{\infty} S(\omega) \mathrm{e}^{\mathrm{j}\omega t} \mathrm{d}\omega \\
&= \frac{1}{2\pi} \int_{0}^{\infty} S(\omega) \mathrm{e}^{\mathrm{j}\omega t} \mathrm{d}\omega + \frac{1}{2\pi} \int_{-\infty}^{0} S(\omega) \mathrm{e}^{\mathrm{j}\omega t} \mathrm{d}\omega \\
&= \left[\frac{1}{2\pi} \int_{0}^{\infty} S(\omega) \mathrm{e}^{\mathrm{j}\omega t} \mathrm{d}\omega \right] + \left[\frac{1}{2\pi} \int_{0}^{\infty} S(-\omega') \mathrm{e}^{-\mathrm{j}\omega' t} \mathrm{d}\omega' \right] \\
&= \left[\frac{1}{2\pi} \int_{0}^{\infty} S(\omega) \mathrm{e}^{\mathrm{j}\omega t} \mathrm{d}\omega \right] + \left[\frac{1}{2\pi} \int_{0}^{\infty} S(\omega') \mathrm{e}^{\mathrm{j}\omega' t} \mathrm{d}\omega' \right]^* \\
&= \mathrm{Re} \left[\frac{1}{2\pi} \int_{0}^{\infty} 2S(\omega) \mathrm{e}^{\mathrm{j}\omega t} \mathrm{d}\omega \right] = \mathrm{Re}[\tilde{s}(t)]
\end{aligned} \tag{7-6}
$$

其中

$$\tilde{s}(t) = \frac{1}{2\pi} \int_{0}^{\infty} 2S(\omega) \mathrm{e}^{\mathrm{j}\omega t} \mathrm{d}\omega \tag{7-7}$$

具有单边频谱

$$\tilde{S}(\omega) = 2S(\omega)U(\omega) = \begin{cases} 2S(\omega), & \omega > 0 \\ 0, & \omega < 0 \end{cases} \tag{7-8}$$

$\tilde{s}(t)$ 称为实信号 $s(t)$ 的解析信号，或 $s(t)$ 的预包络。

所以，实信号 $s(t)$ 可用一个仅含其正频率成分的解析信号的实部来表示 $s(t) = \mathrm{Re}[\tilde{s}(t)]$。

2. 解析信号的表示方法

由于单边谱信号在时域是个复信号，因此据复数性质 $s(t)$ 的解析信号可以表示

$$\tilde{s}(t) = \mathrm{Re}[\tilde{s}(t)] + \mathrm{j}\mathrm{Im}[\tilde{s}(t)] \tag{7-9}$$

由 $\mathrm{Re}[\tilde{s}(t)] = s(t)$，再令

$$\mathrm{Im}[\tilde{s}(t)] = \hat{s}(t) \tag{7-10}$$

即解析信号 $s(t)$ 的虚部用符号 $\hat{s}(t)$ 表示，则

$$\tilde{s}(t) = s(t) + \mathrm{j}\hat{s}(t) \tag{7-11}$$

上式是解析信号 $\tilde{s}(t)$ 的一般表达式，然而式中的虚部 $\hat{s}(t)$ 又如何求得呢？

从频域关系出发，解析信号 $\tilde{s}(t)$ 的频谱 $\tilde{S}(\omega)$ 满足 $\tilde{S}(\omega) = 2S(\omega)U(\omega)$，对两边进行傅里叶逆变换。由于

$$U(\omega) \underset{F^{-1}}{\overset{F}{\rightleftharpoons}} \frac{1}{2}\left[\delta(t) - \frac{1}{\mathrm{j}\pi t} \right] \tag{7-12}$$

则解析信号的时域表达式为

$$\tilde{s}(t) = s(t) * \left[\delta(t) - \frac{1}{\mathrm{j}\pi t} \right] = s(t) + \mathrm{j}\left[s(t) * \frac{1}{\pi t} \right] \tag{7-13}$$

不难得到

$$\hat{s}(t) = s(t) * \frac{1}{\pi t} = \frac{1}{\pi}\int_{-\infty}^{\infty} \frac{s(\tau)}{t-\tau}\mathrm{d}\tau = \frac{1}{\pi}\int_{-\infty}^{\infty} \frac{s(t-\tau)}{\tau}\mathrm{d}\tau \tag{7-14}$$

上式称为实信号 $s(t)$ 的希尔伯特变换，记作 $\hat{s}(t) = H\big[s(t)\big]$。

结论：对于任何一个实信号 $s(t)$，都可以分解出一个单边谱的解析信号 $\tilde{s}(t)$ 与其对应。此解析信号是个复信号，其实部为原信号 $s(t)$，其虚部为原信号 $s(t)$ 的希尔伯特变换 $\hat{s}(t)$。

7.1.2 希尔伯特变换的性质

解析信号是最常用的复信号之一，它在分析窄带随机过程中起着重要作用。希尔伯特变换是应用解析信号时必不可少的数学工具，因此有时也将用解析形式表示复信号的方法称为希尔伯特表示法。希尔伯特变换有以下几个重要性质。

1. 希尔伯特变换相当于一个正交滤波器

希尔伯特变换是 $s(t)$ 和 $1/\pi t$ 的卷积，根据线性系统输出特征，可以将 $\hat{s}(t)$ 看成是 $s(t)$ 通过一个具有冲激响应为

$$h_{\wedge}(t) = \frac{1}{\pi t} \tag{7-15}$$

的线性滤波器，如图 7.1 所示。

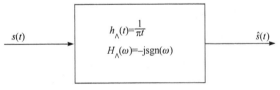

图 7.1 希尔伯特变换

由于

$$\mathrm{j}\frac{1}{\pi t} \underset{F^{-1}}{\overset{F}{\rightleftharpoons}} \mathrm{sgn}(\omega) \tag{7-16}$$

式中，$\mathrm{sgn}(\omega)$ 为符号函数，满足

$$\mathrm{sgn}(\omega) = \begin{cases} 1, & \omega > 0 \\ -1, & \omega < 0 \end{cases} \tag{7-17}$$

故

$$\frac{1}{\pi t} \underset{F^{-1}}{\overset{F}{\rightleftharpoons}} -\mathrm{jsgn}(\omega) \tag{7-18}$$

则此线性滤波器的传递函数（频率响应）为

$$H_\wedge(\omega) = -\mathrm{jsgn}(\omega) \tag{7-19}$$

其幅频特性和相频特性分别为

$$|H_\wedge(\omega)| = 1, \qquad \theta_{H_\wedge(\omega)} = \begin{cases} -\pi/2, & \omega > 0 \\ +\pi/2, & \omega < 0 \end{cases} \tag{7-20}$$

滤波器输出信号 $\hat{s}(t)$ 相应的频谱为

$$\hat{S}(\omega) = H_\wedge(\omega) \cdot S(\omega) = -\mathrm{jsgn}(\omega) \cdot S(\omega) = \begin{cases} -\mathrm{j}S(\omega), & \omega > 0 \\ \mathrm{j}S(\omega), & \omega < 0 \end{cases} \tag{7-21}$$

由式(7-21)可见，通过此滤波器的信号，其所有频率分量的幅度响应为 1。而在相位上，所有正频率分量移相 $-\pi/2$，所有负频率分量移相 $+\pi/2$。因此，希尔伯特变换是一种正交变换，它的作用相当于一个正交滤波器，如图 7.2 所示的一次变换。

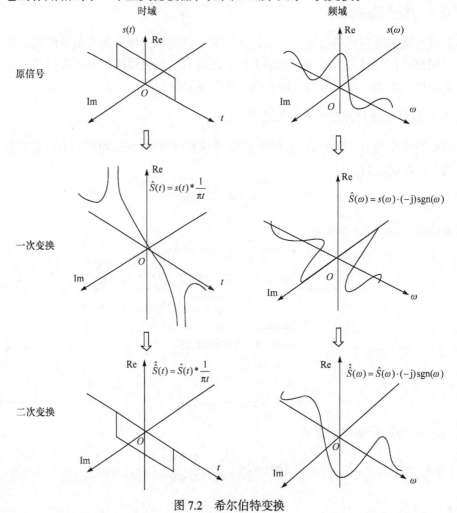

图 7.2　希尔伯特变换

2. 两次希尔伯特变换相当于一个倒相器

若对 $s(t)$ 进行两次希尔伯特变换，则相当于信号 $s(t)$ 通过两个级联的 $h_\wedge(t)$ 网络。即

$$\hat{\hat{s}}(t) = H\left\{H[s(t)]\right\} = H[\hat{s}(t)] = \hat{s}(t) * \frac{1}{\pi t} = s(t) * \frac{1}{\pi t} * \frac{1}{\pi t} \tag{7-22}$$

$$\hat{\hat{S}}(\omega) = \hat{S}(\omega) \cdot [-\mathrm{jsgn}(\omega)] = S(\omega) \cdot [-\mathrm{jsgn}(\omega)] \cdot [-\mathrm{jsgn}(\omega)] = -S(\omega) \tag{7-23}$$

从而得到时域关系

$$\hat{\hat{s}}(t) = H\left\{H[s(t)]\right\} = -s(t) \tag{7-24}$$

由图 7.2 所示，两次希尔伯特变换将信号 $s(t)$ 翻转了 $180°$ 。

3. 希尔伯特逆变换等于负的希尔伯特变换

定义希尔伯特的逆变换为

$$s(t) = H^{-1}[\hat{s}(t)] \tag{7-25}$$

由式 (7-24) 可得

$$s(t) = -H[\hat{s}(t)] \tag{7-26}$$

对比式 (7-25) 和式 (7-26) 可知

$$H^{-1}[\hat{s}(t)] = -H[\hat{s}(t)] \tag{7-27}$$

即希尔伯特逆变换等于负的希尔伯特变换

$$H^{-1}[\cdot] = -H[\cdot] \tag{7-28}$$

因此，希尔伯特逆变换的公式为

$$s(t) = H^{-1}[\hat{s}(t)] = -H[\hat{s}(t)] = -\frac{1}{\pi} \int_{-\infty}^{\infty} \frac{\hat{s}(t-\tau)}{\tau} \mathrm{d}\tau = \frac{1}{\pi} \int_{-\infty}^{\infty} \frac{\hat{s}(t+\tau)}{\tau} \mathrm{d}\tau \tag{7-29}$$

例 7.1 求 $\cos\Omega t, \sin\Omega t$ 的希尔伯特变换。

解： （1） $H[\cos\Omega t] = \cos\Omega t * \dfrac{1}{\pi t} = \dfrac{1}{\pi} \displaystyle\int_{-\infty}^{\infty} \dfrac{\cos[\Omega(t-\tau)]}{\tau} \mathrm{d}\tau$

$$= \frac{1}{\pi} \int_{-\infty}^{\infty} \left(\frac{1}{\tau}\cos\Omega t\cos\Omega\tau + \frac{1}{\tau}\sin\Omega t\sin\Omega\tau \right) \mathrm{d}\tau$$

$$= \frac{1}{\pi} \left(\cos\Omega t \int_{-\infty}^{\infty} \frac{\cos\Omega\tau}{\tau} \mathrm{d}\tau + \sin\Omega t \int_{-\infty}^{\infty} \frac{\sin\Omega\tau}{\tau} \mathrm{d}\tau \right)$$

因为 $\dfrac{\cos\Omega\tau}{\tau}$ 是 τ 的奇函数，所以第一项积分为 0，而 $\dfrac{\sin\Omega\tau}{\tau}$ 是 τ 的偶函数，所以

$$H[\cos\Omega t] = \frac{2}{\pi}\sin\Omega t \int_0^{\infty} \frac{\sin\Omega\tau}{\tau} \mathrm{d}\tau$$

其中

$$\int_0^{\infty} \frac{\sin\Omega\tau}{\tau} \mathrm{d}\tau = \frac{\pi}{2}\mathrm{sgn}(\Omega) = \begin{cases} \dfrac{\pi}{2}, & \Omega > 0 \\[2mm] -\dfrac{\pi}{2}, & \Omega < 0 \end{cases}$$

所以

$$H[\cos\Omega t] = \text{sgn}(\Omega)\cdot\sin\Omega t = \begin{cases} \sin\Omega t, & \Omega > 0 \\ -\sin\Omega t, & \Omega < 0 \end{cases} \qquad (7\text{-}30)$$

(2)对上式两端再求一次希尔伯特变换，有

$$H\{H[\cos\Omega t]\} = H[\text{sgn}(\Omega)\cdot\sin\Omega t] = \text{sgn}(\Omega)\cdot H[\sin\Omega t]$$

利用性质 2 可知，两次希尔伯特变换相当于倒相器，则

$$H\{H[\cos\Omega t]\} = -\cos\Omega t$$

由上述两式综合可得

$$\text{sgn}(\Omega)\cdot H[\sin\Omega t] = H\{H[\cos\Omega t]\} = -\cos\Omega t$$

则有

$$H[\sin\Omega t] = -\text{sgn}(\Omega)\cdot\cos\Omega t = \begin{cases} -\cos\Omega t, & \Omega > 0 \\ \cos\Omega t, & \Omega < 0 \end{cases} \qquad (7\text{-}31)$$

例 7.2　设限带信号

$$\begin{cases} s_1(t) = a(t)\cos\omega_0 t \\ s_2(t) = a(t)\sin\omega_0 t \end{cases}$$

其中，$a(t)$ 为低频限带信号，其频谱为

$$A(\omega) = \begin{cases} A(\omega), & |\omega| < \dfrac{\Delta\omega}{2} < \omega_0 \\ 0, & \text{其他} \end{cases}$$

求 $s_1(t), s_2(t)$ 的希尔伯特变换。

解：（1）利用傅里叶变换的相乘性质，有

$$a(t)\cos\omega_0 t \underset{F^{-1}}{\overset{F}{\rightleftharpoons}} \frac{1}{2\pi}A(\omega)*\pi\big[\delta(\omega-\omega_0)+\delta(\omega+\omega_0)\big]$$

$$S_1(\omega) = \frac{1}{2}[A(\omega-\omega_0)+A(\omega+\omega_0)]$$

如图 7.3 所示，由于 $\dfrac{\Delta\omega}{2} < \omega_0$，可得

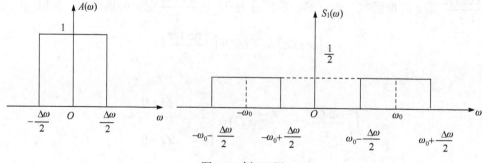

图 7.3　例 7.2 图

$$S_1(\omega) = \begin{cases} \dfrac{1}{2} A(\omega - \omega_0), & \omega > 0 \\[2mm] \dfrac{1}{2} A(\omega + \omega_0), & \omega < 0 \end{cases}$$

所以其希尔伯特变换的频谱为

$$\hat{S}_1(\omega) = -\mathrm{j}\,\mathrm{sgn}(\omega) \cdot S_1(\omega) = \begin{cases} -\dfrac{\mathrm{j}}{2} A(\omega - \omega_0), & \omega > 0 \\[2mm] \dfrac{\mathrm{j}}{2} A(\omega + \omega_0), & \omega < 0 \end{cases}$$

取 $\hat{S}_1(\omega)$ 的傅里叶逆变换可得

$$\begin{aligned} \hat{s}_1(t) &= \frac{1}{2\pi} \int_{-\infty}^{\infty} -\mathrm{j}\,\mathrm{sgn}(\omega) \cdot S_1(\omega) \mathrm{e}^{j\omega t} \mathrm{d}\omega \\ &= -\frac{\mathrm{j}}{2}\left[\frac{1}{2\pi} \int_{0}^{\infty} A(\omega - \omega_0) \mathrm{e}^{j\omega t} \mathrm{d}\omega \right] + \frac{\mathrm{j}}{2}\left[\frac{1}{2\pi} \int_{-\infty}^{0} A(\omega + \omega_0) \mathrm{e}^{j\omega t} \mathrm{d}\omega \right] \\ &= -\frac{\mathrm{j}}{2}\left[\frac{1}{2\pi} \int_{-\infty}^{\infty} A(\omega - \omega_0) \mathrm{e}^{j\omega t} \mathrm{d}\omega \right] + \frac{\mathrm{j}}{2}\left[\frac{1}{2\pi} \int_{-\infty}^{+\infty} A(\omega + \omega_0) \mathrm{e}^{j\omega t} \mathrm{d}\omega \right] \end{aligned}$$

利用傅里叶变换频移性质

$$\hat{s}_1(t) = H\left[a(t)\cos \omega_0 t \right] = -\frac{\mathrm{j}}{2} a(t) \mathrm{e}^{j\omega_0 t} + \frac{\mathrm{j}}{2} a(t) \mathrm{e}^{-j\omega_0 t} = \frac{\mathrm{j}}{2}\left(\mathrm{e}^{-j\omega_0 t} - \mathrm{e}^{j\omega_0 t} \right) a(t) = a(t)\sin \omega_0 t \tag{7-32}$$

(2)利用希尔伯特性质二次变换的性质可得

$$\hat{s}_2(t) = H\left[a(t)\sin \omega_0 t \right] = H\left\{ H\left[a(t)\cos \omega_0 t \right] \right\} = -a(t)\cos \omega_0 t \tag{7-33}$$

7.1.3　高频窄带信号的复指数形式

1. 高频窄带信号

所谓高频窄带信号是指信号的中心频率 ω_0 位于高频段的窄带信号。这类信号的频带 $\Delta\omega$ 远远小于其中心频率 ω_0，即 $\Delta\omega \ll \omega_0$。如雷达、通信等电子系统中的一些高频信号大多可以近似认为是高频窄带信号。这类信号的典型频谱如图 7.4（a）所示。如果在示波器上观察这类窄带信号，它的波形或多或少地有点像正弦波，如图 7.4（b）所示。但它的振幅、相位不是常数，而是随 t 变化的函数。

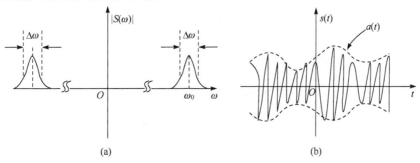

（a）　　　　　　　　　　　　（b）

图 7.4　高频窄带信号

这类窄带信号 $s(t)$ 可以表示为

$$s(t) = a(t)\cos\left[\omega_0 t + \theta(t)\right] \tag{7-34}$$

式中，$a(t)$ 是信号 $s(t)$ 的振幅调制，称为包络函数。$\theta(t)$ 是信号 $s(t)$ 的相位调制，称为相位函数，相对载波 $\cos\omega_0 t$ 来讲，$a(t)$ 与 $\theta(t)$ 都是慢变化的时间函数。如果将上式展开，则

$$
\begin{aligned}
s(t) &= a(t)\cos\left[\omega_0 t + \theta(t)\right] \\
&= a(t)\cos\theta(t)\cos\omega_0 t - a(t)\sin\theta(t)\sin\omega_0 t \\
&= m_c(t)\cos\omega_0 t - m_s(t)\sin\omega_0 t
\end{aligned}
\tag{7-35}
$$

其中

$$
\begin{cases}
m_c(t) = a(t)\cos\theta(t) \\
m_s(t) = a(t)\sin\theta(t)
\end{cases}
\tag{7-36}
$$

可见，$m_c(t)$ 和 $m_s(t)$ 相对于 $\cos\omega_0 t$ 来讲都是低频信号，且 $m_c(t)$ 与 $m_s(t)$ 在几何上彼此正交。

2. 高频窄带信号的复指数形式

$s(t)$ 的希尔伯特变换为

$$
\begin{aligned}
\hat{s}(t) &= H\left[m_c(t)\cos\omega_0 t - m_s(t)\sin\omega_0 t\right] \\
&= H\left[m_c(t)\cos\omega_0 t\right] - H\left[m_s(t)\sin\omega_0 t\right]
\end{aligned}
\tag{7-37}
$$

如果 $m_c(t)$、$m_s(t)$ 均为低频限带信号，即满足

$$m_c(t) \underset{F^{-1}}{\overset{F}{\rightleftharpoons}} M_c(\omega) = \begin{cases} M_c(\omega), & |\omega| < \dfrac{\Delta\omega_c}{2} < \omega_0 \quad (\text{低频}) \\ 0, & \text{其他} \qquad\qquad\quad (\text{限带}) \end{cases} \tag{7-38}$$

$$m_s(t) \underset{F^{-1}}{\overset{F}{\rightleftharpoons}} M_s(\omega) = \begin{cases} M_s(\omega), & |\omega| < \dfrac{\Delta\omega_s}{2} < \omega_0 \quad (\text{低频}) \\ 0, & \text{其他} \qquad\qquad\quad (\text{限带}) \end{cases} \tag{7-39}$$

由例 7.2 的结论可得 $s(t)$ 的希尔伯特变换

$$
\begin{aligned}
\hat{s}(t) &= H\left[m_c(t)\cos\omega_0 t\right] - H\left[m_s(t)\sin\omega_0 t\right] \\
&= m_c(t)\sin\omega_0 t + m_s(t)\cos\omega_0 t \\
&= a(t)\cos\theta(t)\sin\omega_0 t + a(t)\sin\theta(t)\cos\omega_0 t \\
&= a(t)\sin\left[\omega_0 t + \theta(t)\right]
\end{aligned}
\tag{7-40}
$$

此时，$s(t)$ 的解析形式可以用复指数表示为

$$
\begin{aligned}
\tilde{s}_{\text{解}}(t) &= s(t) + \mathrm{j}\hat{s}(t) \\
&= a(t)\cos\left[\omega_0 t + \theta(t)\right] + \mathrm{j}a(t)\sin\left[\omega_0 t + \theta(t)\right] \\
&= a(t)\mathrm{e}^{\mathrm{j}\left[\omega_0 t + \theta(t)\right]} = m(t)\mathrm{e}^{\mathrm{j}\omega_0 t} = \tilde{s}_{\text{复}}(t)
\end{aligned}
\tag{7-41}
$$

式中

$$m(t) = a(t)\mathrm{e}^{\mathrm{j}\theta(t)} \tag{7-42}$$

通常，将 $m(t)$ 称为信号 $s(t)$ 的复包络，而将 $e^{j\omega_0 t}$ 称为复载频。$a(t)$ 称为包络，解析信号 $\tilde{s}(t)$ 称为预包络。若复包络展开

$$m(t) = a(t)\cos\theta(t) + ja(t)\sin\theta(t) = m_c(t) + jm_s(t) \tag{7-43}$$

可见，包络 $a(t)$、复包络 $m(t)$ 相对于 $\cos\omega_0 t$ 来讲都是低频限带信号。

3. 误差分析

1）误差产生的原因

从复指数形式的推导过程可以看出，尽管解析信号 $\tilde{s}(t)$ 是复信号，但要将它表示成复指数形式，还必须满足 $m_c(t), m_s(t)$ 均为低频限带信号的条件。如果不满足此条件，就不能由解析信号推出复指数表示。即不满足 $m_c(t), m_s(t)$ 低频限带信号的条件，其解析信号表示与复指数表示，仍存在一定的误差。

2）误差的计算

下面举例说明，在频域上对解析信号与复指数信号进行比较，计算它们之间的误差。

设一实信号 $s(t) = a(t)\cos\omega_0 t$，包络 $a(t)$ 不满足低频限带条件。其复包络 $m(t) = a(t)$，则复包络的频谱 $M(\omega)$，如图 7.5 所示。

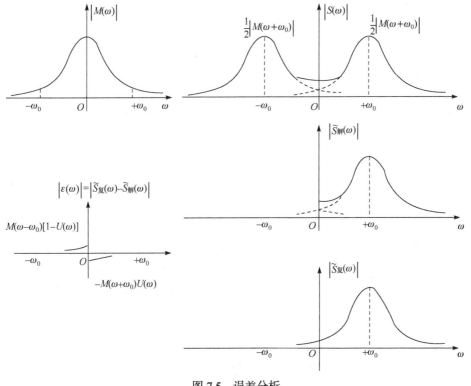

图 7.5 误差分析

$$m(t) \underset{F^{-1}}{\overset{F}{\rightleftharpoons}} M(\omega), \quad |\omega| < \Delta\omega \not\prec \omega_0 \tag{7-44}$$

实信号 $s(t)$ 频谱

$$S(\omega) = \frac{1}{2}[M(\omega + \omega_0) + M(\omega - \omega_0)] \tag{7-45}$$

（1）$s(t)$ 的解析信号

$$\tilde{s}_{\text{解}}(t) = s(t) + j\hat{s}(t) \tag{7-46}$$

解析信号的频谱

$$\tilde{S}_{\text{解}}(\omega) = 2S(\omega)U(\omega) = [M(\omega + \omega_0) + M(\omega - \omega_0)]U(\omega) \tag{7-47}$$

（2）$s(t)$ 的复指数表示为

$$\tilde{s}_{\text{复}}(t) = m(t)e^{j\omega_0 t} \tag{7-48}$$

复信号频谱

$$\tilde{S}_{\text{复}}(\omega) = M(\omega - \omega_0) \tag{7-49}$$

比较复信号频谱与解析信号的频谱间的误差，如图 7.5 所示，有

$$\varepsilon(\omega) = \tilde{S}_{\text{复}}(\omega) - \tilde{S}_{\text{解}}(\omega) = M(\omega - \omega_0)\big[1 - U(\omega)\big] - M(\omega + \omega_0)U(\omega) \tag{7-50}$$

这个误差在时域的表达式为

$$\varepsilon(t) = \frac{1}{\pi}\text{Im}\left[\int_{-\infty}^{-\omega_0} M(\omega)e^{j(\omega + \omega_0)t}\,d\omega\right] \tag{7-51}$$

3）误差分析

如图 7.5 所示，误差 $\varepsilon(t)$ 的大小取决于 $M(\omega)$ 中 $|\omega| > \omega_0$ 尾部所包含的能量。若尾部能量为零，则误差 $\varepsilon(t)$ 为零。因此，若要将 $s(t)$ 的解析形式表示成复数形式，则要求复包络 $m(t)$ 必须是个低频限带信号，即必须满足

$$M(\omega) = 0, \quad |\omega| > \Delta\omega, \Delta\omega < \omega_0 \tag{7-52}$$

即 $\varepsilon(\omega) = 0$。可见，此条件与前面从解析形式推导到复指数形式过程中的条件是一致的。

对于一般窄带信号，即使复包络 $m(t)$ 不是限带，但如果能使 $\omega_0 \gg \Delta\omega$，使得尾部能量很小，误差 $\varepsilon(t)$ 也很小，则用 $s(t)$ 的复指数信号替代 $s(t)$ 的解析信号是允许的。当然，对于一个理想的高频窄带信号来讲，由于 $\omega_0 \gg \Delta\omega$，且复包络 $m(t)$ 又是限带的，可以用指数形式的复信号直接替代其解析信号。

若已知高频窄带信号复包络的频谱 $M(\omega)$，有

$$\tilde{s}_{\text{复}}(t) = m(t)e^{j\omega_0 t} \xrightarrow[F^{-1}]{F} \tilde{S}_{\text{复}}(\omega) = M(\omega - \omega_0) \tag{7-53}$$

则

$$\tilde{s}_{\text{复}}^{*}(t) \xrightarrow[F^{-1}]{F} \tilde{S}_{\text{复}}^{*}(-\omega) = M^{*}(-\omega - \omega_0) \tag{7-54}$$

由于可以用复指数形式代替其解析形式 $\tilde{s}(t) = \tilde{s}_{\text{复}}(t)$，则

$$s(t) = \mathrm{Re}\left[\tilde{s}(t)\right] = \mathrm{Re}\left[\tilde{s}_{复}(t)\right] = \frac{1}{2}[\tilde{s}_{复}(t) + \tilde{s}_{复}^{\,*}(t)] \tag{7-55}$$

则高频窄带信号的频谱可以表示为

$$S(\omega) = \frac{1}{2}[M(\omega - \omega_0) + M^*(-\omega - \omega_0)] \tag{7-56}$$

7.1.4　高频窄带信号通过窄带系统

窄带信号的复数表示方法同样可以应用到窄带系统上，以简化对系统的分析。当复包络 $m(t)$ 是低频限带信号时，无论是高频窄带信号还是高频窄带系统，都可以直接用指数形式替代其解析形式。下面就讨论高频窄带信号通过相同中心频率的高频窄带系统的一种简便分析方法。

设输入的高频窄带信号为

$$s_i(t) = \mathrm{Re}\left[\tilde{s}_i(t)\right] = \mathrm{Re}\left[m_i(t)\mathrm{e}^{\mathrm{j}\omega_0 t}\right] \tag{7-57}$$

则其频谱可表示为

$$S_i(\omega) = \frac{1}{2}\left[M_i(\omega - \omega_0) + M_i^*(-\omega - \omega_0)\right] \tag{7-58}$$

高频窄带系统的冲激响应和传递函数为

$$h(t) = \mathrm{Re}\left[\tilde{h}(t)\right] = \mathrm{Re}\left[h_m(t)\mathrm{e}^{\mathrm{j}\omega_0 t}\right] \tag{7-59}$$

$$H(\omega) = \frac{1}{2}\left[H_m(\omega - \omega_0) + H_m^*(-\omega - \omega_0)\right] \tag{7-60}$$

其中，$h_m(t), H_m(\omega)$ 为窄带系统的复包络及其频谱。

则系统的输出为

$$s_o(t) = s_i(t) * h(t) \tag{7-61}$$

$$S_o(\omega) = S_i(\omega) \cdot H(\omega) \tag{7-62}$$

将输入窄带信号和窄带系统的频谱代入上式，得

$$\begin{aligned} S_o(\omega) &= \frac{1}{4}\left[M_i(\omega - \omega_0) + M_i^*(-\omega - \omega_0)\right]\left[H_m(\omega - \omega_0) + H_m^*(-\omega - \omega_0)\right] \\ &= \frac{1}{4}\Big[M_i(\omega - \omega_0)H_m(\omega - \omega_0) + M_i(\omega - \omega_0)H_m^*(-\omega - \omega_0) \\ &\quad + M_i^*(-\omega - \omega_0)H_m(\omega - \omega_0) + M_i^*(-\omega - \omega_0)H_m^*(-\omega - \omega_0)\Big] \end{aligned} \tag{7-63}$$

由于 $s_i(t)$ 的复包络 $m_i(t)$ 是低频限带信号，其频谱 $M_i(\omega)$ 如图 7.6 所示。

$$\begin{cases} M_i^*(-\omega - \omega_0)H_m(\omega - \omega_0) = 0 \\ M_i(\omega - \omega_0)H_m^*(-\omega - \omega_0) = 0 \end{cases} \tag{7-64}$$

由图可知，上式显然成立。所以

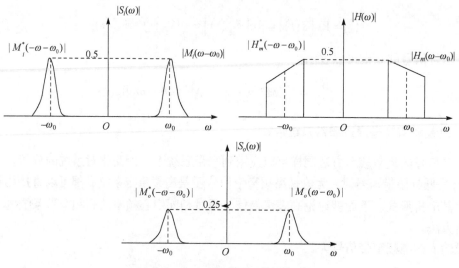

图 7.6　高频窄带信号通过窄带系统

$$S_o(\omega) = \frac{1}{4}\Big[M_i(\omega-\omega_0)H_m(\omega-\omega_0) + M_i^*(-\omega-\omega_0)H_m^*(-\omega-\omega_0)\Big] \tag{7-65}$$

相应的输出信号为

$$s_o(t) = \frac{1}{4}\Big\{\big[m_i(t)*h_m(t)\big]\mathrm{e}^{\mathrm{j}\omega_0 t} + \big[m_i(t)*h_m(t)\big]^*\mathrm{e}^{-\mathrm{j}\omega_0 t}\Big\} \tag{7-66}$$

又因为

$$s_o(t) = \mathrm{Re}[\tilde{s}_o(t)] = \frac{1}{2}[\tilde{s}_o(t)+\tilde{s}_o^*(t)] \tag{7-67}$$

可得

$$\tilde{s}_o(t) = \frac{1}{2}\big[m_i(t)*h_m(t)\big]\mathrm{e}^{\mathrm{j}\omega_0 t} \tag{7-68}$$

上式表明，输出 $s_o(t)$ 也是一高频窄带信号，且其复包络为

$$m_o(t) = m_i(t)*\frac{1}{2}h_m(t) \tag{7-69}$$

即输出的复包络 $m_o(t)$ 可由输入信号的复包络 $m_i(t)$ 与系统冲激响应的复包络 $h_m(t)/2$ 卷积求得。因此，输出 $s_o(t)$ 也可写成

$$s_o(t) = \mathrm{Re}\big[m_o(t)\mathrm{e}^{\mathrm{j}\omega_0 t}\big] \tag{7-70}$$

　　一个高频窄带信号通过高频窄带系统，可以作如图 7.7 所示的等效，即可以等效为信号的复包络通过一个冲激响应为 $h_m(t)/2$ 的低通系统。也就是说，输出的复包络 $m_o(t)$ 仅由输入信号的复包络 $m_i(t)$ 与系统冲激响应的复包络 $h_m(t)/2$ 卷积而成。这种处理方法使我们对高频窄带信号通过高频窄带系统这类问题的分析与运算大为简化，避免了对实高频信号和实冲激响应中的高频项的处理。

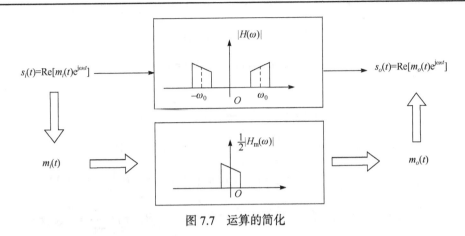

图 7.7 运算的简化

7.1.5 随机过程的解析形式及其性质

1. 定义

实随机过程的解析形式(或解析过程)为

$$\tilde{X}(t) = X(t) + \mathrm{j}\hat{X}(t) \tag{7-71}$$

其中

$$\hat{X}(t) = X(t) * \frac{1}{\pi t} \tag{7-72}$$

称为 $X(t)$ 的希尔伯特变换。

由于希尔伯特变换的线性性质,$1/\pi t$ 可以看成一线性系统的冲激响应。因此,$\hat{X}(t)$ 则可以看成是在输入 $X(t)$ 的情况下线性系统 $h_{\wedge}(t)$ 的输出,即

$$Y(t) = X(t) * \frac{1}{\pi t} = \hat{X}(t) \tag{7-73}$$

如图 7.8 所示。正是由于这一特点,下面应用解析过程来分析窄带随机过程,是十分方便的。

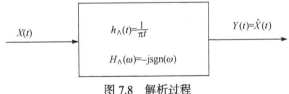

图 7.8 解析过程

2. 解析过程的性质

既然希尔伯特变换是一种线性变换,那么随机过程通过线性系统的结论在此可应用。

(1)若 $X(t)$ 为宽平稳(实)过程,则 $\hat{X}(t)$ 也是宽平稳(实)过程,且 $X(t)$ 与 $\hat{X}(t)$ 联合宽平稳。

(2)实随机过程 $X(t)$ 和它的 $\hat{X}(t)$ 具有相同的自相关函数与功率谱密度。

证明:从图 7.8 不难看出

$$G_{\hat{X}}(\omega) = G_X(\omega) \cdot |H_{\wedge}(\omega)|^2 \tag{7-74}$$

$$|H_{\wedge}(\omega)| = |-\mathrm{j}\,\mathrm{sgn}(\omega)| = 1 \tag{7-75}$$

因此

$$G_{\hat{X}}(\omega) = G_X(\omega) \quad \Rightarrow \quad R_{\hat{X}}(\tau) = R_X(\tau) \tag{7-76}$$

（3）据线性系统输入输出随机过程之间互相关函数的性质，有

$$\begin{cases} R_{X\hat{X}}(\tau) = E\left[X(t)\hat{X}(t+\tau)\right] = R_X(\tau) * h_{\wedge}(\tau) = R_X(\tau) * \dfrac{1}{\pi\tau} = \hat{R}_X(\tau) \\[3mm] R_{\hat{X}X}(\tau) = E\left[\hat{X}(t)X(t+\tau)\right] = R_X(\tau) * h_{\wedge}(-\tau) = -R_X(\tau) * \dfrac{1}{\pi\tau} = -\hat{R}_X(\tau) \end{cases} \tag{7-77}$$

式中，$R_{X\hat{X}}(\tau), R_{\hat{X}X}(\tau)$ 表示 $\hat{X}(t)$ 与 $X(t)$ 的互相关函数，$\hat{R}_X(\tau)$ 表示自相关函数 $R_X(\tau)$ 的希尔伯特变换。由于

$$R_{X\hat{X}}(\tau) = -R_{\hat{X}X}(\tau) \tag{7-78}$$

可得 $X(t)$ 与 $\hat{X}(t)$ 的互功率谱密度为

$$\begin{aligned} G_{X\hat{X}}(\omega) &= F\left[R_{X\hat{X}}(\tau)\right] = F\left[\hat{R}_X(\tau)\right] \\ &= -\mathrm{j}\,\mathrm{sgn}(\omega) G_X(\omega) = \begin{cases} -\mathrm{j} G_X(\omega), & \omega > 0 \\ \mathrm{j} G_X(\omega), & \omega < 0 \end{cases} \end{aligned} \tag{7-79}$$

（4）$X(t)$ 与 $\hat{X}(t)$ 的互相关函数是 τ 的奇函数。

证明： 由于

$$R_{X\hat{X}}(-\tau) = R_X(-\tau) * h_{\wedge}(-\tau) \tag{7-80}$$

且 $R_X(\tau)$ 是偶函数，则

$$R_{X\hat{X}}(-\tau) = R_X(-\tau) * \left(-\dfrac{1}{\pi\tau}\right) = R_X(\tau) * \left(-\dfrac{1}{\pi\tau}\right) = -\hat{R}_X(\tau) = -R_{X\hat{X}}(\tau) \tag{7-81}$$

同理可证

$$R_{\hat{X}X}(-\tau) = -R_{\hat{X}X}(\tau) \tag{7-82}$$

（5）随机过程 $X(t)$ 与 $\hat{X}(t)$ 在任何同一时刻的两个状态正交。

证明： 当 $\tau = 0$ 时，$X(t)$ 和 $\hat{X}(t)$ 的互相关函数为

$$\begin{cases} R_{X\hat{X}}(0) = 0 \\ R_{\hat{X}X}(0) = 0 \end{cases} \tag{7-83}$$

上式说明 $X(t)$ 与 $\hat{X}(t)$ 在任何同一时刻的两个随机变量正交，即 $E[\hat{X}_t X_t] = 0$。但它保证不了 $\hat{X}(t)$ 与 $X(t)$ 两个随机过程正交。只有当对所有的 τ 均满足 $R_{X\hat{X}}(\tau) = 0$ 时，两个过程才正交。

（6）解析过程的功率谱密度只存在于正频域。

按照复随机过程自相关函数的定义，解析过程 $\tilde{X}(t)$ 的自相关函数为

$$R_{\tilde{X}}(\tau) = E\left[\tilde{X}^*(t)\tilde{X}(t+\tau)\right]$$
$$= E\{[X(t)-j\hat{X}(t)][X(t+\tau)+j\hat{X}(t+\tau)]\} \quad (7\text{-}84)$$
$$= R_X(\tau) + R_{\hat{X}}(\tau) + j[R_{X\hat{X}}(\tau) - R_{\hat{X}X}(\tau)]$$

再应用性质(2)和(3)，可得

$$R_{\tilde{X}}(\tau) = 2[R_X(\tau) + j\hat{R}_X(\tau)] = 2\tilde{R}_X(\tau) \quad (7\text{-}85)$$

对上式两边求傅里叶变换，可得解析过程 $\tilde{X}(t)$ 的功率谱密度为

$$
\begin{aligned}
G_{\tilde{X}}(\omega) &= 2\left\{G_X(\omega) + jF\left[\hat{R}_X(\tau)\right]\right\} \\
&= 2\left\{G_X(\omega) + j\left[-j\operatorname{sgn}(\omega)G_X(\omega)\right]\right\} \\
&= 2\left[G_X(\omega) + \operatorname{sgn}(\omega)G_X(\omega)\right] \\
&= \begin{cases} 4G_X(\omega), & \omega > 0 \\ 0, & \omega < 0 \end{cases}
\end{aligned}
\quad (7\text{-}86)
$$

上式表明，解析过程的功率谱密度只存在于正频域，即它具有单边带功率谱密度，其强度等于原实过程功率谱密度强度的 4 倍。$G_{\tilde{X}}(\omega)$ 与 $G_X(\omega)$ 的关系如图 7.9 所示。

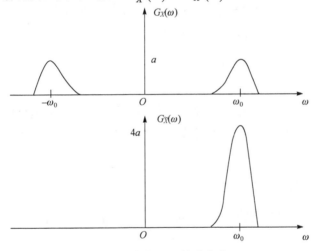

图 7.9 解析过程的功率谱

7.2 窄带随机过程

7.2.1 窄带随机过程的数学模型及复指数形式

窄带随机信号
的解析形式(二)

1. 窄带随机过程的数学模型

在雷达、通信等许多电子系统中，通常是用一个宽带随机过程来激励一个窄带滤波器。此时，在滤波器输出端得到的便是一个窄带随机过程，若用一示波器来观测它的某次输出的波形(某个样本)，则可以看到，它的样本接近于一个正弦波，但此正弦波的幅度和相位

都在作缓慢的随机变化，典型窄带随机过程的功率谱密度及样本函数图形如图 7.10 所示。

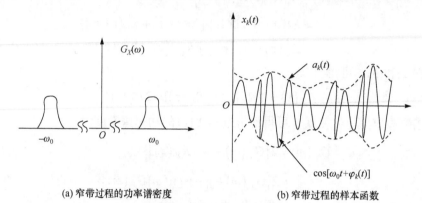

(a) 窄带过程的功率谱密度　　　　　　　(b) 窄带过程的样本函数

图 7.10　窄带随机过程

将图 7.10(b) 中的样本函数的图形与图 7.4(b) 所示的波形进行比较可见，窄带随机过程的一个样本函数就是一个高频窄带信号。因此，对应于某次观测(试验)结果 ζ_k，样本函数可写成

$$x_k(t) = a_k(t)\cos\left[\omega_0 t + \varphi_k(t)\right], \quad \zeta_k \in \Omega \tag{7-87}$$

而所有样本函数的总体——窄带随机过程，则可写成

$$X(t) = A(t)\cos\left[\omega_0 t + \varphi(t)\right] \tag{7-88}$$

上式就是窄带随机过程常用的数学模型。

由于 $a_k(t), \varphi_k(t)$ 相对 $\cos\omega_0 t$ 来说是慢变化的时间函数，因此 $A(t)$ 和 $\varphi(t)$ 相对 $\cos\omega_0 t$ 来说就是慢变化的随机过程。于是，我们就可以把窄带随机过程看成是一个随机调幅和随机调相的准正弦振荡。

2. 窄带随机过程的复指数形式

若将高频窄带信号的复指数形式应用到窄带随机过程中，则

$$\tilde{X}(t) = A(t)e^{j\varphi(t)}e^{j\omega_0 t} = M(t)e^{j\omega_0 t} \tag{7-89}$$

式中，$M(t)$ 称为 $X(t)$ 的复包络，$A(t)$ 称为包络，$\varphi(t)$ 称为相位，$e^{j\omega_0 t}$ 称为复载频，且

$$M(t) = A(t)e^{j\varphi(t)} \tag{7-90}$$

如果此窄带随机过程 $X(t)$ 是平稳过程，那么用复指数形式表示后，其统计特性如下。

1) 自相关函数

$$
\begin{aligned}
R_{\tilde{X}}(\tau) &= E\left[\tilde{X}^*(t)\tilde{X}(t+\tau)\right] \\
&= E\left[M^*(t)e^{-j\omega_0 t} \cdot M(t+\tau)e^{j\omega_0(t+\tau)}\right] \\
&= E\left[M^*(t)M(t+\tau)\right]e^{j\omega_0\tau} \\
&= R_M(\tau)e^{j\omega_0\tau}
\end{aligned}
\tag{7-91}
$$

2) 功率谱密度

若 $R_M(\tau) \xrightarrow[F^{-1}]{F} G_M(\omega)$，则有

$$G_{\tilde{X}}(\omega) = G_M(\omega - \omega_0) \tag{7-92}$$

因为 $R_{\tilde{X}}(\tau) - 2[R_X(\tau) + jR̂_X(\tau)]$ 可得

$$R_{\tilde{X}}(\tau) + R_{\tilde{X}}^*(\tau) = 2[R_X(\tau) + jR̂_X(\tau)] + 2[R_X(\tau) - jR̂_X(\tau)] \tag{7-93}$$

由上式解得

$$R_X(\tau) = \frac{1}{4}\Big[R_{\tilde{X}}(\tau) + R_{\tilde{X}}^*(\tau)\Big] = \frac{1}{4}\Big[R_M(\tau)e^{j\omega_0\tau} + R_M^*(\tau)e^{-j\omega_0\tau}\Big] \tag{7-94}$$

因此得出 $X(t)$ 与 $\tilde{X}(t)$ 及 $M(t)$ 之间在频域上的关系，如图 7.11 所示。

$$G_X(\omega) = \frac{1}{4}[G_{\tilde{X}}(\omega) + G_{\tilde{X}}^*(-\omega)] = \frac{1}{4}[G_M(\omega - \omega_0) + G_M^*(-\omega - \omega_0)] \tag{7-95}$$

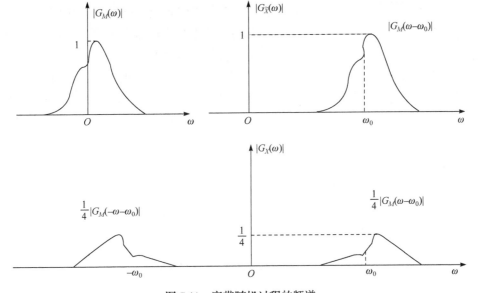

图 7.11　窄带随机过程的频谱

7.2.2　窄带随机过程的垂直分解

统计分析的对象是随机函数。为了更方便地对窄带随机过程进行统计分析，先将窄带随机过程中的随机函数与非随机函数以不同的因式分解开。故有

$$\begin{aligned}
X(t) &= A(t)\cos\big[\omega_0 t + \varphi(t)\big] \\
&= A(t)\cos\varphi(t)\cdot\cos\omega_0 t - A(t)\sin\varphi(t)\cdot\sin\omega_0 t \\
&= A_C(t)\cos\omega_0 t - A_S(t)\sin\omega_0 t
\end{aligned} \tag{7-96}$$

式中，$\cos\omega_0 t, \sin\omega_0 t$ 都是非随机函数，而随机函数为

$$\begin{cases} A_C(t) = A(t)\cos\varphi(t) \\ A_S(t) = A(t)\sin\varphi(t) \end{cases} \tag{7-97}$$

若将窄带过程的复数形式分解

$$\tilde{X}(t) = A(t)e^{j[\omega_0 t + \varphi(t)]} = A(t)e^{j\varphi(t)}e^{j\omega_0 t} = M(t)e^{j\omega_0 t} \tag{7-98}$$

$\tilde{X}(t)$ 中的随机分量是 $M(t)$，而 $M(t)$ 又可分解为

$$M(t) = \left[A(t)\cos\varphi(t) + jA(t)\sin\varphi(t)\right] = A_C(t) + jA_S(t) \tag{7-99}$$

其中

$$\begin{cases} A(t) = \sqrt{A_C^2(t) + A_S^2(t)} \\ \varphi(t) = \arctan\dfrac{A_S(t)}{A_C(t)} = \arctan\dfrac{A_S(t)}{A_C(t)} \end{cases} \tag{7-100}$$

可见，窄带随机过程 $X(t)$ 的包络 $A(t)$、相位 $\varphi(t)$ 完全可由 $A_C(t), A_S(t)$ 确定。且 $A_C(t), A_S(t)$ 是一对在几何上正交的分量，如图 7.12 所示。

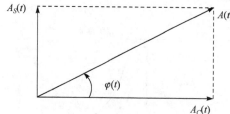

图 7.12 窄带过程的垂直分解

为了与统计上正交的含义有所区别，今后把几何上的正交改称为垂直，称 $A_C(t), A_S(t)$ 为一对垂直分量。经过以上分析可知， $A_C(t), A_S(t)$ 代表了窄带随机过程 $X(t)$ 的所有随机因素。因此，下面讨论窄带随机过程 $X(t)$ 的统计特性，主要就是讨论这一对垂直分量 $A_C(t), A_S(t)$ 的统计特性，及它们与过程 $X(t)$ 之间的统计关系。

在讨论统计特性之前，先导出 $X(t), A_C(t), A_S(t)$ 之间的函数关系如下

$$\begin{cases} X(t) = A_C(t)\cos\omega_0(t) - A_S(t)\sin\omega_0 t \\ \hat{X}(t) = A_C(t)\sin\omega_0(t) + A_S(t)\cos\omega_0 t \end{cases} \tag{7-101}$$

$$\begin{cases} A_C(t) = X(t)\cos\omega_0(t) + \hat{X}(t)\sin\omega_0 t \\ A_S(t) = \hat{X}(t)\cos\omega_0(t) - X(t)\sin\omega_0 t \end{cases} \tag{7-102}$$

7.2.3 窄带随机过程的统计分析

若窄带随机过程 $X(t)$ 是零均值平稳的实过程，且功率谱密度如图 7.13 所示。

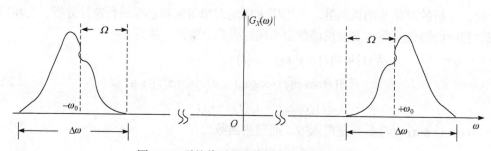

图 7.13 零均值平稳窄带随机实过程的频谱

满足

$$G_X(\omega) = \begin{cases} G_X(\omega), & \begin{pmatrix} \Omega < \omega - \omega_0 < \Delta\omega - \Omega \\ -\Delta\omega + \Omega < \omega + \omega_0 < \Omega \end{pmatrix} \\ 0, & \text{其他} \end{cases} \tag{7-103}$$

式中，Ω 和 $\Delta\omega$ 皆为正实常数，$\Delta\omega \ll \omega_0$。则 $A_C(t), A_S(t)$ 这对垂直分量有如下性质。

1）$A_C(t), A_S(t)$ 均为实随机过程

2）$A_C(t), A_S(t)$ 的期望

$A_C(t), A_S(t)$ 的期望均为 0，即满足

$$E[A_C(t)] = E[A_S(t)] = 0 \tag{7-104}$$

3）$A_C(t), A_S(t)$ 的自相关函数

$A_C(t), A_S(t)$ 各自平稳，它们的自相关函数为

$$R_{Ac}(\tau) = R_{As}(\tau) = R_X(\tau)\cos\omega_0\tau + \hat{R}_X(\tau)\sin\omega_0\tau \tag{7-105}$$

当 $\tau = 0$ 时，有

$$R_{Ac}(0) = R_{As}(0) = R_X(0) \tag{7-106}$$

即

$$E[A_C^2(t)] = E[A_S^2(t)] = E[X^2(t)] \tag{7-107}$$

表示 $X(t), A_C(t), A_S(t)$ 三者的平均功率皆相等。由于都是零均值，则三者的方差相同。

$$\sigma_{Ac}^2 = \sigma_{As}^2 = \sigma_X^2 \tag{7-108}$$

4）$A_C(t), A_S(t)$ 的功率谱密度

$$G_{Ac}(\omega) = G_{As}(\omega) = L_p\left[G_X(\omega - \omega_0) + G_X(\omega + \omega_0)\right] \tag{7-109}$$

其中，$L_p[\cdot]$ 表示一低通滤波器。

证明：由于

$$\begin{aligned} R_{Ac}(\tau) &= R_X(\tau)\cos\omega_0\tau + \hat{R}_X(\tau)\sin\omega_0\tau \\ &= \frac{1}{2}R_X(\tau)[e^{j\omega_0\tau} + e^{-j\omega_0\tau}] + \frac{1}{2j}\hat{R}_X(\tau)[e^{j\omega_0\tau} - e^{-j\omega_0\tau}] \end{aligned} \tag{7-110}$$

两边取傅里叶变换，并利用 $F[\hat{R}_X(\tau)] = -j\mathrm{sgn}(\omega)G_X(\omega)$，可得

$$\begin{aligned} G_{Ac}(\omega) &= \frac{1}{2}[G_X(\omega - \omega_0) + G_X(\omega + \omega_0)] \\ &+ \frac{1}{2}[-\mathrm{sgn}(\omega - \omega_0)G_X(\omega - \omega_0) + \mathrm{sgn}(\omega + \omega_0)G_X(\omega + \omega_0)] \end{aligned} \tag{7-111}$$

上式各项所对应的功率谱密度图形如图 7.14 所示。从图形中可以直接得出

$$G_{Ac}(\omega) = L_p[G_X(\omega - \omega_0) + G_X(\omega + \omega_0)] \tag{7-112}$$

同理可得

$$G_{As}(\omega) = L_p[G_X(\omega - \omega_0) + G_X(\omega + \omega_0)] \tag{7-113}$$

这说明 $A_C(t)$, $A_S(t)$ 都是低频限带过程。

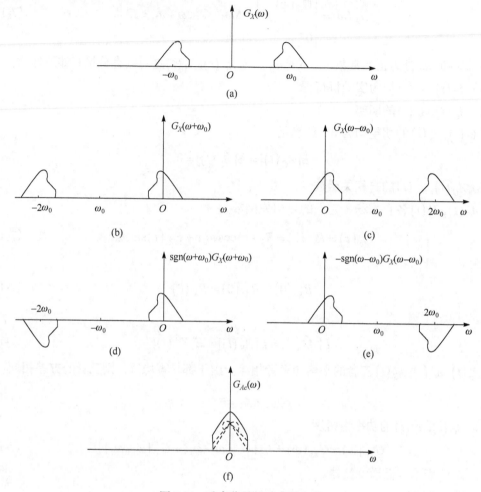

图 7.14 垂直分量的功率谱密度

5) $A_C(t)$, $A_S(t)$ 的互相关函数

$A_C(t)$, $A_S(t)$ 联合平稳，它们的互相关函数为

$$\begin{cases} R_{AcAs}(\tau) = -R_X(\tau)\sin\omega_0\tau + \hat{R}_X(\tau)\cos\omega_0\tau \\ R_{AsAc}(\tau) = R_X(\tau)\sin\omega_0\tau - \hat{R}_X(\tau)\cos\omega_0\tau \\ R_{AsAc}(\tau) = -R_{AcAs}(\tau) \end{cases} \tag{7-114}$$

互相关函数 $R_{AcAs}(\tau)$、$R_{AsAc}(\tau)$ 均是 τ 的奇函数

$$\begin{cases} R_{AcAs}(\tau) = -R_{AcAs}(-\tau) \\ R_{AsAc}(\tau) = -R_{AsAc}(-\tau) \end{cases} \tag{7-115}$$

当 $\tau = 0$ 时，有

$$R_{AcAs}(0) = 0 \tag{7-116}$$

说明随机过程 $A_C(t), A_S(t)$ 在同一时刻的两个状态(随机变量)之间是相互正交的。

因为 $A_C(t), A_S(t)$ 的均值皆为 0,所以当 $\tau=0$ 时,也有

$$C_{AcAs}(0)=0 \tag{7-117}$$

说明随机过程 $A_C(t)A_S(t)$ 在同一时刻的两个状态(随机变量)之间是不相关的。

6) $A_C(t), A_S(t)$ 的互谱密度

功率谱密度 $G_X(\omega)$ 相对于中心频率 $\pm\omega_0$ 非偶对称时,如图 7.15(a) 所示。

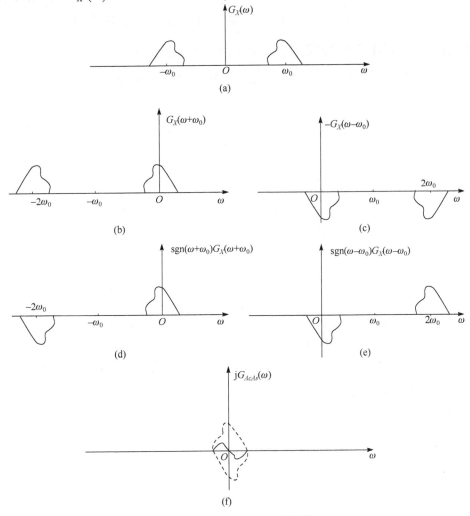

图 7.15　垂直分量的互谱密度

$$G_{AcAs}(\omega)=-\mathrm{j}L_p[G_X(\omega+\omega_0)-G_X(\omega-\omega_0)]=-G_{AsAc}(\omega) \tag{7-118}$$

证明：由 $A_C(t), A_S(t)$ 的互相关函数

$$
\begin{aligned}
R_{AcAs}(\tau) &= -R_X(\tau)\sin\omega_0\tau+\hat{R}_X(\tau)\cos\omega_0\tau \\
&= -\frac{1}{2\mathrm{j}}R_X(\tau)[\mathrm{e}^{\mathrm{j}\omega_0\tau}-\mathrm{e}^{-\mathrm{j}\omega_0\tau}]+\frac{1}{2}\hat{R}_X(\tau)[\mathrm{e}^{\mathrm{j}\omega_0\tau}+\mathrm{e}^{-\mathrm{j}\omega_0\tau}]
\end{aligned} \tag{7-119}
$$

两边取傅里叶变换，并利用 $F[\hat{R}_X(\tau)] = -\mathrm{jsgn}(\omega)G_X(\omega)$，可得

$$
\begin{aligned}
G_{AcAs}(\omega) = &-\frac{1}{2\mathrm{j}}[G_X(\omega-\omega_0)-G_X(\omega+\omega_0)] \\
&+\frac{1}{2}[-\mathrm{jsgn}(\omega-\omega_0)G_X(\omega-\omega_0)-\mathrm{jsgn}(\omega+\omega_0)G_X(\omega+\omega_0)]
\end{aligned}
\tag{7-120}
$$

$$
\begin{aligned}
\mathrm{j}G_{AcAs}(\omega) = &-\frac{1}{2}[G_X(\omega-\omega_0)-G_X(\omega+\omega_0)] \\
&+\frac{1}{2}[\mathrm{sgn}(\omega-\omega_0)G_X(\omega-\omega_0)+\mathrm{sgn}(\omega+\omega_0)G_X(\omega+\omega_0)]
\end{aligned}
\tag{7-121}
$$

上式各项所对应的功率谱密度图形如图 7.15 所示。从图上易证

$$
\mathrm{j}G_{AcAs}(\omega) = L_p[G_X(\omega+\omega_0)-G_X(\omega-\omega_0)]
\tag{7-122}
$$

即有

$$
G_{AcAs}(\omega) = -\mathrm{j}L_p[G_X(\omega+\omega_0)-G_X(\omega-\omega_0)]
\tag{7-123}
$$

同理可证

$$
G_{AsAc}(\omega) = \mathrm{j}L_p[G_X(\omega+\omega_0)-G_X(\omega-\omega_0)]
\tag{7-124}
$$

$G_X(\omega)$ 相对于中心频率 $\pm\omega_0$ 偶对称时，如图 7.16(a) 所示。从图中可以看出，各项叠加后恰好互相抵消了，如图 7.16(b) 所示。所以有

$$
G_{AcAs}(\omega) = 0
\tag{7-125}
$$

由上式可推出，对任意 τ 值

$$
R_{AcAs}(\tau) = 0
\tag{7-126}
$$

说明当 $X(t)$ 具有对称于 $\pm\omega_0$ 的功率谱密度时，随机过程 $A_C(t), A_S(t)$ 正交。此处正交是指随机过程正交，当然可以推出 $A_C(t), A_S(t)$ 在同一时刻也是正交的。

由于 $A_C(t), A_S(t)$ 的均值皆为 0，同样可以证明：当 $X(t)$ 具有对称于 $\pm\omega_0$ 的功率谱密度时，两个随机过程 $A_C(t), A_S(t)$ 互不相关。

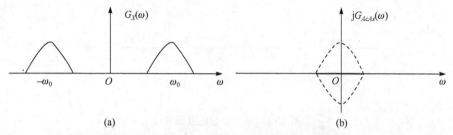

图 7.16　$G_X(\omega)$ 相对于中心频率 $\pm\omega_0$ 偶对称

7) 窄带随机过程 $X(t)$ 的自相关函数

仿照上述性质的证明方法，可以证明

$$
R_X(\tau) = R_{Ac}(\tau)\cos\omega_0\tau - R_{AcAs}(\tau)\sin\omega_0\tau
\tag{7-127}
$$

7.3　窄带高斯过程包络与相位的分布

在许多电子系统或电路中，经常遇到用一个宽带随机过程 $N(t)$ 激励一个高频窄带系统（简称窄带滤波器）情况，如图 7.17 所示。由第 5 章的结论可知，该情况下系统输出的随机过程都可以认为是一个窄带高斯过程。因此，窄带高斯过程是通信和电子系统中最常遇到的随机信号，研究窄带高斯过程具有实际意义。

根据 7.2 节的分析，可将任一平稳窄带高斯过程 $X(t)$ 表示为准正弦振荡的形式

$$X(t) = A(t)\cos[\omega_0 t + \varphi(t)] \tag{7-128}$$

其中，$A(t)$ 和 $\varphi(t)$ 是 $X(t)$ 的包络与相位，它们都是低频限带过程；ω_0 是 $X(t)$ 的载波频率。

许多实际应用中，常常需要检测出包络 $A(t)$ 或相位 $\varphi(t)$ 的信息。若将窄带随机过程 $X(t)$ 送入一个包络检波器，则在检波器输出端可得到包络 $A(t)$；若将 $X(t)$ 送入一个相位检波器，便可检测出 $X(t)$ 的相位信息，如图 7.17 所示。由于 $A(t)$ 和 $\varphi(t)$ 都是 $X(t)$ 的非线性变换，推导它们的多维概率密度函数十分困难。因此本书只限于推导它们的一维和二维概率密度函数。

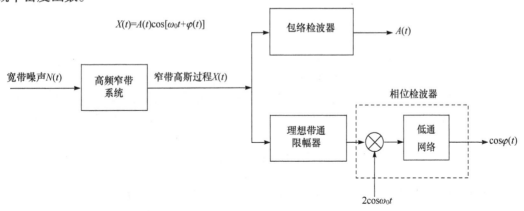

图 7.17　窄带高斯过程的产生

7.3.1　包络与相位的一维概率分布

设 $X(t)$ 是一个窄带平稳高斯实过程，具有零均值和方差 σ^2。现求其包络 $A(t)$ 和相位 $\varphi(t)$ 的一维概率密度。任一给定的时刻，对 $A(t)$ 和 $\varphi(t)$ 采样，便可得到随机变量 A_t 和 φ_t。求 $X(t)$ 包络 $A(t)$ 和相位 $\varphi(t)$ 的一维概率密度就是求 A_t 和 φ_t 的一维概率密度 $f_A(A_t)$ 和 $f_\varphi(\varphi_t)$。

由窄带过程的垂直分解，$X(t)$ 可以表示成

$$X(t) = A(t)\cos[\omega_0 t + \varphi(t)] = A_C(t)\cos\omega_0 t - A_S(t)\sin\omega_0 t \tag{7-129}$$

由 7.2 节的内容，已知 $A(t), \varphi(t)$ 和 $A_C(t), A_S(t)$ 具有如下关系

$$\begin{cases} A(t) = \sqrt{A_C^2(t) + A_S^2(t)} \\ \varphi(t) = \arctan\dfrac{A_S(t)}{A_C(t)} \end{cases} \tag{7-130}$$

则 A_t, φ_t 和 A_{ct}, A_{st} 之间的函数关系为

$$\begin{cases} A_t = g_1(A_{ct}, A_{st}) = \sqrt{A_{ct}^2 + A_{st}^2} \\ \varphi_t = g_2(A_{ct}, A_{st}) = \arctan\dfrac{A_{st}}{A_{ct}} \end{cases} \tag{7-131}$$

其中，A_{ct}, A_{st} 为垂直分量 $A_C(t), A_S(t)$ 在固定时刻的采样，也都是随机变量。则逆变换关系为

$$\begin{cases} A_{ct} = h_1(A_t, \varphi_t) = A_t \cos\varphi_t \\ A_{st} = h_2(A_t, \varphi_t) = A_t \sin\varphi_t \end{cases} \tag{7-132}$$

求解思路如下。

(1) 首先根据已知的窄带高斯过程垂直分量 $A_C(t), A_S(t)$ 的统计特性，来研究 A_{ct}, A_{st} 的统计特性，从而得到 A_{ct}, A_{st} 的联合概率密度 $f_{AcAs}(A_{ct}, A_{st})$。

(2) 然后从 $f_{AcAs}(A_{ct}, A_{st})$ 出发，利用雅可比变换得到 A_t, φ_t 的联合概率密度 $f_{A\varphi}(A_t, \varphi_t)$。

(3) 最后对 A_t, φ_t 的联合概率密度 $f_{A\varphi}(A_t, \varphi_t)$ 积分，求边缘概率密度 $f_A(A_t)$ 和 $f_\varphi(\varphi_t)$。

1. 求 $f_{AcAs}(A_{ct}, A_{st})$

首先根据已知的窄带高斯过程垂直分量 $A_C(t), A_S(t)$ 的统计特性，研究 A_{ct}, A_{st} 以下的统计特性，从而得到 A_{ct}, A_{st} 的联合概率密度 $f_{AcAs}(A_{ct}, A_{st})$。

(1) A_{ct}, A_{st} 都是高斯随机变量。已知 $X(t)$ 是一个平稳高斯过程，因为 $\hat{X}(t)$ 是 $X(t)$ 的线性变换，所以 $\hat{X}(t)$ 也是平稳高斯过程。又 $A_C(t), A_S(t)$ 均为 $X(t), \hat{X}(t)$ 的线性组合，故 $A_C(t), A_S(t)$ 也是平稳高斯过程，所以 A_{ct}, A_{st} 均为高斯变量。

(2) A_{ct}, A_{st} 的均值皆为零。根据 $A_C(t), A_S(t)$ 的性质有 $E[A_C(t)] = E[A_S(t)] = 0$，所以

$$E[A_{ct}] = E[A_{st}] = 0 \tag{7-133}$$

(3) A_{ct}, A_{st} 具有相同的方差，并且等于 $X(t)$ 的方差 σ^2。根据 $A_C(t), A_S(t)$ 的性质有 $\sigma_{Ac}^2 = \sigma_{As}^2 = \sigma_X^2$，所以

$$\sigma_{Act}^2 = \sigma_{Ast}^2 = \sigma_X^2 = \sigma^2 \tag{7-134}$$

(4) A_{ct}, A_{st} 相互独立。根据 $A_C(t), A_S(t)$ 的性质可知在同一时刻的两个状态互不相关，满足 $C_{AcAs}(0) = 0$。即 A_{ct}, A_{st} 互不相关。而对于高斯随机变量来说，互不相关与统计独立等价，A_{ct}, A_{st} 相互独立。

根据以上的性质可知，A_{ct}, A_{st} 是均值皆为零、方差皆为 σ^2 的高斯变量，且相互独立。则其联合概率密度为

$$\begin{aligned} f_{AcAs}(A_{ct}, A_{st}) &= f_{Ac}(A_{ct}) \cdot f_{As}(A_{st}) \\ &= \frac{1}{\sqrt{2\pi}\sigma} \exp[-\frac{A_{ct}^2}{2\sigma^2}] \cdot \frac{1}{\sqrt{2\pi}\sigma} \exp[-\frac{A_{st}^2}{2\sigma^2}] \\ &= \frac{1}{2\pi\sigma^2} \exp[-\frac{A_{ct}^2 + A_{st}^2}{2\sigma^2}] \end{aligned} \tag{7-135}$$

2. 求 $f_{A\varphi}(A_t, \varphi_t)$

然后从 $f_{AcAs}(A_{ct}, A_{st})$ 出发，利用雅可比变换得到 A_t, φ_t 的联合概率密度 $f_{A\varphi}(A_t, \varphi_t)$。根据雅可比变换

$$f_{A\varphi}(A_t, \varphi_t) = |J| f_{AcAs}(A_{ct}, A_{st}) \tag{7-136}$$

其中，雅可比行列式为

$$J = \begin{vmatrix} \dfrac{\partial h_1}{\partial A_t} & \dfrac{\partial h_1}{\partial \varphi_t} \\ \dfrac{\partial h_2}{\partial A_t} & \dfrac{\partial h_2}{\partial \varphi_t} \end{vmatrix} = \begin{vmatrix} \cos\varphi_t & -A_t \sin\varphi_t \\ \sin\varphi_t & A_t \cos\varphi_t \end{vmatrix} = A_t \geqslant 0 \tag{7-137}$$

则 A_t, φ_t 的联合概率密度为

$$f_{A\varphi}(A_t, \varphi_t) = \begin{cases} \dfrac{A_t}{2\pi\sigma^2} \exp\left\{ -\dfrac{A_t^2}{2\sigma^2} \right\}, & A_t \geqslant 0, 0 \leqslant \varphi_t \leqslant 2\pi \\ 0, & 其他 \end{cases} \tag{7-138}$$

由上式可见，A_t, φ_t 的联合概率密度 $f_{A\varphi}(A_t, \varphi_t)$ 与 φ_t 无关。

3. 求 $f_A(A_t)$ 和 $f_\varphi(\varphi_t)$

最后对 A_t, φ_t 的联合概率密度 $f_{A\varphi}(A_t, \varphi_t)$ 积分，求边缘概率密度 $f_A(A_t)$ 和 $f_\varphi(\varphi_t)$。

(1) A_t 的概率密度为

$$\begin{aligned} f_A(A_t) &= \int_0^{2\pi} f_{A\varphi}(A_t, \varphi_t) \mathrm{d}\varphi_t = f_{A\varphi}(A_t, \varphi_t) \int_0^{2\pi} 1 \cdot \mathrm{d}\varphi_t \\ &= \frac{A_t}{\sigma^2} \exp\left\{ -\frac{A_t^2}{2\sigma^2} \right\}, \quad A_t \geqslant 0 \end{aligned} \tag{7-139}$$

上式给出了包络 $A(t)$ 的一维概率密度表达式。通常称为瑞利概率密度或简称瑞利分布，如图 7.18 所示。

(2) φ_t 的概率密度为

$$f_\varphi(\varphi_t) = \int_0^\infty f_{A\varphi}(A_t, \varphi_t) \mathrm{d}A_t = \frac{1}{2\pi}, \quad 0 \leqslant \varphi_t \leqslant 2\pi \tag{7-140}$$

可见，相位 $\varphi(t)$ 的一维概率密度为 $(0, 2\pi)$ 区间上的均匀分布。

(3) 由 A_t, φ_t 的概率密度表达式，易得

$$f_{A\varphi}(A_t, \varphi_t) = f_A(A_t) \cdot f_\varphi(\varphi_t) \tag{7-141}$$

上式说明，随机变量 A_t 与 φ_t 是相互独立的，即随机过程 $A(t)$ 与 $\varphi(t)$ 在同一时刻是相互独立的。但应注意，这并不意味着随机过程 $A(t)$ 与 $\varphi(t)$ 相互独立。

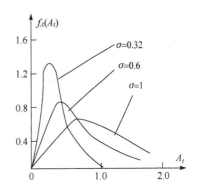

图 7.18 瑞利分布

7.3.2　包络与相位各自的二维概率分布

若平稳高斯过程 $X(t)$ 在 t_1, t_2 时刻采样为

$$\begin{cases} X(t_1) = A(t_1)\cos[\omega_0 t_1 + \varphi(t_1)] = A_C(t_1)\cos\omega_0 t_1 - A_S(t_1)\sin\omega_0 t_1 \\ X(t_2) = A(t_2)\cos[\omega_0 t_2 + \varphi(t_2)] = A_C(t_2)\cos\omega_0 t_2 - A_S(t_2)\sin\omega_0 t_2 \end{cases} \tag{7-142}$$

为了便于表示，包络 $A(t)$ 在 t_1, t_2 时刻采样的随机变量 $A(t_1), A(t_2)$ 简记为 A_1, A_2；相位 $\varphi(t)$ 在 t_1, t_2 时刻采样的随机变量 $\varphi(t_1), \varphi(t_2)$ 简记为 φ_1, φ_2；垂直分量 $A_C(t)$ 在 t_1, t_2 时刻采样的随机变量 $A_C(t_1), A_C(t_2)$ 简记为 A_{C1}, A_{C2}；垂直分量 $A_S(t)$ 在 t_1, t_2 时刻采样的随机变量 $A_S(t_1), A_S(t_2)$ 简记为 A_{S1}, A_{S2}。现在要求随机过程 $A(t)$ 与 $\varphi(t)$ 各自的二维概率密度 $f_A(A_1, A_2)$ 和 $f_\varphi(\varphi_1, \varphi_2)$。

1. 求 $f_{AcAs}(A_{C1}, A_{S1}, A_{C2}, A_{S2})$

由上已知 $A_C(t), A_S(t)$ 都是平稳高斯过程，具有零均值和相同的方差 σ^2。因此可得 $A_{C1}, A_{S1}, A_{C2}, A_{S2}$ 为同分布的高斯变量，具有相同的零均值和相同的方差 σ^2。

现在讨论一种最简单，也是实际中最常见的情况，即假定窄带随机过程 $X(t)$ 的功率谱密度 $G_X(\omega)$ 关于载波频率 $\pm\omega_0$ 对称，如图 7.16 所示。由 7.2.3 节的分析可知，两个随机过程 $A_C(t), A_S(t)$ 是正交的且是互不相关的，满足 $R_{AcAs}(\tau) = 0$。又 $A_C(t), A_S(t)$ 皆为高斯过程，则两个过程 $A_C(t), A_S(t)$ 是统计独立的。

所以四维高斯变量 $(A_{C1}, A_{S1}, A_{C2}, A_{S2})$ 的联合概率密度可以用二维概率密度来表示，即

$$f_{AcAs}(A_{C1}, A_{S1}, A_{C2}, A_{S2}) = f_{Ac}(A_{C1}, A_{C2}) \cdot f_{As}(A_{S1}, A_{S2}) \tag{7-143}$$

二维高斯变量 (A_{C1}, A_{C2}) 的协方差矩阵为

$$C = \begin{bmatrix} C_{Ac1Ac1} & C_{Ac1Ac2} \\ C_{Ac2Ac1} & C_{Ac2Ac2} \end{bmatrix} = \begin{bmatrix} C_{Ac}(0) & C_{Ac}(\tau) \\ C_{Ac}(-\tau) & C_{Ac}(0) \end{bmatrix} = \begin{bmatrix} \sigma^2 & R_{Ac}(\tau) \\ R_{Ac}(\tau) & \sigma^2 \end{bmatrix} \tag{7-144}$$

上式应用了平稳高斯过程 $A_C(t)$ 的 $C_{Ac}(\tau) = R_{Ac}(\tau)$ 和 $C_{Ac}(0) = \sigma^2$ 性质。

由于二维高斯变量 (X, Y) 的联合概率密度形式

$$f_{XY}(x, y) = \frac{1}{(2\pi)\sqrt{\sigma_X^2 \sigma_Y^2 - C_{XY}^2}} \exp\left[-\frac{\sigma_Y^2(x - m_X)^2 - 2C_{XY}(x - m_X)(y - m_Y) + \sigma_X^2(y - m_Y)^2}{2(\sigma_X^2 \sigma_Y^2 - C_{XY}^2)} \right] \tag{7-145}$$

则二维高斯变量 (A_{C1}, A_{C2}) 的联合概率密度为

$$f_{Ac}(A_{C1}, A_{C2}) = \frac{1}{(2\pi)\sqrt{\sigma^4 - R_{Ac}^2(\tau)}} \exp\left[-\frac{\sigma^2 A_{C1}^2 - 2R_{Ac}(\tau)A_{C1}A_{C2} + \sigma^2 A_{C2}^2}{2[\sigma^4 - R_{Ac}^2(\tau)]} \right] \tag{7-146}$$

同理可得，二维高斯变量 (A_{S1}, A_{S2}) 的联合概率密度为

$$f_{As}(A_{S1}, A_{S2}) = \frac{1}{(2\pi)\sqrt{\sigma^4 - R_{As}^2(\tau)}} \exp\left[-\frac{\sigma^2 A_{S1}^2 - 2R_{As}(\tau)A_{C1}A_{C2} + \sigma^2 A_{S2}^2}{2[\sigma^4 - R_{As}^2(\tau)]} \right] \tag{7-147}$$

应用性质 $R_{Ac}(\tau) = R_{As}(\tau)$，可得四维高斯变量 $(A_{C1}, A_{C2}, A_{S1}, A_{S2})$ 的联合概率密度为

$$f_{AcAs}(A_{C1}, A_{S1}, A_{C2}, A_{S2})$$
$$= f_{Ac}(A_{C1}, A_{C2}) \cdot f_{As}(A_{S1}, A_{S2}) \tag{7-148}$$

$$= \frac{1}{(2\pi)^2 [\sigma^4 - R_{As}^2(\tau)]} \exp\left[-\frac{\sigma^2\left(A_{C1}^2 + A_{C2}^2 + A_{S1}^2 + A_{S2}^2\right) - 2R_{Ac}(\tau)\left(A_{C1}A_{C2} + A_{S1}A_{S2}\right)}{2[\sigma^4 - R_{As}^2(\tau)]}\right]$$

2. 求 $f_{A\varphi}(A_1, \varphi_1, A_2, \varphi_2)$

$A_{C1}, A_{S1}, A_{C2}, A_{S2}$ 和 $A_1, \varphi_1, A_2, \varphi_2$ 的关系为

$$\begin{cases} A_{C1} = h_1(A_1, \varphi_1) = A_1\cos\varphi_1 \\ A_{S1} = h_2(A_1, \varphi_1) = A_1\sin\varphi_1 \\ A_{C2} = h_3(A_2, \varphi_2) = A_2\cos\varphi_2 \\ A_{S2} = h_4(A_2, \varphi_2) = A_2\sin\varphi_2 \end{cases} \tag{7-149}$$

雅可比行列式为

$$J = \begin{bmatrix} \cos\varphi_1 & -A_1\sin\varphi_1 & 0 & 0 \\ \sin\varphi_1 & A_1\cos\varphi_1 & 0 & 0 \\ 0 & 0 & \cos\varphi_2 & -A_2\sin\varphi_2 \\ 0 & 0 & \sin\varphi_2 & A_1\cos\varphi_2 \end{bmatrix} = A_1 A_2 \geqslant 0 \tag{7-150}$$

则四维随机变量 $(A_1, \varphi_1, A_2, \varphi_2)$ 的联合概率密度为

$$f_{A\varphi}(A_1, \varphi_1, A_2, \varphi_2)$$
$$= |J| f_{AcAs}(A_{C1}, A_{S1}, A_{C2}, A_{S2})$$

$$= \begin{cases} \dfrac{A_1 A_2}{(2\pi)^2 [\sigma^4 - R_{As}^2(\tau)]} \exp\left[-\dfrac{\sigma^2\left(A_1^2 + A_2^2\right) - 2R_{Ac}(\tau)A_1 A_2\cos(\varphi_2 - \varphi_1)}{2[\sigma^4 - R_{As}^2(\tau)]}\right], & \begin{array}{l} A_1, A_2 \geqslant 0 \\ 0 \leqslant \varphi_1, \varphi_2 \leqslant 2\pi \end{array} \\ \\ 0, & \text{其他} \end{cases}$$

$$\tag{7-151}$$

3. 求 $A(t)$ 和 $\varphi(t)$ 各自的二维联合概率密度 $f_A(A_1, A_2), f_\varphi(\varphi_1, \varphi_2)$

对四维联合概率密度积分，可得边缘概率密度

$$f_A(A_1, A_2) = \int_0^{2\pi}\int_0^{2\pi} f_{A\varphi}(A_1, \varphi_1, A_2, \varphi_2)\mathrm{d}\varphi_1\mathrm{d}\varphi_2$$

$$= \begin{cases} \dfrac{A_1 A_2}{[\sigma^4 - R_{As}^2(\tau)]} I_0\left\{\dfrac{A_1 A_2 R_{Ac}(\tau)}{[\sigma^4 - R_{As}^2(\tau)]}\right\} \exp\left\{-\dfrac{\sigma^2\left(A_1^2 + A_2^2\right)}{2[\sigma^4 - R_{As}^2(\tau)]}\right\}, & A_1, A_2 \geqslant 0 \\ \\ 0, & \text{其他} \end{cases} \tag{7-152}$$

式中，$I_0(x)=\dfrac{1}{2\pi}\displaystyle\int_0^{2\pi}\exp[x\cos\varphi]\mathrm{d}\varphi$ 是第一类零阶修正贝塞尔(Bessel)函数。

$$f_\varphi(\varphi_1,\varphi_2)=\begin{cases}\dfrac{\sigma^4-R_{As}^2(\tau)}{4\pi\sigma^2}\dfrac{(1-\beta)^{\frac{1}{2}}+\beta(\pi-\arccos\beta)}{\left(1-\beta^2\right)^{\frac{3}{2}}}, & 0\leqslant\varphi_1,\ \varphi_2\leqslant2\pi\\[4mm] 0, & 其他\end{cases} \tag{7-153}$$

其中

$$\beta=\frac{R_{Ac}(\tau)}{\sigma^2}\cos(\varphi_2-\varphi_1) \tag{7-154}$$

若令 $\varphi_1=\varphi_2$，不难看出

$$f_{A\varphi}(A_1,\varphi_1,A_2,\varphi_2)\neq f_A(A_1,A_2)\cdot f_\varphi(\varphi_1,\varphi_2) \tag{7-155}$$

由这一特例说明，窄带随机过程的包络 $A(t)$ 和相位 $\varphi(t)$ 彼此不是独立的。

7.3.3　随相余弦信号与窄带高斯噪声之和的包络及相位的概率分布

假设

$$X(t)=s(t)+N(t) \tag{7-156}$$

其中，信号 $s(t)$ 为随机余弦信号

$$s(t)=a\cos(\omega_0 t+\theta) \tag{7-157}$$

式中，a,ω_0 为已知常数，随机变量 θ 服从 $(0,2\pi)$ 区间上的均匀分布。其中，噪声 $N(t)$ 为功率谱密度关于中心频率 $\pm\omega_0$ 偶对称、零均值、方差为 σ^2 的平稳窄带高斯实过程。

显然 $X(t)$ 是一个窄带随机过程。若要求 $X(t)$ 的包络与相位的概率密度函数，则可以仿照前面的方法，将窄带高斯噪声 $N(t)$ 表示为

$$N(t)=A_C(t)\cos\omega_0 t-A_S(t)\sin\omega_0 t \tag{7-158}$$

将随机余弦信号 $s(t)$ 表示为

$$s(t)=a\cos\theta\cos\omega_0 t-a\sin\theta\sin\omega_0 t \tag{7-159}$$

代入 $X(t)$ 得

$$X(t)=s(t)+N(t)=[a\cos\theta+A_C(t)]\cos\omega_0 t-[a\sin\theta+A_S(t)]\sin\omega_0 t \tag{7-160}$$

令

$$\begin{cases}A_C'(t)=a\cos\theta+A_C(t)\\ A_S'(t)=a\sin\theta+A_S(t)\end{cases} \tag{7-161}$$

则

$$X(t)=A_C'(t)\cos\omega_0 t-A_S'(t)\sin\omega_0 t \tag{7-162}$$

由 7.2 节的结论可知，$A_C'(t),A_S'(t)$ 都是低频限带过程，它们随时间的变化比 $\cos\omega_0 t$ 要缓慢

得多。

若将 $X(t)$ 表示为准正弦振荡的形式

$$X(t) = A(t)\cos[\omega_0 t + \varphi(t)] \tag{7-163}$$

则 $X(t)$ 的包络与相位 $A(t), \varphi(t)$ 为

$$\begin{cases} A(t) = \sqrt{[A'_C(t)]^2 + [A'_S(t)]^2} \\ \varphi(t) = \arctan[A'_S(t)/A'_C(t)] \end{cases} \tag{7-164}$$

易知 $A(t), \varphi(t)$ 也都是慢变化随机过程。

下面求 $A(t), \varphi(t)$ 的一维概率密度 $f_A(A_t)$ 和 $f_\varphi(\varphi_t)$。

1. 求 $A'_C(t), A'_S(t)$ 在给定 θ 条件下的二维条件概率密度 $f(A'_{ct}/\theta, A'_{st}/\theta)$

已知 $A(t), \varphi(t)$ 是 $A'_C(t), A'_S(t)$ 的函数，而 $A'_C(t)$ 和 $A'_S(t)$ 又是随机相位 θ 的函数，所以 $A(t), \varphi(t)$ 也是随机相位 θ 的函数。因此，为了求出一维概率密度 $f_A(A_t)$ 和 $f_\varphi(\varphi_t)$，先求条件概率密度 $f(A'_{ct}/\theta, A'_{st}/\theta)$。

在给定 θ 值的条件下，t 时刻对 $A'_C(t), A'_S(t)$ 的采样用 $A'_{ct}/\theta, A'_{st}/\theta$ 表示。下面讨论 $A'_{ct}/\theta, A'_{st}/\theta$ 的统计特性。

(1) $A'_{ct}/\theta, A'_{st}/\theta$ 都是高斯变量，且相互独立。

由 $A'_C(t), A'_S(t)$ 和 $A_C(t), A_S(t)$ 的关系可得

$$\begin{cases} A'_{ct} = a\cos\theta + A_{ct} \\ A'_{st} = a\sin\theta + A_{st} \end{cases} \tag{7-165}$$

因为 A_{ct}, A_{st} 是独立高斯变量，从式 (7-165) 便可推出 $A'_{ct}/\theta, A'_{st}/\theta$ 也是独立高斯变量。

(2) $A'_{ct}/\theta, A'_{st}/\theta$ 的均值。

由 A_{ct}, A_{st} 的均值皆为零，可得

$$\begin{cases} E[A'_{ct}/\theta] = a\cos\theta \\ E[A'_{st}/\theta] = a\sin\theta \end{cases} \tag{7-166}$$

(3) $A'_{ct}/\theta, A'_{st}/\theta$ 的方差。

由 A_{ct}, A_{st} 的均值皆为 σ^2，可得

$$D[A'_{ct}/\theta] = D[A'_{st}/\theta] = \sigma^2 \tag{7-167}$$

由上述三个结论可得 $A'_C(t), A'_S(t)$ 在给定 θ 条件下的二维条件概率密度为

$$f(A'_{ct}/\theta, A'_{st}/\theta) = \frac{1}{2\pi\sigma^2}\exp\left\{-\frac{1}{2\sigma^2}\left[(A'_{ct} - a\cos\theta)^2 + (A'_{st} - a\sin\theta)^2\right]\right\} \tag{7-168}$$

2. 求 $A(t), \varphi(t)$ 在给定 θ 条件下的二维条件概率密度 $f_{A,\varphi/\theta}(A_t, \varphi_t/\theta)$

A'_{ct}, A'_{st} 和 A_t, φ_t 的关系如下：

$$\begin{cases} A'_{ct} = h_1(A_t, \varphi_t) = A_t\cos\varphi_t \\ A'_{st} = h_2(A_t, \varphi_t) = A_t\sin\varphi_t \end{cases} \tag{7-169}$$

利用雅可比变换，$|J| = A_t \geqslant 0$，便可得 A_t, φ_t 在给定 θ 条件下的二维条件概率密度

$$f_{A,\varphi/\theta}(A_t, \varphi_t/\theta) = \frac{A_t}{2\pi\sigma^2} \exp\left\{-\frac{1}{2\sigma^2}\left[A_t^2 + a^2 - 2aA_t \cos(\theta - \varphi_t)\right]\right\} \quad , A_t \geqslant 0, 0 \leqslant \varphi_t \leqslant 2\pi$$

(7-170)

3. 求包络 $A(t)$ 的一维概率密度 $f_A(A_t)$

对二维条件概率密度积分，得到边缘条件概率密度为

$$f(A_t/\theta) = \int_0^{2\pi} f_{A,\varphi/\theta}(A_t, \varphi_t/\theta) \mathrm{d}\varphi_t = \frac{A_t}{\sigma^2} I_0\left(\frac{aA_t}{\sigma^2}\right) \exp\left(-\frac{A_t^2 + a^2}{2\sigma^2}\right), \quad A_t \geqslant 0 \quad (7\text{-}171)$$

式中，$I_0(\cdot)$ 是第一类零阶修正贝塞尔函数。由式(7-171)可见，$f(A_t/\theta)$ 与 θ 无关，就是无条件分布 $f_A(A_t)$。于是，可得随相余弦信号加窄带高斯噪声的包络 $A(t)$ 的一维概率密度为

$$f_A(A_t) = \frac{A_t}{\sigma^2} I_0\left(\frac{aA_t}{\sigma^2}\right) \exp\left(-\frac{A_t^2 + a^2}{2\sigma^2}\right), \quad A_t \geqslant 0 \quad (7\text{-}172)$$

当随相余弦信号不存在，即幅度 $a = 0$ 时，式(7-172)便退化为式(7-139)，即 A_t 服从瑞利分布。所以，称式(7-172)为广义瑞利概率密度或莱斯概率密度，简称莱斯分布。a/σ 表示信号幅度与窄带噪声标准差之比，简称信噪比，记为 r。

下面讨论在不同的信噪比 r 条件下包络的一维概率密度。为此，将第一类零阶修正贝塞尔函数 $I_0(x)$ 展开成无穷级数为

$$I_0(x) = \sum_{n=0}^{\infty} \frac{x^{2n}}{2^{2n}(n!)^2} \quad (7\text{-}173)$$

(1) 当 $x \ll 1$ 时

$$I_0(x) = 1 + \frac{1}{4}x^2 + \cdots \approx \mathrm{e}^{\frac{x^2}{4}} \approx 1 \quad (7\text{-}174)$$

可见，当 $r \ll 1$ 时

$$f_A(A_t) \approx \frac{A_t}{\sigma^2} \exp\left(-\frac{A_t^2}{2\sigma^2}\right), \quad A_t \geqslant 0 \quad (7\text{-}175)$$

这就是说，当信噪比很小时，包络 $A(t)$ 的一维概率密度趋近于瑞利分布。

(2) 当 $x \gg 1$ 时

$$I_0(x) \approx \frac{1}{\sqrt{2\pi x}} \mathrm{e}^x \quad (7\text{-}176)$$

可见，当在大信噪比条件 $(r \gg 1)$ 下包络 $A(t)$ 的一维概率密度为

$$f_A(A_t) \approx \sqrt{\frac{A_t}{2\pi a}} \frac{1}{\sigma} \exp\left[-\frac{(A_t - a)^2}{2\sigma^2}\right], \quad A_t \geqslant 0 \quad (7\text{-}177)$$

从式(7-177)可见，此概率密度在 $A_t = a$ 处取最大值。当 A_t 偏离 a 时，它很快下降，且

$\sqrt{\dfrac{A_t}{2\pi a}}$ 改变的速度比 $\exp\left[-\dfrac{(A_t-a)^2}{2\sigma^2}\right]$ 的衰减速度要慢得多，特别是在 a 的附近，即当 A_t 偏

离 a 很小时，可以近似地认为 $\sqrt{\dfrac{A_t}{2\pi a}}\approx\dfrac{1}{\sqrt{2\pi}}$ 。于是，$f_A(A_t)$ 可以近似为

$$f_A(A_t)\approx\frac{1}{\sqrt{2\pi}\sigma}\exp\left[-\frac{(A_t-a)^2}{2\sigma^2}\right],\quad A_t\geqslant 0 \tag{7-178}$$

上式说明，在大信噪比的条件下，在 a 附近包络的一维概率密度近似为高斯分布。

　　以上导出了包络 $A(t)$ 的一维概率密度函数，并得到了在大信噪比和小信噪比条件下它的近似式。如图 7.19 所示为不同信噪比条件下莱斯分布的图形，图 7.20 为 $f_\varphi(\varphi_t/\theta)$ 的分布。

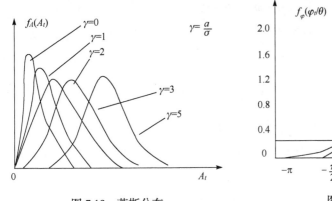

图 7.19　莱斯分布

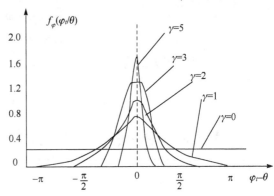

图 7.20　$f_\varphi(\varphi_t/\theta)$ 的分布

4. 求相位 $\varphi(t)$ 的一维概率密度 $f_\varphi(\varphi_t/\theta)$

　　对二维条件概率密度积分，得到边缘条件概率密度为

$$
\begin{aligned}
f_\varphi(\varphi_t/\theta) &= \int_0^\infty f_{A,\varphi/\theta}(A_t,\varphi_t/\theta)\mathrm{d}A_t \\
&= \int_0^\infty \frac{A_t}{2\pi\sigma^2}\cdot\exp\left\{-\frac{1}{2\sigma^2}\left[A_t^2+a^2-2aA_t\cos(\theta-\varphi_t)\right]\right\}\mathrm{d}A_t \\
&= \int_0^\infty \frac{A_t}{2\pi\sigma^2}\cdot\exp\left\{-\frac{1}{2\sigma^2}\left[\begin{array}{l}A_t^2-2aA_t\cos(\theta-\varphi_t)+(a\cos(\theta-\varphi_t))^2\\-(a\cos(\theta-\varphi_t))^2+a^2\end{array}\right]\right\}\mathrm{d}A_t \\
&= \frac{1}{2\pi}\exp\left\{-\frac{a^2-[a\cos(\theta-\varphi_t)]^2}{2\sigma^2}\right\}\cdot\int_0^\infty \frac{A_t}{\sigma^2}\cdot\exp\left\{-\frac{[A_t-a\cos(\theta-\varphi_t)]^2}{2\sigma^2}\right\}\mathrm{d}A_t \\
&= \frac{1}{2\pi}\exp\left\{-\frac{r^2}{2}\right\}+\frac{r\cos(\theta-\varphi_t)}{\sqrt{2\pi}}\varPhi\left[r\cos(\theta-\varphi_t)\right]\cdot\exp\left\{-\frac{1}{2}\left[r^2-r^2\cos^2(\theta-\varphi_t)\right]\right\}
\end{aligned}
$$

$$\tag{7-179}$$

式中，$\varPhi(\cdot)$ 是概率积分函数。上式是 $f_\varphi(\varphi_t/\theta)$ 的一般表示式。

下面讨论在不同信噪比条件下，φ_t 的概率密度形式。

（1）当信噪比 $r = 0$ 时，即不存在信号的条件下

$$f_\varphi(\varphi_t/\theta) = f_\varphi(\varphi_t) = \frac{1}{2\pi} \tag{7-180}$$

这时，随机相位为均匀分布。

（2）当 $r \gg 1$ 时，即信噪比很大时

$$f_\varphi(\varphi_t/\theta) \approx \frac{r}{\sqrt{2\pi}} \cos(\theta - \varphi_t) \exp\left[-\frac{r^2}{2} \sin^2(\theta - \varphi_t) \right] \tag{7-181}$$

可以看出，$f_\varphi(\varphi_t/\theta)$ 的图形关于 θ 对称，并在 $\varphi_t = \theta$ 处取得最大值。

当 $\theta - \varphi_t \ll 1$ 时

$$\begin{cases} \sin(\theta - \varphi_t) \approx \theta - \varphi_t \\ \cos(\theta - \varphi_t) \approx 1 \end{cases} \tag{7-182}$$

则 $f_\varphi(\varphi_t/\theta)$ 进一步近似为

$$f_\varphi(\varphi_t/\theta) \approx \frac{r}{\sqrt{2\pi}} \exp\left[-\frac{r^2}{2}(\theta - \varphi_t)^2 \right] \tag{7-183}$$

显然，上式为高斯概率密度形式，其均值为 θ，方差为 $1/r^2$。

结论：在信噪比极小时，相位 φ_t 接近于均匀分布；随信噪比的增加，$f_\varphi(\varphi_t/\theta)$ 逐渐接近高斯分布；在信噪比很大 $(r^2 \gg 1)$ 时，$f_\varphi(\varphi_t/\theta)$ 在 θ 值附近服从高斯分布。因为方差 $1/r^2$ 与信噪比 r 成反比，所以当 $r \to \infty$ 时，$f_\varphi(\varphi_t/\theta)$ 趋于 $\delta(\theta - \varphi_t)$。

7.4 窄带高斯过程包络平方的统计特性

在许多实际应用中，也常常在高频窄带滤波器的输出端接入一平方律检波器，如图 7.21 所示，在平方律检波器输出端便得到 $X(t)$ 包络的平方 $A^2(t)$。

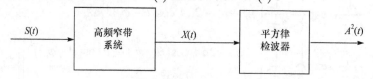

$$X(t) = A(t)\cos[\omega_0 t + \varphi(t)]$$

图 7.21　平方律检波器

7.4.1　窄带高斯噪声包络平方分布

前面已经推导出，当窄带随机过程为一具有零均值、方差为 σ^2 的平稳高斯噪声时，其包络 $A(t)$ 的一维概率密度为瑞利分布。

$$f_A(A_t) = \frac{A_t}{\sigma^2} \exp\left(-\frac{A_t^2}{2\sigma^2} \right), \quad A_t \geq 0 \tag{7-184}$$

应用求随机变量函数分布的方法，很容易求出包络平方的一维概率密度。令

$$U(t) = A^2(t) \tag{7-185}$$

则在时刻 t 的采样有

$$\begin{cases} U_t = g(A_t) = A_t^2, & A_t \geqslant 0 \\ A_t = h(U_t) = \sqrt{U_t}, & U_t \geqslant 0 \end{cases} \tag{7-186}$$

其雅可比行列式为

$$J = \frac{1}{2\sqrt{U_t}} \tag{7-187}$$

于是包络平方的一维概率密度为

$$f_U(u_t) = |J| f_A(A_t) = \frac{1}{2\sigma^2} \exp\left(-\frac{u_t}{2\sigma^2}\right), \quad u_t \geqslant 0 \tag{7-188}$$

上式表明，U_t 服从指数分布。

在实际中，为了分析方便，常常应用归一化随机变量。令归一化随机变量 $V_t = \dfrac{U_t}{\sigma^2}$，则可得到 V_t 的概率密度为

$$f_V(v_t) = \frac{1}{2} e^{-\frac{v_t}{2}}, \quad v_t \geqslant 0 \tag{7-189}$$

7.4.2 余弦信号加窄带高斯噪声包络平方的概率分布

当窄带随机过程为余弦信号加窄带高斯噪声时，即

$$X(t) = a\cos\omega_0 t + N(t) = A(t)\cos[\omega_0 t + \varphi(t)] \tag{7-190}$$

其中，a, ω_0 为已知常数，$N(t)$ 为具有零均值、方差 σ^2 的窄带高斯噪声。根据 7.3.3 节分析的结果可知，$X(t)$ 的包络服从广义瑞利分布，即

$$f_A(A_t) = \frac{A_t}{\sigma^2} I_0\left(\frac{aA_t}{\sigma^2}\right)\exp\left(-\frac{A_t^2 + a^2}{2\sigma^2}\right), \quad A_t \geqslant 0 \tag{7-191}$$

仿照 7.4.1 节的方法，不难导出包络平方 $U_t = A_t^2$ 的一维概率密度为

$$f_U(u_t) = \frac{1}{2\sigma^2} I_0\left(\frac{a\sqrt{u_t}}{\sigma^2}\right)\exp\left[-\frac{1}{2\sigma^2}\left(u_t + a^2\right)\right], \quad u_t \geqslant 0 \tag{7-192}$$

令 $V_t = \dfrac{U_t}{\sigma^2}$，可得到归一化随机变量 V_t 的概率密度函数为

$$f_V(v_t) = \frac{1}{2} I_0\left(\frac{\sqrt{v_t}\, A_t}{\sigma}\right)\exp\left(-\frac{v_t + A_t^2/\sigma^2}{2}\right), \quad v_t \geqslant 0 \tag{7-193}$$

7.4.3 χ^2 分布和非中心 χ^2 分布

1. χ^2 分布

在有些应用中，如在信号检测中，为了改进检测性能，经常采用所谓视频积累技术，即对包络的平方进行独立采样后再积累，如图 7.22 所示。这时输出的随机变量习惯上记为 χ^2，它的概率密度习惯上称为 χ^2 分布。

如图 7.22 所示，让一个具有零均值和方差 σ^2 的平稳窄带实高斯噪声 $N(t)$，通过一平方律检波器，而检波器输出的是 $N(t)$ 的包络平方 $A^2(t)$。然后对随机过程 $A^2(t)$ 进行独立采样，得到 m 个独立的随机变量 $A_i^2 = A^2(t_i)(i = 1, 2, \cdots, m)$，经归一化以后送入累加器。下面讨论累加器输出端随机变量 χ^2 的概率密度。为了避免混淆，在下面的推导中，用 V 来代替 χ^2。

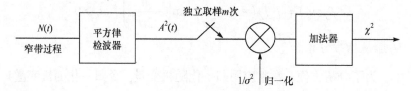

图 7.22　视频积累技术

由于窄带过程 $N(t)$ 的包络 $A(t)$ 和它的一对垂直分量 $A_C(t), A_S(t)$ 有如下关系

$$A^2(t) = A_C^2(t) + A_S^2(t) \tag{7-194}$$

式中，$A_C(t), A_S(t)$ 是零均值、方差为 σ^2 的平稳高斯过程。$A^2(t)$ 经采样后，加法器的输出

$$V = \sum_{i=1}^{m} \left(A_{ci}'^2 + A_{si}'^2 \right) \tag{7-195}$$

式中，A_{ci}', A_{si}' 表示将 A_{ci}, A_{si} 归一化以后的随机变量。由于 A_{ci}', A_{si}' 都是同分布的高斯变量，故上式又可表示为

$$V = \sum_{i=1}^{2m} X_i^2 \tag{7-196}$$

式中，每一个 X_i 都是同分布的标准高斯变量(零均值、方差为 1)，且各 X_i 相互独立。为了书写简单，用 n 代替上式中的 $2m$，于是可得

$$V = \sum_{i=1}^{n} X_i^2 \tag{7-197}$$

于是，求 V 的概率密度便归结为求 n 个独立同分布高斯变量平方和概率密度。为此，首先求每一随机变量 X_i^2 的概率密度。已知标准高斯随机变量 X_i 的概率密度为

$$f_X(x_i) = \frac{1}{\sqrt{2\pi}} \exp\left(-\frac{x_i^2}{2} \right) \tag{7-198}$$

令 $Y = X_i^2$，不难求出 Y 的概率密度

$$f_Y(y) = |J| f_X(x_i) = \frac{1}{\sqrt{2\pi y}} e^{-y/2}, \quad y \geqslant 0 \tag{7-199}$$

从而得到 Y 的特征函数为

$$Q_Y(u) = \int_{-\infty}^{\infty} f_Y(y) e^{juy} dy = \frac{1}{\sqrt{2\pi}} \int_0^{\infty} y^{-\frac{1}{2}} \exp\left[-\left(\frac{1}{2} - ju\right)y\right] dy = (1 - 2ju)^{-\frac{1}{2}} \tag{7-200}$$

由于 $V = \sum\limits_{i=1}^{n} X_i^2$，利用特征函数的性质：独立随机变量之和的特征函数等于各随机变量特征函数的乘积。便可得到 V 的特征函数为

$$Q_V(u) = \prod_{i=1}^{n} Q_Y(u) = (1 - 2ju)^{-\frac{n}{2}} \tag{7-201}$$

对上式进行傅里叶逆变换，便可求得 V 的概率密度为

$$f_V(v) = \frac{1}{\Gamma\left(\dfrac{n}{2}\right)} 2^{-\frac{n}{2}} v^{\left(\frac{n}{2}-1\right)} e^{-\frac{v}{2}}, \quad v \geqslant 0 \tag{7-202}$$

式中，$\Gamma(\cdot)$ 为 Γ 函数，满足

$$\Gamma(a) = \int_0^{\infty} t^{(a-1)} e^{-t} dt \tag{7-203}$$

称 $f_V(v)$ 为 n 个自由度的 χ^2 分布。图 7.23 画出了几个不同自由度下 $f_V(v)$ 的图形。

χ^2 分布具有下列性质。

(1) 两个独立的 χ^2 变量之和仍为 χ^2 变量。若它们各自的自由度分别为 n_1 和 n_2，则它们的和变量为具有 $n_1 + n_2$ 个自由度的 χ^2 分布。

(2) n 个自由度的 χ^2 变量的均值 $E[V] = n$，方差 $D[V] = 2n$。

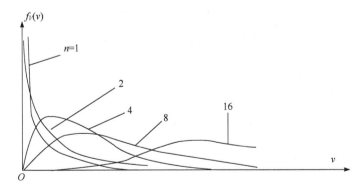

图 7.23　几个不同自由度下 χ^2 分布

2. 非中心 χ^2 分布

若窄带过程 $N'(t)$ 为余弦信号 $s(t)$ 与窄带高斯噪声 $N(t)$ 之和，则加法器输出的就是非中心 χ^2 分布。

1）信号包络为常数的情况

设信号

$$s(t) = a\cos(\omega_0 t + \pi/4) \tag{7-204}$$

包络 a 为常数，则有

$$\begin{aligned} s(t) &= a\cos\pi/4 \cdot \cos\omega_0 t + a\sin\pi/4 \cdot \sin\omega_0 t \\ &= a\sqrt{2}/2 \cdot \cos\omega_0 t + a\sqrt{2}/2 \cdot \sin\omega_0 t \end{aligned} \tag{7-205}$$

若令 $s = a\sqrt{2}/2$，则

$$s(t) = s \cdot \cos\omega_0 t + s \cdot \sin\omega_0 t \tag{7-206}$$

又由于

$$N(t) = n_C(t)\cos\omega_0 t - n_S(t)\sin\omega_0 t \tag{7-207}$$

代入 $N'(t)$ 得

$$\begin{aligned} N'(t) &= s(t) + N(t) = [s + n_C(t)]\cos\omega_0 t - [s + n_S(t)]\sin\omega_0 t \\ &= A_C(t)\cos\omega_0 t - A_S(t)\sin\omega_0 t \end{aligned} \tag{7-208}$$

而 $N'(t)$ 的包络的平方

$$A^2(t) = A_C^2(t) + A_S^2(t) = \left[s + n_C(t)\right]^2 + \left[s + n_S(t)\right]^2 \tag{7-209}$$

仿照求 χ^2 分布的方法，加法器输出端的随机变量 V' 应为

$$V' = \sum_{i=1}^{n}(s + X_i)^2 = \sum_{i=1}^{n} Y_i \tag{7-210}$$

式中，X_i 为同分布的独立高斯变量（均值为零、方差为 σ^2），s 为常数。为了导出 V' 的概率密度，首先求 $Y_i = (s + X_i)^2$ 的概率密度和特征函数。令

$$q_i = s + X_i \tag{7-211}$$

显然，q_i 的概率密度为

$$f_Q(q_i) = \frac{1}{\sqrt{2\pi}\sigma}\exp\left(-\frac{(q_i - s)^2}{2\sigma^2}\right) \tag{7-212}$$

则 $Y_i = q_i^2$ 的概率密度为

$$f_Y(y_i) = \frac{1}{\sqrt{8\pi\sigma^2 y_i}}\left\{\exp\left[-\frac{\left(\sqrt{y_i} - s\right)^2}{2\sigma^2}\right] + \exp\left[-\frac{\left(-\sqrt{y_i} - s\right)^2}{2\sigma^2}\right]\right\} \tag{7-213}$$

将式(7-213)中指数的平方项展开，并利用双曲余弦函数 $2\cosh(b) = \mathrm{e}^b + \mathrm{e}^{-b}$，可得

$$f_Y(y_i) = \frac{1}{\sqrt{2\pi\sigma^2 y_i}} \exp\left(-\frac{y_i + s^2}{2\sigma^2}\right)\cosh\left(\frac{s\cdot\sqrt{y_i}}{\sigma^2}\right) \tag{7-214}$$

其特征函数为

$$Q_{Y_i}(u) = \frac{1}{\sqrt{1 - \mathrm{j}2\sigma^2 u}} \exp\left[-\frac{s^2}{2\sigma^2} + \frac{s^2}{2\sigma^2\left(1 - \mathrm{j}2\sigma^2 u\right)}\right] \tag{7-215}$$

由于 X_i 为独立同分布的，则 $Y_i = (s + X_i)^2$ 也是独立同分布的。而 $V' = \sum\limits_{i=1}^{n} Y_i$，于是 V' 的特征函数为

$$Q_{V'}(u) = \prod_{i=1}^{n} Q_{Y_i}(u) = \left(\frac{1}{1 - \mathrm{j}2\sigma^2 u}\right)^{\frac{n}{2}} \exp\left[-\frac{ns^2}{2\sigma^2} + \frac{ns^2}{2\sigma^2\left(1 - \mathrm{j}2\sigma^2 u\right)}\right] \tag{7-216}$$

对上式作傅里叶逆变换，可得 V' 的概率密度

$$f_{V'}(v') = \frac{1}{2\sigma^2}\left(\frac{v'}{\lambda'^2}\right)^{\frac{n-2}{4}} \exp\left(-\frac{\lambda' + v'}{2\sigma^2}\right) I_{\frac{n}{2}-1}\left(\frac{\sqrt{v'\lambda'}}{\sigma^2}\right), \quad v' \geqslant 0 \tag{7-217}$$

式中，$\lambda' = s^2 n$ 定义为非中心参量，$I_n(\cdot)$ 为第一类 n 阶修正贝塞尔函数。

定义归一化变量 $V = V'/\sigma^2$，那么

$$V = \sum_{i=1}^{n}\left(\frac{s}{\sigma} + \frac{X_i}{\sigma}\right)^2 = \sum_{i=1}^{n} q_i'^2 \tag{7-218}$$

其中，变量 q_i' 是均值为 s/σ、方差为 1 的相互独立的高斯变量。易证 V 的概率密度为

$$f_V(v) = \frac{1}{2}\left(\frac{v}{\lambda}\right)^{\frac{n-2}{4}} \exp\left(-\frac{\lambda}{2} - \frac{v}{2}\right) I_{\frac{n}{2}-1}\left(\sqrt{v\lambda}\right), \quad v \geqslant 0 \tag{7-219}$$

上式是 n 个自由度的非中心 χ^2 分布。其中，非中心参量 $\lambda = ns^2/\sigma^2$ 表示视频积累后的功率信噪比。图 7.24 画出了不同信噪比 λ 和样本数 n 情况下的非中心 χ^2 函数。

2) 信号包络不为常数的情况

设信号

$$s(t) = a(t)\cos(\omega_0 t + \pi/4) \tag{7-220}$$

包络 $a(t)$ 为确定函数，则有

$$\begin{aligned} s(t) &= a(t)\cos\pi/4\cdot\cos\omega_0 t + a(t)\sin\pi/4\cdot\sin\omega_0 t \\ &= a(t)\sqrt{2}/2\cdot\cos\omega_0 t + a(t)\sqrt{2}/2\cdot\sin\omega_0 t \end{aligned} \tag{7-221}$$

又由于

$$N(t) = n_C(t)\cos\omega_0 t - n_S(t)\sin\omega_0 t \tag{7-222}$$

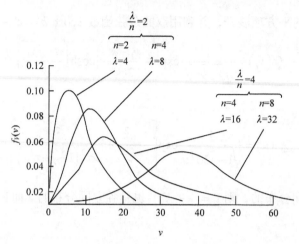

图 7.24　非中心 χ^2 分布

代入 $N'(t)$ 得

$$N'(t)=s(t)+N(t)=[a(t)\sqrt{2}/2+n_C(t)]\cos\omega_0 t-[a(t)\sqrt{2}/2+n_S(t)]\sin\omega_0 t$$
$$=A_C(t)\cos\omega_0 t-A_S(t)\sin\omega_0 t \tag{7-223}$$

而 $N'(t)$ 的包络的平方

$$A^2(t)=A_C^2(t)+A_S^2(t)=\left[a(t)\sqrt{2}/2+n_C(t)\right]^2+\left[a(t)\sqrt{2}/2+n_S(t)\right]^2 \tag{7-224}$$

在 $t_i(i=1,2,\cdots,n)$ 时刻对 $A^2(t)$ 进行独立的采样，令 $s_i=a(t_i)\sqrt{2}/2$，$i=1,2,\cdots,n$，仿照求 χ^2 分布的方法，加法器输出端的随机变量 Q' 应为

$$Q'=\sum_{i=1}^{n}\left(s_i+X_i\right)^2=\sum_{i=1}^{n}Y_i \tag{7-225}$$

式中，s_i 是对信号包络 $a(t)$ 的第 i 次采样，是确定值。由于对于单个样本 $Y_i=\left(s_i+X_i\right)^2$ 的特征函数可以直接应用上面信号包络为常量的推导结果

$$Q_{Y_i}(u)=\frac{1}{\sqrt{1-\mathrm{j}2\sigma^2 u}}\exp\left[-\frac{s_i^2}{2\sigma^2}+\frac{s_i^2}{2\sigma^2\left(1-\mathrm{j}2\sigma^2 u\right)}\right] \tag{7-226}$$

又因为 $Y_i(i=1,2,\cdots,n)$ 相互独立，而 $Q'=\sum_{i=1}^{n}Y_i$，于是 Q' 的特征函数为

$$Q_{Q'}(u)=\prod_{i=1}^{n}Q_{Y_i}(u)=\left(\frac{1}{1-\mathrm{j}2\sigma^2 u}\right)^{\frac{n}{2}}\exp\left[-\frac{\sum_{i=1}^{n}s_i^2}{2\sigma^2}+\frac{\sum_{i=1}^{n}s_i^2}{2\sigma^2\left(1-\mathrm{j}2\sigma^2 u\right)}\right] \tag{7-227}$$

对式(7-227)作傅里叶逆变换可得 Q' 的概率密度

$$f_{Q'}(q')=\frac{1}{2\sigma^2}\left(\frac{q'}{\lambda'^2}\right)^{\frac{n-2}{4}}\exp\left(-\frac{\lambda'+q'}{2\sigma^2}\right)I_{\frac{n}{2}-1}\left(\frac{\sqrt{q'\lambda'}}{\sigma^2}\right)，\quad q'\geqslant 0 \tag{7-228}$$

将式(7-228)与式(7-217)对照可见，Q' 与 V' 具有相同的概率密度。不同的只是此时的非中心参量 $\lambda' = \sum_{i=1}^{n} s_i^2$。

类似地，定义归一化参量 $Q = Q'/\sigma^2$，于是可得

$$Q = \sum_{i=1}^{n} \left(\frac{s_i}{\sigma} + \frac{X_i}{\sigma} \right)^2 \tag{7-229}$$

令

$$z_i = \frac{s_i}{\sigma} + \frac{X_i}{\sigma} \tag{7-230}$$

则 z_i $(i=1,2,\cdots,n)$ 是具有均值 s_i/σ 和单位方差的独立高斯变量。于是，可得具有 n 个自由度的非中心 χ^2 分布为

$$f_Q(q) = \frac{1}{2} \left(\frac{q}{\lambda} \right)^{\frac{n-2}{4}} \exp\left(-\frac{\lambda}{2} - \frac{q}{2} \right) I_{\frac{n}{2}-1}(\sqrt{Q\lambda}) \tag{7-231}$$

式中，$\lambda = \sum_{i=1}^{n} s_i^2 / \sigma^2$ 为非中心参量。

不难证明，两个统计独立的非中心 χ^2 变量之和仍为非中心 χ^2 变量。若它们的自由度分别为 n_1 和 n_2，非中心参量分别为 λ_1 和 λ_2，则和变量的自由度为 $n = n_1 + n_2$，非中心参量为 $\lambda = \lambda_1 + \lambda_2$。

例 7.3 设图 7.22 中加至平方律检波器输入端的窄带随机过程 $X(t)$ 为

$$X(t) = a\cos(\omega_0 t + \theta) + N(t)$$

其中，$a\cos(\omega_0 t + \theta)$ 为随相余弦信号，a, ω_0 为常数。$N(t)$ 是零均值、方差为 σ^2 平稳窄带高斯噪声，其功率谱关于 $\pm\omega_0$ 偶对称。$X(t)$ 经检波并作归一化处理以后，独立采样 m 次，求累加器输出端随机变量的概率密度及其参数。

解： 先将 $N(t)$ 表示为

$$N(t) = A_C(t)\cos\omega_0 t - A_S(t)\sin\omega_0 t$$

若用 $A(t)$ 表示窄带随机过程 $X(t)$ 的包络，那么在平方律检波器输出端可得到包络平方为

$$A^2(t) = \left[a\cos\theta + A_C(t) \right]^2 + \left[a\sin\theta + A_S(t) \right]^2$$

于是，加法器输出端随机变量 V 为

$$V = \frac{1}{\sigma^2} \left[\sum_{i=1}^{m} (a\cos\theta + A_{ci})^2 + \sum_{i=1}^{m} (a\sin\theta + A_{si})^2 \right]$$

式中，$A_{ci} = A_C(t_i)$ 和 $A_{si} = A_S(t_i)$ 分别表示 $A_C(t)$ 和 $A_S(t)$ 在 t_i 时刻的状态。根据 $A_C(t), A_S(t)$ 的有关性质可知，各个 A_{ci}, A_{si} 是同分布的独立标准高斯变量。对照式(7-218)可知，上式中两个和式分别都是一个自由度为 m 的非中心 χ^2 变量，它们的非中心参量 λ_1 和 λ_2 分别为

$$\begin{cases} \lambda_1 = \dfrac{1}{\sigma^2} \sum_{i=1}^{m} (a\cos\theta)^2 = \dfrac{ma^2}{\sigma^2}\cos^2\theta \\[3mm] \lambda_2 = \dfrac{1}{\sigma^2} \sum_{i=1}^{m} (a\sin\theta)^2 = \dfrac{ma^2}{\sigma^2}\sin^2\theta \end{cases}$$

由于这两个非中心 χ^2 随机变量也彼此独立，因此它们的和变量 V 也是非中心 χ^2 随机变量，它的自由度 $n=2m$；非中心参量 $\lambda=\lambda_1+\lambda_2=\dfrac{ma^2}{\sigma^2}$，便可得到 V 的概率密度函数为

$$f_V(v) = \frac{1}{2}\left(\frac{v}{\lambda}\right)^{\frac{m-1}{2}} \exp\left(-\frac{\lambda}{2}-\frac{v}{2}\right) I_{m-1}\left(\sqrt{v\lambda}\right), \quad v \geqslant 0$$

而非中心参量与自由度之比：$\lambda/n = a^2/2\sigma^2$，正好是检波器输入端的功率信噪比。

习　题　七

7-1　证明：

(1) $H\left[\dfrac{\sin t}{t}\right] = \dfrac{1-\cos t}{t}$；

(2) $H\left[\mathrm{e}^{\mathrm{j}\omega_0 t}\right] = -\mathrm{j}\mathrm{e}^{\mathrm{j}\omega_0 t}$，　$\omega_0 > 0$；

(3) $H^{-1}\left[\dfrac{\sin t}{t}\sin 200\pi t\right] = \dfrac{\sin t}{t}\cos 200\pi t$；

(4) $H^{-1}\left[\dfrac{1}{\pi t}\right] = \delta(t)$；

(5) $H^{-1}\left[\dfrac{t}{1+t^2}\right] = \dfrac{1}{1+t^2}$；

(6) $H^{-1}\left[\dfrac{\sin t}{t}\cos 200\pi t\right] = -\dfrac{\sin t}{t}\sin 200\pi t$。

7-2　证明：

(1) 偶函数的希尔伯特变换为奇函数；

(2) 奇函数的希尔伯特变换为偶函数。

7-3　当 τ, ω_0 满足什么条件时，能使 $y(t) = \dfrac{\sin(\pi t/\tau)}{\pi t/\tau}\mathrm{e}^{\mathrm{j}\omega_0 t} = \mathrm{Sa}(\pi t/\tau)\cdot\mathrm{e}^{\mathrm{j}\omega_0 t}$ 为解析信号？画出 $\mathrm{Sa}(\pi t/\tau)$ 和 $y(t)$ 的频谱图。

7-4　对调频信号 $s(t) = \cos\left[\omega_0 t + m(t)\right]$，当 $\dfrac{\mathrm{d}m(t)}{\mathrm{d}t} \ll \omega_0$ 时为窄带信号，求 $s(t)$ 的包络和预包络。

7-5　已知随机过程

$$X(t) = \left[X_1(t)\ \ X_2(t)\ \ X_1(t+\tau)\ \ X_2(t+\tau)\right]^{\mathrm{T}}$$

式中，$X_1(t)$ 为平稳标准高斯过程，$X_2(t)$ 为 $X_1(t)$ 的希尔伯特变换。证明：

$$E\left[X(t)X^{\mathrm{T}}(t)\right]=\begin{bmatrix} 1 & 0 & R_1(\tau) & \hat{R}_1(\tau) \\ 0 & 1 & -\hat{R}_1(\tau) & R_1(\tau) \\ R_1(\tau) & -\hat{R}_1(\tau) & 1 & 0 \\ \hat{R}_1(\tau) & R_1(\tau) & 0 & 1 \end{bmatrix}$$

其中，$R_1(\tau)=E[X_1(t)X_1(t+\tau)]$。

7-6 已知平稳过程 $X(t)$ 的功率谱密度 $G_X(\omega)$，如图 7.25 所示。求随机过程

$$W(t)=X(t)\cos\omega_0 t-\hat{X}(t)\sin\omega_0 t$$

的功率谱密度，并画图表示。

7-7 零均值窄带平稳过程 $X(t)=A(t)\cos\omega_0 t-$ $B(t)\sin\omega_0 t$ 的功率谱密度 $G_X(\omega)$ 在频带内关于中心频率 $\pm\omega_0$ 偶对称，其中，$A(t),B(t)$ 为随机过程。

(1)证明 $X(t)$ 的自相关函数 $R_X(\tau)=R_A(\tau)\cos\omega_0\tau$；

(2)求 $X(t)$ 自相关函数的包络和预包络。

7-8 已知零均值窄带平稳噪声 $X(t)=A(t)\cos\omega_0 t-$ $B(t)\sin\omega_0 t$，其功率谱密度如图 7.26 所示。画出下列情况下随机过程 $A(t),B(t)$ 各自的功率谱密度：

(1) $\omega_0=\omega_1$；

(2) $\omega_0=\omega_2$；

(3) $\omega_0=(\omega_1+\omega_2)/2$。

并判断上述哪一种情况下，过程 $A(t),B(t)$ 是否互不相关？给出理由。

7-9 已知平稳噪声 $N(t)$ 的功率谱密度，如图 7.27 所示。求窄带过程

$$X(t)=N(t)\cos(\omega_0 t+\theta)-N(t)\sin(\omega_0 t+\theta)$$

的功率谱密度 $G_X(\omega)$，并画图表示。其中，$\omega_0\gg\omega_1$ 为常数，θ 服从 $(0,2\pi)$ 上的均匀分布，且与噪声 $N(t)$ 独立。

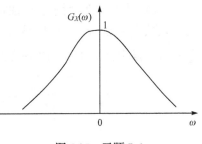

图 7.25 习题 7-6

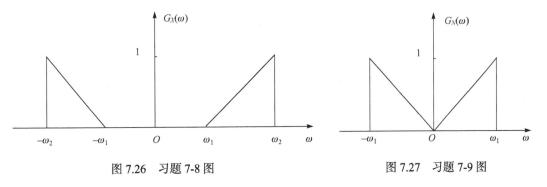

图 7.26 习题 7-8 图　　　　　　　图 7.27 习题 7-9 图

7-10 已知零均值、方差为 σ^2 的窄带高斯平稳过程 $X(t)=A_C(t)\cos\omega_0 t-A_S(t)\sin\omega_0 t$，

其中，$A_C(t)$，$A_S(t)$ 为过程的一对垂直分解。证明 $R_X(\tau) = R_{Ac}(\tau)\cos\omega_0\tau - R_{AcAs}(\tau)\sin\omega_0\tau$。

7-11　证明零均值、方差为 1 的窄带平稳高斯过程，其任意时刻的包络平方的数学期望为 2，方差为 4。

7-12　已知窄带高斯平稳过程 $X(t) = A(t)\cos[\omega_0 t + \varphi(t)]$，包络 $A(t)$ 在任意时刻 t 的采样为随机变量 A_t，求 A_t 的均值和方差。

7-13　如图 7.28 所示，同步检波器的输入 $X(t)$ 为窄带平稳噪声，其自相关函数为

$$R_X(\tau) = \sigma_X^2 e^{-\beta|\tau|}\cos\omega_0\tau, \quad \beta \ll \omega_0$$

若另一输入 $Y(t) = A\sin(\omega_0 t + \theta)$，其中，$A$ 为常数，θ 服从 $(0, 2\pi)$ 上的均匀分布，且与噪声 $X(t)$ 独立。求检波器输出 $Z(t)$ 的平均功率。

7-14　如图 7.29 所示，线性系统 1 的传递函数关于中心频率 ω_0 偶对称；线性系统 2 的传递函数为 $-j\mathrm{sgn}(\omega)$；线性系统 3 为微分系统。输入 $N(t)$ 为物理谱密度为 N_0 的白噪声，且系统 1 输出 $X(t)$ 的自相关函数的包络为 $\exp\{-\tau^2\}$。整个系统进入稳态。

图 7.28　习题 7-13 图　　　　　　　　　图 7.29　习题 7-14 图

(1) 判断 $X(t)$ 和 $Z(t)$ 分别服从什么分布并给出理由；

(2) 证明 $Z(t)$ 是严平稳过程；

(3) 求 $X(t)$ 和 $Y(t)$ 的互相关函数、$Y(t)$ 的功率谱密度；

(4) 写出 $Z(t)$ 的一维概率密度表达式；

(5) 判断同一时刻 $Y(t)$ 和 $Z(t)$ 是否独立并给出理由。

7-15　如图 7.30 所示，系统输入为 $N(t)$ 为物理谱密度为 N_0 的白噪声，对包络平方检波后的过程进行二次独立采样，求积累后的输出 $X(t)$ 的分布。

图 7.30　习题 7-15 图

第 8 章 马尔可夫过程、独立增量过程及独立随机过程

第 2 章详细介绍了平稳随机过程、高斯随机过程、白噪声随机过程等,它们是工程领域中最常见、最基本的几种随机过程。本章将讨论另外几种在工程技术中常见且重要的随机过程:马尔可夫过程、独立增量过程、独立随机过程。

马尔可夫过程是发展很快、应用很广的一种重要的随机过程,它在信息处理、自动控制、数字计算方法、近代物理、生物(生灭过程)以及公用事业等方面皆有重要的应用。独立增量过程是一种特殊的马尔可夫过程,泊松过程和维纳过程是两个最重要的独立增量过程。电子系统中,它们是研究热噪声和散粒噪声的数学基础,具有重要的实用价值。独立随机过程是一种很特殊的随机过程,它的重要应用就是高斯白噪声。连续时间参数的独立随机过程是一种理想化的随机过程,它在数学处理上具有简单、方便的优点。

8.1 马尔可夫序列与过程

马尔可夫过程具有如下特性:当随机过程在时刻 t_i 所处的状态已知时,过程在时刻 $t(t > t_i)$ 所处的状态仅与过程在 t_i 时刻的状态有关,而与过程在 t_i 时刻以前所处的状态无关。此特性称为随机过程的无后效性或马尔可夫性。无后效性也可理解为:随机过程 $X(t)$ 在"现在"状态已知的条件下,过程"将来"的情况与"过去"的情况是无关的。或者说,随机过程的"将来"只是通过"现在"与"过去"有关,一旦"现在"已知,那么"将来"和"过去"就无关了。

马尔可夫过程按其时间参数集 T 和状态空间 I 是离散还是连续可分成四类,如表 8.1 所示。

表 8.1 马尔可夫过程的分类

时间参数集 T	状态空间 I	
	离散	连续
离散 ($n = 0, 1, 2, \cdots$)	马尔可夫链	马尔可夫序列
连续 ($t \geq 0$)	可列马尔可夫过程	马尔可夫过程

可见,马尔可夫链是指时间、状态皆离散的马尔可夫过程;马尔可夫序列是指时间离散、状态连续的马尔可夫过程;可列马尔可夫过程是指时间连续、状态离散的马尔可夫过程。马尔可夫过程有时指时间、状态皆连续的马尔可夫过程,有时也为此四类过程的总称。

实际上,我们所观察到的物理过程并不一定是精确的马尔可夫过程。然而,很多具体问题中,有时却能近似地将其看作马尔可夫过程,这正是我们研讨马尔可夫过程的原因。下面将对马尔可夫序列、马尔可夫链和一般马尔可夫过程的概念及特性进行介绍。

8.1.1 马尔可夫序列

1. 马尔可夫序列的定义

随机序列 $\{X(n)\} = \{X_1, X_2, \cdots, X_n\}$ 可看作随机过程 $X(t)$ 在 t 为整数时的采样值。

定义：若对于任意的 n，随机序列 $\{X(n)\}$ 的条件分布函数满足

$$F_X(x_n \mid x_{n-1}, x_{n-2}, \cdots, x_1) = F_X(x_n \mid x_{n-1}) \tag{8-1}$$

则称此随机序列 $\{X(n)\}$ 为马尔可夫序列。条件分布函数 $F_X(x_n \mid x_{n-1})$ 常称为转移分布。

对于连续型随机变量，由上式可得

$$f_X(x_n \mid x_{n-1}, x_{n-2}, \cdots, x_1) = f_X(x_n \mid x_{n-1}) \tag{8-2}$$

因此，利用条件概率的性质

$$f_X(x_1, x_2, \cdots, x_n) = f_X(x_n \mid x_{n-1}, \cdots, x_1) \cdots f_X(x_2 \mid x_1) f_X(x_1) \tag{8-3}$$

结合式(8-2)可得

$$f_X(x_1, x_2, \cdots, x_n) = f_X(x_n \mid x_{n-1}) f_X(x_{n-1} \mid x_{n-2}) \cdots f_X(x_2 \mid x_1) f_X(x_1) \tag{8-4}$$

所以 $X_1, X_2, \cdots, X_n$ 的联合概率密度可由转移概率密度 $f_X(x_k \mid x_{k-1})(k=2, \cdots, n)$ 和初始概率密度 $f_X(x_1)$ 所确定。相反地，若式(8-4)对所有的 n 皆成立，则序列是马尔可夫序列。因为

$$f_X(x_n \mid x_{n-1}, \cdots, x_2, x_1) = \frac{f_X(x_1, x_2, \cdots, x_{n-1}, x_n)}{f_X(x_1, x_2, \cdots, x_{n-1})} = f_X(x_n \mid x_{n-1}) \tag{8-5}$$

2. 马尔可夫序列的性质

(1) 马尔可夫序列的子序列仍为马尔可夫序列。

给定 n 个任意整数 $k_1 < k_2 < \cdots < k_n$，有

$$f_X(x_{k_n} \mid x_{k_{n-1}}, \cdots, x_{k_1}) = f_X(x_{k_n} \mid x_{k_{n-1}}) \tag{8-6}$$

马尔可夫序列通常由上式来定义，但用式(8-2)定义更为紧凑。

(2) 马尔可夫序列按其相反方向组成的逆序列仍为马尔可夫序列。

对任意的整数 n 和 k，有

$$f_X(x_n \mid x_{n+1}, x_{n+2}, \cdots, x_{n+k}) = f_X(x_n \mid x_{n+1}) \tag{8-7}$$

证明：由式(8-4)

$$
\begin{aligned}
f_X(x_n \mid x_{n+1}, x_{n+2}, \cdots, x_{n+k}) &= \frac{f_X(x_n, x_{n+1}, x_{n+2}, \cdots, x_{n+k})}{f_X(x_{n+1}, x_{n+2}, \cdots, x_{n+k})} \\
&= \frac{f_X(x_{n+k} \mid x_{n+k-1}) f_X(x_{n+k-1} \mid x_{n+k-2}) \cdots f_X(x_{n+1} \mid x_n) f_X(x_n)}{f_X(x_{n+k} \mid x_{n+k-1}) f_X(x_{n+k-1} \mid x_{n+k-2}) \cdots f_X(x_{n+2} \mid x_{n+1}) f_X(x_{n+1})} \\
&= \frac{f_X(x_{n+1} \mid x_n) f_X(x_n)}{f_X(x_{n+1})} = \frac{f_X(x_{n+1}, x_n)}{f_X(x_{n+1})} = f_X(x_n \mid x_{n+1})
\end{aligned} \tag{8-8}
$$

(3) 马尔可夫序列的条件数学期望满足

$$E\left[X_n \mid x_{n-1}, \cdots, x_1\right] = E\left[X_n \mid x_{n-1}\right] \tag{8-9}$$

如果马尔可夫序列满足

$$E\left[X_n \mid X_{n-1}, \cdots, X_1\right] = X_{n-1} \tag{8-10}$$

则称此随机序列为"鞅"。

(4) 马尔可夫序列中，若现在已知，则未来与过去无关。

若 $n > r > s$，则假定 X_r 已知条件下，随机变量 X_n 与 X_s 是独立的。满足

$$f_X(x_n, x_s \mid x_r) = f_X(x_n \mid x_r) f_X(x_s \mid x_r) \tag{8-11}$$

证明：由式 (8-4)

$$\begin{aligned}
f_X(x_n, x_s \mid x_r) &= \frac{f_X(x_n \mid x_r) f_X(x_r \mid x_s) f_X(x_s)}{f_X(x_r)} \\
&= \frac{f_X(x_n \mid x_r) f_X(x_r, x_s)}{f_X(x_r)} \\
&= f_X(x_n \mid x_r) f_X(x_s \mid x_r)
\end{aligned} \tag{8-12}$$

可把上述结论推广到具有任意个过去与未来随机变量的情况。

(5) 多重马尔可夫序列。

马尔可夫序列的概念可以推广。满足式 (8-1) 的随机序列称为 1 重马尔可夫序列。对于任意 n，满足

$$F_X(x_n \mid x_{n-1}, x_{n-2}, \cdots, x_1) = F_X(x_n \mid x_{n-1}, x_{n-2}) \tag{8-13}$$

的随机序列称为 2 重马尔可夫序列。以此类推，可定义多重马尔可夫序列。

(6) 齐次马尔可夫序列。

对一般马尔可夫序列而言，条件概率密度 $f_X(x_n \mid x_{n-1})$ 是 x 和 n 的函数，如果条件概率密度 $f_X(x_n \mid x_{n-1})$ 与 n 无关，则称马尔可夫序列是齐次的。用记号

$$f_X(x_n \mid X_{n-1} = x_0) = f_X(x \mid x_0) \tag{8-14}$$

表示 $X_{n-1} = x_0$ 条件下，X_n 的条件概率密度。

(7) 平稳马尔可夫序列。

如果一个马尔可夫序列是齐次的，并且所有的随机变量 X_n 具有相同的概率密度，则称马尔可夫序列为平稳的。可以用更精确的记号 $f_X(x)$ 来表示此概率密度，则要求这个函数与 n 无关。不难证明，在一个齐次马尔可夫序列中，若最初的两个随机变量 X_1 和 X_2 具有相同的概率密度，则此序列是平稳的。

(8) 科尔莫戈罗夫-查普曼方程。

若一个马尔可夫序列的转移概率密度满足

$$f_X(x_n \mid x_s) = \int_{-\infty}^{\infty} f_X(x_n \mid x_r) f_X(x_r \mid x_s) \mathrm{d}x_r \tag{8-15}$$

其中，$n > r > s$ 为任意整数，则称该方程为科尔莫戈罗夫-查普曼方程。

证明：对任意三个随机变量 $X_n, X_r, X_s (n > r > s)$，有

$$f_X(x_n \mid x_s) = \int_{-\infty}^{\infty} f_X(x_n, x_r \mid x_s) \mathrm{d}x_r = \int_{-\infty}^{\infty} \frac{f_X(x_n, x_r, x_s)}{f_X(x_s)} \mathrm{d}x_r$$

$$= \int_{-\infty}^{\infty} \frac{f_X(x_n \mid x_r, x_s) f_X(x_r, x_s)}{f_X(x_s)} \mathrm{d}x_r$$

$$= \int_{-\infty}^{\infty} f_X(x_n \mid x_r, x_s) f_X(x_r \mid x_s) \mathrm{d}x_r \tag{8-16}$$

$$= \int_{-\infty}^{\infty} f_X(x_n \mid x_r) f_X(x_r \mid x_s) \mathrm{d}x_r$$

最后一步应用了无后效性，即 $f_X(x_n \mid x_r, x_s) = f_X(x_n \mid x_r)$。反复应用科尔莫戈罗夫-查普曼方程，可根据相邻随机变量的转移概率密度，来求得 X_s 条件下 X_n 的转移概率密度。

(9) 高斯-马尔可夫序列。

如果一个 n 维矢量随机序列 $\{X(n)\}$，既是高斯序列，又是马尔可夫序列，则称为高斯-马尔可夫序列。高斯-马尔可夫序列的高斯特性决定了它幅度的概率密度分布；而马尔可夫特性则决定了它在时间上的传播。这种模型常用在运动目标(导弹、飞机)的轨迹测量中。

8.1.2　马尔可夫链

1. 马尔可夫链的定义

马尔可夫链就是状态和时间参数皆离散的马尔可夫过程。具体定义如下。

随机过程 $X(t)$ 在时刻 $t_n (n=1,2,\cdots)$ 的采样为 $X_n = X(t_n)$，且 X_n 可能取得的状态必为 $a_1, a_2, \cdots, a_N$ 之一，其中，$A_I = \{a_1, a_2, \cdots, a_N\}$ 为有限的状态空间，$I = \{1, 2, \cdots, N\}$。随机过程只在 $t_1, t_2, \cdots, t_n$ 可列个时刻发生状态转移。若随机过程 $X(t)$ 在 t_{m+k} 时刻变成任一状态 a_j 的概率，只与过程在 t_m 时刻的状态 a_i 有关，而与过程在 t_m 时刻以前的状态无关，则称此随机过程为马尔可夫链，简称为马尔可夫链。可用公式表示为

$$P\{X_{m+k} = a_j \mid X_m = a_i, X_{m-1} = a_p, \cdots, X_1 = a_q\} = P\{X_{m+k} = a_j \mid X_m = a_i\} \tag{8-17}$$

实际上，过程 $X(t)$ 是状态离散的随机序列 $\{X_n\}$，所以式(8-17)可以看成由式(8-1)演变而来。

2. 马尔可夫链的转移概率及其转移概率矩阵

1) 马尔可夫链的转移概率

马尔可夫链在 t_m 时刻出现的状态为 a_i 条件下，t_{m+k} 时刻出现的状态为 a_j 的条件概率，可以用 $p_{ij}(m, m+k)$ 表示，即

$$p_{ij}(m, m+k) = P\{X_{m+k} = a_j \mid X_m = a_i\} \tag{8-18}$$

式中，$i, j = 1, 2, \cdots, N$，且 m, k 皆为正整数，则称为 $p_{ij}(m, m+k)$ 为马尔可夫链的转移概率。

一般而言，$p_{ij}(m, m+k)$ 不仅依赖于 i, j, k，还依赖于 m。如果 $p_{ij}(m, m+k)$ 与 m 无关，则称此马尔可夫链为齐次的。下面只讨论齐次马尔可夫链，并通常将"齐次"二字省去。

2) 一步转移概率及其转移概率矩阵

当 $k=1$ 时，马尔可夫链由状态 a_i 经过一次转移就到达状态 a_j 的转移概率称为一步转移

概率，常用符号 p_{ij} 表示，即

$$p_{ij} = p_{ij}(m, m+1) = P\{X_{m+1} = a_j \mid X_m = a_i\}, \quad i, j \in I \tag{8-19}$$

由所有状态 $I = \{1, 2, \cdots, N\}$ 之间的一步转移概率 p_{ij} 构成的矩阵，称为马尔可夫链的一步转移概率矩阵，简称为转移概率矩阵。即

$$\boldsymbol{P} = \begin{bmatrix} p_{11} & p_{12} & \cdots & p_{1N} \\ p_{21} & p_{22} & \cdots & p_{2N} \\ \vdots & \vdots & \ddots & \vdots \\ p_{N1} & p_{N2} & \cdots & p_{NN} \end{bmatrix} \tag{8-20}$$

此矩阵决定了状态 $X_1, X_2, \cdots, X_N$ 转移的概率法则，具有如下两个性质。

(1) $$0 \leqslant p_{ij} \leqslant 1$$

(2) $$\sum_{j=1}^{N} p_{ij} = 1 \tag{8-22}$$

表示转移概率矩阵是一个每行元素之和为 1 的非负元素矩阵。因 p_{ij} 为条件概率，故性质(1)是显然的；性质(2)可由下式推得

$$\begin{aligned} \sum_{j=1}^{N} p_{ij} &= \sum_{j=1}^{N} P\{X_{m+1} = a_j \mid X_m = a_i\} \\ &= P\{X_{m+1} = a_1 \mid X_m = a_i\} + \cdots + P\{X_{m+1} = a_N \mid X_m = a_i\} = 1 \end{aligned} \tag{8-23}$$

任意满足性质(1)和性质(2)的矩阵也称为随机矩阵。

3) n 步转移概率及其转移概率矩阵

与一步转移概率相类似，当 $k = n$ 时，定义马尔可夫链的 n 步转移概率 $p_{ij}(n)$ 为

$$p_{ij}(n) = p_{ij}(m, m+n) = p(X_{m+n} = a_j \mid X_m = a_i), \quad n \geqslant 1 \tag{8-24}$$

表明马尔可夫链在时刻 t_m 的状态为 a_i 的条件下，经过 n 步转移到达状态 a_j 的概率。对应的 n 步转移概率矩阵 $P(n)$ 为

$$\boldsymbol{P}(n) = \begin{bmatrix} p_{11}(n) & p_{12}(n) & \cdots & p_{1N}(n) \\ p_{21}(n) & p_{22}(n) & \cdots & p_{2N}(n) \\ \vdots & \vdots & \ddots & \vdots \\ p_{N1}(n) & p_{N2}(n) & \cdots & p_{NN}(n) \end{bmatrix} \tag{8-25}$$

它也是随机矩阵。显然具有如下性质。

(1) $$0 \leqslant p_{ij}(n) \leqslant 1 \tag{8-26}$$

(2) $$\sum_{j=1}^{N} p_{ij}(n) = 1 \tag{8-27}$$

当 $n = 1$ 时，$p_{ij}(n)$ 就是一步转移概率 $p_{ij}(n) = p_{ij}(1) = p_{ij} = p_{ij}(m, m+1)$。通常还规定

$$p_{ij}(0) = p_{ij}(m,m) = \delta_{ij} = \begin{cases} 1, & i = j \\ 0, & i \neq j \end{cases} \tag{8-28}$$

4）n 步转移概率与一步转移概率的关系

对于 n 步转移概率，有科尔莫戈罗夫-查普曼方程的离散形式

$$p_{ij}(n) = p_{ij}(l+k) = \sum_{r=1}^{N} p_{ir}(l) p_{rj}(k), \quad n = l + k \tag{8-29}$$

证明： 由全概率公式可得

$$\begin{aligned}
p_{ij}(n) = p_{ij}(l+k) &= P\{X_{m+l+k} = a_j \mid X_m = a_i\} = \frac{P\{X_m = a_i, X_{m+l+k} = a_j\}}{P\{X_m = a_i\}} \\
&= \sum_{r=1}^{N} \frac{P\{X_m = a_i, X_{m+l+k} = a_j, X_{m+l} = a_r\}}{P\{X_m = a_i, X_{m+l} = a_r\}} \cdot \frac{P\{X_m = a_i, X_{m+l} = a_r\}}{P\{X_m = a_i\}} \\
&= \sum_{r=1}^{N} P\{X_{m+l+k} = a_j \mid X_m = a_i, X_{m+l} = a_r\} \cdot P\{X_{m+l} = a_r \mid X_m = a_i\} \\
&= \sum_{r=1}^{N} p_{rj}(k) p_{ir}(l)
\end{aligned} \tag{8-30}$$

其中，利用马尔可夫链的无后效性与齐次性可得

$$\begin{cases} P\{X_{m+l+k} = a_j \mid X_{m+l} = a_r\} = p_{rj}(k) \\ P\{X_{m+l} = a_r \mid X_m = a_i\} = p_{ir}(l) \end{cases} \tag{8-31}$$

式 (8-29) 表明：由于马尔可夫链的无后效性与齐次性，该链从状态 a_i 经过 n 步转移到达状态 a_j 这一事件 $\left(a_i \xrightarrow{n} a_j\right)$，等效于该链先由状态 a_i 经过 l 步转移到达状态 $a_r (r = 1, 2, \cdots, N)$，再由状态 a_r 经过 k 步转移到达状态 a_j 的事件 $\left(a_i \xrightarrow{l} a_r \xrightarrow{k} a_j\right)$。也就是说，只要 $r \in I = \{1, 2, \cdots, N\}$ 中有一个事件 $\left(a_i \xrightarrow{l} a_r \xrightarrow{k} a_j\right)$ 发生，则事件 $\left(a_i \xrightarrow{n} a_j\right)$ 就必发生。因此事件 $\left(a_i \xrightarrow{n} a_j\right)$ 的概率是 $r \in I$ 中所有事件 $\left(a_i \xrightarrow{l} a_r \xrightarrow{k} a_j\right)$ 概率的和。

当 $l = 1, k = 1$ 时

$$p_{ij}(2) = \sum_{r=1}^{N} p_{ir}(1) p_{rj}(1) = \sum_{r=1}^{N} p_{ir} p_{rj} \tag{8-32}$$

当 $l = 1, k = 2$ 时

$$p_{ij}(3) = \sum_{r=1}^{N} p_{ir}(1) p_{rj}(2) = \sum_{r=1}^{N} p_{ir} \sum_{k=1}^{N} p_{rk} p_{kj} \tag{8-33}$$

以此类推

$$p_{ij}(n) = \sum_{r=1}^{N} p_{ir}(1) p_{rj}(n-1) = \sum_{r=1}^{N} p_{ir} p_{rj}(n-1) \tag{8-34}$$

同理可得离散科尔莫戈罗夫-查普曼方程的矩阵形式为

$$P(n) = P(l+k) = P(l)P(k) \tag{8-35}$$

当 $n = 2$ 时

$$P(2) = P(1)P(1) = \left[P(1)\right]^2 = P^2 \tag{8-36}$$

一步转移概率矩阵 $P(1)$ 简写为 P。

当 $n = 3$ 时

$$P(3) = P(1)P(2) = P(1)\left[P(1)\right]^2 = P^3 \tag{8-37}$$

当 n 为任意正整数时

$$P(n) = P(1)P(n-1) = \cdots = P^n \tag{8-38}$$

上式表明：n 步转移概率矩阵等于一步转移概率矩阵的 n 次方。由此可见，以一步转移概率 p_{ij} 为元素的转移概率矩阵 P 决定了马尔可夫链状态转移过程的概率法则。

5）马尔可夫链的有限维分布

（1）初始分布。

马尔可夫链在 $t = 0$ 时所处状态 a_i 的概率，通常称作初始概率。

$$p_i(0) = p\{X_0 = a_i\} = p_i, \quad i \in I = \{1, 2, \cdots, N\} \tag{8-39}$$

且有 $0 \le p_i \le 1$，$\sum_{i=1}^{N} p_i = 1$ 成立。

而对于 N 个状态而言，所有初始概率的集合 $\{p_i\}$ 称为马尔可夫链的初始分布。

$$\{p_i\} = (p_1, \cdots, p_i, \cdots, p_N) \tag{8-40}$$

（2）一维分布。

马尔可夫链在第 n 步所处状态为 a_j 的无条件概率称为马尔可夫链的一维分布，也称为状态概率。马尔可夫链表示为

$$p\{X_n = a_j\} = p_j(n), \quad j \in I = \{1, 2, \cdots, N\} \tag{8-41}$$

且有 $0 \le p_j(n) \le 1$，$\sum_{j=1}^{N} p_j(n) = 1$ 成立。

由全概率公式，一维分布可表示为

$$p_j(n) = \sum_{i=1}^{N} P\{X_n = a_j \mid X_s = a_i\} P\{X_s = a_i\} = \sum_{i=1}^{N} p_i(s) p_{ij}(n-s), \quad i, j \in I \tag{8-42}$$

上式给出了不同时刻一维分布 $p_i(s)$、$p_j(n)$ 以及 $n-s$ 步转移概率 $p_{ij}(n-s)$ 之间的关系。

当 $s = 0$ 时

$$p_j(n) = \sum_{i=1}^{N} p_i p_{ij}(n), \quad j \in I \tag{8-43}$$

当 $s = n-1$ 时

$$p_j(n) = \sum_{i=1}^{N} p_i(n-1)p_{ij}, \quad j \in I \tag{8-44}$$

若将一维分布表示成矢量形式

$$\boldsymbol{P}(n) = \begin{bmatrix} p_1(n) \\ p_2(n) \\ \vdots \\ p_N(n) \end{bmatrix}_{N \times 1} \tag{8-45}$$

称为一维分布矢量或状态概率矢量。且其递推式(8-42)可表示为

$$\boldsymbol{P}(n) = \boldsymbol{P}^{\mathrm{T}}(n-s)\boldsymbol{P}(s) \tag{8-46}$$

(3) n 维分布。

齐次马尔可夫链在 $t = 0,1,2,\cdots,n-1$ 时刻分别取得状态 $a_{i0},a_{i1},a_{i2},\cdots,a_{i(n-1)}$ $(i_0,i_1,\cdots,i_{n-1} \in I)$ 这一事件的概率为 $P\{X_0 = a_{i0}, X_1 = a_{i1},\cdots, X_{n-1} = a_{i(n-1)}\}$，称为马尔可夫链的 n 维分布。由全概率公式和无后效性可证

$$
\begin{aligned}
&P\{X_0 = a_{i0}, X_1 = a_{i1},\cdots, X_{n-1} = a_{i(n-1)}\} \\
&= P\{X_0 = a_{i0}\} \cdot P\{X_1 = a_{i1} \mid X_0 = a_{i0}\} \cdots P\{X_{n-1} = a_{i(n-1)} \mid X_0 = a_{i0},\cdots, X_{n-2} = a_{i(n-2)}\} \\
&= P\{X_0 = a_{i0}\} \cdot P\{X_1 = a_{i1} \mid X_0 = a_{i0}\} \cdots P\{X_{n-1} = a_{i(n-1)} \mid X_{n-2} = a_{i(n-2)}\} \\
&= p_{i0}p_{i0,i1} \cdots p_{i(n-2),i(n-1)}
\end{aligned} \tag{8-47}
$$

由于 $I = \{1,\cdots,N\}$，$a_{i0},a_{i1},a_{i2},\cdots,a_{i(n-1)}$ 分别可以是 N 个状态中的任意一个。因此，这种 n 维分布可以有许多种。

通过马尔可夫链的一维分布和 n 维分布的讨论可知，马尔可夫链的任意有限维分布完全可以由初始分布和一步转移概率矩阵所确定。因此，初始分布和一步转移概率矩阵是描述马尔可夫链的统计特性的两个重要的分布特征。

马尔可夫链在研究质点的随机运动、自动控制、通信技术、气象预报、生物遗传工程等方面皆有广泛的应用。下面是一些马尔可夫链应用的例子。

例 8.1 设质点 M 在直线段上作随机游动，如图 8.1 所示。假定质点 M 只能停留在 $1,2,\cdots,N$ 点上，且只在 $t_1,t_2,\cdots,t_n,\cdots$ 时刻发生游动。游动的概率法则是：(1)若质点 M 原来处在 $2,\cdots,N-1$ 这些点上，则分别以 $p(0 < p < 1)$ 的概率向右移动一步或以 $q(=1-p)$ 的概率或向左移动一步；(2)若质点 M 原来处在 1 点，则以概率 1 移动到 2 点；(3)若质点 M 原来处于 1 点或 N 点，则以概率 1 移动到 2 点或 $N-1$ 点上。求其转移概率矩阵。

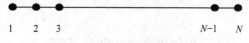

1　2　3　　　　　　　　　　　　　　　$N-1$　N

图 8.1 质点 M 的随机游动

解：若以 $X_n = i(i = 1,2,\cdots,N)$，表示质点 M 在时刻 t_n 位于 i 点，则不难看出 $X_1, X_2,\cdots$ 是

一个齐次马尔可夫链。由于其一步转移概率 p_{ij} 为

$$\begin{cases} p_{i,i+1} = p, & 2 \leqslant i \leqslant N-1 \\ p_{i,i-1} = q, & 2 \leqslant i \leqslant N-1 \\ p_{i,j} = 0, & j \neq i+1, i-1 \\ p_{12} = p_{N,N-1} = 1 \end{cases}$$

故质点 M 游动的转移概率矩阵为

$$P = \begin{bmatrix} 0 & 1 & 0 & \cdots & 0 & 0 & 0 \\ q & 0 & p & \cdots & 0 & 0 & 0 \\ 0 & q & 0 & \cdots & 0 & 0 & 0 \\ \vdots & \vdots & \vdots & \ddots & \vdots & \vdots & \vdots \\ 0 & 0 & 0 & \cdots & 0 & p & 0 \\ 0 & 0 & 0 & \cdots & q & 0 & p \\ 0 & 0 & 0 & \cdots & 0 & 1 & 0 \end{bmatrix}$$

P 为 $N \times N$ 的方阵。因为质点不能越过 1 和 N 两端点，将 1 和 N 这两点称为反射壁(或反射状态)，故称上述游动为一维不可越壁的随机游动，它仅是一维随机游动的一种。如果我们改变质点游动的概率法则(转移概率)就可得到不同类型的随机游动过程。

若游动的概率法则改动为：当质点 M 一旦到达 1 点或 N 点，就永远停留在 1 或 N 处，其他不变。我们将 1 和 N 这两点称为吸收壁，因此得到的是：带有两个吸收壁的随机游动。它也是一个齐次马尔可夫链，由于其一步转移概率为

$$\begin{cases} p_{i,i+1} = p, & 2 \leqslant i \leqslant N-1 \\ p_{i,i-1} = q, & 2 \leqslant i \leqslant N-1 \\ p_{i,j} = 0, & j \neq i+1, i-1 \\ p_{11} = p_{NN} = 1 \end{cases}$$

故质点 M 游动的转移概率矩阵为

$$P = \begin{bmatrix} 1 & 0 & 0 & \cdots & 0 & 0 & 0 \\ q & 0 & p & \cdots & 0 & 0 & 0 \\ 0 & q & 0 & \cdots & 0 & 0 & 0 \\ \vdots & \vdots & \vdots & \ddots & \vdots & \vdots & \vdots \\ 0 & 0 & 0 & \cdots & 0 & p & 0 \\ 0 & 0 & 0 & \cdots & q & 0 & p \\ 0 & 0 & 0 & \cdots & 0 & 0 & 1 \end{bmatrix}$$

它仍是 $N \times N$ 的方阵。

例 8.2　在某数字通信系统中传递 0、1 两种信号，且传递要经过若干级。因为系统中存在噪声，各级将会造成错误。若某级输入 0、1 数字信号，其输出不产生错误的概率为 p (各级正确传递信息的概率)，产生错误的概率为 $q = 1 - p$。该级输入状态和输出状态构成了一个两状态的马尔可夫链，它的一步转移概率矩阵为

$$P = \begin{bmatrix} p & q \\ q & p \end{bmatrix}$$

于是，二步转移概率矩阵为

$$P(2) = (P)^2 = \begin{bmatrix} p & q \\ q & p \end{bmatrix} \begin{bmatrix} p & q \\ q & p \end{bmatrix} = \begin{bmatrix} p^2 + q^2 & 2pq \\ 2pq & p^2 + q^2 \end{bmatrix}$$

例 8.3 天气预报问题。若明天是否降雨只与今日的天气(是否有雨)有关，而与以往的天气无关。并设今日有雨而明日也有雨的概率为 0.6，今日无雨而明日有雨的概率为 0.3。另外，假定将"有雨"称作"1"状态天气，而把"无雨"称为"2"状态天气。则本例属一个两状态的马尔可夫链。(1)试求其一步至四步转移概率矩阵；(2)今日有雨而后日(第三日)仍有雨的概率为多少？(3)今日有雨而第四日无雨的概率为多少？(4)今日无雨而第五日有雨的概率为多少？

解：由题可知，一步转移概率为

$$p_{11} = 0.6, \quad p_{12} = 1 - 0.6 = 0.4$$
$$p_{21} = 0.3, \quad p_{22} = 1 - 0.3 = 0.7$$

(1)此马尔可夫链的转移概率矩阵为

$$P = \begin{bmatrix} p_{11} & p_{12} \\ p_{21} & p_{22} \end{bmatrix} = \begin{bmatrix} 0.6 & 0.4 \\ 0.3 & 0.7 \end{bmatrix}$$

二步转移概率矩阵为

$$P(2) = (P)^2 = \begin{bmatrix} 0.6 & 0.4 \\ 0.3 & 0.7 \end{bmatrix} \cdot \begin{bmatrix} 0.6 & 0.4 \\ 0.3 & 0.7 \end{bmatrix} = \begin{bmatrix} 0.48 & 0.52 \\ 0.39 & 0.61 \end{bmatrix}$$

三步转移概率矩阵为

$$P(3) = (P)^3 = (P)^2 P = \begin{bmatrix} 0.48 & 0.52 \\ 0.39 & 0.61 \end{bmatrix} \cdot \begin{bmatrix} 0.6 & 0.4 \\ 0.3 & 0.7 \end{bmatrix} = \begin{bmatrix} 0.444 & 0.556 \\ 0.417 & 0.583 \end{bmatrix}$$

四步转移概率矩阵为

$$P(4) = (P(2))^2 = P(2)P(2) = \begin{bmatrix} 0.48 & 0.52 \\ 0.39 & 0.61 \end{bmatrix} \cdot \begin{bmatrix} 0.48 & 0.52 \\ 0.39 & 0.61 \end{bmatrix} = \begin{bmatrix} 0.4332 & 0.5668 \\ 0.4251 & 0.5749 \end{bmatrix}$$

(2)今日有雨而第三日仍有雨的概率为 $p_{11}(2) = 0.48$。

(3)今日有雨而第四日无雨的概率为 $p_{12}(3) = 0.556$。

(4)今日有雨而第五日有雨的概率为 $p_{21}(4) = 0.4251$。

3. 马尔可夫链的平稳分布与遍历性

1)平稳分布

定义 1：若一个马尔可夫链的概率分布 $P\{X = a_j\} = p_j$ 满足

$$p_j = \sum_{i \in I} p_i p_{ij}, \quad j \in I \tag{8-48}$$

其中，$p_j \geqslant 0$，$\sum\limits_{j\in I} p_j = 1$ 成立，则称 $\{p_j\} = \{p_1, p_2, \cdots, p_N\}$ 为该马尔可夫链的平稳分布。对于平稳分布 $\{p_j\}$ 有

$$p_j = \sum_{i\in I}\left(\sum_{k\in I} p_k p_{ki}\right)p_{ij} = \sum_{k\in I} p_k\left(\sum_{i\in I} p_{ki} p_{ij}\right) = \sum_{k\in I} p_k p_{kj}(2), \quad j\in I \qquad (8\text{-}49)$$

类似可推

$$p_j = \sum_{i\in I} p_i p_{ij}(n), \quad j\in I \qquad (8\text{-}50)$$

比较式(8-48)与式(8-50)可知，对平稳分布而言，无论是一步转移到状态 a_j 还是 n 步转移到状态 a_j，其概率分布不变，与转移时间 n 无关。

推论：如果齐次马尔可夫链的初始分布 $\{p_i\}$ 是平稳分布，则对 $\forall n \geqslant 1$ 步后，X_n 的分布 $\{p_j(n)\}$ 也是平稳分布，其中，$p_i = P\{X_0 = a_i\}$，$p_j(n) = P\{X_n = a_j\}$。

证明：由式(8-43)和式(8-50)可得

$$p_j(n) = \sum_{i=1}^{N} p_i p_{ij}(n) = p_j, \quad j\in I \qquad (8\text{-}51)$$

若用概率矢量表示，则有

$$\boldsymbol{P}(n) = \boldsymbol{P}(0) = \begin{bmatrix} p_1 \\ p_2 \\ \vdots \\ p_N \end{bmatrix}_{N\times 1} \qquad (8\text{-}52)$$

定义2：若齐次马尔可夫链的概率分布不随时间 n 的变化而改变，即满足式(8-51)或式(8-52)，则称此链为平稳马尔可夫链。称 $\{p_j\} = \{p_1, p_2, \cdots, p_N\}$ 为该链的平稳分布。

由于 $p_j(n) = P\{X_n = a_j\}$，$p_j = P\{X_0 = a_j\}$，由式(8-51)可得 $p_j(n) = p_j$，即 $P\{X_n = a_j\} = P\{X_0 = a_j\}$，表示平稳马尔可夫链的一维分布不随时间 n 的变化而改变。若对平稳马尔可夫链的 m 维分布在时间上平移 n，可得

$$\begin{aligned} &P\{X_{0+n} = a_{i0}, X_{1+n} = a_{i1}, \cdots, X_{m-1+n} = a_{i(m-1)}\} \\ &= P\{X_{0+n} = a_{i0}\} \cdot P\{X_{1+n} = a_{i1} \mid X_0 = a_{i0}\} \\ &\quad \cdots P\{X_{m-1+n} = a_{i(m-1)} \mid X_{m-2+n} = a_{i(m-2)}\} \\ &= p_{i0}(n) p_{i0,i1} \cdots p_{i(m-2),i(m-1)} \end{aligned} \qquad (8\text{-}53)$$

对于平稳马尔可夫链，由于 $p_{i0}(n) = p_{i0}(0) = p_i$，则

$$\begin{aligned} &P\{X_{0+n} = a_{i0}, X_{1+n} = a_{i1}, \cdots, X_{m-1+n} = a_{i(m-1)}\} \\ &= p_{i0} p_{i0,i1} \cdots p_{i(m-2),i(m-1)} \\ &= P\{X_0 = a_{i0}, X_1 = a_{i1}, \cdots, X_{m-1} = a_{i(m-1)}\} \end{aligned} \qquad (8\text{-}54)$$

可见，该马尔可夫链的 m 维分布也不随时间的平移而变化，说明平稳马尔可夫链是个严平稳过程。

2) 遍历性

例 8.3 中的马尔可夫链，求得的各步转移概率矩阵为

$$\boldsymbol{P} = \begin{bmatrix} 0.6 & 0.4 \\ 0.3 & 0.7 \end{bmatrix}, \quad \boldsymbol{P}(2) = \begin{bmatrix} 0.48 & 0.52 \\ 0.39 & 0.61 \end{bmatrix}, \quad \boldsymbol{P}(4) = \begin{bmatrix} 0.4332 & 0.5668 \\ 0.4251 & 0.5749 \end{bmatrix}$$

若再求 $\boldsymbol{P}(8) = \boldsymbol{P}(4)\boldsymbol{P}(4)$，则

$$\boldsymbol{P}(8) = \begin{bmatrix} 0.42860 & 0.57139 \\ 0.42855 & 0.57145 \end{bmatrix}$$

可以看出，随着步长 n 增大，此马尔可夫链的转移概率 P_{11} 与 P_{21}，P_{12} 与 P_{22} 的差距越来越小。设想若取 $n \to \infty$，则必有

$$\lim_{n \to \infty} \boldsymbol{P}(n) = \begin{bmatrix} p_1 & p_2 \\ p_1 & p_2 \end{bmatrix} \tag{8-55}$$

即不论从哪个状态 i 出发，只要终点状态 j 相同，则其转移概率相同。

定义 3：如果一个齐次马尔可夫链对于一切状态 i 和 j，存在不依赖于 i 的极限

$$\lim_{n \to \infty} p_{ij}(n) = p_j \tag{8-56}$$

则称此马尔可夫链具有遍历性。$p_{ij}(n)$ 为此链的 n 步转移概率。

由上述定义可知，在 $n \to \infty$ 时，n 步转移概率 $p_{ij}(n)$ 趋近于一个与初始状态 i 无关的 p_j；换言之，不论过程自哪一状态 i 出发，当转移步数 n 充分大时，转移到达状态 j 的概率都趋近于 p_j，对 $\forall j \in I, p_j$ 是一种概率分布 $\{p_j\}$ 满足

$$\sum_{j=1}^{N} p_j = 1 \tag{8-57}$$

此时 $\{p_j\}$ 称为极限分布。比较前面介绍的平稳分布可以看出，马尔可夫链的遍历性可以导致 $n \to \infty$ 的平稳性，因此平稳分布就是具有遍历性的马尔可夫链的极限分布。

$$\lim_{n \to \infty} \boldsymbol{P}(n) = \begin{bmatrix} p_1 & p_2 & \cdots & p_N \\ p_1 & p_2 & \cdots & p_N \\ \vdots & \vdots & \ddots & \vdots \\ p_1 & p_2 & \cdots & p_N \end{bmatrix} \tag{8-58}$$

物理上可以理解为：不管初始状态如何，系统经过一段时间后 $(n \to \infty)$，走到稳定状态 (平稳状态)，系统的宏观状态不再随时间变化，即系统处于各个状态的概率不再随时间变化，是一平稳分布。

以上给出了马尔可夫链具有遍历性的基本定义，下面的定理给出马尔可夫链具有遍历性的一个简单的充分条件以及求极限分布 $\{p_j\}$ 的方法。

定理 (有限马尔可夫链具有遍历性的充分条件)：对于一有限状态的马尔可夫链，若存在一正整数 m，使所有的状态满足

$$p_{ij}(m) > 0, \quad i,j \in I \tag{8-59}$$

则此链是遍历的。

由于遍历性的马尔可夫链的极限分布 $\{p_j\}$ 就是平稳马尔可夫链中的平稳分布，可推出极限分布 $\{p_j\}$ 是下面方程组的唯一解。

$$\begin{cases} p_j = \sum_{j=1}^{N} p_i p_{ij} \\ \sum_{j=1}^{N} p_j = 1 \end{cases} \quad 或 \quad \begin{cases} \boldsymbol{P} = \boldsymbol{P}^{\mathrm{T}}(1)\boldsymbol{P}(0) \\ \sum_{j=1}^{N} p_j = 1 \end{cases} \tag{8-60}$$

例 8.4　设有三个状态 $\{1,2,3\}$ 的马尔可夫链，它的一步转移概率矩阵为

$$\boldsymbol{P} = \begin{bmatrix} q & p & 0 \\ q & 0 & p \\ 0 & q & p \end{bmatrix}, \quad 0 < p < 1, q = 1-p$$

(1)问何时此链具有遍历性？ (2)求其极限分布 $\{p_j\}$。

解： (1)显然，当 $m=1$ 时，有 $\boldsymbol{P}(1) = \boldsymbol{P}$，因 $\boldsymbol{P}$ 中三个元素 p_{13}, p_{22}, p_{31} 皆为零，不满足有限马尔可夫链具有遍历性的充分条件。当 $m=2$ 时，由于

$$\boldsymbol{P}(2) = (\boldsymbol{P})^2 = \begin{bmatrix} q^2 + pq & pq & p^2 \\ q^2 & 2pq & p^2 \\ q^2 & pq & pq + p^2 \end{bmatrix}$$

的元素皆大于零，满足遍历的充分条件，所以此马尔可夫链具有遍历性。

(2)据式(8-60)有方程组

$$\begin{cases} p_1 = p_1 p_{11} + p_2 p_{21} + p_3 p_{31} \\ p_2 = p_1 p_{12} + p_2 p_{22} + p_3 p_{32} \quad 且 \quad p_1 + p_2 + p_3 = 1 \\ p_3 = p_1 p_{13} + p_2 p_{23} + p_3 p_{33} \end{cases}$$

将已知条件代入上式可得

$$\begin{cases} p_1 = p_1 q + p_2 q \\ p_2 = p_1 p + p_3 q \quad 且 \quad p_1 + p_2 + p_3 = 1 \\ p_3 = p_2 p + p_3 p \end{cases}$$

由此解得

$$p_1 = \left[1 + \frac{p}{q} + \left(\frac{p}{q}\right)^2 \right]^{-1}, \quad p_2 = \frac{p}{q} p_1, \quad p_3 = \left(\frac{p}{q}\right)^2 p_1$$

可归纳为

$$p_j = \frac{1 - \dfrac{p}{q}}{1 - \left(\dfrac{p}{q}\right)^3}\left(\frac{p}{q}\right)^{j-1}, \quad j = 1, 2, 3$$

若 $p = q = 1/2$，则得 $p_1 = p_2 = p_3 = 1/3$。

例 8.5　设有两个状态 $\{1, 2\}$ 的马尔可夫链，其一步转移概率矩阵为

$$\boldsymbol{P} = \begin{bmatrix} 1 & 0 \\ 0 & 1 \end{bmatrix} = I$$

试问此链是否具有遍历性？为什么？

解： 因为

$$\begin{cases} \boldsymbol{P}(1) = \boldsymbol{P} = I \\ \boldsymbol{P}(2) = (\boldsymbol{P})^2 = I \\ \boldsymbol{P}(3) = (\boldsymbol{P})^3 = I \\ \vdots \\ \boldsymbol{P}(n) = (\boldsymbol{P})^n = I \end{cases}$$

无论 n 为多大，始终 $p_{12}(n) = p_{21}(n) = 0$，不能满足遍历性的充分条件，故此链不具有遍历性。

8.1.3　马尔可夫过程

1. 马尔可夫过程的一般概念

1) 定义

设有一随机过程 $X(t), t \in T$，若在 $t_1, t_2, \cdots, t_{n-1}, t_n (t_1 < t_2 < \cdots < t_{n-1} < t_n \in T)$ 时刻对 $X(t)$ 观测得到相应的观测值 $x_1, x_2, \cdots, x_{n-1}, x_n$ 满足条件

$$\begin{aligned} &P\{X(t_n) \leqslant x_n \mid X(t_{n-1}) = x_{n-1}, X(t_{n-2}) = x_{n-2}, \cdots, X(t_1) = x_1\} \\ &= P\{X(t_n) \leqslant x_n \mid X(t_{n-1}) = x_{n-1}\} \end{aligned} \tag{8-61}$$

或

$$F_X(x_n; t_n \mid x_{n-1}, x_{n-2}, \cdots, x_2, x_1; t_{n-1}, t_{n-2}, \cdots, t_2, t_1) = F_X(x_n; t_n \mid x_{n-1}; t_{n-1}) \tag{8-62}$$

则称此类过程为具有马尔可夫性质（无后效性）的过程或马尔可夫过程，简称马尔可夫过程。其中，$F_X(x_n; t_n \mid x_{n-1}, \cdots, x_2, x_1; t_{n-1}, \cdots, t_2, t_1)$ 代表在 $X(t_{n-1}) = x_{n-1}, \cdots, X(t_2) = x_2, X(t_1) = x_1$ 的条件下，t_n 时刻 $X(t_n)$ 取 x_n 值的条件分布函数。

若把 t_{n-1} 看作"现在"，因为 $t_1 < t_2 < \cdots < t_{n-1} < t_n$，则 t_n 就可看成"将来"，$t_1, t_2, \cdots, t_{n-2}$ 就当作"过去"。因此上述定义中的条件可表述为：在"现在"状态 $X(t_{n-1})$ 取值为 x_{n-1} 的条件下，"将来"状态 $X(t_n)$ 与"过去"状态 $X(t_{n-2}), X(t_{n-3}), \cdots, X(t_1)$ 是无关的。

2)转移概率分布

定义马尔可夫过程的转移概率分布为

$$F_X\left(x_n;t_n\mid x_{n-1};t_{n-1}\right)=P\left\{X\left(t_n\right)\leqslant x_n\mid X\left(t_{n-1}\right)=x_{n-1}\right\} \tag{8-63}$$

或

$$F_X\left(x;t\mid x_0;t_0\right)=P\left\{X\left(t\right)\leqslant x\mid X\left(t_0\right)=x_0\right\},\quad t>t_0 \tag{8-64}$$

转移概率分布是条件概率分布，对 X 而言，它是一个分布函数，有以下性质。

(1) $$F_X\left(x;t\mid x_0;t_0\right)\geqslant 0 \tag{8-65}$$

(2) $$F_X\left(\infty;t\mid x_0;t_0\right)=1 \tag{8-66}$$

(3) $$F_X\left(-\infty;t\mid x_0;t_0\right)=0 \tag{8-67}$$

(4) $F_X\left(x;t\mid x_0;t_0\right)$ 是关于 x 的单调非降、右连续的函数。

(5)满足科尔莫戈罗夫-查普曼方程

$$\begin{cases}F_X\left(x;t\mid x_0;t_0\right)=\displaystyle\int_{-\infty}^{\infty}F_X\left(x;t\mid x_1;t_1\right)\mathrm{d}F_X\left(x_1;t_1\mid x_0;t_0\right)\\[2mm]\mathrm{d}F_X\left(x_1;t_1\mid x_0;t_0\right)=f_X\left(x_1;t_1\mid x_0;t_0\right)\mathrm{d}x_1,\quad t_0<t_1<t\end{cases} \tag{8-68}$$

应用全概率公式，可以证明上式成立。

3)转移概率密度

如果 $F_X\left(x;t\mid x_0;t_0\right)$ 关于 x 的导数存在，则

$$f_X\left(x;t\mid x_0;t_0\right)=\frac{\partial}{\partial x}F_X\left(x;t\mid x_0;t_0\right) \tag{8-69}$$

称为马尔可夫过程的转移概率密度。反之，可得

$$\int_{-\infty}^{x}f_X\left(u;t\mid x_0;t_0\right)\mathrm{d}u=\int_{-\infty}^{x}\mathrm{d}F_X\left(u;t\mid x_0;t_0\right)=F_X\left(x;t\mid x_0;t_0\right) \tag{8-70}$$

并且还有

$$\int_{-\infty}^{\infty}f_X\left(x;t\mid x_0;t_0\right)\mathrm{d}x=F_X\left(\infty;t\mid x_0;t_0\right)=1 \tag{8-71}$$

$$f_X\left(x;t\mid x_0;t_0\right)\xrightarrow{t\to t_0}\delta\left(x-x_0\right) \tag{8-72}$$

此时，无后效性可表示为

$$f_X\left(x_n;t_n\mid x_{n-1},x_{n-2},\cdots,x_2,x_1;t_{n-1},t_{n-2},\cdots,t_2,t_1\right)=f_X\left(x_n;t_n\mid x_{n-1};t_{n-1}\right) \tag{8-73}$$

马尔可夫过程的转移概率密度也满足科尔莫戈罗夫-查普曼方程

$$f_X\left(x_n;t_n\mid x_k;t_k\right)=\int_{-\infty}^{\infty}f_X\left(x_n;t_n\mid x_r;t_r\right)f_X\left(x_r;t_r\mid x_k;t_k\right)\mathrm{d}x_r,\quad t_n>t_r>t_k \tag{8-74}$$

证明：利用概率的乘法定理及马尔可夫过程的无后效性，可知

$$f_X(x_n, x_r; t_n, t_r \mid x_k; t_k) = \frac{f_X(x_n, x_r, x_k; t_n, t_r, t_k)}{f_X(x_k; t_k)}$$

$$= \frac{f_X(x_n; t_n \mid x_r, x_k; t_r, t_k) f_X(x_r, x_k, t_r, t_k)}{f_X(x_k; t_k)} \qquad (8\text{-}75)$$

$$= f_X(x_n; t_n \mid x_r; t_r) f_X(x_r; t_r \mid x_k; t_k)$$

并代入下式

$$f_X(x_n; t_n \mid x_k; t_k) = \int_{-\infty}^{\infty} f_X(x_n, x_r; t_n, t_r \mid x_k; t_k) \mathrm{d}x_r \qquad (8\text{-}76)$$

可得转移概率密度的科尔莫戈罗夫-查普曼方程。

如果马尔可夫过程的转移概率分布 $F_X(x; t \mid x_0; t_0)$ 或转移概率密度 $f_X(x; t \mid x_0; t_0)$，只与转移前后的状态 x_0, x 及相应的时间差 $t - t_0 = \tau$ 有关，而 t_0, t 无关，即

$$F_X(x; t \mid x_0; t_0) = F_X(x \mid x_0; \tau) \qquad (8\text{-}77)$$

或

$$f_X(x; t \mid x_0; t_0) = f_X(x \mid x_0; \tau) \qquad (8\text{-}78)$$

具有这种特性的马尔可夫过程称为齐次马尔可夫过程。

2. 马尔可夫过程的统计特性及性质

由前面的内容可知，随机过程的统计特性可由有限维联合概率分布来近似地描述。对于马尔可夫过程 $X(t)$ 来说，其 n 维概率密度可以表示为

$$
\begin{aligned}
& f_X(x_1, x_2, \cdots, x_n; t_1, t_2, \cdots, t_n) \\
& = f_X(x_n; t_n \mid x_1, x_2, \cdots, x_{n-1}; t_1, t_2, \cdots, t_{n-1}) f_X(x_1, x_2, \cdots, x_{n-1}; t_1, t_2, \cdots, t_{n-1}) \\
& \vdots \\
& = f_X(x_n; t_n \mid x_{n-1}; t_{n-1}) f_X(x_{n-1}; t_{n-1} \mid x_{n-2}; t_{n-2}) \cdots f_X(x_2; t_2 \mid x_1; t_1) f_X(x_1; t_1) \\
& = f_X(x_1; t_1) \prod_{i=1}^{n-1} f_X(x_{i+1}; t_{i+1} \mid x_i; t_i), t_1 < t_2 < \cdots < t_n
\end{aligned}
\qquad (8\text{-}79)
$$

当 t_1 为初始时刻时，$f_X(x_1; t_1)$ 表示初始概率分布(密度)。上式表明：马尔可夫过程的统计特性完全由它的初始概率分布(密度)和转移概率分布(密度)所确定。

上面已经介绍了马尔可夫过程的定义及一些特征，下面给出马尔可夫过程的几个有用性质。

(1)同马尔可夫序列的情况一样，逆方向的马尔可夫过程仍为马尔可夫过程。

对任意的整数 n 和 k，有

$$f_X(x_n; t_n \mid x_{n+1}, x_{n+2}, \cdots, x_{n+k}; t_{n+1}, t_{n+2}, \cdots, t_{n+k}) = f_X(x_n; t_n \mid x_{n+1}; t_{n+1}) \qquad (8\text{-}80)$$

证明：

$$f_X(x_n;t_n \mid x_{n+1}, x_{n+2}, \cdots, x_{n+k}; t_{n+1}, t_{n+2}, \cdots, t_{n+k})$$

$$= \frac{f_X(x_n, x_{n+1}, \cdots, x_{n+k}; t_n, t_{n+1}, \cdots, t_{n+k})}{f_X(x_{n+1}, \cdots, x_{n+k}; t_{n+1}, \cdots, t_{n+k})}$$

$$= \frac{f_X(x_n;t_n) \prod\limits_{i=n}^{n+k-1} f_X(x_{i+1};t_{i+1} \mid x_i;t_i)}{f_X(x_{n+1};t_{n+1}) \prod\limits_{i=n+1}^{n+k-1} f_X(x_{i+1};t_{i+1} \mid x_i;t_i)} \tag{8-81}$$

$$= \frac{f_X(x_n;t_n) f_X(x_{n+1};t_{n+1} \mid x_n;t_n)}{f_X(x_{n+1};t_{n+1})} = \frac{f_X(x_{n+1}, x_n; t_{n+1}, t_n)}{f_X(x_{n+1};t_{n+1})}$$

$$= f_X(x_n;t_n \mid x_{n+1};t_{n+1})$$

(2)若马尔可夫过程的现在状态已知，则将来状态与过去状态无关。

若 $t_n > t_r > t_s$，则在已知 X_r（过程在 t_r 时刻的状态）的条件下，随机变量 X_n 和 X_s 是独立的，满足

$$f_X(x_n, x_t; x_n, t_s \mid x_r;t_r) = f_X(x_n;t_n \mid x_r;t_r) f_X(x_s;t_s \mid x_r;t_r) \tag{8-82}$$

(3)若对每个 $t \leqslant t_1 < t_2$，$X(t_2) - X(t_1)$ 与 $X(t)$ 皆是独立的，则过程 $X(t)$ 是马尔可夫过程。

(4)由转移概率密度的无后效性可推出

$$E[X(t_n) \mid X(t_{n-1}), \cdots, X(t_1)] = E[X(t_n) \mid X(t_{n-1})] \tag{8-83}$$

8.2 独立增量过程

8.2.1 独立增量过程概述

1. 定义

设有一个随机过程 $X(t), t \in T$，如果对任意的时刻 $0 \leqslant t_0 < t_1 < t_2 < \cdots < t_n < b$，过程的增量 $X(t_1) - X(t_0)$、$X(t_2) - X(t_1)$、$\cdots$、$X(t_n) - X(t_{n-1})$ 是相互独立的随机变量，则称 $X(t)$ 为独立增量过程，又称为可加过程。

若由独立增量过程 $X(t), t \in T$，构造一个新过程 $Y(t) = X(t) - X(t_0), t \in T$，则新过程 $Y(t)$ 也是一个独立增量过程，不仅与 $X(t)$ 有相同的增量规律，而且有 $P\{Y(t_0) = 0\} = 1$。所以对一般的独立增量过程 $X(t)$，均假设(规定)其初始概率分布为 $P\{X(t_0) = 0\} = 1$。

由定义可见，独立增量过程有这样的特点：在任一时间间隔上，过程状态的改变，并不影响将来任一时间间隔上过程状态的改变(称为无后效性)。从而决定了独立增量过程是一种特殊的马尔可夫过程。因此如马尔可夫过程一样，独立增量过程的有限维分布可由它的初始概率分布 $P\{X(t_0) < x_0\}$ 及一切增量的概率分布唯一确定。t_0 为过程的初始时刻。

2. 性质

(1)独立增量过程 $X(t)$ 是一种特殊的马尔可夫过程。

证明：设增量为 $Y(t_i) = X(t_i) - X(t_{i-1}), i = 1,2,\cdots,n$ 。由于 $X(t)$ 为独立增量过程，故增量 $Y(t_1) = X(t_1) - X(t_0), Y(t_2) = X(t_2) - X(t_1), \cdots, Y(t_n) = X(t_n) - X(t_{n-1})$ 为相互独立的随机变量。因此有

$$f_Y(y_1, y_2, \cdots, y_n; t_1, t_2, \cdots, t_n) = f_1(y_1; t_1) f_2(y_2; t_2) \cdots f_n(y_n; t_n) \tag{8-84}$$

由 $X(t_0) = 0$ ，并利用多维随机变量的函数变换

$$\begin{aligned}
f_X(x_1, x_2, \cdots, x_n; t_1, t_2, \cdots, t_n) &= f_Y(y_1, y_2, \cdots, y_n; t_1, t_2, \cdots, t_n) \\
&= f_1(y_1; t_1) f_2(y_2; t_2) \cdots f_n(y_n; t_n) \\
&= f_1(x_1; t_1) f_2(x_2 - x_1; t_2, t_1) \cdots f_n(x_n - x_{n-1}; t_n, t_{n-1})
\end{aligned} \tag{8-85}$$

可得

$$\begin{aligned}
f_X(x_n; t_n \mid x_{n-1}, \cdots, x_1; t_{n-1}, \cdots, t_1) &= \frac{f_X(x_1, \cdots, x_{n-1}, x_n; t_1, \cdots, t_{n-1}, t_n)}{f_X(x_1, \cdots, x_{n-1}; t_1, \cdots, t_{n-1})} \\
&= \frac{f_1(x_1; t_1) \cdots f_{n-1}(x_{n-1} - x_{n-2}; t_{n-1}, t_{n-2}) f_n(x_n - x_{n-1}; t_n, t_{n-1})}{f_1(x_1; t_1) \cdots f_{n-1}(x_{n-1} - x_{n-2}; t_{n-1}, t_{n-2})} \\
&= f_n(x_n - x_{n-1}; t_n, t_{n-1}) \\
&= f_X(x_n; t_n \mid x_{n-1}, t_{n-1})
\end{aligned}$$

$$\tag{8-86}$$

可见，在 x_{n-1} 已知条件下，x_n 与 $x_{n-2}, \cdots, x_2, x_1$ 无关，因此过程 $X(t)$ 是马尔可夫过程。

(2)独立增量过程的有限维分布由它的初始概率分布和所有增量的概率分布唯一确定。

证明：设 $Y(t_0) = X(t_0), Y(t_i) = X(t_i) - X(t_{i-1}), i = 1,2,\cdots,n$ ，增量 $Y(t_i)$ 的概率分布函数可写成 $F_i(y_i, t_i)$ 。由

$$\begin{cases}
X(t_0) = Y(t_0) \\
X(t_1) = X(t_1) - X(t_0) + X(t_0) = Y(t_1) + Y(t_0) \\
X(t_2) = X(t_2) - X(t_1) + X(t_1) - X(t_0) + X(t_0) = Y(t_2) + Y(t_1) + Y(t_0) \\
\quad\vdots \\
X(t_n) = Y(t_n) + Y(t_{n-1}) + \cdots + Y(t_1) + Y(t_0) = \sum_{i=0}^{n} Y(t_i)
\end{cases} \tag{8-87}$$

则独立增量过程 $X(t)$ 的 $n+1$ 维概率分布为

$$\begin{aligned}
&F_X(x_0, x_1, x_2, \cdots, x_n; t_0, t_1, t_2, \cdots, t_n) \\
&= P\{X(t_0) \leqslant x_0, X(t_1) \leqslant x_1, X(t_2) \leqslant x_2, \cdots, X(t_n) \leqslant x_n\} \\
&= P\left\{Y(t_0) \leqslant x_0, Y(t_1) + Y(t_0) \leqslant x_1, Y(t_2) + Y(t_1) + Y(t_0) \leqslant x_2, \cdots, \sum_{i=0}^{n} Y(t_i) \leqslant x_n\right\}
\end{aligned} \tag{8-88}$$

利用条件概率表示 n 维分布的方法及马尔可夫过程的无后效性有

$$F_X\left(x_0,x_1,x_2,\cdots,x_n;t_0,t_1,t_2,\cdots,t_n\right)$$

$$= P\left\{Y(t_0) \leqslant x_0\right\}P\left\{Y(t_1)+Y(t_0) \leqslant x_1 \mid Y(t_0)=y_0\right\}$$

$$P\left\{Y(t_2)+Y(t_1)+Y(t_0) \leqslant x_2 \mid Y(t_0)+Y(t_1)=y_0+y_1\right\}$$

$$\cdots P\left\{\sum_{i=0}^{n}Y(t_i) \leqslant x_n \mid \sum_{i=0}^{n-1}Y(t_i) = \sum_{i=0}^{n-1}y_i\right\} \tag{8-89}$$

$$= P\left\{Y(t_0) \leqslant x_0\right\}P\left\{Y(t_1) \leqslant x_1-y_0\right\}P\left\{Y(t_2) \leqslant x_2-(y_0+y_1)\right\}\cdots P\left\{Y(t_n) \leqslant x_n-\sum_{i=0}^{n-1}y_i\right\}$$

$$= F_X\left(x_0;t_0\right)F_1\left(x_1-y_0;t_1\right)F_2\left(x_2-(y_0+y_1);t_2\right)\cdots F_n\left(x_n-\sum_{i=0}^{n-1}y_i;t_n\right)$$

因为

$$x_0=y_0=0,\quad y_1=x_1,\quad y_1+y_2=x_2,\cdots,\sum_{i=0}^{n-1}y_i=x_{n-1} \tag{8-90}$$

且当 $X(t_0)=0$ 时，$F_X\left(x_0;t_0\right)=P\left\{X(t_0)=0\right\}=1$，则

$$F_X\left(x_1,x_2,\cdots,x_n;t_1,t_2,\cdots,t_n\right)=F_X\left(x_1;t_1\right)F_2\left(x_2-x_1;t_2\right)\cdots F_n\left(x_n-x_{n-1};t_n\right)$$

$$= F_X\left(x_1;t_1\right)\prod_{k=2}^{n}F_k\left(x_k-x_{k-1};t_k\right) \tag{8-91}$$

上式说明，用一维增量概率分布 $F_k\left(x_k-x_{k-1};t_k\right)(k=2,\cdots,n)$ 与 $X(t)$ 的初始分布 $F_X\left(x_1;t_1\right)$ 就可以充分描述一个独立增量过程的 n 维分布。

如果独立增量过程 $X(t)$ 的增量 $X(t_i)-X(t_{i-1})$ 的分布只与时间差 t_i-t_{i-1} 有关，而与 t_i,t_{i-1} 本身无关，则称 $X(t)$ 为齐次独立增量过程或平稳独立增量过程。

8.2.2 泊松过程

泊松过程和维纳过程是两个最重要的独立增量过程。在日常生活及工程技术领域中，常常需要研究这样一类问题，即研究在一定时间间隔 $[0,t)$ 内某随机事件出现次数的统计规律。例如，公用事业中，某个固定的时间间隔 $[0,t)$ 内，光顾某商店的顾客数；通过某交叉路口的电车、汽车数；某船舶甲板"上浪"的次数；某电话总机接到的呼唤次数；在电子技术中的散粒噪声的冲激脉冲个数；数字通信中已编码信号的误码个数等。所有这些问题一般称为计数过程。

1. 计数过程

定义：某事件 A 在 $[t_0,t)$ 内出现的总次数所组成的过程 $\left\{X(t),t \geqslant t_0 \geqslant 0\right\}$ 称为计数过程。从定义出发，任何一个计数过程 $X(t)$ 应满足如下条件。

(1) $X(t)$ 是一个正整数。

(2) 如果有两个时刻 t_1,t_2 且 $t_2>t_1$，则 $X(t_2) \geqslant X(t_1)$。

(3) 当 $t_2>t_1$ 时，$X(t_2)-X(t_1)$ 代表在时间间隔 (t_2,t_1) 内事件 A 出现的次数。

在计数过程中，如果在不相交叠的时间间隔内事件 A 出现的次数是相互独立的，则该

计数过程为独立增量过程。即当 $t_1 < t_2 \leqslant t_3 < t_4$ 时，$[t_1,t_2)$ 和 $[t_3,t_4)$ 为两个不相交叠的时间间隔，$[t_1,t_2)$ 内事件 A 出现的次数为 $X(t_2)-X(t_1)$，$[t_3,t_4)$ 内事件 A 出现的次数为 $X(t_4)-X(t_3)$，若 $X(t_2)-X(t_1)$ 与 $X(t_4)-X(t_3)$ 相互独立，则 $X(t)$ 为独立增量过程。

计数过程中，如果在 $[t_1,t_1+\tau)$ 内事件 A 出现的次数仅与时间差 τ 有关，而与起始时间 t_1 无关，即 $[X(t_1+\tau)-X(t_1)]$ 仅与 τ 有关而与 t_1 无关，则称该过程为齐次或平稳增量计数过程。

2. 泊松过程的一般概念

定义：若有一随机计数过程 $\{X(t),t \geqslant t_0 \geqslant 0\}$ 满足下列假设

(1) 从 t_0 开始观察事件，即 $X(t_0)=0$。

(2) 对任意时刻 $0 \leqslant t_1 < t_2 < \cdots < t_n$，出现事件次数 $X(t_{i-1},t_i)=X(t_i)-X(t_{i-1})(i=1,2,\cdots,n)$ 是相互独立的，且出现次数 $X(t_{i-1},t_i)$ 仅与时间差 $\tau_i=t_i-t_{i-1}$ 有关，而与起始时间 t_i 无关。

(3) 对于充分小的 Δt，在 $[t,t+\Delta t)$ 内事件出现一次的概率为

$$P_1(t,t+\Delta t)=P\{X(t,t+\Delta t)=1\}=\lambda\Delta t+0(\Delta t) \tag{8-92}$$

其中，$0(\Delta t)$ 是在 $\Delta t \to 0$ 时关于 Δt 的高阶无穷小量，常数 $\lambda > 0$ 称为过程 $X(t)$ 的强度。

(4) 对于充分小的 Δt，在 $[t,t+\Delta t)$ 内事件出现两次及两次以上的概率为

$$\sum_{j=2}^{\infty}P_j(t,t+\Delta t)=\sum_{j=2}^{\infty}P\{X(t,t+\Delta t)=j\}=0(\Delta t) \tag{8-93}$$

此概率与出现一次的概率相比，可以忽略不计。若将上述两式结合起来，可得到在 $[t,t+\Delta t)$ 内不出现事件（出现事件零次）的概率为

$$P\{X(t,t+\Delta t)=0\}=P_0(t,t+\Delta t)=1-\left[P_1(t,t+\Delta t)+\sum_{j=2}^{\infty}P_j(t,t+\Delta t)\right]$$
$$=1-\lambda\Delta t-0(\Delta t) \tag{8-94}$$

则称此过程为泊松过程。泊松过程是计数过程，也是重要的独立增量过程。

泊松过程在任意两时刻 $t_1 < t_2$ 所得的随机变量的增量 $X(t_1,t_2)=X(t_2)-X(t_1)$ 服从期望为 $\lambda(t_2-t_1)$ 的泊松分布，即对于 $k=0,1,2,\cdots$，有

$$P_k(t_1,t_2)=P\{X(t_1,t_2)=k\}=\frac{\left[\lambda(t_2-t_1)\right]^k}{k!}\mathrm{e}^{-\lambda(t_2-t_1)} \tag{8-95}$$

则该过程在 $[t_0,t)$ 内出现事件 k 次的概率为

$$P_k(t_0,t)=P\{X(t_0,t)=k\}=\frac{\left[\lambda(t-t_0)\right]^k}{k!}\mathrm{e}^{-\lambda(t-t_0)}, \quad t>t_0, k=0,1,2,\cdots \tag{8-96}$$

证明：(1) 首先确定 $P_0(t_0,t)$，对于充分小的 $\Delta t > 0$，由于

$$\begin{aligned}X(t_0,t+\Delta t)&=X(t+\Delta t)-X(t_0)\\&=X(t+\Delta t)-X(t)+X(t)-X(t_0)\\&=X(t,t+\Delta t)+X(t_0,t)\end{aligned} \tag{8-97}$$

故

$$
\begin{aligned}
P_0(t_0, t+\Delta t) &= P\{X(t_0, t+\Delta t) = 0\} \\
&= P\{[X(t_0, t) + X(t, t+\Delta t)] = 0\} \\
&= P\{X(t_0, t) = 0, X(t, t+\Delta t) = 0\}
\end{aligned}
\tag{8-98}
$$

由泊松过程定义可知，满足条件(2)，则

$$
\begin{aligned}
P_0(t_0, t+\Delta t) &= P\{X(t_0, t) = 0\} P\{X(t, t+\Delta t) = 0\} \\
&= P_0(t_0, t) P_0(t, t+\Delta t) \\
&= P_0(t_0, t)[1 - \lambda\Delta t - 0(\Delta t)]
\end{aligned}
\tag{8-99}
$$

即 $P_0(t_0, t+\Delta t) - P_0(t_0, t) = P_0(t_0, t)[-\lambda\Delta t - 0(\Delta t)]$。两边除以 Δt，并令 $\Delta t \to 0$，便可得到 $P_0(t_0, t)$ 满足的微分方程

$$
\frac{\mathrm{d}P_0(t_0, t)}{\mathrm{d}t} = -\lambda P_0(t_0, t)
\tag{8-100}
$$

因为 $P_0(t_0, t_0) = P\{X(t_0, t_0) = 0\} = 1$，将它看作初始条件，即可由上式解得

$$
P_0(t_0, t) = \mathrm{e}^{-\lambda(t-t_0)}, \quad t > t_0
\tag{8-101}
$$

(2)类似地可以确定 $P_1(t_0, t)$，先考虑

$$
\begin{aligned}
P_1(t_0, t+\Delta t) &= P\{X(t_0, t+\Delta t) = 1\} = P\{X(t_0, t) + X(t, t+\Delta t) = 1\} \\
&= P\{X(t_0, t) = 1, X(t, t+\Delta t) = 0\} + P\{X(t_0, t) = 0, X(t, t+\Delta t) = 1\} \\
&= P_1(t_0, t) P_0(t, t+\Delta t) + P_0(t_0, t) P_1(t, t+\Delta t)
\end{aligned}
\tag{8-102}
$$

再将 $P_0(t_0, t)$ 代入上式，经适当整理后，两边除以 Δt，并令 $\Delta t \to 0$，即可得到 $P_1(t_0, t)$ 满足的微分方程

$$
\frac{\mathrm{d}P_1(t_0, t)}{\mathrm{d}t} = -\lambda P_1(t_0, t) + \lambda \mathrm{e}^{-\lambda(t-t_0)}
\tag{8-103}
$$

因为 $P_1(t_0, t_0) = P\{X(t_0, t_0) = 1\} = 0$，将它作为初始条件，可求得上式解为

$$
P_1(t_0, t) = \lambda(t-t_0) \mathrm{e}^{-\lambda(t-t_0)}, \quad t > t_0
\tag{8-104}
$$

(3)重复上述方法，可求得在 $[t_0, t)$ 内事件出现 k 次的概率

$$
P_k(t_0, t) = P\{X(t_0, t) = k\} = \frac{[\lambda(t-t_0)]^k}{k!} \mathrm{e}^{-\lambda(t-t_0)}, \quad t > t_0, k = 0, 1, 2, \cdots
\tag{8-105}
$$

当 $t_0 = 0$ 时，有

$$
P_k(0, t) = P\{X(t) = k\} = \frac{(\lambda t)^k}{k!} \mathrm{e}^{-\lambda t}, \quad t > 0, k = 0, 1, 2, \cdots
\tag{8-106}
$$

此式表明：对于固定的 t ，与泊松过程相应的随机变量 $X(t)$ 服从参数为 λt 的泊松分布；而 λt 就是在 $[0,t)$ 内事件出现次数的数学期望。换言之，强度 λ 就是单位时间内事件出现次数的数学期望。

因此泊松过程是一个计数过程，泊松过程 $X(t)$ 的每一个样本函数 $x(t)$ 都呈阶梯形（图 8.2），它在每个随机点 t_i 处产生单位为 "1" 的阶跃。对于给定的 t ，$X(t)$ 等于在时间间隔 $[0,t)$ 内的随机点数。所以泊松过程

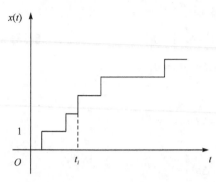

图 8.2　泊松过程的样本函数示意图

$$X(t) = \sum_i U(t - t_i) \tag{8-107}$$

其中，t_i 是随机变量。

3. 泊松过程的统计特性

1）数学期望

若将时间 t 固定，则随机过程 $X(t)$ 就是一个泊松分布的随机变量，因此

$$
\begin{aligned}
E\left[X(t)\right] &= \sum_{k=0}^{\infty} k \cdot P\left\{X(t) = k\right\} = \sum_{k=0}^{\infty} k \frac{(\lambda t)^k}{k!} \mathrm{e}^{-\lambda t} \\
&= \lambda t \mathrm{e}^{-\lambda t}\left[\sum_{k=0}^{\infty} \frac{(\lambda t)^{k-1}}{(k-1)!}\right] = \lambda t \mathrm{e}^{-\lambda t}\left[\mathrm{e}^{\lambda t}\right] = \lambda t
\end{aligned} \tag{8-108}
$$

同理引用式（8-95），随机过程的增量 $[X(t_2) - X(t_1)]$ 的期望为

$$E\left[X(t_2) - X(t_1)\right] = \sum_{k=0}^{\infty} k P\left\{X(t_1, t_2) = k\right\} = \lambda(t_2 - t_1) \tag{8-109}$$

2）均方值与方差

类似于上述方法，过程 $X(t)$ 的均方值

$$
\begin{aligned}
E\left[X^2(t)\right] &= \sum_{k=0}^{\infty} k^2 \cdot P\left\{X^2(t) = k^2\right\} = \sum_{k=0}^{\infty} k^2 \cdot \frac{(\lambda t)^k}{k!} \mathrm{e}^{-\lambda t} \\
&= \mathrm{e}^{-\lambda t}\left[\sum_{k=0}^{\infty} k(k-1)\frac{(\lambda t)^k}{k!} + \sum_{k=0}^{\infty} k \cdot \frac{(\lambda t)^k}{k!}\right] \\
&= \mathrm{e}^{-\lambda t}\left[(\lambda t)^2 \sum_{k=2}^{\infty} \frac{(\lambda t)^{k-2}}{(k-2)!} + \lambda t \sum_{k=1}^{\infty} \frac{(\lambda t)^{k-1}}{(k-1)!}\right] \\
&= \mathrm{e}^{-\lambda t}\left[(\lambda t)^2 \mathrm{e}^{\lambda t} + \lambda t \mathrm{e}^{\lambda t}\right] \\
&= \lambda^2 t^2 + \lambda t
\end{aligned} \tag{8-110}
$$

同理，过程 $X(t)$ 的方差、过程增量 $[X(t_2) - X(t_1)]$ 的均方值和方差为

$$D\left[X(t)\right] = E\left[X(t)^2\right] - E^2\left[X(t)\right] = \lambda^2 t^2 + \lambda t - \left(\lambda t\right)^2 = \lambda t \tag{8-111}$$

$$E\left\{\left[X(t_2) - X(t_1)\right]^2\right\} = \lambda^2(t_2 - t_1)^2 + \lambda(t_2 - t_1) \tag{8-112}$$

$$D\left[X(t_2) - X(t_1)\right] = \lambda(t_2 - t_1) \tag{8-113}$$

3）相关函数

由定义 $R_X(t_1,t_2) = E[X(t_1)X(t_2)]$ 可得出以下结论。

（1）若 $t_2 > t_1 > 0$ ，如图 8.3 所示。由于时间间隔 t_1 和 t_2 相互重叠，则增量 $X(t_1)$ 和 $X(t_2)$ 相互不独立。但时间间隔 $t_2 - t_1$ 与 t_1 不重叠。因此将增量 $X(t_2)$ 变换成两个独立的增量之和：

$$X(t_2) = \left[X(t_2) - X(t_1)\right] + X(t_1) \tag{8-114}$$

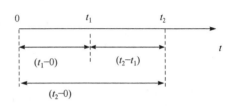

图 8.3 时间关系图

因此有

$$\begin{aligned}
R_X(t,t_2) &= E\left\{X(t_1)\left[X(t_2) - X(t_1) + X(t_1)\right]\right\} \\
&= E\left[X(t_1)\right] \cdot E\left[X(t_2) - X(t_1)\right] + E\left[X^2(t_1)\right] \\
&= \lambda t_1 \cdot \lambda(t_2 - t_1) + \lambda^2 t_1^2 + \lambda t_1 \\
&= \lambda^2 t_1 t_2 + \lambda t_1, \qquad t_2 > t_1 > 0
\end{aligned} \tag{8-115}$$

（2）若 $t_1 > t_2 > 0$ ，同样有

$$R_X(t_1,t_2) = \lambda^2 t_1 t_2 + \lambda t_2, \quad t_1 > t_2 > 0 \tag{8-116}$$

综合上述两式，则有

$$R_X(t_1,t_2) = \lambda^2 t_1 t_2 + \lambda \min(t_1,t_2) \tag{8-117}$$

4. 泊松过程的应用实例——电报信号

在随机点密度 λ 为常数的均匀情况下，研究下述泊松过程的两个应用实例。

1）半随机电报信号

半随机电报信号 $X(t)$ 是只取+1 或–1 的随机过程，$X(t)$ 的一条样本函数曲线如图 8.4 所示。若在时间间隔 $(0,t)$ 内，变号时刻点的总数为偶数（或 0），则 $X(t) = +1$ ；若为奇数，则 $X(t) = -1$ 。

（1）半随机电报信号的概率分布。

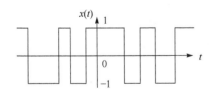

图 8.4 半随机电报信号的样本函数

设在时间间隔 $(0,t)$ 内有 k 个变号点的概率 $P_k(0,t)$ 为

$$P_k(0,t) = \frac{(\lambda t)^k}{k!} e^{-\lambda t} \tag{8-118}$$

因事件序列 $\{$ 在 $(0,t)$ 内出现 k 个点 $(k=0,1,2,\cdots)\}$ 是互不相容的，故在 $(0,t)$ 内有偶数个变号点的概率为

$$P\{X(t)=1\}=P_0(0,t)+P_2(0,t)+\cdots=\mathrm{e}^{-\lambda t}\left[1+\frac{(\lambda t)^2}{2!}+\cdots\right]=\mathrm{e}^{-\lambda t}\mathrm{ch}(\lambda t) \tag{8-119}$$

类似地，在 $(0,t)$ 内有奇数个变号点的概率为

$$P\{X(t)=-1\}=P_1(0,t)+P_3(0,t)+\cdots=\mathrm{e}^{-\lambda t}\left[\lambda t+\frac{(\lambda t)^3}{3!}+\cdots\right]=\mathrm{e}^{-\lambda t}\mathrm{sh}(\lambda t) \tag{8-120}$$

即

$$\begin{cases} P\{X(t)=1\}=\mathrm{e}^{-\lambda t}\mathrm{ch}(\lambda t) \\ P\{X(t)=-1\}=\mathrm{e}^{-\lambda t}\mathrm{sh}(\lambda t) \end{cases} \tag{8-121}$$

(2) 半随机电报信号的均值

$$\begin{aligned} E[X(t)] &= 1\cdot P\{X(t)=1\}+(-1)\cdot P\{X(t)=-1\} \\ &= \mathrm{e}^{-\lambda t}[\mathrm{ch}(\lambda t)-\mathrm{sh}(\lambda t)]=\mathrm{e}^{-2\lambda t} \end{aligned} \tag{8-122}$$

(3) 半随机电报信号的自相关函数

$$R_X(t_1,t_2)=\sum_{\substack{X(t_1)=\pm 1 \\ X(t_2)=\pm 1}} X(t_1)X(t_2)P\{X(t_1),X(t_2)\} \tag{8-123}$$

其中

$$P\{X(t_1),X(t_2)\}=P\{X(t_2)\,|\,X(t_1)\}P\{X(t_1)\} \tag{8-124}$$

① 假设 $t_2-t_1=\tau>0$ 且 $X(t_1)=1$。若 $X(t_2)=1$，则在间隔 (t_2,t_1) 内有偶数个变号点。故

$$P\{X(t_2)=1\,|\,X(t_1)=1\}=P\{X(\tau)=1\}=\mathrm{e}^{-\lambda\tau}\mathrm{ch}(\lambda\tau) \tag{8-125}$$

又由于 $P\{X(t_1)=1\}=\mathrm{e}^{-\lambda t_1}\mathrm{ch}(\lambda t_1)$，就可得到

$$P\{X(t_1)=1,X(t_2)=1\}=\mathrm{e}^{-\lambda\tau}\mathrm{ch}(\lambda\tau)\cdot\mathrm{e}^{-\lambda t_1}\mathrm{ch}(\lambda t_1) \tag{8-126}$$

类似地可得

$$\begin{cases} P\{X(t_2)=-1\,|\,X(t_1)=-1\}=P\{X(\tau)=1\}=\mathrm{e}^{-\lambda\tau}\mathrm{ch}(\lambda\tau) \\ P\{X(t_2)=-1\,|\,X(t_1)=1\}=P\{X(\tau)=-1\}=\mathrm{e}^{-\lambda\tau}\mathrm{sh}(\lambda\tau) \\ P\{X(t_2)=1\,|\,X(t_1)=-1\}=P\{X(\tau)=-1\}=\mathrm{e}^{-\lambda\tau}\mathrm{sh}(\lambda\tau) \end{cases} \tag{8-127}$$

因此有

$$\begin{cases} P\{X(t_1)=-1,X(t_2)=-1\}=\mathrm{e}^{-\lambda\tau}\mathrm{ch}(\lambda\tau)\cdot\mathrm{e}^{-\lambda t_1}\mathrm{sh}(\lambda t_1) \\ P\{X(t_1)=1,X(t_2)=-1\}=\mathrm{e}^{-\lambda\tau}\mathrm{sh}(\lambda\tau)\cdot\mathrm{e}^{-\lambda t_1}\mathrm{ch}(\lambda t_1) \\ P\{X(t_1)=-1,X(t_2)=1\}=\mathrm{e}^{-\lambda\tau}\mathrm{sh}(\lambda\tau)\cdot\mathrm{e}^{-\lambda t_1}\mathrm{sh}(\lambda t_1) \end{cases} \tag{8-128}$$

$X(t)$ 的自相关函数为

$$R_X(t_1, t_2) = \sum_{\substack{X(t_1)=\pm 1 \\ X(t_2)=\pm 1}} X(t_1) X(t_2) P\{X(t_1), X(t_2)\}$$

$$= 1 \cdot 1 \cdot P\{X(t_1)=1, X(t_2)=1\} + (-1) \cdot (-1) \times P\{X(t_1)=-1, X(t_2)=-1\} \tag{8-129}$$

$$+ 1 \cdot (-1) \times P\{X(t_1)=1, X(t_2)=-1\} + (-1) \cdot 1 \times P\{X(t_1)=-1, X(t_2)=1\}$$

$$= e^{-2\lambda\tau}, \quad t_2 - t_1 = \tau > 0$$

② 设 $t_1 - t_2 = \tau > 0$，同理可推出

$$R_X(t_1, t_2) = e^{-2\lambda\tau}, \quad t_1 - t_2 = \tau > 0 \tag{8-130}$$

所以，综合①②可得 $X(t)$ 的自相关函数最终表达式

$$R_X(t_1, t_2) = e^{-2\lambda|t_1-t_2|} = e^{-2\lambda|\tau|} = R_X(\tau) \tag{8-131}$$

由式 (8-131) 可见，半随机电报信号的自相关函数仅与时间差 τ 有关，而与时刻点 t_1，t_2 本身无关，如图 8.5 所示。

(4) 半随机电报信号的功率谱密度。

对半随机电报信号的自相关函数求傅里叶变换，即得此电报信号的功率谱密度

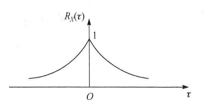

图 8.5 半随机电报信号的自相关函数

$$G_X(\omega) = \int_{-\infty}^{\infty} R_X(\tau) e^{-j\omega\tau} d\tau = \int_{-\infty}^{\infty} e^{-2\lambda|\tau|} e^{-j\omega\tau} d\tau = \frac{4\lambda}{4\lambda^2 + \omega^2} \tag{8-132}$$

2) 随机电报信号

给定一个随机变量 A，它以等概率取+1 或 -1 值，即 $P\{A=1\} = P\{A=-1\} = 0.5$。因此，$E[A]=0, E[A^2]=1$。假定上述的半随机电报信号 $X(t)$ 与随机变量 A 统计独立，即对于每个 t，随机变量 $X(t)$ 与随机变量 A 是统计独立的。现在，定义一个新的随机过程

$$Y(t) = AX(t) \tag{8-133}$$

于是 $Y(t) = X(t)$ 或 $Y(t) = -X(t)$，为了与 $X(t)$ 相区别，称 $Y(t)$ 为随机电报信号。显然 $Y(t)$ 的均值和自相关函数分别为

$$E[Y(t)] = E[AX(t)] = E[A] \cdot E[X(t)] = 0 \tag{8-134}$$

$$R_Y(t_1, t_2) = E[Y(t_1)Y(t_2)] = E[A^2 X(t_1) X(t_2)]$$

$$= E[A^2] E[X(t_1) X(t_2)] = e^{-2\lambda|t_2-t_1|} \tag{8-135}$$

$$= e^{-2\lambda|\tau|} = R_Y(\tau) = R_X(\tau)$$

随机过程 $X(t)$ 和 $Y(t)$ 具有渐近 $(t \to \infty)$ 相等的统计特性。

5. 泊松冲激序列

泊松过程 $X(t)$ 对时间 t 求导，便可得到与时间轴上的随机点 t_i 相对应的冲激序列 $Z(t)$，称为泊松冲激序列。

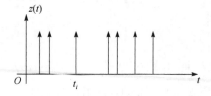

图 8.6 泊松冲激序列的一个样本函数

$$Z(t)=\frac{\mathrm{d}X(t)}{\mathrm{d}t}=\frac{\mathrm{d}}{\mathrm{d}t}\sum_i U(t-t_i)=\sum_i \delta(t-t_i) \quad (8\text{-}136)$$

其中，t_i 为随机变量。由于泊松过程 $X(t)$ 的样本函数是阶梯函数，则泊松冲激序列的样本函数是一串冲激序列，如图 8.6 所示。

泊松过程 $X(t)$ 及其统计特性均已在前面讨论过，可得泊松冲激序列 $Z(t)$ 的统计特性：

$$E\big[Z(t)\big]=E\left[\frac{\mathrm{d}X(t)}{\mathrm{d}t}\right]=\frac{\mathrm{d}E\big[X(t)\big]}{\mathrm{d}t}=\frac{\mathrm{d}(\lambda t)}{\mathrm{d}t}=\lambda \quad (8\text{-}137)$$

$$
\begin{aligned}
R_Z(t_1,t_2) &= E\big[Z(t_1)Z(t_2)\big]=E\left[\frac{\mathrm{d}X(t_1)}{\mathrm{d}t_1}\cdot\frac{\mathrm{d}X(t_2)}{\mathrm{d}t_2}\right]\\
&=R_{X'X'}(t_1,t_2)=\frac{\partial^2 R_X(t_1,t_2)}{\partial t_1 \partial t_2}=\frac{\partial}{\partial t_1}\left[\frac{\partial R_X(t_1,t_2)}{\partial t_2}\right]\\
&=\begin{cases}\dfrac{\partial}{\partial t_1}\big(\lambda^2 t_1\big), & t_1>t_2\\[2mm]\dfrac{\partial}{\partial t_1}\big(\lambda^2 t_1+\lambda\big), & t_1<t_2\end{cases} \quad (8\text{-}138)\\
&=\frac{\partial}{\partial t_1}\Big[\lambda^2 t_1+\lambda U(t_1-t_2)\Big]\\
&=\lambda^2+\lambda\delta(t_1-t_2)=\lambda^2+\lambda\delta(\tau)
\end{aligned}
$$

由此可见，泊松冲激序列是平稳过程。

6. 过滤的泊松过程与散粒噪声

设有一泊松冲激脉冲序列 $Z(t)=\sum_i \delta(t-t_i)$ 经过线性时不变滤波器，如图 8.7 所示。则此滤波器输出的随机过程

$$X(t)=Z(t)*h(t)=\sum_{i=1}^{N(T)} h(t-t_i), \quad 0\leqslant t<\infty \quad (8\text{-}139)$$

称为过滤的泊松过程。式中，$h(t)$ 为滤波器的冲激响应，第 i 个冲激脉冲出现的时间 t_i 是个随机变量；$N(T)$ 为在 $[0,T]$ 内输入滤波器的冲激脉冲的个数，它服从泊松分布，即

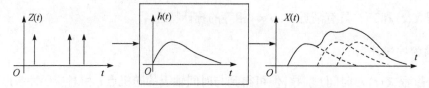

图 8.7 泊松冲激脉冲序列经过线性时不变滤波器

$$P\{N(T)=k\}=\frac{(\lambda T)^{k}}{k!}\mathrm{e}^{-\lambda T},\quad k=0,1,2,\cdots \tag{8-140}$$

式中，λ 为单位时间内的平均脉冲数。

经分析可知，若在 $[0,T)$ 内输入滤波器的冲激脉冲数 $N(T)$ 为 k，则该 k 个冲激脉冲出现的时间 t_i 均为独立同分布的随机变量，且此随机变量均匀分布在 $[0,T)$ 内，即

$$f\left(t_{i}\mid N(T)=k\right)=\begin{cases}\dfrac{1}{T},&0\leqslant t_{i}<T\\[2mm]0,&\text{其他}\end{cases} \tag{8-141}$$

温度限制的电子二极管中，由散粒（或散弹）效应引起的散粒（或散弹）噪声电流是过滤的泊松过程。晶体管中有热噪声、散粒噪声和闪烁噪声（又称 $1/f$ 噪声，是一种低频噪声）三种类型的噪声。其中散粒噪声的机理与电子管的相类似，也是过滤的泊松过程。

换言之，散粒噪声 $X(t)$ 可以表示成

$$X(t)=Z(t)*h(t)=\sum_{i}h(t-t_{i}) \tag{8-142}$$

即把它看成是泊松冲激（脉冲）序列输入线性时不变系统的输出。

下面讨论散粒噪声 $X(t)$ 的统计特性。

（1）对于均匀的情况（λ 为常数），可以证明 $X(t)$ 是平稳的。

已知泊松冲激脉冲序列 $Z(t)=\sum_{i}\delta(t-t_{i})$ 的数学期望和自相关函数为

$$\begin{cases}E\left[Z(t)\right]=\lambda\\R_{Z}(\tau)=\lambda^{2}+\lambda\delta(\tau)\end{cases} \tag{8-143}$$

从而可得泊松冲激序列的功率谱密度

$$G_{Z}(\omega)=\int_{-\infty}^{\infty}R_{Z}(\tau)\mathrm{e}^{-\mathrm{j}\omega t}\mathrm{d}\tau=2\pi\lambda^{2}\delta(\omega)+\lambda \tag{8-144}$$

根据时频域分析，可得散粒噪声 $X(t)$ 的数学期望为

$$\begin{aligned}E\left[X(t)\right]&=E\left[Z(t)*h(t)\right]=E\left[\int_{-\infty}^{\infty}Z(t-\eta)h(\eta)\mathrm{d}\eta\right]\\&=\int_{-\infty}^{\infty}E\left[Z(t-\eta)\right]h(\eta)\mathrm{d}\eta\\&=\lambda\int_{-\infty}^{\infty}h(\eta)\mathrm{d}\eta=\lambda H(0)\end{aligned} \tag{8-145}$$

散粒噪声 $X(t)$ 的功率谱密度为

$$\begin{aligned}G_{X}(\omega)&=\left|H(\omega)\right|^{2}G_{Z}(\omega)=\left|H(\omega)\right|^{2}\left[2\pi\lambda^{2}\delta(\omega)+\lambda\right]\\&=2\pi\lambda^{2}H^{2}(0)\delta(\omega)+\lambda\left|H(\omega)\right|^{2}\end{aligned} \tag{8-146}$$

从而得到其自相关函数为

$$R_X(\tau) = \frac{1}{2\pi} \int_{-\infty}^{\infty} G_X(\omega) \mathrm{e}^{\mathrm{j}\omega\tau} \mathrm{d}\omega$$

$$= \frac{1}{2\pi} \int_{-\infty}^{\infty} \left[2\pi\lambda^2 H^2(0)\delta(\omega) + \lambda|H(\omega)|^2 \right] \mathrm{e}^{\mathrm{j}\omega\tau} \mathrm{d}\omega$$

$$= \lambda^2 H^2(0) + \frac{\lambda}{2\pi} \int_{-\infty}^{\infty} |H(\omega)|^2 \mathrm{e}^{\mathrm{j}\omega\tau} \mathrm{d}\omega \tag{8-147}$$

$$= \lambda^2 H^2(0) + \lambda \int_{-\infty}^{\infty} h(\tau+\beta)h(\beta)\mathrm{d}\beta$$

由上式可见，$X(t)$确实是平稳随机过程。均匀的泊松冲激序列$Z(t)$和散粒噪声$X(t)$的自相关函数及功率谱密度如图 8.8 所示。

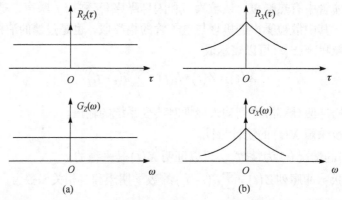

图 8.8　泊松冲激序列 $Z(t)$ 和散粒噪声 $X(t)$ 的自相关函数及功率谱密度

则散粒噪声$X(t)$的自协方差函数和方差为

$$C_X(\tau) = R_X(\tau) - \left\{ E[X(t)] \right\}^2 = \lambda \int_{-\infty}^{\infty} h(\tau+\beta)h(\beta)\mathrm{d}\beta \tag{8-148}$$

$$\sigma_X^2 = C_X(0) = \lambda \int_{-\infty}^{\infty} h^2(\beta)\mathrm{d}\beta = \lambda \int_{-\infty}^{\infty} h^2(t)\mathrm{d}t \tag{8-149}$$

(2) 对于非均匀的情况，即$\lambda(t)$不是常数，则$X(t)$的均值与自协方差函数分别为

$$E[X(t)] = E[Z(t)*h(t)] = \int_{-\infty}^{\infty} E[Z(\eta)]h(t-\eta)\mathrm{d}\eta = \int_{-\infty}^{\infty} \lambda(\eta)h(t-\eta)\mathrm{d}\eta \tag{8-150}$$

其中，$E[Z(t)] = \lambda(t)$。

$$C_X(t_1,t_2) = R_X(t_1,t_2) - E[X(t_1)]E[X(t_2)]$$

$$= \int_{-\infty}^{\infty} \lambda(\eta)h(t_1-\eta)h(t_2-\eta)\mathrm{d}\eta \tag{8-151}$$

(3) 如果每个输入冲激脉冲的强度（面积）不等于 1，而是q（如电子电荷），则均匀散粒噪声变为

$$X(t) = \sum_i qh(t-t_i) \tag{8-152}$$

其均值与方差分别为

$$E\big[X(t)\big]=\lambda q\int_{-\infty}^{\infty}h(t)\mathrm{d}t=\lambda qH(0)$$

$$\sigma_X^2=\lambda q^2\int_{-\infty}^{\infty}h^2(t)\mathrm{d}t$$

(8-153)

反之，若 $h(t)$ 已知，则由测量 $X(t)$ 的均值与方差，就能求出 λ 和 q。

例 8.6 图 8.9 所示电路中，电流源 $i(t)$ 是由冲激脉冲序列所组成的，即 $i(t)=\sum_i q\delta(t-t_i)$。电路两端产生的电压为

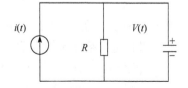

$$V(t)=\sum_i qh(t-t_i)\quad\text{且}\quad h(t)=\frac{1}{C}\mathrm{e}^{-\frac{1}{RC}}U(t)$$

图 8.9 例 8.6 电路示意图

式中，$U(t)$ 为时域阶跃函数。试求电压 $V(t)$ 的均值与方差，以及 λ 和 q。

解： 由已知的冲激响应 $h(t)$，可方便地求得

$$\int_{-\infty}^{\infty}h(t)\mathrm{d}t=\int_0^{\infty}\frac{1}{C}\mathrm{e}^{-\frac{t}{RC}}\mathrm{d}t=R$$

$$\int_{-\infty}^{\infty}h^2(t)\mathrm{d}t=\int_0^{\infty}\left(\frac{1}{C}\mathrm{e}^{-\frac{t}{RC}}\right)^2\mathrm{d}t=\frac{R}{2C}$$

可求得 $V(t)$ 的均值与方差分别为

$$\begin{cases}m_V=E\big[V(t)\big]=\lambda qR\\[2mm]\sigma_V^2=\lambda q^2\dfrac{R}{2C}\end{cases}$$

则联解上两式，可推导出 λ 和 q 为

$$\lambda=\frac{m_V^2}{2RC\sigma_V^2},\quad q=\frac{2C\sigma_V^2}{m_V}$$

此例是一个关于限温二极管阳极电压的数学模型，其中，$i(t)$ 是电子电流，而电子的渡越时间被忽略了。

8.2.3 维纳过程

维纳过程是另一个重要的独立增量过程，有时称作布朗运动过程。它可以作为随机游动的极限形式来研究，游动过程中的所有轨迹几乎都是连续的。电阻中电子的热运动就是具有维纳过程的性质，可用维纳过程来描述。实际中常把白噪声作为热噪声的理想化模型，而维纳过程可看作白噪声通过积分器的输出。此外，维纳过程是一个非平稳的高斯过程。

1. 维纳过程的定义

1）定义 1

若独立增量过程 $X(t)$，其增量的概率分布服从高斯分布，即

$$P\{X(t_2)-X(t_1)<\lambda\}=\frac{1}{\sqrt{2\pi a(t_2-t_1)}}\int_{-\infty}^{\lambda}\exp\left(\frac{-u^2}{2a(t_2-t_1)}\right)\mathrm{d}u,\quad 0<t_1<t_2 \qquad (8\text{-}154)$$

则称 $X(t)$ 为维纳过程。

可以证明，维纳过程是几乎处处连续的，但是在任一固定时刻 t 上以概率 1 不可微分。

2) 定义 2

对所有样本函数几乎处处连续的齐次独立增量过程（或齐次独立增量过程 $X(t,\zeta)$，几乎对所有 ζ，在时间轴上连续），称为维纳过程。

按照定义给出的条件可以证明：过程的增量是服从高斯分布的。这里仅对此作简要说明。

令 $\Delta=(t_2-t_1)/n, t_2>t_1$。由于

$$X(t_2)-X(t_1)=\left[X(t_2)-X(t_2-\Delta)\right]+\left[X(t_2-\Delta)-X(t_2-2\Delta)\right]$$
$$+\cdots+\left[X(t_2-(n-1)\Delta)-X(t_1)\right] \qquad (8\text{-}155)$$
$$=\sum_{i=1}^{n}Y_i$$

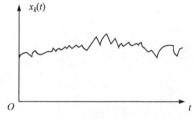

图 8.10　维纳过程的一个样本函数

由上述条件，当 $n\to\infty$ 时，亦即 $\Delta\to 0$ 时

$$Y_i=X\left[s-(i-1)\Delta\right]-X(s-i\Delta)\xrightarrow{\text{a·e}}0$$
$$(8\text{-}156)$$

故由中心极限定理可得 $X(t_2)-X(t_1)$ 趋于高斯分布。

可见，两种定义是完全一致的。图 8.10 给出了维纳过程一个样本函数的示意图。

2. 维纳过程的统计特性

1) 维纳过程的数学期望和相关函数

由式 (8-154) 显见

$$E\left[X(t)\right]=0 \qquad (8\text{-}157)$$

又因为是独立增量过程，所以有 $X(t_0)=0$，则

$$P\{X(t_1)-X(t_0)<\lambda\}=P\{X(t_1)<\lambda\}=\frac{1}{\sqrt{2\pi a t_1}}\int_{-\infty}^{\lambda}\exp\left(\frac{-u^2}{2a t_1}\right)\mathrm{d}u \qquad (8\text{-}158)$$

故有

$$D\left[X(t_1)\right]=E\left[X^2(t_1)\right]=a t_1 \qquad (8\text{-}159)$$

(1) 当 $t_1=t_2=t$ 时，有

$$R_X(t_1,t_2)=E\left[X(t_1)X(t_2)\right]=E\left[X^2(t)\right]=at \qquad (8\text{-}160)$$

(2) 当 $t_1>t_2$ 时，并将 $X(t_1)$ 写成 $X(t_1)=X(t_2)+X(t_1)-X(t_2)$，有

$$
\begin{aligned}
R_X(t_1, t_2) &= E\big[X(t_1)X(t_2)\big] \\
&= E\big[(X(t_2) + X(t_1) - X(t_2))X(t_2)\big] \\
&= E\big[X^2(t_2)\big] + E\big[(X(t_1) - X(t_2))(X(t_2) - X(t_0))\big] \\
&= E\big[X^2(t_2)\big] = at_2
\end{aligned}
\tag{8-161}
$$

（3）同理，当 $t_2 > t_1$ 可得

$$
R_X(t_1, t_2) = E\big[X(t_1)X(t_2)\big] = at_1
\tag{8-162}
$$

综合（1）（2）（3）可得维纳过程的自相关函数为

$$
R_X(t_1, t_2) = E\big[X(t_1)X(t_2)\big] = a \cdot \min(t_1, t_2)
\tag{8-163}
$$

2）维纳过程与高斯白噪声

虽然维纳过程在 a·e 意义下是连续的，但由上述自相关函数的表达式可知，$R_X(t_1, t_2)$ 在 $t_1 = t_2 = t$ 点间断，所以对于 $t_1 = t_2$，该过程的 $\partial^2 R_X(t_1, t_2)/\partial t_1 \partial t_2$ 不存在。因此维纳过程几乎处处不可微。这样在通常意义下它的导数是不存在的。不过，若在形式上研究其导数及性质，则维纳过程 $X(t)$ 的导数也是零均值的高斯过程。

令 $N(t) = X'(t)$ 为 $X(t)$ 形式上的导数，则 $N(t)$ 的自相关函数为

$$
R_N(t_1, t_2) = E\big[X'(t_1)X'(t_2)\big] = a\delta(t_1 - t_2)
\tag{8-164}
$$

可见形式导数 $N(t) = X'(t)(t \geqslant 0)$ 是高斯白噪声。于是维纳过程 $X(t)$，可以写成白噪声（具有零均值、均匀谱的平稳高斯过程）的积分，即

$$
X(t) = \int_0^t N(\tau)\mathrm{d}\tau
\tag{8-165}
$$

式中，$N(t)$ 有 $E[N(t)] = 0$，$G_N(\omega) = a$。换言之，维纳过程可看成高斯白噪声通过积分器的输出。

3）维纳过程的概率分布

由上述的讨论结果可以很容易得到维纳过程 $X(t)$ 的一维和 n 维概率密度为

$$
f_X(x; t) = \frac{1}{\sqrt{2\pi at}} \mathrm{e}^{-\frac{x^2}{2at}}
\tag{8-166}
$$

$$
\begin{aligned}
f_X(x_1, x_2, \cdots, x_n; t_1, t_2, \cdots, t_n) &= f(x_1; t_1)f(x_2 - x_1; t_2, t_1)\cdots f(x_n - x_{n-1}; t_n, t_{n-1}) \\
&= \prod_{i=1}^{n} \frac{\exp\left[-\dfrac{1}{2a}\dfrac{(x_i - x_{i-1})^2}{(t_i - t_{i-1})}\right]}{\sqrt{2\pi a(t_i - t_{i-1})}}
\end{aligned}
\tag{8-167}
$$

最后，将维纳过程的性质归纳为以下几点。

（1）$X(t_0) = 0$，且 $X(t)$ 是实过程。

（2）$E[X(t)] = 0$。

(3) 维纳过程是独立增量过程。

(4) 维纳过程满足齐次性。换言之，$X(t_2) - X(t_1)$ 的分布只与 $(t_2 - t_1)$ 有关，而与 t_1 或 t_2 本身无关。

(5) $X(t_2) - X(t_1)$ 的方差与 $t_2 - t_1$ 成正比。

$$
\begin{aligned}
D\big[X(t_2) - X(t_1)\big] &= E\Big[\big(X(t_2) - X(t_1)\big)^2\Big] = E\Big[\big(X(t_2) - X(t_1)\big)^2\Big] \\
&= E\big[X^2(t_2)\big] + E\big[X^2(t_1)\big] - 2E\big[X(t_2)X(t_1)\big] \\
&= at_2 + at_1 - 2at_1 = a(t_2 - t_1) \quad , \quad t_2 > t_1
\end{aligned} \tag{8-168}
$$

(6) 维纳过程是非平稳高斯过程。

3. 扩散方程

可以证明，维纳过程 $X(t)$ 满足下列关系式：

$$
\begin{cases}
\dfrac{\partial f}{\partial t_2} = \dfrac{a}{2}\dfrac{\partial^2 f}{\partial x_2^2} \\[3mm]
\dfrac{\partial f}{\partial t_1} + \dfrac{a}{2}\dfrac{\partial^2 f}{\partial x_1^2} = 0
\end{cases} \tag{8-169}
$$

它们称作扩散方程。式中，$f = f(x_2, t_2; x_1, t_1) = f\big(x_2 \mid x(t_1) = x_1\big)(t_2 > t_1)$ 是随机变量 $X(t_2)$ 在 $X(t_1) = x_1$ 条件下的条件概率密度。

证明： 因为 $X(t)$ 具有零均值并为高斯分布，有

$$
E\big[X(t_2) \mid X(t_1) = x_1\big] = ax_1 = \frac{E\big[X(t_2)X(t_1)\big]}{E\big[X^2(t_1)\big]}x_1 = x_1, \quad t_2 > t_1 \tag{8-170}
$$

又

$$
E\Big[\big(X(t_2) - aX(t_1)\big)^2 \mid x_1\Big] = E\big[X^2(t_2)\big] - \frac{E^2\big[X(t_2)X(t_1)\big]}{E\big[X^2(t_1)\big]} = at_2 - \frac{a^2 t_1^2}{at_1} = a(t_2 - t_1)
$$

$$\tag{8-171}$$

即在 $X(t_1) = x_1$ 条件下，$X(t_2)$ 的条件方差等于 $a(t_2 - t_1)$，故有

$$
f(x_2, t_2; x_1, t_1) = \frac{1}{\sqrt{2\pi a(t_2 - t_1)}} \exp\left[-\frac{(x_2 - x_1)^2}{2\pi(t_2 - t_1)}\right] \tag{8-172}
$$

对上式作求导运算，即可得扩散方程。实际上，扩散方程是科尔莫戈罗夫方程（前进方程和后退方程）的特例。科尔莫戈罗夫方程也称为福克尔-普朗克(Fokker-Planck)方程，这是因为这组方程在特殊的场合用不十分严格的方法，首先为福克尔和普朗克所获得的；而在一般的场合，并用严格的方法，则为科尔莫戈罗夫所得到。

设扩散过程 $X(t)$ 的条件概率密度 $f = f_X(x_2, t_2; x_1, t_1)(t_2 > t_1)$，则科尔莫戈罗夫（前进和

后退）方程可表示成

$$\begin{cases} \dfrac{\partial f}{\partial t_1} + a(x_1,t_1)\dfrac{\partial f}{\partial x_1} + \dfrac{b(x_1,t_1)}{2}\dfrac{\partial^2 f}{\partial x_1^2} = 0 \\[3mm] \dfrac{\partial f}{\partial t_2} + \dfrac{\partial}{\partial x_2}\big[a(x_2,t_2)f\big] - \dfrac{1}{2}\dfrac{\partial^2}{\partial x_2^2}\big[b(x_2,t_2)f\big] = 0 \end{cases} \tag{8-173}$$

式中，$a(x,t)$ 为在 t 时刻自 x 出发的质点的瞬时平均速度（或者说是过程 $X(t)$ 变化的平均速度）；而 $b(x,t)$ 则与质点瞬时平均动能成比例，换言之，$b(x,t)$ 是在很小的 Δt 内，质点位移的平方平均偏差与 Δt 的比值。

在实际问题中，如果想由实验所得数据资料来直接确定条件分布函数，是极为困难的。但是，可以根据其物理意义比较容易找到的 $a(x,t)$ 及 $b(x,t)$ 来解科尔莫戈罗夫微分方程，从而得到条件分布函数。

当随机过程 $X(t)$ 为维纳过程，且 $a(x,t)=0$，$b(x,t)=a$ 时，把这些条件代入科尔莫戈罗夫方程，则可得到扩散方程，从而解出条件分布函数。也就是说，维纳过程是一种特殊的扩散过程。

例 8.7 研究液体中微粒的随机扩散运动。设液体的质量是均匀的，由于微粒的运动是由许多分子碰撞所产生的许多小随机位移的和，因此可以认为：自时刻 s 和 t 的位移 $(X_t - X_s)$ 是许多几乎独立的小位移的和，故由中心极限定理，可假设 $(X_t - X_s)$ 服从高斯分布。此外由液体的均匀性，还可设 $E[X_t - X_s] = 0$，而方差只依赖于时间区间 $(t-s)$，即 $D[X_t - X_s] = a(t-s)$，其中，a 是依赖于液体本身的扩散常数（不同的液体一般有不同的 a）。显然这种情况下的微粒扩散运动——布朗运动，是一个维纳过程，故此维纳过程有时也直接称为布朗运动。

例 8.8 热噪声是由导线中电子的布朗运动引起的随机现象。电子通过单位导体截面的瞬时电荷量 $q(t)$ 是典型的维纳过程，它服从高斯分布的原因，在于它是由许多独立的电子随机运动叠加产生的。每个电子电荷量与通过截面的总电荷量相比为极小量，故过程可看成是连续的。

8.3 独立随机过程

本节扼要介绍独立随机过程。正如本章开始时所指出的，独立随机过程是一种很特殊的随机过程。这类随机过程的特点是：过程在任一时刻的状态和任何其他时刻状态之间互不影响。下面对它给出较严格的定义。

定义：如果随机过程 $X(t)(t \in T)$，在时间 t 的任意 n 个时刻 $t_1, t_2, \cdots, t_n$ 所得到的 n 个随机变量 $X(t_1), X(t_2), \cdots, X(t_n)$ 互为统计独立；或者说，过程 $X(t)$ 的 n 维分布函数可表示为

$$F_X(x_1, x_2, \cdots, x_n; t_1, t_2, \cdots, t_n) = \prod_{i=1}^{n} F_X(x_i; t_i) \tag{8-174}$$

则称 $X(t)$ 为独立随机过程。由上式可知，独立随机过程的一维分布函数包含了该过程的全部统计信息。

按照时间参数 T 的连续还是离散，独立随机过程可分成两类。

（1）当参数集 T 是一个可列集时，独立随机过程就是独立离散时间随机过程——独立随机(变量)序列。例如，在时刻 $t_1, t_2, t_3, \cdots$ 独立地重复抛掷硬币，以正面对应数为 1，反面对应数为 0，X_n 表示 $t = n$ 时抛掷的结果，这样，$X_1, X_2, \cdots, X_n$ 就构成了一个独立随机序列。

（2）当参数集 T 是一个不可列集时，独立随机过程就是独立连续时间随机过程；此过程的样本函数极不规则，而且可能处处不连续。

例 8.9 设独立随机过程 $X(t)$ 的一维分布函数为

$$F_X(x;t) = \int_{-\infty}^{x} \frac{1}{\sqrt{2\pi}} e^{-\frac{u^2}{2}} du$$

即过程 $X(t)$ 的一维分布函数是与 t 无关的标准正态分布。因此，$X(t_1), X(t_2), \cdots, X(t_n)$ 的分布函数皆为

$$\int_{-\infty}^{x} \frac{1}{\sqrt{2\pi}} e^{-\frac{u^2}{2}} du$$

进而可得 $[X(t+\Delta t) - X(t)]$ 的分布函数为

$$\int_{-\infty}^{x} \frac{1}{\sqrt{4\pi}} e^{-\frac{u^2}{4}} du$$

于是，对所有的 Δt，当 $\varepsilon \to 0$ 时，有

$$P\left\{ \left| X(t+\Delta t) - X(t) \right| < \varepsilon \right\} = \int_{-\varepsilon}^{\varepsilon} \frac{1}{\sqrt{4\pi}} e^{-\frac{u^2}{4}} du \to 0$$

上式表明，在 $\Delta t \to 0$ 时，$X(t+\Delta t)$ 与 $X(t)$ 的差小于任意正数 ε 的概率趋于 0。也就是说，过程 $X(t)$ 的样本函数几乎处处不连续。

实际上，此种连续参数的独立随机过程从物理观点来看是不存在的。因为 t_1 与 $t_2(t_2 > t_1)$ 充分接近时我们完全有理由断言，状态 $X(t_2)$ 将依赖于 $X(t_1)$ 的统计信息。所以，连续参数的独立随机过程被认为是一种理想化的随机过程。由于它在数学处理上较为简便，故常用来分析某些实际问题。

独立随机过程的重要应用就是高斯白噪声，常用来模拟电子技术中的各种随机噪声，例如，电阻热噪声就是一种正态分布的白噪声。如果设 $N(t)$ 为高斯白噪声，由于此白噪声的相关系数为

$$\rho_N(\tau) = \begin{cases} 1, & \tau = 0 \\ 0, & \tau \neq 0 \end{cases} \tag{8-175}$$

可见，白噪声在任意两个相邻时刻 t 和 $t+\tau$（不管这两个时刻多么邻近）的状态 $N(t)$ 和 $N(t+\tau)$ 都是不相关的；又因该白噪声服从高斯分布，故不相关与统计独立是等价的，即

随机变量 $N(t)$ 和 $N(t+\tau)$ 总是统计独立的。所以，高斯白噪声可以认为是大量相互独立的无限窄脉冲的随机组合，实际的随机噪声与理想白噪声的波形如图 8.11 所示。

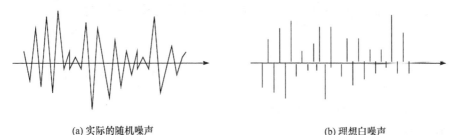

(a) 实际的随机噪声　　　　　　　　　　　　(b) 理想白噪声

图 8.11　实际的随机噪声与理想白噪声的波形

习　题　八

8-1　已知独立随机序列 $\{X(n)\}$ 的各个随机变量分别具有概率密度 $f_X(x_1),\cdots,f_X(x_n)$。令

$$\begin{cases} Y_1 = X_1 \\ Y_2 + CY_1 = X_2 \\ \quad\vdots \\ Y_n + CY_{n-1} = X_n \end{cases}, \quad n \geqslant 2, C \text{为常数}$$

构成一个新序列 $\{Y(n)\}$。试证序列 $\{Y(n)\}$ 为马尔可夫序列。

8-2　写出下列集合的马尔可夫链的转移概率密度矩阵。

(1) $I_1 = \{0,1,2,\cdots,n\}(n \geqslant 2)$ 是有限个正整数集合，若

$$p_{ij} = \begin{cases} p_{00} = p_{nn} = 1 \\ p, \quad j = i+1 \\ q, \quad j = i-1 \\ 0, \quad \text{其他} \end{cases}, \quad q = 1 - p$$

(2) $I_2 = \{\cdots,-2,-1,0,1,2,\cdots\}$ 是全体整数的集合，若

$$p_{ij} = \begin{cases} p, \quad j = i+1 \\ q, \quad j = i-1 \\ 0, \quad \text{其他} \end{cases}, \quad q = 1 - p$$

8-3　带有一个吸收壁的随机游动，仍考虑质点 M 的随机游动，其基本规律同例 8.1 所述，但其状态空间 $I = \{0,1,2,\cdots\}$，而且一旦 M 到达 $X_n = 0$ 以后，X_{n+1} 也就停留在零这个状态上，这样的状态称为吸收态。又因 "0" 为状态空间的一个端点(壁)，故称此过程为带有一个吸收壁的随机游动。试问此过程是齐次马尔可夫链吗？并写出它的一步转移概率。

8-4　带有一个反射壁的随机游动。对随机游动取状态空间 $I = \{0,1,2,\cdots\}$，这里和习题 8-3 有所不同，0 这个状态不再是吸收态了，一旦质点 M 进入 0 状态，下一步它以概率 p 向右移一格，以概率 q 停在 0 状态。这后一种情况可作如下解释：设想在 "$-1/2$" 处有一反射壁，每次质点自 0 向左移动时，即被反射壁反射回 0 状态。正是基于上述解

释，我们把这类过程称为带有一个反射壁的随机游动。试问此过程是否是齐次马尔可夫链？并写出一步转移概率。

8-5 设有三个状态 $\{0,1,2\}$ 的马尔可夫链，其一步转移概率矩阵为

$$\boldsymbol{P} = \begin{bmatrix} 0 & 1 & 0 \\ q & 0 & p \\ 0 & 1 & 0 \end{bmatrix}, \quad q = 1-p$$

(1)试求 $\boldsymbol{P}(2)$，并证明 $\boldsymbol{P}(2) = \boldsymbol{P}(4)$；

(2)求 $\boldsymbol{P}(n), n \geqslant 1$。

8-6 天气预报问题。设明日是否有雨仅与今日的天气(是否有雨)有关，而与过去的天气无关。已知今日有雨而明日也有雨的概率为 0.7，今日无雨而明日有雨的概率为 0.4。把"有雨"称作"1"状态天气，而把"无雨"称为"2"状态天气。则本题属于一个两状态的马尔可夫链。试求：

(1)它的一步至四步转移概率矩阵；

(2)今日有雨而后日(第三日)无雨、今日有雨而第四日也有雨、今日无雨而第五日也无雨的概率各是多少。

8-7 设有两个状态 $\{0,1\}$ 的马尔可夫链，其一步转移概率矩阵为

$$\boldsymbol{P} = \begin{bmatrix} 1/2 & 1/2 \\ 1/3 & 2/3 \end{bmatrix}$$

求下述转移概率：$f_{00}(1), f_{00}(2), f_{00}(3), f_{01}(1), f_{01}(2), f_{01}(3)$。

8-8 已知某(齐次)马尔可夫链的一步转移概率矩阵为

$$\boldsymbol{P} = \begin{bmatrix} 2/3 & 1/3 \\ 1/3 & 2/3 \end{bmatrix}$$

证明当 $n \to \infty$ 时，有

$$\boldsymbol{P}(n) = \boldsymbol{P}^n \to \begin{bmatrix} 1/2 & 1/2 \\ 1/2 & 1/2 \end{bmatrix}$$

8-9 设有三个状态 $\{0,1,2\}$ 的马尔可夫链，其一步转移概率矩阵为

$$\boldsymbol{P} = \begin{bmatrix} p_1 & q_1 & 0 \\ 0 & p_2 & q_2 \\ q_3 & 0 & p_3 \end{bmatrix}, \quad q_i = 1-p_i, i=1,2,3$$

求 $f_{00}(1), f_{00}(2), f_{00}(3), f_{01}(1), f_{01}(2), f_{01}(3)$。

8-10 已知(齐次)马尔可夫链的一步转移概率矩阵为

$$\boldsymbol{P} = \begin{bmatrix} 1/2 & 1/3 & 1/6 \\ 1/3 & 1/3 & 1/3 \\ 1/3 & 1/2 & 1/6 \end{bmatrix}$$

(1)问此链共有几个状态，是否遍历；

(2)求它的二步转移概率矩阵；

(3) $\lim_{n \to \infty} p_{ij}(n) = p_j$ 是否存在？并求之。

8-11 已知马尔可夫链的一步转移概率矩阵为

$$P = \begin{bmatrix} 0 & 1/2 & 1/2 \\ 1/3 & 0 & 2/3 \\ 1/2 & 1/2 & 0 \end{bmatrix}$$

(1)问此链共有几个状态；

(2)何时具有遍历性；

(3)求出极限分布 $\{p_j\}$ 的各个概率。

8-12 已知有三个状态 $\{0,1,2\}$ 的马尔可夫链，它的一步转移概率矩阵为

$$P = \begin{bmatrix} 0.5 & 0.4 & 0.1 \\ 0.3 & 0.4 & 0.3 \\ 0.2 & 0.3 & 0.5 \end{bmatrix}$$

(1)问此链何时具有遍历性；

(2)求出极限分布 $\{p_j\}$ 的各个概率。

8-13 已知有五个状态 $\{1,2,3,4,5\}$ 的马尔可夫链，它的一步转移概率矩阵为

$$P = \begin{bmatrix} 0 & 1 & 0 & 0 & 0 \\ 1/3 & 1/3 & 1/3 & 0 & 0 \\ 0 & 1/3 & 1/3 & 1/3 & 0 \\ 0 & 0 & 1/3 & 1/3 & 1/3 \\ 0 & 0 & 0 & 1 & 0 \end{bmatrix}$$

(1)问此链何时具有遍历性；

(2)求出极限分布 $\{p_j\}$ 的各个概率。

8-14 对于随机过程 $X(t)$，若对每个 $t \leqslant t_1 < t_2$，$X(t_2) - X(t_1)$ 与 $X(t)$ 都是统计独立的，证明 $X(t)$ 为马尔可夫的过程。

8-15 对于马尔可夫过程 $X(t)$，证明

$$E\big[X(t_n)|X(t_{n-1}),X(t_{n-2}),\cdots,X(t_1)\big] = E\big[X(t_n)|X(t_{n-1})\big]$$

8-16 证明独立增量过程 $X(t)$ 是一个特殊的马尔可夫过程。（提示：只要证明独立增量过程 $X(t)$ 具有无后效行即可。）

8-17 随机电报信号 $X(t)$，其样本函数如图 8.12 所示，满足下述三个条件：

(1)在任何时刻 t，$X(t)$ 只能等概率地取 0 或 1

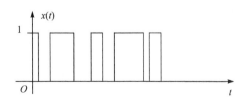

图 8.12 题 8-17 图

两个状态，即 $P\{X(t)=0\}=P\{X(t)=1\}=1/2$ ；

（2）每个状态的持续时间是随机的，若在间隔 $(0,t)$ 内波形变化的次数 K 服从泊松分布

$$P\{K=k\}=P_k(0,t)=\frac{(\lambda t)^k}{k!}\mathrm{e}^{-\lambda t}$$

式中， λ 为单位时间内波形的平均变化次数；

（3） $X(t)$ 取何值与随机变量 K 互为统计独立。求此随机电报信号 $X(t)$ 的均值、自相关函数、自协方差函数和功率谱密度。

8-18　已知泊松冲激序列 $Z(t)=\sum\limits_i \delta(t-t_i)$ ， t_i 是在时间轴上具有均匀密度 λ 的随机点。过程 $Z(t)$ 通过一个具有冲激响应 $h(t)=\mathrm{e}^{-at}U(t)$ 的线性系统，在系统的输出端得到散粒噪声 $X(t)$ 。求此散粒噪声的均值、方差和功率谱密度。

8-19　证明维纳过程的一维特征函数为

$$Q_W(u;t)=\mathrm{e}^{-atu^2/2}$$

8-20　广义维纳过程。已知一个具有参数 a 的维纳过程 $W(t)$ ，以及两个连续函数 $m(t),v(t)$ ，其中， $v(t)$ 为非减函数。构成一新的随机过程

$$Y(t)=m(t)+W\left[v(t)\right]$$

证明 $Y(t)$ 的一维特征函数为

$$Q_Y(u;t)=\exp\left[\mathrm{j}um(t)-\frac{1}{2}av(t)u^2\right]$$

8-21　已知一维纳过程 $W(t)$ 的自相关函数为 $R_W(t_1,t_2)=at_2,(t_1>t_2)$ ，现构成一新的随机过程 $Y(t)=W^2(t)$ 。求在 $t_1>t_2$ 时， $Y(t)$ 的自相关函数 $R_Y(t_1,t_2)$ 。

参 考 文 献

奥本海姆, 谢弗, 1982. 数字信号处理. 董士嘉, 等译. 北京: 科学出版社.

丁玉美, 阔永红, 高新波, 2002. 数字信号处理——时域离散随机信号处理. 西安: 西安电子科技大学出版社.

高贵, 2007. SAR 图像目标 ROI 自动获取技术研究. 长沙: 国防科技大学.

华似韵, 1988. 随机过程. 南京: 东南大学出版社.

KAY S M, 2006. 统计信号处理基础——估计与检测理论. 罗鹏飞, 张文明, 刘忠, 等译. 北京: 电子工业出版社.

林茂庸, 柯有安, 1980. 雷达信号理论. 北京: 国防工业出版社.

刘次华, 2014. 随机过程. 5 版. 武汉: 华中科技大学出版社.

陆大金, 1986. 随机过程及其应用. 北京: 清华大学出版社.

陆光华, 彭学愚, 张林让, 等, 2002. 随机信号处理. 西安: 西安电子科技大学出版社.

MANOLAKIS D G, INGLE V K, KOGON S M, 2003. 统计与自适应信号处理. 周正, 等译. 北京: 电子工业出版社.

帕尔逊, 1987. 随机过程. 邓永录, 杨振明, 译. 北京: 高等教育出版社.

宋承天, 蒋志宏, 潘曦, 等, 2018. 随机信号分析与估计. 北京: 北京理工大学出版社.

王仕奎, 2016. 随机信号分析理论与实践. 南京: 东南大学出版社.

王永德, 王军, 2003. 随机信号分析基础. 2 版. 北京: 电子工业出版社.

吴祈耀, 1984. 随机过程. 北京: 国防工业出版社.

杨福生, 1990. 随机信号分析. 北京: 清华大学出版社.

印勇, 2016. 随机信号处理教程. 2 版. 北京: 北京邮电大学出版社.

张树京, 张思东, 2003. 统计信号处理. 北京: 机械工业出版社.

中山大学数学力学系, 1981. 概率论及数理统计（上、下册）. 北京: 人民教育出版社.

朱华, 黄辉宁, 李永庆, 等, 1990. 随机信号分析. 北京: 北京理工大学出版社.

Arsenault H H, April G, 1976. Properties of speckle integrated with a finite aperture and logarithmically transformed. JOSA, 66(11): 1160-1163.

Apte S D, 2017. Random signal processing. Boca Raton: CRC Press.

DEVORE M D, O'SULLIVAN J A, 2001. Statistical assessment of model fit for synthetic aperture radar data. SPIE, 4382: 379-388.

Engelberg S, 2006. Random signals and noise: A mathematical introduction. Boca Raton: CRC Press.

FUKUNAGA K, 1990. Introduction to statistical pattern recognition. New York: Academic Press.

Li X R, 1999. Probability, random signals, and statistics. Boca Raton: CRC Press.

MOHANTY N, 1986. Random signals, estimation, and identification: Analysis and applications. New York: Van Nostrand Reinhold.

PAPOULIS A, 1991. Probability, random variables, and stochastic processes. 3rd ed. Boston: McGraw-Hill.

PEEBLES J P Z, 1980. Probability random variables and random signal principles. Boston: Mc Graw-Hill.

WARD K, 1981. Compound representation of high resolution sea clutter. Electronics Letters, (7): 561-565.

附　　录

附录1　常用符号介绍

符号或表达式	意义	符号或表达式	意义
$a \cdot e$	以概率1收敛	$G_{Ac}(\omega)$	$A_c(t)$ 的功率谱密度
$a(t)$	包络函数	$G_{As}(\omega)$	$A_s(t)$ 的功率谱密度
$A(t)$	窄带随机过程的包络	$G_{AcAs}(\omega), G_{AsAc}(\omega)$	$A_s(t)$，$A_c(t)$ 互谱密度
$A_C(t), A_S(t)$	包络的垂直分量	$G_k(\omega)$	样本的功率谱密度
$M(t)$	窄带随机过程的复包络	$G_X(\omega)$	功率谱密度
C, C_X	协方差矩阵	$G_{\hat{X}}(\omega)$	$\hat{X}(t)$ 的功率谱密度
C_{XY}	协方差、相关矩	$G_{\tilde{X}}(\omega)$	$\tilde{X}(t)$ 的功率谱密度
$C_X(t_1, t_2)$	随机过程的协方差函数	$G_{XY}(\omega)$	互谱密度
$C_{XY}(t_1, t_2)$	互协方差函数	$G_{X\hat{X}}(\omega)$	$X(t)$ 和 $\hat{X}(t)$ 互谱密度
$D[X], \sigma^2,$ $E[(X - m_X)^2]$	随机变量的方差	$\widetilde{G_Y}(s)$	$G_Y(s)$ 的分解
		$h(t)$	系统的冲激响应
$D[X(t)], \sigma_X^2(t)$	随机过程的方差	$h_{\wedge}(t)$	希尔伯特的冲激响应
$e^{j\omega_0 t}$	复载频	H_i	事件
$E[\cdot], m_X$	数学期望、统计平均	$H(\omega)$	系统的传输函数
	集平均、均值	$H_{\wedge}(\omega)$	希尔伯特的传递函数
$E[Y \mid X = x]$	条件数学期望	$\mid H(\omega) \mid^2$	系统的功率传输函数
$E[X^n]$	n 阶原点矩	$H[\cdot]$	希尔伯特变换
$E[X^2]$	均方值	$H^{-1}[\cdot]$	希尔伯特逆变换
$E[(X - m_X)^n]$	n 阶中心矩	$I_0(\cdot)$	零阶修正贝赛尔函数
$E[X^2(t)], \Psi_X(t)$	随机过程的均方值	$I_n(\cdot)$	n 阶修正贝赛尔函数
$f_X(x)$	概率密度函数	J	雅可比行列式
$f_X(x_1, x_2, \cdots)$	多维联合概率密度函数	$L[\cdot]$	线性算子
$f_Y(y \mid x)$	条件概率密度	$\underset{\Delta t \to 0}{l \cdot i \cdot m}$	均方极限
$F[\cdot]$	傅里叶变换	$\hat{m}_X$	期望的估计
$F^{-1}[\cdot]$	傅里叶逆变换	$m \cdot s$	均方收敛、平均收敛
$F_X(x)$	分布函数	$m_X(t)$	随机过程的数学期望
$F_X(x_1, x_2, \cdots)$	多维联合分布	$m(t)$	窄带信号的复包络
$F_Y(y \mid x)$	条件分布函数	$M(\omega)$	复包络的频谱
$F_X(\omega)$	物理功率谱密度	$\boldsymbol{M}_X$	均值矢量

符号或表达式	意义	符号或表达式	意义
p_k	随机变量的概率	$\mathcal{X}_{kT}(\omega)$	截取函数的频谱
P	随机过程的平均功率	X_k	随机过程的状态
P_k	样本函数的平均功率	$\boldsymbol{X}$	随机矢量
$P(A)$	事件 A 出现的概率	$\dot{X}$	中心化随机变量
$P(B\mid A)$	条件概率	$\overline{X}$	算术平均
$Q_X(u)$	随机变量的特征函数	$X'(t)$	$X(t)$ 的导数
$Q_{XY}(u,v)$	联合特征函数	$X^{(n)}(t)$	$X(t)$ 的 n 阶导数
$Q_X(x_1,x_2,\cdots)$	多维联合特征函数	$\overline{X(t)}$	$X(t)$ 的时间平均值
$R_X(t_1,t_2)$	随机过程的自相关函数	$\hat{X}(t)$	$X(t)$ 的估计
R_{XY}	二阶混合原点矩	$\hat{X}(t)$	$X(t)$ 的希尔伯特变换
$R_{XY}(t_1,t_2)$	互相关函数	$\tilde{X}(t)$	$X(t)$ 的解析形式
R^n	n 维实数空间	Y_p	Y 的预测值
$\hat{R}_X(\tau)$	$R_X(\tau)$ 的希尔伯特变换	$U(t)$	阶跃函数
$R_{\hat{X}}(\tau)$	$\hat{X}(t)$ 的自相关函数	U	特征矢量
$\tilde{R}_X(\tau)$	$R_X(\tau)$ 的解析形式	λ	非中心参量
$R_{\tilde{X}}(\tau)$	$\tilde{X}(t)$ 的自相关函数	ε	预测误差
$\hat{R}_X(m)$	自相关函数的估计	$\hat{\alpha}$	α 的估计
$\mathrm{Re}[\cdot],\mathrm{Im}[\cdot]$	复数的实部和虚部	$\tilde{\alpha}$	估计误差
$s(t)$	确定的时间函数	τ_0	相关时间
$\hat{s}(t),H[\cdot]$	$s(t)$ 希尔伯特变换	$\sigma_{\hat{a}}^2$	α 估计的方差
$\hat{\hat{s}}(t)$	二次希尔伯特变换	$\Delta\omega_e,\Delta f_e$	系统的等效噪声带宽
$\mathrm{sgn}(t)$	符号函数	$\Delta\omega,\Delta f$	系统的通频带
$\tilde{s}(t)$	解析信号	$h(t)=\delta(t)-\dfrac{R}{L}\mathrm{e}^{\frac{R}{L}t}$	系统的通频带
$S(\omega)$	$s(t)$ 的频谱	$\varpi(m)$	窗函数
$\hat{S}(\omega)$	$\hat{s}(t)$ 的频谱	$\theta(t)$	相位函数
$\hat{\hat{S}}(\omega)$	$\hat{\hat{s}}(t)$ 的频谱	χ^2	χ^2 函数
$\tilde{S}(\omega)$	$\tilde{s}(t)$ 的频谱	ρ_{XY}	相关系数
$S^*(\omega)$	$S(\omega)$ 的共轭函数	$\rho_X(\tau)$	平稳过程的相关系数
$\mathrm{Sa}(x)$	Sinc 函数	ζ,ζ_k	随机试验的样本
$S/N,SNR,r$	信号噪声比	$\Phi(\cdot)$	概率积分函数
$x_k,x(\zeta_k)$	随机变量的样本	$\Gamma(\cdot)$	Γ 函数
$x_k(t),X(t,\zeta_k)$	随机过程的样本函数	Ω	随机实验的样本空间
$x_{kT}(t)$	样本的截取函数	Ω_B	缩小的样本空间
$X,X(\zeta)$	随机变量	(Ω,F,P)	概率空间
$X(t),X(t,\zeta)$	随机过程	$\xrightarrow[F^{-1}]{F}$ 或 $\Leftrightarrow$	傅里叶变换对

附录 2　常用傅里叶变换对

序号	时域	频域
1	$s_n(t)$	$S_n(\omega)$
2	$\displaystyle\sum_{n=1}^{N} a_n s_n(t)$	$\displaystyle\sum_{n=1}^{N} a_n S_n(\omega)$
3	$s(t-t_0)$	$S(\omega)\mathrm{e}^{-\mathrm{j}\omega t_0}$
4	$s(t)\mathrm{e}^{\mathrm{j}\omega_0 t}$	$S(\omega-\omega_0)$
5	$s(at)$	$\dfrac{1}{\lvert a\rvert} S\!\left(\dfrac{\omega}{a}\right)$
6	$S(t)$	$2\pi s(-\omega)$
7	$\dfrac{\mathrm{d}^n s(t)}{\mathrm{d}t^n}$	$(\mathrm{j}\omega)^n S(\omega)$
8	$(-\mathrm{j}t)^n s(t)$	$\dfrac{\mathrm{d}^n S(\omega)}{\mathrm{d}\omega^n}$
9	$\displaystyle\int_{-\infty}^{t} s(\tau)\mathrm{d}\tau$	$\dfrac{S(\omega)}{\mathrm{j}\omega}+\pi S(0)\delta(\omega)$
10	$\delta(t)$	1
11	1	$2\pi\delta(\omega)$
12	$\mathrm{e}^{\mathrm{j}\omega_0 t}$	$2\pi\delta(\omega-\omega_0)$
13	$\operatorname{sgn}(t)$	$\dfrac{2}{\mathrm{j}\omega}$
14	$\mathrm{j}\dfrac{1}{\pi t}$	$\operatorname{sgn}(\omega)$
15	$U(t)$	$\pi\delta(\omega)+\dfrac{1}{\mathrm{j}\omega}$
16	$\displaystyle\sum_{n=-\infty}^{\infty} C_n \mathrm{e}^{\mathrm{j}n\omega_0 t}$	$2\pi\displaystyle\sum_{n=-\infty}^{\infty} C_n \delta(\omega-n\omega_0)$
17	$\operatorname{rect}\!\left(\dfrac{t}{\tau}\right)$	$\tau\operatorname{Sa}\!\left(\dfrac{\omega\tau}{2}\right)$
18	$\dfrac{\Omega}{2\pi}\operatorname{Sa}\!\left(\dfrac{\Omega t}{2}\right)$	$\operatorname{rect}\!\left(\dfrac{\omega}{\Omega}\right)$

序号	时域	频域
19	$\mathrm{tri}(t)$	$\mathrm{Sa}^2\left(\dfrac{\omega}{2}\right)$
20	$a\cos\left(\dfrac{\pi t}{2\tau}\right)\mathrm{rect}\left(\dfrac{t}{2\tau}\right)$	$\dfrac{a\pi}{\tau}\cdot\dfrac{\cos(\omega\tau)}{\left(\dfrac{\pi}{2\tau}\right)^2-\omega^2}$
21	$\cos(\omega_0 t)$	$\pi\left[\delta(\omega-\omega_0)+\delta(\omega+\omega_0)\right]$
22	$\sin(\omega_0 t)$	$\dfrac{\pi\left[\delta(\omega-\omega_0)-\delta(\omega+\omega_0)\right]}{\mathrm{j}}$
23	$U(t)\cos(\omega_0 t)$	$\dfrac{\pi}{2}\left[\delta(\omega-\omega_0)+\delta(\omega+\omega_0)\right]+\dfrac{\mathrm{j}\omega}{\omega_0^2-\omega^2}$
24	$U(t)\sin(\omega_0 t)$	$\dfrac{\pi}{2\mathrm{j}}\left[\delta(\omega-\omega_0)-\delta(\omega+\omega_0)\right]+\dfrac{\omega_0}{\omega_0^2-\omega^2}$
25	$U(t)\mathrm{e}^{-at}\cos(\omega_0 t)$	$\dfrac{a+\mathrm{j}\omega}{\omega_0^2+(a+\mathrm{j}\omega)^2}$
26	$U(t)\mathrm{e}^{-at}\sin(\omega_0 t)$	$\dfrac{\omega_0}{\omega_0^2+(a+\mathrm{j}\omega)^2}$
27	$\mathrm{e}^{-a|t|}$	$\dfrac{2a}{a^2+\omega^2}$
28	$\exp\left(-\dfrac{t^2}{2\sigma^2}\right)$	$\sigma\sqrt{2\pi}\exp\left(-\dfrac{\sigma^2\omega^2}{2}\right)$
29	$\mathrm{e}^{-at}U(t)$	$\dfrac{1}{a+\mathrm{j}\omega}$
30	$t\mathrm{e}^{-at}U(t)$	$\dfrac{1}{(a+\mathrm{j}\omega)^2}$

说明:

① $\mathrm{sgn}(t)$ 为符号函数

$$\mathrm{sgn}(t)=\begin{cases}1, & t>0\\-1, & t<0\end{cases}$$

③ $\mathrm{rect}(t)$ 为矩形函数

$$\mathrm{rect}(t)=\begin{cases}1, & |t|\leq 1/2\\0, & |t|>1/2\end{cases}$$

⑤ $\mathrm{tri}(t)$ 为三角形函数

$$\mathrm{tri}(t)=\begin{cases}1-|t|, & |t|\leq 1\\0, & |t|>1\end{cases}$$

② $U(t)$ 为单位阶跃函数

$$U(t)=\begin{cases}1, & t\geq 0\\0, & t<0\end{cases}$$

④ $\mathrm{Sa}(t)$ 为取样函数

$$\mathrm{Sa}(t)=\dfrac{\sin t}{t}$$

附录3 常见自相关函数及相应功率谱密度

附表 3.1 常见 $R_X(\tau)$ 及其 $G_X(\omega)$ 的图形

$R_X(\tau)$ 的图形	$G_X(\omega)$ 的图形

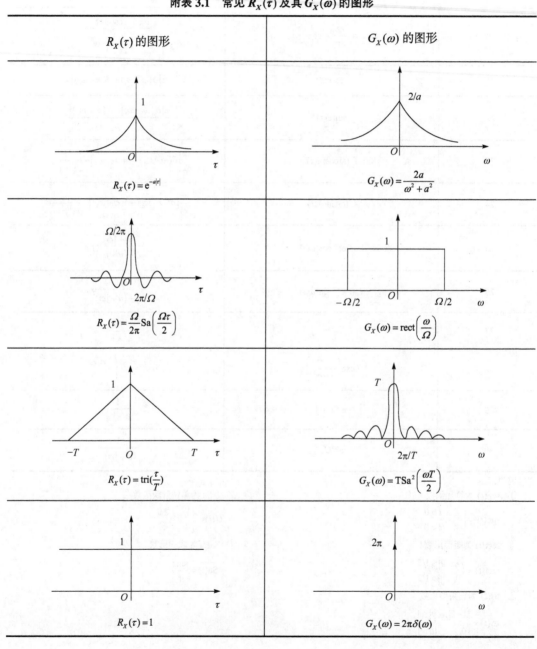

$R_X(\tau) = \mathrm{e}^{-a|\tau|}$

$G_X(\omega) = \dfrac{2a}{\omega^2 + a^2}$

$R_X(\tau) = \dfrac{\Omega}{2\pi}\mathrm{Sa}\left(\dfrac{\Omega\tau}{2}\right)$

$G_X(\omega) = \mathrm{rect}\left(\dfrac{\omega}{\Omega}\right)$

$R_X(\tau) = \mathrm{tri}\left(\dfrac{\tau}{T}\right)$

$G_X(\omega) = T\mathrm{Sa}^2\left(\dfrac{\omega T}{2}\right)$

$R_X(\tau) = 1$

$G_X(\omega) = 2\pi\delta(\omega)$

$R_X(\tau)$ 的图形	$G_X(\omega)$ 的图型
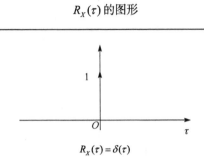 $R_X(\tau) = \delta(\tau)$	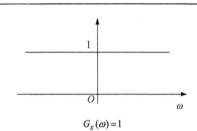 $G_X(\omega) = 1$
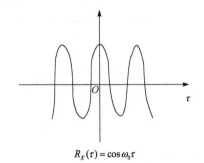 $R_X(\tau) = \cos\omega_0\tau$	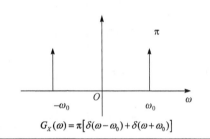 $G_X(\omega) = \pi\big[\delta(\omega-\omega_0) + \delta(\omega+\omega_0)\big]$

附表 3.2　常见随机过程 $X(t)$ 的自相关函数 $R_X(\tau)$ 和功率谱密度 $G_X(\omega)$

$X(t)$	$R_X(\tau)$	$G_X(\omega)$
$aX(t)$	$\|a\|^2 R_X(\tau)$	$\|a\|^2 G_X(\omega)$
$\dfrac{\mathrm{d}X(t)}{\mathrm{d}t}$	$-\dfrac{\mathrm{d}^2 R_X(\tau)}{\mathrm{d}\tau^2}$	$\omega^2 G_X(\omega)$
$\dfrac{\mathrm{d}^n X(t)}{\mathrm{d}t^n}$	$(-1)^n \dfrac{\mathrm{d}^{2n} R_X(\tau)}{\mathrm{d}\tau^{2n}}$	$\omega^{2n} G_X(\omega)$
$X(t)\mathrm{e}^{\pm j\omega_0 t}$	$R_X(\tau)\mathrm{e}^{\pm j\omega_0\tau}$	$G_X(\omega\mp\omega_0)$

附录4 常见电路系统

电路	单位冲激响应 $h(t)$	传递函数 $H(\omega)$
（RC 低通电路：$x(t)$ 电源，R 串联，C 并联输出 $y(t)$）	$h(t)=\dfrac{1}{RC}\mathrm{e}^{-\frac{t}{RC}}$	$H(\omega)=\dfrac{1}{1+\mathrm{j}\omega RC}$
（CR 高通电路：$x(t)$ 电源，C 串联，R 并联输出 $y(t)$）	$h(t)=\delta(t)-\dfrac{1}{RC}\mathrm{e}^{-\frac{t}{RC}}$	$H(\omega)=\dfrac{\mathrm{j}\omega RC}{1+\mathrm{j}\omega RC}$
（LR 电路：$x(t)$ 电源，L 串联，R 并联输出 $y(t)$）	$h(t)=\dfrac{R}{L}\mathrm{e}^{-\frac{R}{L}t}$	$H(\omega)=\dfrac{R}{R+\mathrm{j}\omega L}$
（RL 电路：$x(t)$ 电源，R 串联，L 并联输出 $y(t)$）	$h(t)=\delta(t)-\dfrac{R}{L}\mathrm{e}^{-\frac{R}{L}t}$	$H(\omega)=\dfrac{\mathrm{j}\omega L}{R+\mathrm{j}\omega L}$
高斯滤波器	$h(t)=\dfrac{\Delta\omega}{\sqrt{2\pi}}\exp\left\{-\dfrac{\Delta\omega^2}{2\pi}(t-t_0)^2+\mathrm{j}\omega_0 t\right\}$ $H(\omega)=\exp\left\{-\dfrac{\pi}{2}\left(\dfrac{\omega-\omega_0}{\Delta\omega}\right)^2-\mathrm{j}t_0(\omega-\omega_0)\right\}$	
理想带通滤波器	$h(t)=\dfrac{\Delta\omega}{2\pi}\mathrm{Sa}\left[\dfrac{\Delta\omega(t-t_0)}{2}\right]\mathrm{e}^{\mathrm{j}\omega_0 t}$ $H(\omega)=\begin{cases}\mathrm{e}^{-\mathrm{j}t_0(\omega-\omega_0)}, & -\Delta\omega/2\leqslant\omega-\omega_0\leqslant\Delta\omega/2\\ 0, & \text{其他}\end{cases}$